JN116825

スバラシク面白いと評判の

初めから始める 数学Ⅱ

改訂10 revision

馬場敬之（けいし）

マセマ出版社

はじめに

みなさん，こんにちは。マセマの**馬場敬之（ばばけいし）**です。2年生になって，みんな高校生活をエンジョイしていることだと思う。でも，高校2年で習う数学Ⅱ・Bは数学Ⅰ・Aに比べて質・量共に急にレベルが上がるので，ここで躓(つまず)いてしまう人が非常に多いのも事実なんだ。せっかく頑張って数学Ⅰ・Aをマスターしたのに，もったいない話だね。そんな高校数学で困っている人たちを助けるために，**「初めから始める数学」シリーズ**はあるんだよ。

そして，この**「初めから始める数学Ⅱ 改訂10」**は，**偏差値40前後**の正真正銘の数学アレルギーの人でも，文字通り初めから数学Ⅱをマスターできるように，それこそ**中学や高1レベルの数学からスバラシク親切に解説した，臨場感溢れる講義形式の参考書**なんだ。

本書では，**"方程式・式と証明"**，**"図形と方程式"**，**"三角関数"**，**"指数関数・対数関数"**，そして**"微分法・積分法"**と，数学Ⅱのすべてのテーマを**豊富な図解と例題**，それに読者の目線に立った分かりやすい**語り口調の解説**で，ていねいに教えている。

どこに重点を置いて，どのように教えれば，**数学Ⅱの基本**をマスターできるのか，日夜マセマのメンバーと検討を重ねながら作り上げたものが，この**「初めから始める数学Ⅱ 改訂10」**なんだ。だから，これまで，どんな授業を聞いても，どんな参考書を読んでも，分からなくて苦しんでいた人も大丈夫です。この本で，受験にも対応できる数学Ⅱのシッカリとした基礎力を身に付けることができるはずだ。

そして，この受験基礎力は，日頃の定期試験対策や，模擬試験対策だけでなく，本格的な受験対策にも直結する。**「基本が固まれば，応用は速い」**ものなんだ。だから，今数学に自信を無くしている人も焦ることはないよ。この本にジックリ取り組んでくれれば，内容豊富な数学Ⅱについても開眼できるはずだ。期待していいよ。

この本は**21回の講義形式**になっており，流し読みだけなら**2**週間で読み切ってしまうこともできる。まず，この**「流し読み」**により，本書の全体像をつかみ，大雑把だけれど，どのようなテーマをこれから勉強していくのかが分かると思う。でも，**「数学にアバウトな発想は一切（いっさい）通用しない」**んだったね。だから，必ずその後で**「精読」**して，講義や，例題・練習問題の解答・解説を完璧に**自分の頭でマスター**するようにするんだよ。

そして，自信が付いたら今度は，解答を見ずに**「自力で問題を解く」**ことだ。そして，自力で解けたとしても，まだ安心してはいけない。人間は忘れやすい生き物だから，その後の**「反復練習」**をシッカリやることだ。**練習問題**には**3**つのチェック欄を設けておいたから，**1**回自力で解く毎に“○”を付けていけばいい。最低でも**3**回は自力で問題を解くことを勧めます。

「流し読み」，**「精読」**，**「自力で解く」**，そして**「反復練習」**，この**4**つがキミの実力を本物にしてくれる大切なプロセスなんだ。この反復練習を何度も繰り返していると，この本に書いてある内容を**あたかも最初から自分で知っていたかのような気**になってくるものだ。そうなればしめたものだね。本物の実力が身に付いた証拠なんだよ。頑張ろう！

「楽しみながら数学に強くなる！」　これが，マセマのモットーです。

そして，**「“数（すう）が苦（く）”を“数楽（すうがく）”に変える！」**　これが，マセマの数学です。

これから本格的な数学**II**の講義を始めるけれど，緊張する必要はないよ。気を楽に，楽しみながら読み進んでいってくれたらいい。自然と数学の実力が身に付いていくはずだ。

さァ，それでは早速講義を始めようか…。みんな，準備はいい？

マセマ代表　馬場 敬之（けいし）

この改訂**10**では，定積分で表された関数の問題をより教育的な問題に差し替えました。

◆ 目次 ◆

第1章　方程式・式と証明

第2章　図形と方程式

第3章　三角関数

第４章　指数関数・対数関数

第５章　微分法と積分法

合格の粉を
ふりかけてあげよう!
馬場天使
合格の粉

第 1 章
CHAPTER

1 方程式・式と証明

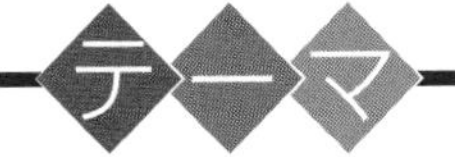

- 3 次式の因数分解，二項定理
- 虚数単位，複素数の計算
- 2 次方程式と虚数解，解と係数の関係
- 整式の除法，因数定理，高次方程式
- 等式の証明，不等式の証明

1st day　3次式の因数分解と二項定理

みんな，おはよう！ さわやかな朝で気持ちがいいねぇ。さァ，気分も新たにこれから「**初めから始める数学Ⅱ 改訂10**」の講義を始めよう！ 数学Ⅱは，高校数学の中でも特に質・量共に充実している分野なので，これから気を抜かずにシッカリ学習しようね。ン？ 少し不安だって!? 大丈夫！ 初めから分かりやすく親切に解説していくからね。

では，今日扱うテーマを紹介しておこう。まず，$(a+b)^3 = a^3 + 3a^2b + 3ab^2 + b^3$ などの“**3次式の乗法公式**(じょうほう)”(または，“**因数分解公式**(いんすうぶんかい)”)から解説しよう。エッ，それなら，もう「初めから始める数学Ⅰ」で勉強したって？そうだね。よく復習しているね。本来，数学に垣根(かきね)(境界線)なんてないわけだから，密接に関連したものは，まとめて学習する方が効率よくマスターできる。また，受験では多少範囲を越えて出題されることも多いので，**3**次式の乗法公式は，数学Ⅱの範囲だったんだけれど，**2**次式のものと一緒に，数学Ⅰでまとめて教えておいたんだね。だけどもちろん，数学Ⅱの講義として，ここで，もう一度，**2**次式のものも含めて，おさらいしておこう。そして，今日の講義では，これと関連させて，新たなテーマである“**二項定理**(にこうていり)”についても詳しく教えるつもりだ。これは，数学**A**で学習した“**組合せの数** $_nC_r$”の応用でもあるんだね。そして，さらに，分数式の計算法についても教えよう。では，講義を始めるよ！

● 乗法公式（因数分解公式）の復習から始めよう！

まず，**2**次式の乗法公式(因数分解公式)を下に示そう。

2次式の乗法公式（または，因数分解公式）

(ⅰ) $m(a+b) = ma + mb$　　(m：共通因数)

(ⅱ) $(a+b)^2 = a^2 + 2ab + b^2$ ，$(a-b)^2 = a^2 - 2ab + b^2$

(ⅲ) $(a+b)(a-b) = a^2 - b^2$

(ⅳ) $(a+b+c)^2 = a^2 + b^2 + c^2 + 2ab + 2bc + 2ca$

(ⅴ) $(x+a)(x+b) = x^2 + (a+b)x + ab$

$(ax+b)(cx+d) = acx^2 + (ad+bc)x + bd$ ← “たすきがけ”の因数分解公式

これらの公式は，左辺から右辺に展開する場合，“**乗法公式**”と呼ばれ，逆に展開された形の右辺を変形して左辺の形に因数分解する場合は“**因数分解公式**”と呼ばれるんだね。特に，(v)の公式は，**2**次方程式を因数分解により解くときに役に立つ公式だったんだね。**1**題復習しておこう。

(1) **2**次方程式：$4x^2-4x-3=0$ を解いてみよう。

この左辺は，(v)の“**たすきがけ**”の公式を使って，次のように因数分解できる。

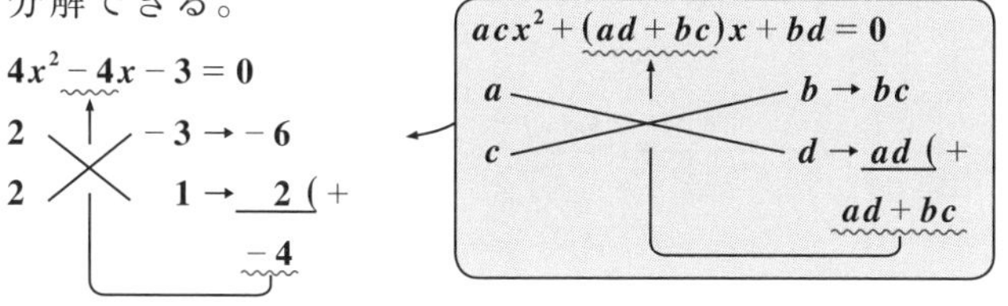

$(2x-3)(2x+1)=0$

よって，$x=\frac{3}{2}$ または $-\frac{1}{2}$ となる。大丈夫だった？

では次，**3**次式の乗法公式(因数分解公式)も次に示そう。

3次式の乗法公式（または，因数分解公式）

(vi) $(a+b)^3=a^3+3a^2b+3ab^2+b^3$

$(a-b)^3=a^3-3a^2b+3ab^2-b^3$

(vii) $(a+b)(a^2-ab+b^2)=a^3+b^3$

$(a-b)(a^2+ab+b^2)=a^3-b^3$

少し複雑な公式だけれど，これらも，左辺から右辺に展開するときは乗法公式であり，右辺から左辺に因数分解するときは，因数分解公式になるんだね。実際に(vii)の下の式の左辺を展開すると

$$(a-b)(a^2+ab+b^2)=a^3+\cancel{a^2b}+\cancel{ab^2}-\cancel{a^2b}-\cancel{ab^2}-b^3=a^3-b^3$$

となって，ナルホド公式が成り立つことが分かるはずだ。他の公式についても，確認したい人は自分で左辺を展開して調べてみるといいよ。

それでは，これらの公式を利用して，いくつか因数分解の練習問題を解いてみることにしよう。

練習問題 1　　因数分解　　CHECK 1　CHECK 2　CHECK 3

次の式を因数分解せよ。

(1) $x^3+9x^2y+27xy^2+27y^3$　　(2) $8\alpha^3-12\alpha^2\beta+6\alpha\beta^2-\beta^3$

(3) $27x^3+8y^3$　　(4) $x^4y^2-8xy^5$

(1)(2) は，公式：$(a\pm b)^3=a^3\pm3a^2b+3ab^2\pm b^3$ を使い，(3)(4) は公式：$a^3\pm b^3=(a\pm b)(a^2\mp ab+b^2)$ を使って解けばいいんだね。頑張ろう！

(1) $x^3+9x^2y+27xy^2+27y^3$

$=\underbrace{x^3}_{a^3}+3\cdot\underbrace{x^2}_{a^2}\cdot\underbrace{3y}_{b}+3\cdot\underbrace{x}_{a}\cdot\underbrace{(3y)^2}_{b^2}+\underbrace{(3y)^3}_{b^3}$

$=(x+3y)^3$　となる。

公式：$a^3+3a^2b+3ab^2+b^3=(a+b)^3$　を使った

(2) $8\alpha^3-12\alpha^2\beta+6\alpha\beta^2-\beta^3$

$=\underbrace{(2\alpha)^3}_{a^3}-3\cdot\underbrace{(2\alpha)^2}_{a^2}\cdot\underbrace{\beta}_{b}+3\cdot\underbrace{2\alpha}_{a}\cdot\underbrace{\beta^2}_{b^2}-\underbrace{\beta^3}_{b^3}$

$=(2\alpha-\beta)^3$　となる。大丈夫？

公式：$a^3-3a^2b+3ab^2-b^3=(a-b)^3$　を使った

(3) $27x^3+8y^3=(3x)^3+(2y)^3$ より，$3x=a$，$2y=b$ とおけば，

公式 $a^3+b^3=(a+b)(a^2-ab+b^2)$ が使えるんだね。よって，

$27x^3+8y^3=(3x)^3+(2y)^3$

$=(3x+2y)\{(3x)^2-3x\cdot2y+(2y)^2\}$

$=(3x+2y)(9x^2-6xy+4y^2)$　となるんだね。

$a^3+b^3=(a+b)(a^2-ab+b^2)$

(4) $x^4y^2-8xy^5=xy^2\cdot x^3-xy^2\cdot8y^3=xy^2(x^3-8y^3)$ より，

共通因数　　まず，共通因数をくくり出す

まず，共通因数 xy^2 をくくり出して，$x=a$，$2y=b$ とおくと，

公式：$a^3-b^3=(a-b)(a^2+ab+b^2)$ が使えるんだね。よって，

$x^4y^2-8xy^5=xy^2\{\underbrace{x^3}_{a^3}-\underbrace{(2y)^3}_{b^3}\}$

共通因数

$=xy^2\underbrace{(x-2y)}_{(a-b)}\underbrace{(x^2+x\cdot2y+(2y)^2)}_{(a^2+ab+b^2)}$

$=xy^2(x-2y)(x^2+2xy+4y^2)$　となって答えだ！

どう？ これで，3 次式の因数分解公式の利用法もマスターできただろう？

● 二項定理もマスターしよう！

$(a+b)^2$ や $(a+b)^3$ は，乗法公式により，

$(a+b)^2 = a^2+2ab+b^2$

$(a+b)^3 = a^3+3a^2b+3ab^2+b^3$　となるんだった。

これを一般化した $(a+b)^n$ $(n=1,\ 2,\ 3,\ \cdots)$ の展開公式が，"**二項定理**(にこうていり)"なんだけれど，これには，組合せの数 ${}_n\mathrm{C}_r$ が使われるので，まず，この ${}_n\mathrm{C}_r$ の簡単な復習をやっておこう。

組合せの数 ${}_n\mathrm{C}_r$

組合せの数 ${}_n\mathrm{C}_r$：n 個の異なるものの中から重複を許さずに r 個を選び出す選び方の総数，

${}_n\mathrm{C}_r = \dfrac{n!}{r!(n-r)!}$ と計算する。$(0 \leqq r \leqq n)$

（ただし，$n! = n \times (n-1) \times \cdots \times 2 \times 1$）

したがって，6 個の異なるものの中から 2 個を選び出す場合の数は，

${}_6\mathrm{C}_2 = \dfrac{6!}{2!4!} = \dfrac{6\cdot5\cdot\cancel{4\cdot3\cdot2\cdot1}}{2\cdot1\times\cancel{4\cdot3\cdot2\cdot1}} = \dfrac{30}{2} = 15$（通り）となるんだね。

そして，この組合せの数 ${}_n\mathrm{C}_r$ には，次の基本公式があることも大丈夫だね。

組合せの数 ${}_n\mathrm{C}_r$ の基本公式

(1) ${}_n\mathrm{C}_0 = {}_n\mathrm{C}_n = 1$　　(2) ${}_n\mathrm{C}_1 = n$

(3) ${}_n\mathrm{C}_r = {}_n\mathrm{C}_{n-r}$

n 個から r 個を選び出す場合の数は，n 個から選ばれない $n-r$ 個を選ぶ場合の数と等しい。

(4) ${}_n\mathrm{C}_r = {}_{n-1}\mathrm{C}_{r-1} + {}_{n-1}\mathrm{C}_r$

特定の 1 個に着目すると，${}_n\mathrm{C}_r$ は，特定の 1 個が選ばれる場合の数 ${}_{n-1}\mathrm{C}_{r-1}$ と，特定の 1 個が選ばれない場合の数 ${}_{n-1}\mathrm{C}_r$ の和に等しい。

したがって，(1) より，${}_{10}\mathrm{C}_0 = {}_5\mathrm{C}_0 = {}_4\mathrm{C}_4 = {}_8\mathrm{C}_8 = 1$ であり，(2) より，${}_{10}\mathrm{C}_1 = 10$，${}_5\mathrm{C}_1 = 5$ などとなるんだね。また，(3) より，${}_{10}\mathrm{C}_3 = {}_{10}\mathrm{C}_7$，${}_8\mathrm{C}_2 = {}_8\mathrm{C}_6$ などとなる。

さらに，(4) から，${}_4\mathrm{C}_2 = {}_3\mathrm{C}_1 + {}_3\mathrm{C}_2$，${}_5\mathrm{C}_3 = {}_4\mathrm{C}_2 + {}_4\mathrm{C}_3$ などが成り立つ。

（$n=4$，$r=2$ のとき）（$n=5$，$r=3$ のとき）

さァ，準備も整ったので，$(a+b)^n$ $(n=1,\ 2,\ 3,\ \cdots)$ の展開公式である"**二項定理**"の公式を下に示そう。

二項定理

$$(a+b)^n = {}_nC_0a^n + {}_nC_1a^{n-1}b + {}_nC_2a^{n-2}b^2 + {}_nC_3a^{n-3}b^3 + \cdots + {}_nC_nb^n$$
$$(n=1,\ 2,\ 3,\ \cdots)$$

この二項定理の公式を初めて見た人はみんな"ヒェ～！"状態になるものなんだね。エッ，やっぱり"ヒェ～"って感じだって？ 大丈夫，これから分かりやすく教えるから。まずこの二項定理の n が，$n=2,\ 3$ のときについてみれば，前に話した $(a+b)^2$，$(a+b)^3$ の公式と同じになることが分かると思う。

(i) $n=2$ のとき，

ここで，オシマイ！

$$(a+b)^2 = \underbrace{{}_2C_0}_{1}a^2 + \underbrace{{}_2C_1}_{2}a^{2-1}b^1 + \underbrace{{}_2C_2}_{1}b^2 \text{ で，}$$

${}_2C_0=1$，${}_2C_1=2$，${}_2C_2=1$ だから，

$(a+b)^2 = 1\cdot a^2+2\cdot ab+1\cdot b^2$ となって，乗法公式と同じだね。

(ii) $n=3$ のとき，

$$(a+b)^3 = \underbrace{{}_3C_0}_{1}a^3 + \underbrace{{}_3C_1}_{3}a^{3-1}b^1 + \underbrace{{}_3C_2}_{3}a^{3-2}b^2 + \underbrace{{}_3C_3}_{1}b^3 \text{ で，}$$

${}_3C_0=1$，${}_3C_1=3$，${}_3C_2={}_3C_1=3$，${}_3C_3=1$ だから，

$(a+b)^3 = 1\cdot a^3+3\cdot a^2b+3\cdot ab^2+1\cdot b^3$ となって，これも乗法公式で勉強したものと同じになった。

じゃ，$n=4$ のときはどうなる？ 自分で考えてくれ。…そうだね。

(iii) $n=4$ のとき，

ここで，オシマイ！

$$(a+b)^4 = \underbrace{{}_4C_0}_{1}a^4 + \underbrace{{}_4C_1}_{4}a^{4-1}b^1 + \underbrace{{}_4C_2}_{\frac{4!}{2!2!}=6}a^{4-2}b^2 + \underbrace{{}_4C_3}_{{}_4C_1=4}a^{4-3}b^3 + \underbrace{{}_4C_4}_{1}b^4$$

$= a^4+4a^3b+6a^2b^2+4ab^3+b^4$ も導けるんだね。

こうして，具体的に，$n=2,\ 3,\ 4$ のときを調べれば，二項定理の意味もよく分かったと思う。もちろん，二項定理の n は自然数であればなんでもかまわないので，たとえば $n=100$ のとき $(a+b)^{100}$ の二項定理による展開式は，**101** 項にも及ぶズラーッと長～い式になるんだね。

じゃ，何故 $(a+b)^n$ の展開公式が，${}_n\mathrm{C}_0$，${}_n\mathrm{C}_1$，${}_n\mathrm{C}_2$，…，${}_n\mathrm{C}_n$ などの係数で表せるのかって？　当然の疑問だね。これから解説しよう。
まず $n=2$ のときで考えよう。$(a+b)^2$ を展開するとき，次の(i)〜(iv)の4つのかけ算をやっているのは分かる？

(i) $a\times a$　(ii) $a\times b$　(iii) $b\times a$　(iv) $b\times b$

$$(a+b)^2=(a+b)(a+b)\quad\cdots\cdots①$$

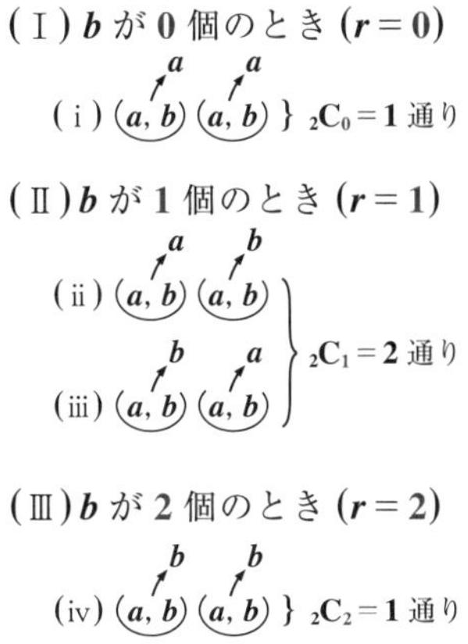

この①の右辺の2つの $(a+b)$ と $(a+b)$ を図1に示すように，a と b の2文字が入った2つの袋と考えよう。そして，それぞれの袋から，a または b のいずれか1つを選び出して，かけ算をする操作が，(i)〜(iv)に対応しているんだね。ここで，2つの袋から取り出す b の個数に着目して，これを r とおく。

図1　$n=2$ のときの二項定理

(Ⅰ) b が0個のとき $(r=0)$
(i) $(a,b)(a,b)$ → a, a } ${}_2\mathrm{C}_0=1$ 通り

(Ⅱ) b が1個のとき $(r=1)$
(ii) $(a,b)(a,b)$ → a, b
(iii) $(a,b)(a,b)$ → b, a } ${}_2\mathrm{C}_1=2$ 通り

(Ⅲ) b が2個のとき $(r=2)$
(iv) $(a,b)(a,b)$ → b, b } ${}_2\mathrm{C}_2=1$ 通り

(Ⅰ) $r=0$ のとき，(i) a と a を取り出してかけるだけなので
${}_2\mathrm{C}_0=1$ 通り ←（2つの袋から b を0個取り出す。）
(Ⅱ) $r=1$ のとき，(ii) a と b を，(iii) b と a を取り出してかけるので
${}_2\mathrm{C}_1=2$ 通り ←（2つの袋から b を1個取り出す。）
(Ⅲ) $r=2$ のとき，(iv) b と b を取り出してかけるだけなので
${}_2\mathrm{C}_2=1$ 通りと計算できて，←（2つの袋から b を2個取り出す。）

$$(a+b)^2=(a+b)(a+b)=\underbrace{a\times a}_{{}_2\mathrm{C}_0=1\text{ 通り}}+\underbrace{a\times b+b\times a}_{{}_2\mathrm{C}_1=2\text{ 通り}}+\underbrace{b^2}_{{}_2\mathrm{C}_2=1\text{ 通り}}$$

$={}_2\mathrm{C}_0a^2+{}_2\mathrm{C}_1ab+{}_2\mathrm{C}_2b^2\ (=a^2+2ab+b^2)$ が導けるんだね。
どう？　面白かっただろ。エッ，じゃ，$n=3$ のときはどうなのかって？
いいよ。この場合 $(a+b)^3=(a+b)(a+b)(a+b)$ のことだから，今回は a と b が1つずつ入った3つの袋で考えるといいんだね。後は，それぞれの袋から a または b のいずれか1つを取り出す場合の数を，b の個数 r で分類していけばいいんだね。

$n=3$ のときの二項定理の様子を図 2 に示しておいた。

(Ⅰ) $r=0$ のとき，a と a と a を取り出してかけるだけなので

$_3C_0=1$ 通り ← 3つの袋から，b を 0 個取り出す。

(Ⅱ) $r=1$ のとき，a と a と b，a と b と a，b と a と a を取り出してかけるので

$_3C_1=3$ 通り ← 3つの袋から，b を 1 個取り出す。

(Ⅲ) $r=2$ のとき，a と b と b，b と a と b，b と b と a を取り出してかけるので

$_3C_2=3$ 通り ← 3つの袋から，b を 2 個取り出す。

(Ⅳ) $r=3$ のとき，b と b と b を取り出してかけるだけなので

$_3C_3=1$ 通りとなるんだね。

3つの袋から，b を 3 個取り出す。

図 2 $n=3$ のときの二項定理

(Ⅰ) b が 0 個のとき $(r=0)$

$(a, b)(a, b)(a, b)$ → a, a, a } $_3C_0=1$ 通り

(Ⅱ) b が 1 個のとき $(r=1)$

$(a, b)(a, b)(a, b)$ → a, a, b

$(a, b)(a, b)(a, b)$ → a, b, a

$(a, b)(a, b)(a, b)$ → b, a, a

} $_3C_1=3$ 通り

(Ⅲ) b が 2 個のとき $(r=2)$

$(a, b)(a, b)(a, b)$ → a, b, b

$(a, b)(a, b)(a, b)$ → b, a, b

$(a, b)(a, b)(a, b)$ → b, b, a

} $_3C_2=3$ 通り

(Ⅳ) b が 3 個のとき $(r=3)$

$(a, b)(a, b)(a, b)$ → b, b, b } $_3C_3=1$ 通り

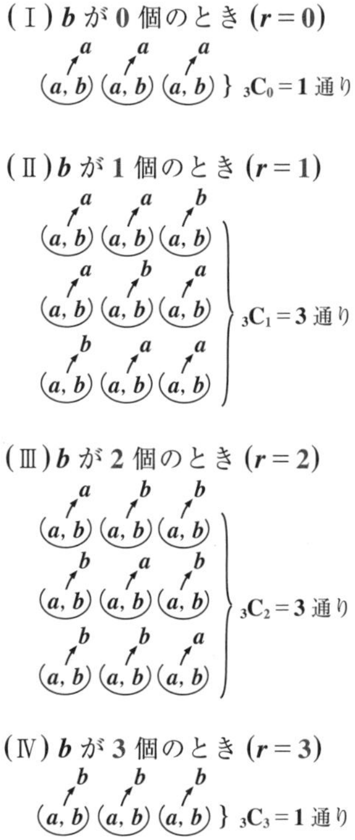

以上より，

$$(a+b)^3={}_3C_0a^3+{}_3C_1a^2b+{}_3C_2ab^2+{}_3C_3b^3$$

$r=0$　$r=1$　$r=2$　$r=3$ ← 取り出した b の個数

となって，$n=3$ のときの二項定理の公式になる。

そして，一般論として，$(a+b)^n$ では a と b が 1 つずつ入った n 個の袋から，a または b を 1 個ずつ取り出してかけるときに，取り出す b の個数に着目すれば，$a^{n-r}\cdot b^r$ の係数は $_nC_r$ $(r=0,\ 1,\ 2,\ \cdots,\ n)$ となって，

b を r 個，a を $n-r$ 個取り出してかけたもの

$$(a+b)^n={}_nC_0a^n+{}_nC_1a^{n-1}b+\cdots+{}_nC_ra^{n-r}b^r+\cdots+{}_nC_nb^n$$

が成り立つことも分かると思う。

つまり，二項定理で展開される $(a+b)^n$ の"**一般項**"は次式で表せるんだね。

$$_nC_ra^{n-r}b^r \quad (r=0,\ 1,\ 2,\ \cdots,\ n)$$

$r=0$ のとき，$_nC_0a^n$，$r=1$ のとき，$_nC_1a^{n-1}b$，…，$r=n$ のとき $_nC_nb^n$ になるね。

また，$_nC_r$ のことを"**二項係数**"と呼ぶことも覚えておこう。

ここで，$(a+b)^n$ について，$r=1$，2，3 のときの展開式を，その係数に着目してもう1度書いてみると，

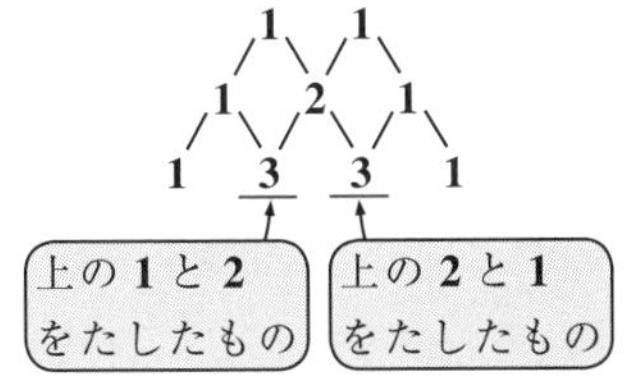

$(a+b)^1 = 1 \cdot a + 1 \cdot b$

$(a+b)^2 = 1 \cdot a^2 + 2 \cdot ab + 1 \cdot b^2$

$(a+b)^3 = 1 \cdot a^3 + 3 \cdot a^2b + 3 \cdot ab^2 + 1 \cdot b^3$

となって，右図のように三角形状に，係数が規則正しく並んでいることが分かるはずだ。これは，$n=1, 2, 3, 4, 5, \cdots$ と，同様の規則性をもって，$(a+b)^n$ の a^n，$a^{n-1}b$，$a^{n-2}b^2$，…，b^n の係数を図3に示すように順に，三角形状に並べることができるんだね。この二項展開公式の係数でできる三角形のことを **"パスカルの三角形"** というので覚えておこう。

図3 パスカルの三角形（Ⅰ）

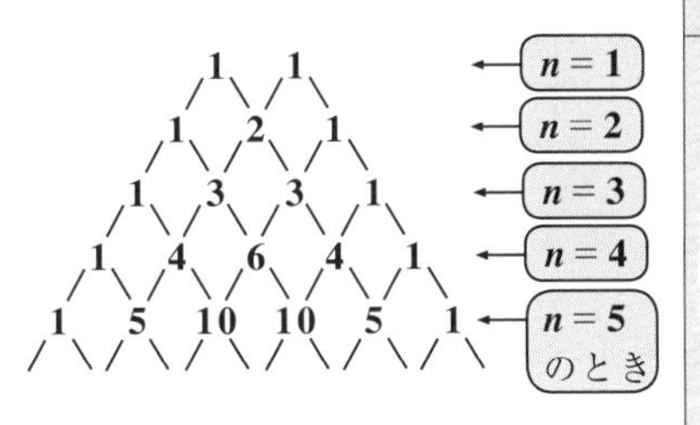

でも，何故このようなキレイな規則性があるのか？ 知りたいって!? いいよ。二項定理による $n=1, 2, 3, 4, 5, \cdots$ のときの各係数を，組合せの数 ${}_n\mathrm{C}_r$ の形で表示すると，パスカルの三角形は，図4のようになるね。ここで，$n=5$ のとき，a^3b^2 の係数 ${}_5\mathrm{C}_2$ に着目すると，これは，その1つ上の $n=4$ のときの ${}_4\mathrm{C}_1$ と ${}_4\mathrm{C}_2$ の和になるので，これを式で表すと，

図4 パスカルの三角形（Ⅱ）

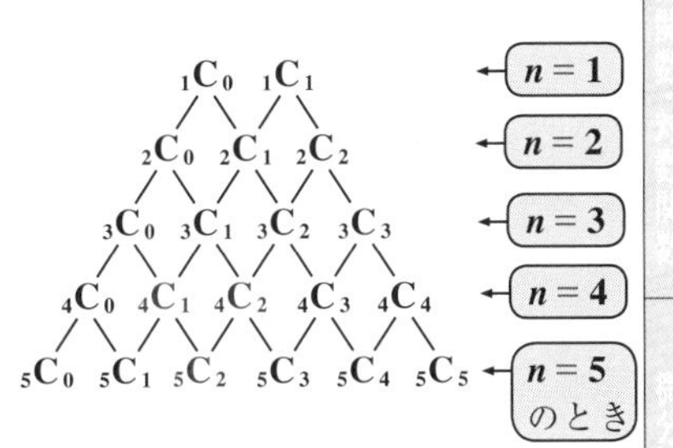

（${}_4\mathrm{C}_1$：a^3b の係数，${}_4\mathrm{C}_2$：a^2b^2 の係数）

${}_5\mathrm{C}_2 = {}_4\mathrm{C}_1 + {}_4\mathrm{C}_2$　となる。これは，P11で示した ${}_n\mathrm{C}_r$ の基本公式 ${}_n\mathrm{C}_r = {}_{n-1}\mathrm{C}_{r-1} + {}_{n-1}\mathrm{C}_r$ の $n=5$，$r=2$ のときのものだったんだね。数学って

本当によく出来ているんだね。他の係数についても同様だから，興味のある人は自分で確認してみるといいよ。

それじゃ，これから二項定理の典型的な問題を解いてみよう。

練習問題 2　二項定理　CHECK 1　CHECK 2　CHECK 3

次の各式を二項定理により展開せよ。

(1) $(3x+y)^4$　　　(2) $(\alpha-2\beta)^5$

(1)，(2) 共に，二項定理：$(a+b)^n = {}_n\mathrm{C}_0a^n + {}_n\mathrm{C}_1a^{n-1}b + \cdots + {}_n\mathrm{C}_ra^{n-r}b^r + \cdots + {}_n\mathrm{C}_nb^n$ を使って展開すればいいんだね。もちろん，パスカルの三角形を使ってもいいよ。

(1) 二項定理を用いると，

$$(3x+y)^4 = \underbrace{{}_4\mathrm{C}_0}_{1}(3x)^4 + \underbrace{{}_4\mathrm{C}_1}_{4}(3x)^3\cdot y + \underbrace{{}_4\mathrm{C}_2}_{6}(3x)^2\cdot y^2 + \underbrace{{}_4\mathrm{C}_3}_{4}\cdot 3x\cdot y^3 + \underbrace{{}_4\mathrm{C}_4}_{1}\cdot y^4$$

これらの係数は，もちろんパスカルの三角形から導いてもいい

$$= 3^4\cdot x^4 + 4\cdot 3^3\cdot x^3y + 6\cdot 3^2\cdot x^2y^2 + 4\cdot 3\cdot xy^3 + y^4$$

$$= 81x^4 + 108x^3y + 54x^2y^2 + 12xy^3 + y^4$$ となる。

(2) 二項定理より，

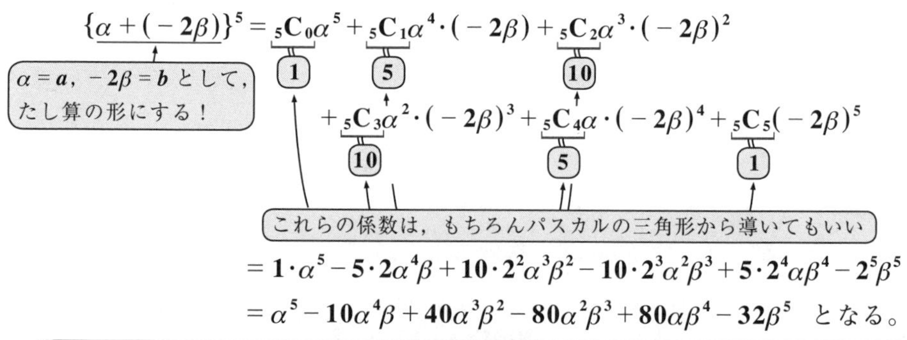

$$= 1\cdot\alpha^5 - 5\cdot 2\alpha^4\beta + 10\cdot 2^2\alpha^3\beta^2 - 10\cdot 2^3\alpha^2\beta^3 + 5\cdot 2^4\alpha\beta^4 - 2^5\beta^5$$

$$= \alpha^5 - 10\alpha^4\beta + 40\alpha^3\beta^2 - 80\alpha^2\beta^3 + 80\alpha\beta^4 - 32\beta^5$$ となる。

練習問題 3　二項定理　CHECK 1　CHECK 2　CHECK 3

$(x^2+2)^8$ の展開式における x^6 の係数を求めよ。

$(a+b)^n$ の一般項は，${}_n\mathrm{C}_ra^{n-r}b^r$ $(r=0,\ 1,\ 2,\ \cdots,\ n)$ だったね。よって，$(x^2+2)^8$ の一般項は，$x^2=a$，$2=b$ とおけば，${}_8\mathrm{C}_r(x^2)^{8-r}\cdot 2^r = {}_8\mathrm{C}_r\cdot 2^rx^{16-2r}$ となる。これから，$x^{16-2r}=x^6$，すなわち，$16-2r=6$ から，r の値を求めて，x^6 の係数を求めればいいんだね。頑張ろう！

$(x^2+2)^8$ の一般項は，二項定理より，

係数

$${}_8C_r\cdot(x^2)^{8-r}\cdot 2^r=\boxed{{}_8C_r\cdot 2^r}\cdot x^{16-2r}\quad\cdots\cdots①$$ となる。

指数法則：$(x^m)^n=x^{m\times n}$ より，$(x^2)^{8-r}=x^{2\times(8-r)}=x^{16-2r}$ となる。

ここで，ボク達は，x^6 の項の係数を知りたいわけだが，

$x^{16-2r}=x^6$，すなわち，$16-2r=6$ より　$2r=10$　$r=5$　となる。

よって，①より，$x^{16-2r}=x^6$ となるときの係数は，$r=5$ を代入して，

$${}_8C_5\times 2^5=\frac{8!}{5!3!}\times 32=\frac{8\cdot 7\cdot 6}{3\cdot 2\cdot 1}\times 32=1792$$ となって，答えだ！

2^5 は 32

$2^5=32$，$2^{10}=1024$ は，覚えておくと便利だ！

練習問題 4	二項定理の応用	CHECK 1	CHECK 2	CHECK 3

$(1+x)^n$ の二項展開を利用して，次の公式が成り立つことを示せ。

$${}_nC_0+{}_nC_1+{}_nC_2+\cdots+{}_nC_n=2^n\quad\cdots\cdots(*)$$

これは，$(1+x)^n$ を二項定理により展開した後，x に 1 を代入すれば導ける。

$(1+x)^n$ を二項定理により展開すると，

$$(1+x)^n={}_nC_0\cdot 1^n+{}_nC_1\cdot 1^{n-1}\cdot x+{}_nC_2\cdot 1^{n-2}\cdot x^2+\cdots+{}_nC_n\cdot x^n$$ より，

（1^n, 1^{n-1}, 1^{n-2} はいずれも 1）

$${}_nC_0+{}_nC_1\cdot x+{}_nC_2\cdot x^2+\cdots+{}_nC_n\cdot x^n=(1+x)^n\quad\cdots\cdots①$$ となる。そして，

この①式は，x がどんな値をとっても成り立つんだね。よって，ここで，

$x=1$ を①の両辺に代入すると，

$${}_nC_0+{}_nC_1\cdot 1+{}_nC_2\cdot 1^2+\cdots+{}_nC_n\cdot 1^n=(1+1)^n$$ より，

$${}_nC_0+{}_nC_1+{}_nC_2+\cdots+{}_nC_n=2^n\quad\cdots\cdots(*)$$ が成り立つことが示せたんだね。

それでは最後に，二項定理の応用として，$(a+b+c)^n$ の展開式の一般項の求め方についても，解説しておこう。二項定理の二項とは，a と b の二項の和の n 乗という意味なんだね。それから考えると，$(a+b+c)^n$ は三項定理の問題ということになるけれど，まず，$\{(a+b)+c\}^n$ とおいて，$a+b$ と c の二項定理の問題として解いていけばいいんだね。具体的に次の練習問題で練習してみよう。

練習問題 5　二項定理の応用　CHECK 1　CHECK 2　CHECK 3

$(a+b+c)^8$ の展開式における $a^3b^2c^3$ の係数を求めよ。

この形が来ても，$\{(a+b)+c\}^8$ とおいて二項定理より，この一般項は ${}_8C_r(a+b)^{8-r}c^r$ となるね。ここで，$r=3$ が決まるので，さらに，$(a+b)^{8-r}=(a+b)^5$ の一般項で考えればいいんだね。頑張ろう！

$a+b$ を1項と考えて，$\{(a+b)+c\}^8$ の展開式の一般項は，二項定理より，

${}_8C_r(a+b)^{8-r}\cdot c^r$ ……①　となる。$(r=0,\ 1,\ 2,\ \cdots,\ 8)$

ここで，$a^3b^2c^{\boxed{3}}$（r）の項の係数を調べたいわけだから，$r=3$ が決まるね。

これを①に代入して，

${}_8C_3(a+b)^5\cdot c^3$ ……②　となる。

（この一般項は，${}_5C_qa^{5-q}b^q$ となる。$(q=0,\ 1,\ 2,\ \cdots,\ 5)$）

ここで，②の $(a+b)^5$ の展開式の一般項も同様に，二項定理より

${}_5C_qa^{5-q}b^{\boxed{q}}$（2） ……③　$(q=0,\ 1,\ 2,\ \cdots,\ 5)$　となる。

ここで，ボク達は $a^3b^{\boxed{2}}c^3$（q）の項の係数を調べたいわけだから，$q=2$ も決まる。

よって，③は，

${}_5C_2a^3b^2$ ……④　となる。

以上②，④より，$(a+b+c)^8$ の展開式で，$a^3b^2c^3$ の項は，

${}_8C_3\cdot{}_5C_2a^3b^2c^3$ となるので，求めるこの項の係数は，

（求める係数）

$${}_8C_3\times{}_5C_2=\frac{8!}{3!\cdot 5!}\times\frac{5!}{2!\cdot 3!}=\frac{8!}{3!\cdot 2!\cdot 3!}=\frac{8\cdot 7\cdot 6\cdot 5\cdot 4}{2\cdot 1\times 3\cdot 2\cdot 1}$$

$=560$　となって，答えだ。

参考

証明は省くけれど，一般に $(a+b+c)^n$ の展開式の $a^pb^qc^r$ $(p+q+r=n)$ の項の係数は $\dfrac{n!}{p!\cdot q!\cdot r!}$ となることも覚えておいていいよ。練習問題5の $(a+b+c)^{\boxed{8}}$（n）の $a^{\boxed{3}}b^{\boxed{2}}c^{\boxed{3}}$（$p,q,r$）の係数も，この公式から，

$\dfrac{8!}{3!\cdot 2!\cdot 3!}=560$　と，アッサリ求められるんだね。大丈夫？

● 分数式の計算にも慣れておこう！

1 次式 $2x+1$ や，2 次式 $3x^2-2x+4$ や，3 次式 x^3+3x^2-5x+1…などを“**整式**(せいしき)”と呼ぶのは大丈夫だね。ここで，A を 1 次以上の整式，B を整式とするとき，$\frac{B}{A}$ を“**分数式**(ぶんすうしき)”という。たとえば，$\frac{x^2-3x+1}{x+1}$ や $\frac{x^4+4}{x^2-1}$…などを分数式というんだね。そして，この整式と分数式をまとめて“**有理式**(ゆうりしき)”と呼ぶことも覚えておこう。

これから，この分数式の計算について解説しよう。といっても，その基本は分数計算とまったく同じで，次の公式が使える。

分数式の基本公式

A, B, C, D：整式（ただし，分母にある場合は 1 次以上の整式とし，かつ 0 でないものとする。）　このとき，次の公式が成り立つ。

(i) $\frac{B\cdot C}{A\cdot C}=\frac{B}{A}$ ← 分子・分母の共通因数 C を消去して，既約分数にする操作

(ii) $\frac{B}{A}+\frac{D}{C}=\frac{B\cdot C+A\cdot D}{A\cdot C}$

(iii) $\frac{B}{A}-\frac{D}{C}=\frac{B\cdot C-A\cdot D}{A\cdot C}$

← 分数式同士のたし算や引き算では，分母を通分して行う。

(iv) $\frac{B}{A}\times\frac{D}{C}=\frac{B\cdot D}{A\cdot C}$ ← 分数式同士のかけ算は，分子同士，分母同士をそのままかければいい

(v) $\frac{B}{A}\div\frac{D}{C}=\frac{B}{A}\times\frac{C}{D}=\frac{B\cdot C}{A\cdot D}$ ← 分数式同士の割り算は，割る数の逆数をとって，かけ算にもち込む

(v) 式は，繁分数の計算 $\dfrac{\frac{B}{A}}{\frac{D}{C}}=\frac{BC}{AD}$ と同じだね。

分母の分母は上へ　分子の分母は下へ

それでは，以上の公式を利用して，分数式の計算も，練習問題で慣れていくことにしよう。

練習問題 6　分数式の計算　CHECK 1　CHECK 2　CHECK 3

次の分数式を簡単にせよ。

(1) $\dfrac{5x^2y}{4z} \div \dfrac{3xz^2}{4y^3}$　　(2) $\dfrac{2}{x-1} - \dfrac{2}{x+1} + \dfrac{4}{x^2+1}$　（東京電機大＊）

(3) $\dfrac{x}{x^2-4} + \dfrac{x}{x^2-4x+4}$　　(4) $\dfrac{1-\dfrac{1}{\dfrac{x}{1+x}}}{1+\dfrac{1}{\dfrac{x}{1-x}}}$　（玉川大＊）

それぞれ，分数式の計算法を使って，計算していけばいい。頑張ろう！

(1) $\dfrac{5x^2y}{4z} \div \dfrac{3xz^2}{4y^3} = \dfrac{5x^2y}{4z} \times \dfrac{4y^3}{3xz^2}$

公式：$\dfrac{B}{A} \div \dfrac{D}{C} = \dfrac{B}{A} \times \dfrac{C}{D}$ を使った！

$= \dfrac{5x^2y^4}{3x \cdot z^3} = \dfrac{5xy^4}{3z^3}$　となる。

(2) $\dfrac{2}{x-1} - \dfrac{2}{x+1} + \dfrac{4}{x^2+1} = \dfrac{2(x+1)-2(x-1)}{(x-1)(x+1)} + \dfrac{4}{x^2+1}$

公式：$\dfrac{B}{A} - \dfrac{D}{C} = \dfrac{BC-AD}{AC}$ を使った。

$= \dfrac{4}{x^2-1} + \dfrac{4}{x^2+1} = \dfrac{4(x^2+1)+4(x^2-1)}{(x^2-1)(x^2+1)}$

公式：$\dfrac{B}{A} + \dfrac{D}{C} = \dfrac{BC+AD}{AC}$ を使った。

$= \dfrac{8x^2}{x^4-1}$　となる。

[この分母は，$x^4-1=(x^2)^2-1^2=(x^2-1)(x^2+1)=(x-1)(x+1)(x^2+1)$
と因数分解できるので，（$x^2-1 = (x-1)(x+1)$）
この答えを $\dfrac{8x^2}{(x-1)(x+1)(x^2+1)}$ と表してもいいよ。]

(3) $\dfrac{x}{x^2-4}+\dfrac{x}{x^2-4x+4}=\dfrac{x}{(x-2)(x+2)}+\dfrac{x}{(x-2)^2}$ ← 2項とも，分母を因数分解した。

$=\dfrac{x}{x-2}\left(\dfrac{1}{x+2}+\dfrac{1}{x-2}\right)$ ← 2項の共通因数である $\dfrac{x}{x-2}$ をくくり出せば，( ) 内は簡単な計算になる！

$\left(\dfrac{1}{x+2}+\dfrac{1}{x-2}\right)=\dfrac{x-\cancel{2}+x+\cancel{2}}{(x+2)(x-2)}$ ← 公式：$\dfrac{B}{A}+\dfrac{D}{C}=\dfrac{BC+AD}{AC}$ を使った。

$=\dfrac{x}{x-2}\times\dfrac{2x}{(x+2)(x-2)}=\dfrac{2x^2}{(x+2)(x-2)^2}$ ← 公式：$\dfrac{B}{A}\times\dfrac{D}{C}=\dfrac{BD}{AC}$ を使った。

となるんだね。

(4) 繁分数の計算法を利用すればいいね。

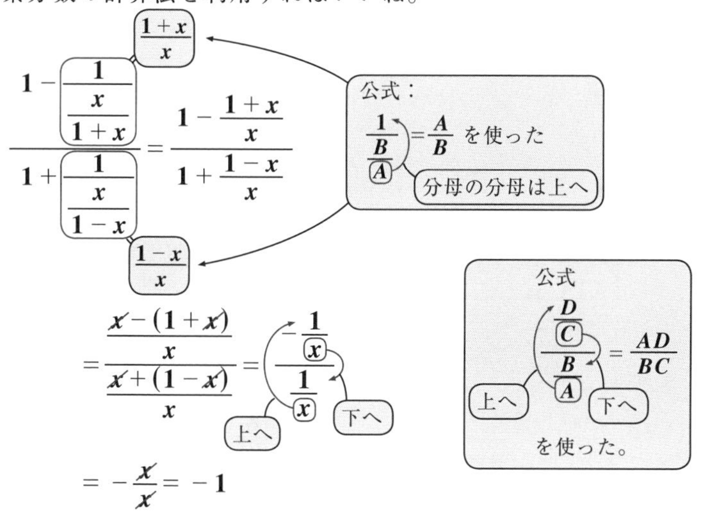

となって，アリャ！定数になって，答えだ！

以上で，第**1**日目の講義は終了です。**3**次式の乗法公式(因数分解公式)，二項定理，分数式の計算と，盛り沢山な内容だったけれど，いずれも，本格的な数学Ⅱを学ぶ上で基礎となるものばかりだから，今の内にシッカリ復習して，基礎体力を身につけておこうな…。

2nd day　虚数単位，複素数の計算

おはよう！ みんな元気そうだね。さァ，これから**2**日目の講義に入ろう！今日教えるテーマは，“**虚数単位**”と“**複素数**”だ。これまで学習してきた数は，整数や分数や無理数を含めて実数と呼ばれるものだったんだね。しかし，今日の講義では，数の範囲を実数からさらに拡張することにする。エッ，よく分からんけど，何かワクワクしてきたって!? いいことだね。

ここでは，虚数単位 i や複素数について，分かりやすく解説しよう。計算練習が中心になるけれど，これで新しい数についても慣れることができると思うよ。じゃ，みんな準備はいいね？

● 虚数単位 i って，何だろう？

これまで，数学**I**・**A**で勉強した数は，“**実数**”までだったんだね。今回は，この数のヴァリエーションをさらに拡張していくことになるんだよ。では，まず，数学**I**・**A**の復習として，実数の分類を下に示しておこう。

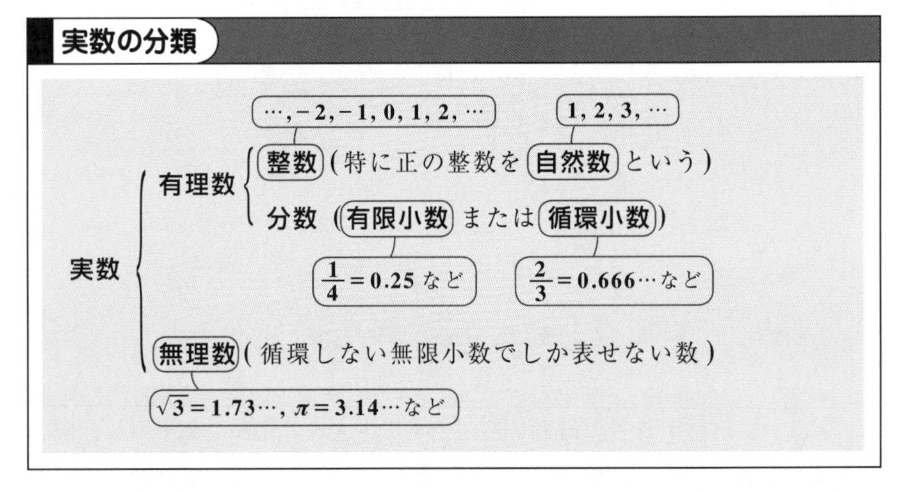

どう？ 実数についても思い出せただろう？ つまり，実数って，有理数（整数と分数）と無理数（π や $\sqrt{2}$ など）から成る数なんだね。

ここで，x を実数とすると，$x^2 \geqq 0$ となるのは大丈夫？ たとえば，

（$x^2 = x \times x$）

$$x = \frac{2}{3} \text{ のとき，} x^2 = \left(\frac{2}{3}\right)^2 = \frac{2^2}{3^2} = \frac{4}{9} > 0$$

$x=0$ のとき，$x^2=0^2=0$，そして，

$x=-\sqrt{2}$ のときも，$x^2=(-\sqrt{2})^2=2>0$ などとなって，x が正，0，負に関わらず，必ず $x^2 \geqq 0$ が成り立つんだね。

逆に，$x^2=3$（⊕の数）をみたす x はどうなるか分かる？ これは簡単な x の2次方程式で，その解は，$x=\pm\sqrt{3}$（$x=\sqrt{3}$ または $x=-\sqrt{3}$ のこと）となるんだったね。

それじゃ，$x^2=-1$（⊖の数）の解はどうなる？ ……，そうだね。x が実数ならば，当然 $x^2 \geqq 0$ なので，$x^2=-1$ をみたす実数 x なんて存在しない。つまり，"**解なし**"ってことになる。これが，数学 I・A までの正しい答えだった。

でも，ここで $x^2=-1$ についても，その答えを考えてみることにしよう。この x の解はもちろん，実数ではなくなってしまうけれど，この方程式を $x^2=3$ のときと同様に形式的に変形すると，

$x^2=-1$ より，$x=\pm\sqrt{-1}$ となるだろう。ここで，この $\sqrt{-1}$ を i とおいて，これを"**虚数単位**(きょすうたんい)"と呼ぶことにしよう。すると，$x^2=-1$ の解は，

$x=\pm\sqrt{-1}=\pm i$（$x=i$ または $-i$ のこと）と表すことができるんだね。エッ？ "何かキツネにつままれたみたい"って？そうだね。新しい考え方や概念が登場するときはみんな違和感をもつものなんだ。特に，今は，実数を越えて，さらに数を大きく拡張しようという，画期的な試みをしているわけだからね。キミ達が戸惑うのも当然だと思う。でも，少し落ち着いた？

それじゃ，もう1度，この虚数単位について下にまとめておこう。

虚数単位 i

$i=\sqrt{-1}$ と定義し，i を"**虚数単位**"と呼ぶ。

（定義より，$i^2=-1$ となる。）

$i=\sqrt{-1}$ から，この両辺を2乗して，$i^2=(\sqrt{-1})^2=-1$ となるのもいいね。

つまり，虚数単位 i とは，2乗して -1 になる不思議な数のことなんだね。

また，$x^2=-1$ の解を，$x=\pm\sqrt{-1}=\pm i$ と表したけれど，逆に，

$x=i$ のとき，$x^2=i^2=-1$ となるし，

$x=-i$ のときも，$x^2=(-i)^2=(-1\times i)^2=\underbrace{(-1)^2}_{1}\times\underbrace{i^2}_{-1}=1\times(-1)=-1$

$(a\times b)^2=a^2\times b^2$ ― 指数法則

となるので，$x=i$ と $x=-i$ が，$x^2=-1$ の解となるのもいいね。

エッ？　まだピンとこないって？　いいよ。i についていっぱい練習しよう。

(a)　次の2つの方程式を解こう。

(1) $x^2=-3$　　　(2) $x^2=-4$

$x^2=$(負の数)だから，数学Ⅰ・Aまでの範囲ならば，“解なし”と答えればよかった。けれど，これからは，虚数単位 $i(=\sqrt{-1})$ を使って，解を求めることができるんだね。

(1) $x^2=-3$ を変形して，

$x=\pm\sqrt{-3}=\pm\sqrt{3\times(-1)}=\pm\sqrt{3}\times\underbrace{\sqrt{-1}}_{i}=\pm\sqrt{3}i$ が答えだ。（$\sqrt{3}i$ または $-\sqrt{3}i$ のこと）

(2) $x^2=-4$ も，同様に変形して，

$x=\pm\sqrt{-4}=\pm\sqrt{4\times(-1)}=\pm\underbrace{\sqrt{4}}_{2}\times\underbrace{\sqrt{-1}}_{i}=\pm 2i$ が答えになる。（$2i$ または $-2i$ のこと）

どう？　少しは慣れてきた？この要領で，

$\sqrt{-6}=\sqrt{6\times(-1)}=\sqrt{6}\times\underbrace{\sqrt{-1}}_{i}=\sqrt{6}i$，　$\sqrt{-9}=\sqrt{9\times(-1)}=\underbrace{\sqrt{9}}_{3}\times\underbrace{\sqrt{-1}}_{i}=3i$

$\sqrt{-18}=\sqrt{18\times(-1)}=\underbrace{\sqrt{18}}_{3\sqrt{2}}\times\underbrace{\sqrt{-1}}_{i}=3\sqrt{2}i$ などと変形できるのもいいね。

一般に，虚数単位 i のついた数の四則計算(＋，－，×，÷)では，i は a や b などの文字と同様に考えて計算していいんだよ。でも，$i=\sqrt{-1}$ だから，$i^2=-1$ となることに要注意だ。では，次の例題を解いてみよう。

(b)　次の式を簡単にしよう。

(1) $4i+2i$　　　(2) $\sqrt{-6}\times\sqrt{-2}$　　　(3) $\dfrac{1}{\sqrt{-1}}$

(1)は，$4i+2i=(4+2)i$ のように，文字 i をくくり出す要領で計算すればいい。(2)(3)については，

$\sqrt{-6}\times\sqrt{-2}=\sqrt{(-6)\times(-2)}=\sqrt{12}=\underline{2\sqrt{3}}$ や $\dfrac{1}{\sqrt{-1}}=\sqrt{\dfrac{1}{-1}}=\sqrt{-1}=\underline{i}$

間違い！　　　間違い！

と計算してはいけない。あくまでも，$\sqrt{-6}=\sqrt{6}i$，$\sqrt{-2}=\sqrt{2}i$，$\sqrt{-1}=i$ と，先に i の形にして計算するんだよ。

(1) $4i+2i=(4+2)i=6i$ となる。← $4a+2a=6a$ と同じ！

(2) $\sqrt{-6}\times\sqrt{-2}=\sqrt{6}i\times\sqrt{2}i=\sqrt{6}\times\sqrt{2}\times i^2=-\sqrt{12}=-2\sqrt{3}$ が答えだ。
($\sqrt{-6}=\sqrt{6\times(-1)}$，$\sqrt{-2}=\sqrt{2\times(-1)}$，$\sqrt{6}\times\sqrt{2}=\sqrt{6\times2}$，$i^2=-1$，$\sqrt{12}=\sqrt{2^2\times3}$)

(3) $\dfrac{1}{\sqrt{-1}}=\dfrac{1}{i}=-\dfrac{-1}{i}=-\dfrac{i^2}{i}=-i$ となって，答えだ。← $-\dfrac{a^2}{a}=-a$ と同じ！
($\sqrt{-1}=i$；分子 $1=-(-1)=-i^2$ と変形するのがミソ！)

● 複素数は，実数と虚数から成る！？

ここで，2 次方程式の解の公式を，復習しておこう。

2 次方程式の解 (Ⅰ)

2 次方程式：$ax^2+bx+c=0$　(a，b，c：実数，$a\neq0$) について，

判別式 $D=b^2-4ac$ とおくと，

(ⅰ) $D>0$ のとき，相異なる 2 実数解 $x=\dfrac{-b\pm\sqrt{b^2-4ac}}{2a}$ をもつ。（b^2-4ac は D）

(ⅱ) $D=0$ のとき，重解 $x=-\dfrac{b}{2a}$ をもつ。

(ⅲ) $D<0$ のとき，実数解をもたない。

2 次方程式の解 (Ⅱ)

2 次方程式：$ax^2+2b'x+c=0$　(a，b'，c：実数，$a\neq0$，b'：整数) について，判別式 $\dfrac{D}{4}=b'^2-ac$ とおくと，

(ⅰ) $\dfrac{D}{4}>0$ のとき，相異なる 2 実数解 $x=\dfrac{-b'\pm\sqrt{b'^2-ac}}{a}$ をもつ。（b'^2-ac は $\dfrac{D}{4}$）

(ⅱ) $\dfrac{D}{4}=0$ のとき，重解 $x=-\dfrac{b'}{a}$ をもつ。

(ⅲ) $\dfrac{D}{4}<0$ のとき，実数解をもたない。

公式だけ書くと，何か難しく感じるだろうけど，これらは既にいっぱい練習してきたことなんだね。ここで，判別式Dについて，(iii) $D<0$や(iii) $\frac{D}{4}<0$のとき，数学Iでは，xの2次方程式$ax^2+bx+c=0$（または$ax^2+2b'x+c=0$）は“実数解をもたない”としていたんだけれど，今のボク達には，虚数単位$i\ (=\sqrt{-1})$という強い味方が付いているので，この場合の解も，iを使って表現することができる。

エッ？具体的にやってみたいって？もちろんだ！早速，実際に計算してみよう。たとえば，方程式$x^2-4x+9=0$が与えられたとしよう。

$\underbrace{1}_{a}\cdot x^2\underbrace{-4}_{2b'}\cdot x+\underbrace{9}_{c}=0$ より，

$a=1,\ b'=-2,\ c=9$ となり，この判別式をDとおくと，

$\frac{D}{4}=\underbrace{(-2)^2-1\cdot 9}_{b'^2-ac}=4-9=-5<0$ となって，

実数解をもたないパターンなんだね。でも，これについても，

解の公式：$x=\frac{-b'\pm\sqrt{b'^2-ac}}{a}$ を強引に使って解くと，

$x=\frac{-(-2)\pm\sqrt{(-2)^2-1\cdot 9}}{1}=2\pm\underbrace{\sqrt{-5}}_{\sqrt{5\times(-1)}=\sqrt{5}\cdot\sqrt{-1}=\sqrt{5}i}=2\pm\sqrt{5}i$ となる。

これは，この2次方程式$x^2-4x+9=0$の解が，$x=2+\sqrt{5}i$，または$2-\sqrt{5}i$と言っているんだね。このように，iの入った解は，もちろん実数解ではなく，“**虚数解**（きょすうかい）”と呼ばれる。それじゃ，さらに練習をしておこう。

(c) 次の2次方程式の虚数解を求めよう。

(1) $x^2+x+1=0$　　(2) $x^2-2x+3=0$

(1)(2)の2次方程式の判別式は共に負だから，虚数解が求まるね。求め方は解の公式通りで，最終的には虚数単位iを使えばいいんだよ。

(1) $\underbrace{1}_{a}\cdot x^2+\underbrace{1}_{b}\cdot x+\underbrace{1}_{c}=0$ より，$a=1,\ b=1,\ c=1$ だから，

この判別式をDとおくと，$D=b^2-4ac=1^2-4\cdot 1\cdot 1=-3<0$

となるね。よって，これは次の虚数解をもつ。つまり，

$$\text{解}\ x=\frac{-b\pm\sqrt{b^2-4ac}}{2a}=\frac{-1\pm\sqrt{1^2-4\cdot1\cdot1}}{2\cdot1}=\frac{-1\pm\underbrace{\sqrt{-3}}_{\sqrt{3}i}}{2}$$

$$=\frac{-1\pm\sqrt{3}i}{2}=-\frac{1}{2}\pm\frac{\sqrt{3}}{2}i\ \text{をもつ。}$$

これは，$-\frac{1}{2}+\frac{\sqrt{3}}{2}i$ と $-\frac{1}{2}-\frac{\sqrt{3}}{2}i$ の 2 つの虚数解のこと

(2) $\underset{a}{1}\cdot x^2\underset{2b'}{-2}\cdot x+\underset{c}{3}=0$ より，$a=1$，$b'=-1$，$c=3$ だから，

この判別式を D とおくと，$\frac{D}{4}=b'^2-ac=(-1)^2-1\cdot3=-2<0$

となる。よって，これは次の虚数解をもつ。すなわち，

$$\text{解}\ x=\frac{-b'\pm\sqrt{b'^2-ac}}{a}=\frac{-(-1)\pm\sqrt{(-1)^2-1\cdot3}}{1}=\frac{1\pm\underbrace{\sqrt{-2}}_{\sqrt{2}i}}{1}$$

$$=1\pm\sqrt{2}i$$

これは，$1+\sqrt{2}i$ と $1-\sqrt{2}i$ の 2 つの虚数解のこと

どう？ 虚数解の求め方もマスターできた？ これまで求めた虚数解なんだけど，$2\pm\sqrt{5}i$ や $-\frac{1}{2}\pm\frac{\sqrt{3}}{2}i$ や $1\pm\sqrt{2}i$ のように，2 つの実数 a，b により $a+bi$ $(i=\sqrt{-1})$ の形で表されるね。このような数を，一般に “**複素数**（ふくそすう）” と呼ぶ。そして，a と b は共に実数だけれど，a を “**実部**（じつぶ）”，b を “**虚部**（きょぶ）” というんだよ。これをまとめておこう。

b は “実数” だけど，i がかかっているので “虚部” という。

複素数 (Ⅰ)

複素数 $a+bi$　　$(a,\ b：\text{実数},\ i：\text{虚数単位}\ (i=\sqrt{-1}))$

(a を実部，b を虚部という。)

たとえば，$\underset{\text{実部}}{2}+\underset{\text{虚部}}{\sqrt{5}}i$ は実部が 2，虚部が $\sqrt{5}$ の複素数だね。また，$-\frac{1}{2}-\frac{\sqrt{3}}{2}i$ は $\underset{\text{実部}}{-\frac{1}{2}}+\underset{\text{虚部}}{\left(-\frac{\sqrt{3}}{2}\right)}i$ と考えればいいので，実部が $-\frac{1}{2}$，虚部が $-\frac{\sqrt{3}}{2}$ の複素数になるんだね。大丈夫？

そして，複素数 $a+bi$ は次のように分類できる。つまり，
(ⅰ) $b=0$ のときは，$a+0\cdot i=a$ となって，ただの“実数(じっすう)”になり，また，
(ⅱ) $b\neq0$ のときの $a+bi$ を“虚数”と呼ぶんだよ。($b\neq 0$)

(さらに，$b\neq0$ かつ $a=0$ のときの $0+bi=bi$ のことを“純虚数(じゅんきょすう)”という。)

つまり，複素数 $a+bi$ (a, b:実数, $i=\sqrt{-1}$) こそ，実数をさらに拡張した新たな数のことで，“実数”と“虚数”から成るんだよ。これを下にまとめておこう。

複素数(Ⅱ)

複素数 $a+bi$
- 実数：a ($b=0$ のとき)
  - 有理数
  - 無理数
- 虚数：$a+bi$ ($b\neq0$ のとき)

特に，$a=0$ かつ $b\neq0$ のとき，純虚数 (bi) になる。

エッ？少し頭の中が混乱してるって？いいよ。具体的に説明しよう。

- 3 や $\sqrt{5}$ は，ボク達のよく知っている“実数”だね。
- これに対して，$2+3i$ や，$1-\sqrt{6}i$ を“虚数”という。
- 特に，$2i$ や $\sqrt{3}i$ を“純虚数”という。

そして，これらは $3=3+0i$, $\sqrt{5}=\sqrt{5}+0i$, $2+3i$, $1-\sqrt{6}i$, $2i=0+2i$, $\sqrt{3}i=0+\sqrt{3}i$ と考えれば，すべて $a+bi$ の形をしているので，総称して，“複素数”と言えるんだね。つまり，複素数とは，実数と虚数から成る新たな数なんだね。納得いった？

(虚数：“純虚数”を含む。)

● 2つの複素数が等しくなる条件って，何!?

1つの複素数 $a+bi$ (a, b:実数, $i=\sqrt{-1}$) には，2つの実数 a (実部) と b (虚部) の情報が含まれている。だから，2つの複素数 $a+bi$ と $c+di$ (a:実部, b:虚部, c:実部, d:虚部)

が等しくなるためには，(ⅰ) 実部同士が等しく $(a=c)$ かつ (ⅱ) 虚部同士が等しく $(b=d)$ なければならない。これを，“複素数の相等(ふくそすうのそうとう)”というんだよ。

複素数の相等

(Ⅰ) $a+bi=c+di$ (a, b, c, d：実数, $i=\sqrt{-1}$) のとき,

$a=c$ かつ $b=d$ となる。

(Ⅱ) 特に, $a+bi=0$ (a, b：実数, $i=\sqrt{-1}$) のとき,

$a=0$ かつ $b=0$ となる。

(Ⅱ) は, $a+bi=0+0i$ とみて, (Ⅰ) より, $a=0$ かつ $b=0$ が導かれるんだね。

だから, 実数 x, y と i (虚数単位) が入った方程式

$(1+i)x+yi-1=0$ が与えられたとしたら,

これをまず, (実部)+(虚部)・$i=0$ の形に変形して,

$x+x\cdot i+y\cdot i-1=0$

$(x-1)+(x+y)i=0$ より,

実部　虚部

ここで, 複素数の相等 $a+bi=0$ ならば, $a+bi=0+0i$ とみて $a=0$ かつ, $b=0$ より

$x-1=0$ ……㋐

かつ

$x+y=0$ ……㋑　が導ける。

㋐から, $x=1$, これを㋑に代入して, $1+y=0$ より, $y=-1$

以上より, $x=1$, $y=-1$ と, x, y の 2 つの値を 1 つの方程式から求めることができるんだね。大丈夫?

次, "**共役複素数**(きょうやくふくそすう)" についても話しておこう。ある複素数 $a+bi$ に対して共役複素数は $a-bi$ で定義されるんだよ。たとえば, $2+3i$ の共役複素数は $2-3i$ となるんだね。この "**共役**(きょうやく)" な関係とは元々相対的なものだから, 逆に $2-3i$ の共役複素数は $2+3i$ となる。これは, $2-3i$ を $a+bi$ とすると, $a=2$, $b=-3$ に相当するので, この共役複素数は

($a+bi$ に対して虚部の符号が㊀になったもの)

$a-bi=2-(-3)i=2+3i$ となるからなんだ。(これは後で出てくる!)

そして, 一般に実数係数の 2 次方程式や 3 次方程式が虚数解 $a+bi$ をもつとき, その共役複素数 $a-bi$ も解となることも覚えておこう。

実際に，実数係数の2次方程式 $1\cdot x^2 - 4\cdot x + 9 = 0$ の2つの虚数解が共

係数がすべて実数

役な2つの複素数 $2+\sqrt{5}i$，$2-\sqrt{5}i$ であったことは，既にやった通りだ。
また，例題 (c) の2つの実数係数の2次方程式 $1\cdot x^2 + 1\cdot x + 1 = 0$ と $1\cdot x^2 - 2\cdot x + 3 = 0$ の虚数解についてもそれぞれ $-\frac{1}{2}\pm\frac{\sqrt{3}}{2}i$，$1\pm\sqrt{2}i$ と，互いに共役な複素数が解となっていたんだね。

● 複素数の計算に慣れよう！

それでは，最後に複素数の計算練習をシッカリやっておこう。エッ，計算ばかりで飽きたって？ でも，サッカーと同様に，パス練習など，基本動作が確実にできるようになって，初めてプレーできるわけだからね。計算練習も同じだ！ 頑張ろう！

複素数の計算に必要な3つのポイントを下に示すよ。

(ⅰ) i は普通の文字と同様に計算する。
(ⅱ) i^2 が出てきたら，$i^2 = -1$ とおく。
(ⅲ) 最後に，複素数 $a + bi$ $(a,\ b$: 実数$)$ の形にまとめる！

つまり，最終的には i (愛) のない世界の実部 a と，i (愛) のある世界の虚部 b にキレイにまとめて，示すんだね！

それでは，以上のポイントに気を付けながら，次の練習問題を解いてみよう！

練習問題 7	複素数の計算	CHECK 1	CHECK 2	CHECK 3

次の複素数を簡単にせよ。

(1) $2(2-3i)-(1+2i)$　　(2) $\dfrac{3-i}{1+3i}$

(3) $\dfrac{1-2i}{1+2i}+\dfrac{1+2i}{1-2i}$　　(4) $(1+i)^6$

まず，虚数単位 i は，普通の文字の a や b などと同様に計算する。そして，$i^2=-1$ とおき，最終的に $a+bi$ の複素数の形にまとめればいいんだね。

(1) $2\cdot(2-3i)-1\cdot(1+2i)$ ← 分配の法則

$= 4-6i-1-2i = (4-1)-(6+2)i$ ← 実部と虚部に分ける！

$= 3-8i$ ← 完成！

(2) $\frac{3-i}{1+3i}=\frac{(3-i)(1-3i)}{(1+3i)(1-3i)}$ ← 分子・分母に $(1-3i)$ をかけて，分母を実数化する。

$1^2-3^2\cdot i^2=1-9\times(-1)=1+9=10$　（$i^2=(-1)$）

← 公式：$(a+b)(a-b)=a^2-b^2$ を使った！

$=\frac{(3-i)(1-3i)}{10}=\frac{3-9i-i+3i^2}{10}=\frac{3-9i-i-3}{10}$　（$i^2=(-1)$）

$=\frac{(-9-1)i}{10}=-\frac{10}{10}i=-i$ ← 純虚数になった！ 完成！

(3) $\frac{1-2i}{1+2i}+\frac{1-2i}{1-2i}$

分数計算の公式：

$\frac{b}{a}+\frac{d}{c}=\frac{bc+ad}{ac}$

を使った！

$=\frac{(1-2i)^2+(1+2i)^2}{(1+2i)(1-2i)}$

（$(1-2i)^2=1^2-2\cdot1\cdot2i+(2i)^2$，$(1+2i)^2=1^2+2\cdot1\cdot2i+(2i)^2$）

$1^2-(2i)^2=1-4\cdot i^2=1+4=5$　（$i^2=(-1)$）

$=\frac{1-4i+4\cdot i^2+1+4i+4\cdot i^2}{5}=\frac{1-4+1-4}{5}=-\frac{6}{5}$　（$i^2=(-1)$）

← 実数となって完成！

(4) $(1+i)^6=\{(1+i)^2\}^3$ ← 指数法則 $a^{2\times3}=(a^2)^3$ を使った！

ここで，$(1+i)^2=1^2+2\cdot1\cdot i+i^2$ ← 公式 $(a+b)^2=a^2+2ab+b^2$　（$i^2=-1$）

$=1+2i-1=2i$　より， ← 簡単になった！

これを先に求めるのがコツだ！

与式 $=\{(1+i)^2\}^3=(2i)^3=2^3\cdot i^3$

（$2^3=8$，$i^3=i\cdot i^2=i\cdot(-1)=-i$）

$=8\cdot(-i)=-8i$ ← 純虚数になった！ 完成！

以上で，虚数単位や複素数の計算にも自信が持てるようになったと思う。数の世界が，実数から，複素数へと広がったんだね。高校レベルの知識としては，今日勉強した内容で十分だから，練習問題を何回も解いて，完全にマスターしておいてくれ。では，次回の講義まで，みんな元気でな…。さようなら。

3rd day　2次方程式の解と係数の関係，解の符号の決定

みんな，元気そうだね。さァ，これから，**3**日目の講義に入ろう。今日は，数学**I**・**A**で勉強した“**2次方程式**”をさらに深めていこうと思う。

2次方程式の解と係数の間には，実は深〜い関係があるんだよ。この“**解と係数の関係**”について，まずシッカリ解説するつもりだ。さらに，**2**次方程式が**2**つの異なる実数解αとβをもつとき，この**2**つの実数解の符号(⊕, ⊖)が**2**次方程式の係数から決まることも，詳しく教えよう。

それでは，早速講義を始めよう！

● 2次方程式の解と係数の関係を押さえよう！

2次方程式の“**解**(かい)**と係数**(けいすう)**の関係**”の解説にあたって，まず，具体的に考えていくことにしようか。

ここで，たとえば，**2**次方程式

$\underline{\underline{2}}x^2-5x+2=0$ ……㋐

が与えられたとしよう。

㋐の両辺を，x^2の係数**2**で割っても，㋐と同じ方程式

$$x^2-\frac{5}{2}x+1=0 \text{ ……㋑}$$

が導ける。

（x^2の係数を**1**にした！）

> $2x^2-5x+2=0$ ……㋐ について，
> (i) 両辺を**2**倍した
> 　$4x^2-10x+4=0$ も
> (ii) 両辺を**10**で割った
> 　$0.2x-0.5x+0.2=0$ も
> ㋐と同じ方程式になる。
> (i)の場合，両辺を**2**で割れば，
> (ii)の場合，両辺を**10**倍すれば，
> 元の㋐に戻るからね。
> よって，㋐の両辺をx^2の係数**2**で割った
> $x^2-\frac{5}{2}x+1=0$ ……㋑ も
> ㋐と同じ方程式なんだね！

次に，㋐の方程式を解いて㋐の解を求めてみようか。

エッ，解き方を忘れたって？ オイオイ，これは，x^2の係数が**1**ではなく，$\underline{\underline{2}}$だから，“たすきがけ”を使って，因数分解で解くパターンの方程式だっただろう。思い出した？ つまり，

$2x^2\underset{\sim\sim}{-5}x+2=0$

```
2 ＼／ −1 → −1
1 ／＼ −2 → −4 (+
             −5
```

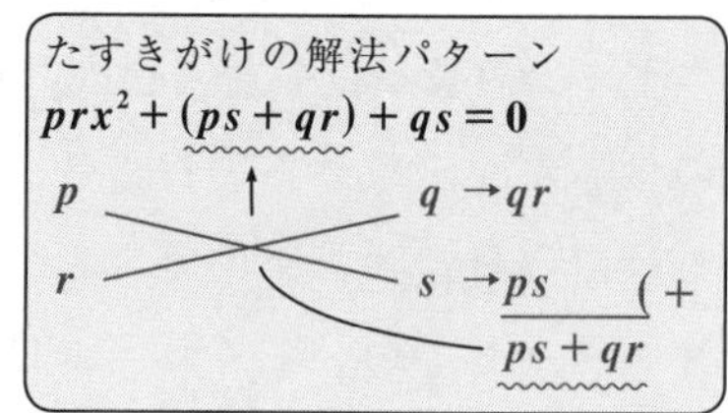

として，左辺を因数分解して，

$(2x-1)(x-2)=0$ となる。

よって，この㋐の解は，$x=\frac{1}{2}$ または 2 となるんだね。

そして，$x=\frac{1}{2}$ または 2 を解にもつ x^2 の係数が 1 の 2 次方程式は，逆に，

$\left(x-\frac{1}{2}\right)(x-2)=0$ だね。この左辺を展開すると，

$x^2-2x-\frac{1}{2}x-\frac{1}{2}\cdot(-2)=0$

$x^2-\left(2+\frac{1}{2}\right)x+1=0$ （$2+\frac{1}{2}=\frac{4+1}{2}$）

$x^2-\frac{5}{2}x+1=0$ ……㋒ となって，㋑ と一致するんだね。

（x^2 の係数が 1）

何で，こんなことをするのかって？ これまでやったことを，一般の 2 次方程式 $ax^2+bx+c=0$ $(a\neq 0)$ ……㋐´

（$a=0$ とすると，㋐´ は $bx+c=0$ となって，1 次方程式になってしまう。だから，$a\neq 0$ だ！）

に適用すると，**"解と係数の関係"** をキレイに導くことができるからなんだ。

それじゃ，一般論に入ろう。

2 次方程式 $ax^2+bx+c=0$ $(a\neq 0)$ ……㋐´が，2 つの解 α，β をもつものとするよ。すると，

$ax^2+bx+c=0$ $(a\neq 0)$ ……㋐´

㋐´の両辺を a で割っても，㋐´ と同じ方程式だね。これを ㋑´とおく。

$x^2+\frac{b}{a}x+\frac{c}{a}=0$ ……㋑´

（x^2 の係数を 1 にした！）

$2x^2-5x+2=0$ ……㋐

㋐は，解 $x=\frac{1}{2}$ と 2 をもつ。

$x^2-\frac{5}{2}x+1=0$ ……㋑

次，㋐′は，α と β を解にもつ方程式なので，この x^2 の係数を1にした2次方程式を㋒′とおくと，

$$(x-\alpha)(x-\beta)=0$$

$$x^2-\alpha x-\beta x+\alpha\beta=0$$

$$x^2-(\alpha+\beta)x+\alpha\beta=0 \quad \cdots\cdots ㋒'$$

ここで，㋑′と㋒′は同じ方程式なので，

$$\left(x-\frac{1}{2}\right)\left(x-2\right)=0$$

を変形して，

$$x^2-\frac{5}{2}x+1=0 \quad \cdots\cdots ㋒$$

これまでの例と比較すると，左の一般論の意味がよく分かると思う！

$$\begin{cases} x^2+\dfrac{b}{a}x+\dfrac{c}{a}=0 & \cdots\cdots ㋑' \\ x^2-(\alpha+\beta)x+\alpha\beta=0 & \cdots\cdots ㋒' \end{cases}$$ の各係数を比較できる。

㋑′，㋒′の x^2 の係数は同じ1でそろえているので，x の係数，定数項も共に等しくなるはずだ！

$\dfrac{b}{a}=-(\alpha+\beta)$，かつ $\dfrac{c}{a}=\alpha\beta$ が導かれるね。これをまとめて，2次方程式

この両辺には-1をかける

の**解と係数の関係**の公式 $\alpha+\beta=-\dfrac{b}{a}$ かつ $\alpha\beta=\dfrac{c}{a}$ がキレイに導けた。
以上のことを，次にまとめて示すよ。

2次方程式の解と係数の関係

2次方程式：$ax^2+bx+c=0\ (a\neq 0)$ の解を α，β とおくと，

(i) $\alpha+\beta=-\dfrac{b}{a}$ かつ (ii) $\alpha\beta=\dfrac{c}{a}$ が成り立つ。

この㊀に要注意

ここで，α と β が2次方程式 $ax^2+bx+c=0$ の解で，a，b，c がこの2次方程式の係数なんだね。そして，(i)と(ii)は，α，β（解）と a，b，c（係数）の関係式なので，"解と係数の関係"と呼ぶんだよ。納得いった？

このα，βは，特に異なる2つの実数解でなくてもかまわない。重解であれば $\alpha=\beta$ であるし，また，α と β が $2+3i$ と $2-3i$ などの虚数解であっ

たとしても，この解と係数の関係は必ず成り立つんだよ。

この解と係数の関係から，**2**次方程式が与えられたならば，解の値を求めなくても，その和$(\alpha+\beta)$と積$(\alpha\cdot\beta)$だけなら，その**2**次方程式の係数a，b，cの値から簡単に求めることができるんだね。例題を解いてみよう。

(*a*) 次の 2 次方程式の解 α，β の和 $(\alpha+\beta)$ と積 $(\alpha\beta)$ を求めてみよう。

(1) $2x^2-4x+1=0$　　(2) $3x^2-x+1=0$

(1) $2x^2-4x+1=0$ の2つの解をα，βとおくと，解と係数の関係より，
(a, b, c)

$$\begin{cases} \text{和 } \alpha+\beta=-\dfrac{-4}{2}=2 & \leftarrow \alpha+\beta=-\dfrac{b}{a}=-\dfrac{-4}{2} \\ \text{積 } \alpha\cdot\beta=\dfrac{1}{2} \text{ となるね。} & \leftarrow \alpha\cdot\beta=\dfrac{c}{a}=\dfrac{1}{2} \end{cases}$$

(2) $3x^2-1\cdot x+1=0$ より，$a=3$，$b=-1$，$c=1$となる。
(a, b, c)

そして，この2次方程式の解をα，βとおくと，解と係数の関係より，

$$\begin{cases} \text{和 } \alpha+\beta=-\dfrac{b}{a}=-\dfrac{-1}{3}=\dfrac{1}{3} \\ \text{積 } \alpha\cdot\beta=\dfrac{c}{a}=\dfrac{1}{3} \end{cases}$$

となる。どう？ 簡単でしょう？

参考

ここで，(2) $3x^2-1\cdot x+1=0$ の解を実際に求めてみると，

$$x=\frac{-b\pm\sqrt{b^2-4ac}}{2a}=\frac{-(-1)\pm\sqrt{(-1)^2-4\cdot3\cdot1}}{2\cdot3}=\frac{1\pm\sqrt{-11}}{6}=\frac{1\pm\sqrt{11}\,i}{6} \text{ となる。}$$

（虚数解！）

ここで，$\alpha=\dfrac{1+\sqrt{11}\,i}{6}$，$\beta=\dfrac{1-\sqrt{11}\,i}{6}$ とおくと，

$$\text{和 } \alpha+\beta=\frac{1+\sqrt{11}\,i}{6}+\frac{1-\sqrt{11}\,i}{6}=\frac{1+\sqrt{11}\,i+1-\sqrt{11}\,i}{6}=\frac{2}{6}=\frac{1}{3} \text{ となり，}$$

$$\text{積 } \alpha\cdot\beta=\frac{1+\sqrt{11}\,i}{6}\times\frac{1-\sqrt{11}\,i}{6}=\frac{(1+\sqrt{11}i)(1-\sqrt{11}i)}{36}=\frac{1^2-(\sqrt{11}i)^2}{36}$$

$$=\frac{1-(\sqrt{11})^2\cdot\overset{-1}{i^2}}{36}=\frac{1+11}{36}=\frac{12}{36}=\frac{1}{3} \text{ となって，同じ結果が導ける。}$$

● 解と係数の関係を逆手に取ってみよう！

次，"**解と係数の関係**" を逆手に取ることを考えてみよう。つまり，$\alpha+\beta=p$，$\alpha\cdot\beta=q$ と与えられているとき，α と β を解にもつ x の 2 次方

（p，q は 2 や 3 などのある定数のこと）

程式は，$x^2-p\cdot x+q=0$ ……㋐ となるはずだね。

ン，よく分からんって？ いいよ。$p=\alpha+\beta$，$q=\alpha\cdot\beta$ を㋐に代入してごらん。すると，$x^2-(\alpha+\beta)x+\alpha\cdot\beta=0$ となり，この左辺は因数分解できて，

$(x-\alpha)(x-\beta)=0$ となるね。これは，文字通り，α と β を解にもつ x の 2 次方程式になっているんだね。以上をまとめておこう。

解と係数の関係の逆の利用

$\begin{cases}\alpha+\beta=p\\ \alpha\cdot\beta=q\end{cases}$ のとき，α と β を解にもつ x の 2 次方程式は，

$x^2-px+q=0$ になる。

（符号の⊖に要注意！）

解と係数の関係の逆利用についても練習したいって？ もちろんいいよ！

(b) 次の各条件に対して，α と β を解にもつ，整数係数の x の 2 次方程式を求めよう。

(1) $\alpha+\beta=\dfrac{3}{2}$，$\alpha\cdot\beta=1$

(2) $\alpha+\beta=-\dfrac{1}{3}$，$\alpha\cdot\beta=-\dfrac{1}{2}$

(1) $\alpha+\beta=\dfrac{3}{2}$，$\alpha\cdot\beta=1$ のとき，α と β を解にもつ x の 2 次方程式は，

解と係数の関係を逆に利用して，

$x^2-\dfrac{3}{2}x+1=0$ となる。

（分数の係数）

（$x^2-(\alpha+\beta)x+\alpha\beta=0$
$(x-\alpha)(x-\beta)=0$ となって，
$x=\alpha$，β を解にもつ x の
2 次方程式になる！）

ここで，これを整数係数の 2 次方程式にしないといけないね。

どうする？…，そうだね。この両辺を **2** 倍すればいいんだね。よって，

$2x^2 - 3x + 2 = 0$ が，求める **2** 次方程式だね。

すべて，整数係数！

(2) $\alpha + \beta = -\frac{1}{3}$，$\alpha \cdot \beta = -\frac{1}{2}$ のとき，α と β を解にもつ x の **2** 次方程式

は，解と係数の関係を逆に利用して，

$$x^2 - \left(-\frac{1}{3}\right)x - \frac{1}{2} = 0$$

⊖に注意！

$x^2 + \frac{1}{3}x - \frac{1}{2} = 0$ となる。この両辺を **6** 倍して，

$$6\left(x^2 + \frac{1}{3}x - \frac{1}{2}\right) = 6 \cdot 0$$

$6x^2 + 2x - 3 = 0$ が，求める整数係数の **2** 次方程式になるんだね。

● 基本対称式と対称式の関係を利用しよう！

ここで，解と係数の関係の公式 $\alpha + \beta = -\frac{b}{a}$ と $\alpha\beta = \frac{c}{a}$ の $\alpha + \beta$ と $\alpha\beta$ を見て，ピンとこない？ …，そう。これは，**2** つの文字 α と β の"**基本対称式**(きほんたいしょうしき)"になっているんだね。そして，基本対称式とくれば，次の対称式との重要な関係があるんだったね。

対称式と基本対称式の関係

対称式 ($\alpha^2 + \beta^2$，$\alpha^3 + \beta^3$，$\alpha^2\beta + \alpha\beta^2$ などなど…) は，すべて，基本対称式 ($\alpha + \beta$ と $\alpha\beta$) のみで表すことができる。

(対称式：**2** つの文字を入れ替えても変化しない式のこと。(無数にある。))

(基本対称式：対称式の中で最も基本的なもののこと。($\alpha + \beta$ と $\alpha\beta$ の **2** つだけ))

どう？ 思い出した？ これらはすべて，**「初めから始める数学 I」**で既に勉強したことなんだよ。数学って，積み重ねの学問だから，過去に学んだことを忘れないようにすることだ。そして，知識がネットワークのよ

ようにつながってくると，爆発的に実力が伸びていくことになるんだよ。

では，話を戻して，対称式と基本対称式との関係を具体例で示しておこう。

- 対称式 $\alpha^2+\beta^2=(\alpha+\beta)^2-2\alpha\beta$ ← $(\alpha+\beta)^2=\alpha^2+2\alpha\beta+\beta^2$ だから，この両辺から $2\alpha\beta$ を引けば，$\alpha^2+\beta^2$ になる。
  （$\alpha+\beta$，$\alpha\beta$：基本対称式）
- 対称式 $\alpha^3+\beta^3=(\alpha+\beta)^3-3\alpha\beta(\alpha+\beta)$ ← $(\alpha+\beta)^3=\alpha^3+3\alpha^2\beta+3\alpha\beta^2+\beta^3$ だから，この両辺から $3\alpha\beta(\alpha+\beta)$ を引けば，$\alpha^3+\beta^3$ になる。
  （$\alpha+\beta$，$\alpha\beta$：基本対称式）
- 対称式 $\alpha^2\beta+\alpha\beta^2=\alpha\beta(\alpha+\beta)$ ← 共通因数 $\alpha\beta$ をくくり出した！
  （$\alpha\beta$，$\alpha+\beta$：基本対称式）

さァ，ここまでくると，次のような応用問題も解けるようになるんだよ。

練習問題 8　解と係数の関係　CHECK 1　CHECK 2　CHECK 3

2 次方程式 $x^2-2x-1=0$ の 2 つの解を α，β とおく。

(1) $\alpha+\beta$ と $\alpha\beta$ の値を求めよ。

(2) $\alpha^2\beta$ と $\alpha\beta^2$ を解にもつ，x の 2 次方程式を求めよ。

(3) $\dfrac{\beta}{\alpha}$ と $\dfrac{\alpha}{\beta}$ を解にもつ，x の 2 次方程式を求めよ。

(1) は，解と係数の関係の公式通りだね。(2) は，$\alpha'=\alpha^2\beta$，$\beta'=\alpha\beta^2$ とおいて，α' と β' を解にもつ x の 2 次方程式を求めたいわけだから，$\alpha'+\beta'$ と $\alpha'\beta'$ の値を求めて，解と係数の関係を逆に利用すればいいんだね。このとき，対称式と基本対称式の関係もポイントになる。(3) も同様に，$\alpha''=\dfrac{\beta}{\alpha}$，$\beta''=\dfrac{\alpha}{\beta}$ とおいて，$\alpha''+\beta''$ と $\alpha''\beta''$ の値を求めればいいんだね。

(1) $1\cdot x^2-2x-1=0$ の解を α，β とおくと，解と係数の関係から，
（$a=1$，$b=-2$，$c=-1$）

$\alpha+\beta=-\dfrac{b}{a}=-\dfrac{-2}{1}=2$ ……① となり，

$\alpha\cdot\beta=\dfrac{c}{a}=\dfrac{-1}{1}=-1$ …………② となる。

(2) $\alpha' = \alpha^2\beta$, $\beta' = \alpha\beta^2$ とおき，α' と β' を

解にもつ x の2次方程式を求める。

α' と β' を解にもつ x の2次方程式は $(x-\alpha')(x-\beta')=0$ より，
$x^2-(\alpha'+\beta')x+\alpha'\beta'=0$
($\alpha'+\beta'$ が p，$\alpha'\beta'$ が q)
となるので，$\alpha'+\beta'$ と $\alpha'\beta'$ の値 p，q が分かればいいんだね。

• $\alpha'+\beta' = \alpha^2\beta+\alpha\beta^2 = \alpha\beta(\alpha+\beta)$
（対称式）（基本対称式）（$\alpha\beta = -1$，$\alpha+\beta = 2$）

これに①，②を代入して，

$\alpha'+\beta' = -1\cdot 2 = -2$ ……③ となる。

• $\alpha'\cdot\beta' = \alpha^2\beta\cdot\alpha\beta^2 = \alpha^{2+1}\cdot\beta^{1+2} = \alpha^3\cdot\beta^3 = (\alpha\beta)^3$
（対称式）（基本対称式）（$\alpha\beta = -1$）

これに②を代入して，

$\alpha'\cdot\beta' = (-1)^3 = -1$ ……④ となる。

以上より，$\alpha'(=\alpha^2\beta)$ と $\beta'(=\alpha\beta^2)$ を解にもつ x の2次方程式は

$x^2-(\alpha'+\beta')x+\alpha'\cdot\beta'=0$ より，これに③，④を代入して，
（$\alpha'+\beta' = -2$，$\alpha'\cdot\beta' = -1$）

$x^2-(-2)x-1=0$ $\quad\therefore x^2+2x-1=0$ となる。

(3) (2) と同様に，$\alpha'' = \dfrac{\beta}{\alpha}$，$\beta'' = \dfrac{\alpha}{\beta}$ とおいて，α'' と β'' を解にもつ x

の2次方程式を求める。

• $\alpha''+\beta'' = \dfrac{\beta}{\alpha}+\dfrac{\alpha}{\beta} = \dfrac{\beta^2+\alpha^2}{\alpha\beta} = \dfrac{(\alpha+\beta)^2-2\alpha\beta}{\alpha\beta}$
（対称式）（$\alpha^2+\beta^2=(\alpha+\beta)^2-2\alpha\beta$）

これに①，②を代入して，

$\alpha''+\beta'' = \dfrac{2^2-2\cdot(-1)}{-1} = \dfrac{4+2}{-1} = -6$ ……⑤ となる。

• $\alpha''\cdot\beta'' = \dfrac{\beta}{\alpha}\cdot\dfrac{\alpha}{\beta} = 1$ ……⑥ となる。

以上より，$\alpha''\left(=\dfrac{\beta}{\alpha}\right)$ と $\beta''\left(=\dfrac{\alpha}{\beta}\right)$ を解にもつ x の2次方程式は

$x^2-(\underbrace{\alpha''+\beta''}_{-6})x+\underbrace{\alpha''\beta''}_{1}=0$ より，これに⑤，⑥を代入して，

$x^2-(-6)x+1=0$　$\therefore x^2+6x+1=0$ となる。

どう？ かなり骨のある問題まで解けるようになっただろう？

● 実数解の符号も，係数で分かる!?

2次方程式の解と係数の関係の応用として，2次方程式が相異なる実数解 α，β をもつとき，この実数解の符号 (⊕, ⊖) を決定することもできるんだ。ちなみに，虚数には，正や負の区別はない。つまり，"i が正の虚数で，$-i$ が負の虚数だ"（これは間違い！）なんてことは言えないんだよ。あくまでも，正や負が議論できる対象は実数である，ということを忘れないでくれ。

2次方程式 $ax^2+bx+c=0$ ($a \neq 0$，a，b，c はすべて実数係数とする) が，相異なる2つの実数解 α，β をもつとき，これらが，(Ⅰ) 共に正（$\alpha>0$ かつ $\beta>0$ のこと）か，(Ⅱ) 共に負（$\alpha<0$ かつ $\beta<0$ のこと）か，(Ⅲ) または異符号（α，β の一方が正，他方が負のこと）かを，係数 a，b，c から判断することができるんだ。ポイントは，解と係数の関係だよ。まず，$\alpha\cdot\beta$ に着目しよう。

$\alpha\cdot\beta<0$ のとき，(Ⅲ) α と β が異符号に対応する。これはいいね。

⊕×⊖＜0，⊖×⊕＜0 となるからだ。

これに対して，$\alpha\cdot\beta>0$ のときは，⊕×⊕＞0（(Ⅰ) $\alpha>0$，$\beta>0$ に対応）または，⊖×⊖＞0（(Ⅱ) $\alpha<0$，$\beta<0$ に対応）となるので，(Ⅰ) α，β が共に正か，(Ⅱ) α，β が共に負，の2通りがある。これを区別するためには，$\alpha+\beta$ の符号にも着目すればいい。つまり，

(Ⅰ) $\underset{⊕}{\alpha}\cdot\underset{⊕}{\beta}>0$ かつ $\underset{⊕}{\alpha}+\underset{⊕}{\beta}>0$ ならば，α も β も共に正になり，

(Ⅱ) $\underset{⊖}{\alpha}\cdot\underset{⊖}{\beta}>0$ かつ $\underset{⊖}{\alpha}+\underset{⊖}{\beta}<0$ ならば，α も β も共に負になるんだね。

もちろん，α，β は相異なる実数解だから，これに判別式 $D=b^2-4ac>0$ の条件も付くけれど，これと解と係数の関係を組み合わせれば，2次方程式の2つの実数解 α，β の符号が，次のように係数 a，b，c から判定できる。

相異なる 2 実数解の符号の判定

2 次方程式 $ax^2+bx+c=0$ ($a \neq 0$, a, b, c：実数) の相異なる 2 つの実数解 α, β について,

(Ⅰ) α と β が共に正となるための条件

(ⅰ) $D>0$ かつ (ⅱ) $\underset{\oplus}{\alpha}+\underset{\oplus}{\beta}=-\dfrac{b}{a}>0$ かつ (ⅲ) $\underset{\oplus}{\alpha}\cdot\underset{\oplus}{\beta}=\dfrac{c}{a}>0$

(Ⅱ) α と β が共に負となるための条件

(ⅰ) $D>0$ かつ (ⅱ) $\underset{\ominus}{\alpha}+\underset{\ominus}{\beta}=-\dfrac{b}{a}<0$ かつ (ⅲ) $\underset{\ominus}{\alpha}\cdot\underset{\ominus}{\beta}=\dfrac{c}{a}>0$

(Ⅲ) α と β が異符号となるための条件

(ⅰ) $\alpha\cdot\beta=\dfrac{c}{a}<0$ ← エッ，本当にこれだけ？ $D>0$ の条件は？

(Ⅰ) α と β が共に正，(Ⅱ) α と β が共に負になるための条件は，これまで解説してきたから大丈夫だね。でも (Ⅲ) α と β が異符号となるための条件が $\alpha\cdot\beta=\dfrac{c}{a}<0$ だけでいいのが，納得いかないって？ また，判別式 $D>0$ の条件

$\oplus\times\ominus<0$ または $\ominus\times\oplus<0$

や，$\alpha+\beta$ の符号は関係ないのかって？ 当然の疑問だね。α と β が異符号の場合，たとえば $\alpha=3$, $\beta=-1$ のとき，$\alpha+\beta=3+(-1)=2>0$ となるし，またたとえば $\alpha=-3$, $\beta=2$ のとき，$\alpha+\beta=-3+2=-1<0$ となって，$\alpha+\beta$ は正にも負にもなり得るので，判定の基準にはならない。

さらに，判別式 $D=b^2-4ac$ についてだけれど，b は実数だから当然 $b^2 \geqq 0$ だね。また，条件

(Ⅲ)(ⅰ) $\alpha\cdot\beta=\dfrac{c}{a}<0$ より，$\dfrac{c}{a}<0$

この両辺に $a^2\,(>0)$ をかけて，

$a^2\times\dfrac{c}{a}<a^2\times 0$ ($=0$)，$ac<0$ となる。

分数不等式の変形
$\dfrac{c}{a}<0$ ならば，
$ac<0$ となる。
見かけ上，分母が分子に上がる！

よって，この両辺に -4 をかけると，$-4ac>0$ となるので，

負の数 -4 をかけたので，不等号の向きが逆転する！

判別式 $D=b^2-4ac=(0$ 以上$)+($正の数$)>0$ と，自動的に $D>0$ が導け

0以上　⊕

るんだね。だから，(Ⅲ)に $D>0$ の条件を付ける必要はなかったんだ。納得いった？ 以上より，実数係数の2次方程式 $ax^2+bx+c=0$ の異なる2実数解 α，β について，

(Ⅰ) $b^2-4ac>0$ かつ $-\frac{b}{a}>0$ かつ $\frac{c}{a}>0$ ならば，α と β は共に正，

(Ⅱ) $b^2-4ac>0$ かつ $-\frac{b}{a}<0$ かつ $\frac{c}{a}>0$ ならば，α と β は共に負，

(Ⅲ) $\frac{c}{a}<0$ ならば，α と β は異符号ということが分かってしまうんだね。大丈夫？ それじゃ，最後に練習問題で，実際に練習しておこう！

練習問題 9　解の符号の判定　CHECK 1　CHECK 2　CHECK 3

2次方程式 $x^2+2mx+m+2=0$ (m：実数）の相異なる2実数解 α と β が次の条件をみたすとき，定数 m のとり得る値の範囲を求めよ。

(1) α と β が共に正　(2) α と β が共に負

(3) α と β が異符号

(1) α と β が共に正のとき，$\frac{D}{4}>0$, $\alpha+\beta>0$, $\alpha\cdot\beta>0$, (2) α と β が共に負のとき，$\frac{D}{4}>0$, $\alpha+\beta<0$, $\alpha\cdot\beta>0$，そして(3) α と β が異符号のとき，$\alpha\cdot\beta<0$ となるんだったね。

2次方程式 $1\cdot x^2+2mx+m+2=0$ の各実数係数を $a=1$, $b=2b'=2m$,

a　$b=2b'$　c

$c=m+2$ とおき，この判別式を D とおこう。そして，これが相異なる2実数解 α と β をもつものとする。

(1) α と β が共に正となるための条件は，

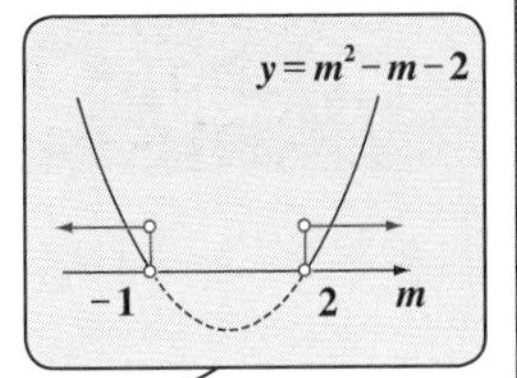

(ⅰ) $\dfrac{D}{4}=b'^2-ac=m^2-1\cdot(m+2)$

$=\boxed{m^2-m-2>0}$

$(m-2)(m+1)>0$ 　　$\therefore\ m<-1$ または $2<m$

(ⅱ) $\alpha+\beta=-\dfrac{b}{a}=-\dfrac{2m}{1}=\boxed{-2m>0}$ ←解と係数の関係

$-2m>0$ の両辺を -2 で割って，$m<0$

(ⅲ) $\alpha\cdot\beta=\dfrac{c}{a}=\dfrac{m+2}{1}=\boxed{m+2>0}$ 　　$\therefore\ m>-2$ 　解と係数の関係

以上(ⅰ)(ⅱ)(ⅲ)の **3** つの条件をすべてみたす m の範囲が求める範囲より，

$-2<m<-1$

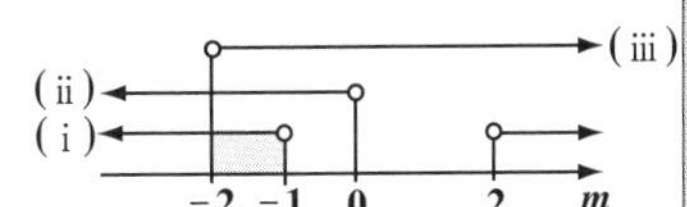

(2) α と β が共に負となるための条件は，

(ⅰ) $\dfrac{D}{4}=b'^2-ac=m^2-1\cdot(m+2)=m^2-m-2>0$ より，同様に

$m<-1$ または $2<m$

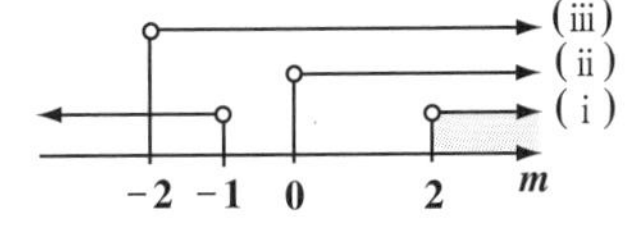

(ⅱ) $\alpha+\beta=-\dfrac{b}{a}=\boxed{-2m<0}$

$-2m<0$ の両辺を -2 で割って，$m>0$

(ⅲ) $\alpha\cdot\beta=\dfrac{c}{a}=\boxed{m+2>0}$ 　　$\therefore\ m>-2$

以上(ⅰ)(ⅱ)(ⅲ)のすべての条件をみたす m の範囲は

$2<m$

(3) α と β が異符号となるための条件は，

(ⅰ) $\alpha\cdot\beta=\dfrac{c}{a}=\boxed{m+2<0}$ 　　$\therefore\ m<-2$ ←これだけ！

今日の講義は，これで終了だ！ **2** 次方程式の“**解と係数の関係**”を中心に解説したけど，結構骨があったね。**1** 回で理解するのが難しいと思ったら， 何回でも復習すればいいんだよ。頑張ろうな！

4th day　整式の除法，因数定理，高次方程式

みんな，おはよう。今日で数学Ⅱの講義も4回目になるけれど，調子は出てきた？ まだ今一って人も，だんだん面白くなってくるはずだよ。

さて，今日の講義では，“**整式の除法**”，“**組立て除法**”，“**剰余の定理**”，“**因数定理**”，そして“**高次方程式の解法**”まで，教えようと思う。エッ，内容が多すぎて，引きそうって!? 大丈夫。今回もたくさんの例を出しながら，初めから親切に教えていくから，すべてマスターできるはずだ。

● 整式同士で割り算ができる!?

これから，“**整式の除法**”について解説しよう。まず，“**除法**”というのは，“**割り算**”のことだよ。数学でいうと，たとえば

「**17**を**5**で割ると，商が**3**，余りが**2**になる。」

など，小学校でやった内容だね。

商：3
5)17
15
2：余り

これを，数字ではなく“**整式**”についても，同様に割り算を実行しようというのが，“**整式の除法**”なんだ。

整式というのは，xやyやaなどの1次式，2次式，3次式，…のことだったけれど，これからは，xの整式について考えていくことにしよう。たとえば，ここで具体的にxの3次式$2x^3-x^2+x-2$を，xの2次式x^2+x+1で割ってみることにしよう。そして，このときの商と余りも求めてみよう。この場合，整式（xの3次式）を整式（xの2次式）で割るので，その商と余りも，数字ではなく，当然xの整式になる。次の要領で$2x^3-x^2+x-2$をx^2+x+1で割ることができる。

(i) まず，x^2+x+1のx^2に$2x$をかけて，$2x^3$に合わせる。そして，$2x^3-x^2+x-2$から$2x^3+2x^2+2x$を引いて，$-3x^2-x-2$を得る。

$$\begin{array}{r} 2x-3 \\ x^2+x+1\overline{)\,2x^3-\;x^2+\;x-2} \\ 2x^3+2x^2+2x \\ \hline -3x^2-\;x-2 \\ -3x^2-3x-3 \\ \hline 2x+1 \end{array}$$

商：$2x-3$

(i) x^2+x+1のx^2に$2x$をかけて，$2x^3$に合わせる。

(ii) x^2+x+1のx^2に-3をかけて，$-3x^2$に合わせる。

1次式は，2次式では割れないので，これが余りだ。→ 余り：$2x+1$

(ⅱ) 次に，x^2+x+1 の x^2 に -3 をかけて $-3x^2$ に合わせる。そして，

$-3x^2-x-2$ から $-3x^2-3x-3$ を引いて，余り $2x+1$ を得る。

以上より，整式 $2x^3-x^2+x-2$ を整式 x^2+x+1 で割った結果，商は $2x-3$，余りが $2x+1$ となることが分かったんだね。

ここで，先程の数字の割り算の例 "17 を 5 で割った結果，商が 3 で，余りが 2 である" を 1 つの式にまとめて，次のように書けることはいいね。

$17=5\times3+2$ （3：商，2：余り）

これと同様に，今回の 3 次式を 2 次式で割った例も，1 つの式にまとめて次のように書ける。

$$2x^3-x^2+x-2=(x^2+x+1)(2x-3)+2x+1 \cdots\cdots ㋐$$

(x^2+x+1)：(2 次式)，$(2x-3)$：商，$2x+1$：余り (1 次式以下)

余りの次数は，割る整式 x^2+x+1 の次数より必ず低くなる。

ここで，2 次式 x^2+x+1 で割っているので，余りはこれよりも次数が低い 1 次式以下になることに気を付けよう。2 次式で割った場合，余りは今回のような 1 次式 $2x+1$ になる場合もあるけれど，2 や 3 などの定数 (0 次式) になったり，本当に割り切れて余りが 0 となることもあるので，2 次式で割ると，余りは 1 次式以下という表現にしたんだよ。

ここで，㋐の右辺を実際に計算してみると，

㋐の右辺 $=(x^2+x+1)(2x-3)+2x+1$

$=2x^3+2x^2+2x-3x^2-3x-3+2x+1$

$=2x^3-x^2+x-2$ となって，㋐の左辺とまったく同じ式になる。

つまり，㋐の式は，(同じ式)＝(同じ式) の "**恒等式**(こうとうしき)" になってたんだね。

ここで，x の整式を，$f(x)$ や $g(x)$ などとおいて，x の関数と考えてもいいので，今回の例の割られる数を $P(x)=2x^3-x^2+x-2$

割る数を $A(x)=x^2+x+1$

そして，商を $Q(x)=2x-3$

余りを $R(x)=2x+1$ とおくと，

本当は，$P(x)$，$A(x)$ は x の整式だけど，"数" と表現した！

㋐の恒等式は，

$P(x) = A(x) \cdot Q(x) + R(x)$ ……㋐′ と表すこともできるんだね。

- $P(x) = 2x^3 - x^2 + x - 2$（割られる数）
- $A(x) = x^2 + x + 1$（割る数）
- $Q(x) = 2x - 3$（商）
- $R(x) = 2x + 1$（余り）

● $A(x)$ が1次式のとき，"組立て除法"が使える！

では，さらに，整式の除法を練習しておこう。次の例題を解いてごらん。

(a) 整式 $P(x) = 2x^3 - 7x^2 + 9x - 4$ を整式 $A(x) = x - 2$ で割ったとき，その商 $Q(x)$ と余り R を求めて，$P(x) = A(x) \cdot Q(x) + R$ の形にまとめよう。

割る数 $A(x) = x - 2$ が x の1次式なので，余りはそれより次数の低い0次式（0以外の定数）または0となる。よって，余りは x の式ではないので，定数 R とおいた！

整式 $P(x) = 2x^3 - 7x^2 + 9x - 4$ を整式 $A(x) = x - 2$ で割ると，下に示すように，その商 $Q(x) = 2x^2 - 3x + 3$，余り $R = 2$ と計算できるね。よって，これを1つの恒等式にまとめると，次のようになる。

$$2x^3 - 7x^2 + 9x - 4 = (x - 2) \cdot (2x^2 - 3x + 3) + 2$$
$$[\quad P(x) \quad = A(x) \cdot \quad Q(x) \quad + R\ ]$$

```
           2x^2 - 3x + 3       ← 商 Q(x)
x - 2 ) 2x^3 - 7x^2 + 9x - 4
        2x^3 - 4x^2            ← x-2 の x に 2x^2 をかけて，2x^3 に合わせる。
              -3x^2 + 9x - 4
              -3x^2 + 6x       ← x-2 の x に -3x をかけて，-3x^2 に合わせる。
                      3x - 4
                      3x - 6   ← x-2 の x に 3 をかけて，3x に合わせる。
                           2   ← 余り R
```

図1 組立て除法（Ⅰ）

ここで，割る数 $A(x) = x - 2$ が，x の1次式なので，商 $Q(x)$ と余り R は，"組立て除法（くみたてじょほう）"という簡便な計算方法により，次のようにアッという間に求めることができるんだよ。

```
     2,  -7,   9,  -4
2 )  ↓    4   -6
     2   -3
```

（ⅰ）最初の2はそのままおろす
（ⅱ）この2に，2をかけて上げる
（ⅲ）-7 と4をたしておろす
（ⅳ）この -3 に2をかけて上げる

図2 組立て除法（Ⅱ）

まず，図1に示すように，割られる数 $P(x) = 2 \cdot x^3 - 7 \cdot x^2 + 9 \cdot x - 4$ の係数 $2,\ -7,\ 9,\ -4$ を横1列に並べる。次に割る数 $A(x) = x - 2$ の2を立てる。

（ⅰ）まず，最初の係数2は，そのまま下におろす。

（ⅱ）このおろした2に，$x - 2$ の2をかけて4を斜め上にあげる。

```
     2,  -7,   9,  -4
2 )  ↓    4   -6    6
     2   -3    3   (2)
```

商 $Q(x) = 2x^2 - 3x + 3$ が求まる！　余り R が求まる！

(iii) -7 と，上にあげた 4 をたした -3 を下におろす。

(iv) このおろした -3 に，$x-2$ の 2 をかけて -6 を斜めに上にあげる。

……………………………

この要領で計算を繰り返していった結果を図 2 に示す。すると，最終的に横に並んだ 2，-3，3，(2) の最初の 3 つの数 2，-3，3 が，商 $Q(x)=$

商 $Q(x)=2x^2-3x+3$　余り R

$2x^2-3x+3$ の 3 つの係数に一致するのが分かるだろう。そして，4 番目の ( ) をつけて示した数 2 が，ナント！ 余り R になってるのも分かるね。

このように，割る数 $A(x)$ が，$x-a$ のような x の 1 次式であれば，割られる数 $P(x)$ のすべての係数を横に並べ，a を立てて，上記のように組立て除法をやっちゃえば，アッという間に，商 $Q(x)$ の係数と，余り R の値が求まってしまうんだね。面白かっただろう？

それじゃ，この組立て除法を，次の練習問題でさらに練習しておこう。

練習問題 10　整式の除法・組立て除法　CHECK 1　CHECK 2　CHECK 3

次のような整式 $P(x)$ を整式 $A(x)$ で割ったとき，その商 $Q(x)$ と余り R を組立て除法を使って求め，$P(x)=A(x)\cdot Q(x)+R$ の形にまとめよ。

(1) $P(x)=x^3-x^2-7x+8$，　$A(x)=x-3$

(2) $P(x)=3x^3+2x^2+4$，　$A(x)=x+1$

(1) $P(x)=1\cdot x^3-1\cdot x^2-7\cdot x+8$ から，1，-1，-7，8 を横 1 列に並べ，$A(x)=x-3$ から，3 を立てて，組立て除法のやり方に従って，商 $Q(x)$ の係数と，余り R を求めればいいんだね。(2) も同様だ。

(1) 割られる数 $P(x)=1\cdot x^3-1\cdot x^2-7\cdot x+8$

より，この係数と定数項 1，-1，-7，8

をまず横 1 列に並べ，

割る数 $A(x)=x-3$ より，右のように 3 を立て，組立て除法に従って計算すると，

組立て除法

	1,	−1,	−7,	8
3)	↓	3	6	−3
	1	2	−1	(5)

商 $Q(x)=1\cdot x^2+2\cdot x-1$　余り

$\boxed{1,\ 2,\ -1}$ (5) となる。これから，$P(x)$ を $A(x)$ で割った結果，商

商 $Q(x)=1\cdot x^2+2\cdot x-1$　$R=5$

$Q(x)=x^2+2x-1$，　余り $R=5$ となることが分かる。

これらをまとめて1つの式(恒等式)で表すと,

$x^3-x^2-7x+8=(x-3)(x^2+2x-1)+5$ となるんだね。
[$P(x)$ = $A(x)\cdot$ $Q(x)$ $+R$]

(2) 割られる数 $P(x)=\underline{\underline{3}}\cdot x^3+\underline{\underline{2}}\cdot x^2+\underline{\underline{0}}\cdot x+\underline{\underline{4}}$ より,この係数と定数項を

x の係数が 0 であることを忘れないでくれ!

まず横に並べて,$\underline{\underline{3}}$, $\underline{\underline{2}}$, $\underline{\underline{0}}$, $\underline{\underline{4}}$ とし,

割る数 $A(x)=x+1=x-(-1)$ より,-1 を立てて,組立て除法を行うと,右のようになる。

これが立てる数だ!

したがって,$P(x)=3x^3+2x^2+4$ を $A(x)=x+1$ で割った結果,商 $Q(x)=3x^2-x+1$,余り $R=3$ となる。

組立て除法

	3,	2,	0,	4
-1)		-3	1	-1
	3	-1	1	(3)

商 $Q(x)=3\cdot x^2-1\cdot x+1$　余り R

以上をまとめて1つの恒等式で表すと,

$3x^3+2x^2+4=(x+1)(3x^2-x+1)+3$ となる。
[$P(x)$ = $A(x)\cdot$ $Q(x)$ $+R$]

どう? この位やれば,組立て除法にも自信がもてるようになっただろう?

● 剰余の定理と因数定理もマスターしよう!

一般に,恒等式とは(同じ式)=(同じ式)のことだった。たとえば,$x^3+1=x^3+1$ の x の恒等式について考えてみよう。すると,恒等式の場合,この x にどんな値を代入しても成り立つことが分かるだろう。たとえば,

$x=1$ のとき,$1^3+1=1^3+1$ で等しい,

$x=-2$ のとき,$(-2)^3+1=(-2)^3+1$ で等しい,…などなどだね。

ここで,練習問題 10(1) で得られた式も恒等式だったんだね。つまり,

(1) $P(x)=\underline{(x-3)}\cdot Q(x)+\underline{5}$ ……㋐ のことだ。

($x-3$ は $A(x)$,5 は R)

この㋐は,恒等式だから,当然この両辺の x にどんな値を代入しても成り立つ。それなら,$x=3$ を両辺に代入してごらん。すると,

$P(\boxed{3})=\underline{(\boxed{3}-3)\cdot Q(\boxed{3})}+5=\underline{5}$ となることが分かるだろう?

($\boxed{3}$ は x,$0\times($ある値$)=0$,5 は R)

$Q(3)$ は，何か(ある値)なんだけど，これに $3-3=0$ がかかるので，結局 $(3-3)\cdot Q(3)=0$ となってしまうんだね。

ということは，$P(3)=5$ から，$P(x)$ を $x-3$ で割った余りが $P(3)=5$ と求まることを示しているんだね。

一般に，x の整式 $f(x)$ を $x-a$ で割って，商 $Q(x)$，余り R が与えられたとすると，これをまとめて，次の式で表せるんだったね。

$f(x)=(x-a)\cdot Q(x)+R$

そして，この等式は恒等式なので，この x に a を代入すると，

$f(a)=\underbrace{(a-a)\cdot Q(a)}_{0\times(\text{ある値})=0}+R=R$

となる。これから，「整式 $f(x)$ を $x-a$ で割った余り R は，$f(a)$ である」と言えるんだね。これを"**剰余の定理**"（じょうよ・ていり）という。これを下にまとめておこう。

剰余の定理

整式 $f(x)$ について，

$f(a)=R \iff f(x)$ を $x-a$ で割った余りは R である。

この定理は，整式 $f(x)$ について，

(ⅰ) $f(a)=R$ ならば，$f(x)$ を $x-a$ で割った余りは R である。

と言っているのと同時に，

(ⅱ) $f(x)$ を $x-a$ で割った余りが R ならば，$f(a)=R$ である。

とも言ってるんだね。

今回の剰余の定理で，整式を $f(x)$ とおいたけれど，これは前のように $P(x)$ とおいても，$g(x)$，$h(x)$ などとおいても，かまわない。

練習問題 10(2) の整式 $P(x)=3x^3+2x^2+4$ について，$x=-1$ を代入すると，

$P(-1)=3\cdot\underbrace{(-1)^3}_{(-1)}+2\cdot\underbrace{(-1)^2}_{1}+4=-3+2+4=3$ となるから，$P(x)$ を $x-(-1)$，すなわち $x+1$ で割った余りが 3 となることが剰余の定理から分かる。これは，練習問題 10(2) を組立て除法から求めた余りの結果と一致していることも分かるね。このように，整式を $x-a$ で割った余りを求めるだけなら，"**剰余の定理**"を使えば一発で求まることが分かっただろう。それじゃ，剰余の定理を練習問題で練習してみよう。

練習問題 11	剰余の定理	CHECK 1	CHECK 2	CHECK 3

次の各場合について，整式 $f(x)$ を整式 $A(x)$ で割ったときの余りを，剰余の定理を使って求めよ。

(1) $f(x)=x^4-2x^2+3$，　$A(x)=x+2$

(2) $f(x)=x^3+2x^2-2x-1$，　$A(x)=x-1$

(1) $f(x)$ を $x-(-2)$ で割った余りは，剰余の定理から $f(-2)$ で求まる。(2) も同様に，$f(x)$ を $x-1$ で割った余りは，$f(1)$ で求まる。

(1) $f(x)=x^4-2x^2+3$ を $A(x)=x+2=x-(-2)$ で割った余りは，剰余の定理より，

$f(-2)=\underbrace{(-2)^4}_{16}-2\cdot\underbrace{(-2)^2}_{4}+3=16-8+3=11$ となる。簡単だね。

(2) $f(x)=x^3+2x^2-2x-1$ を $A(x)=x-1$ で割った余りは，剰余の定理より，

$f(1)=\underbrace{1^3}_{1}+2\cdot\underbrace{1^2}_{1}-2\cdot1-1=1+2-2-1=0$ となる。

このように余りが 0 になるということは，$f(x)=(x-1)\cdot\underbrace{Q(x)}_{商}+\underbrace{0}_{余り}=(x-1)\cdot Q(x)$ となることだから，$f(x)$ が "$x-1$ で割り切れる"，または "$x-1$ で因数分解できる" と言ってることになるんだね。

実は，一般に整式 $f(x)$ の x に a を代入して，$f(a)=0$ となる，つまり，"$f(x)$ が $x-a$ で割り切れる" 剰余の定理の特別な場合を，"**因数定理**(いんすうていり)" と呼んでいるんだよ。

因数定理

整式 $f(x)$ について，

$f(a)=0 \iff f(x)$ は $x-a$ で割り切れる。

これは，整式 $f(x)$ について，

(i) $f(a)=0$ ならば，$f(x)$ を $x-a$ で割った余りが 0 だから，$f(x)$ は $x-a$ で割り切れる。

と言っているのと同時に，

(ii) $f(x)$ が $x-a$ で割り切れるならば，$f(x)=(x-a)\cdot Q(x)$（余りは 0）と書ける

ので，この x に a を代入して，$f(a)=(a-a)\cdot Q(a)=0$ になる。
とも言ってるんだね。（$0\times$(ある値)$=0$）
そして，この因数定理こそ，3次方程式，4次方程式，… などの高次方程式を解く上での強力なツール(道具)になるんだよ。

● 高次方程式に挑戦しよう！

さァ，準備が整ったので，**高次方程式**(3次方程式，4次方程式，…)にチャレンジしてみよう。2次方程式：$ax^2+bx+c=0$ $(a\neq 0)$ については，因数分解によって解けなくても簡単な解の公式があるので，虚数解まで含めて，その解を必ず求めることができた。これに対して，3次以上の高次方程式については，簡単な解の公式は存在しないので，これまで勉強した"**因数定理**"と"**組立て除法**"が重要な役割を演じることになるんだよ。

たとえば，3次方程式 $x^3+2x^2-2x-1=0$ ……㋐ が与えられたとしよう。（$f(x)$）
この解を求めよ，って言われたらどうする？…，今の時点ではみんな途方にくれるだろうね。でも，㋐の3次方程式の左辺を $f(x)$ とおく，つまり，
$f(x)=x^3+2x^2-2x-1$ ……㋑ とおくと，みんな何か気付かない？…，
そうだね。これは，練習問題11(2)でやった3次式で，この x に1を代入すると，$f(1)=1^3+2\times 1^2-2\times 1-1=0$ となるから，因数定理より，この $f(x)$ は $x-1$ で割り切れて，$f(x)=(x-1)\cdot Q(x)$（商）の形に因数分解できるんだね。この商 $Q(x)$ は具体的にどう求めるんだった？…，そう。組立て除法を使うんだったね。まず，$f(x)=1\cdot x^3+2\cdot x^2-2x-1$ から，係数と定数項 1，2，-2，-1 を並べ，$x-1$ の1を立てて，右のような組立て除法にもち込めばいい。その結果，商 $Q(x)=x^2+3x+1$，余り0が求まる。

（$f(x)$ は $x-1$ で割り切れるので，当然の結果だね。）

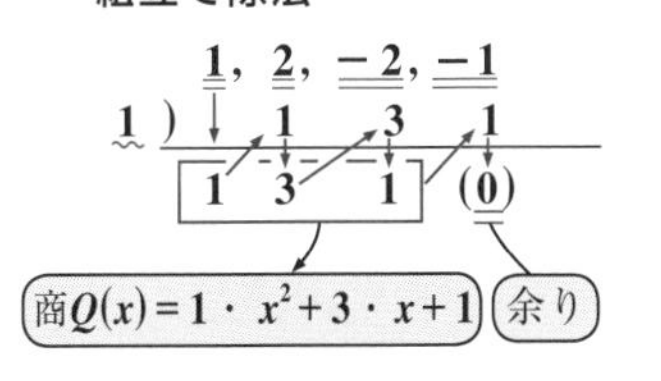

よって，$f(x)=(x-1)(x^2+3x+1)$ ……㋑′ と，因数分解できる。（商 $Q(x)$(2次式)）

この㋑′を㋐に代入すると，

$(x-1)(x^2+3x+1)=0$ となる。

$A \cdot B = 0$ ならば，$A=0$ または $B=0$ となる！

$\therefore x-1=0$ または $x^2+3x+1=0$

$x=1$

解の公式 $x=\dfrac{-3\pm\sqrt{3^2-4\cdot1\cdot1}}{2\cdot1}=\dfrac{-3\pm\sqrt{5}}{2}$

となるので，元の 3 次方程式 $f(x)=0$……㋐ は，1 次方程式と 2 次方程式の 2 つに分解されるね。これから，簡単に答えが求まる。

つまり，3 次方程式 $x^3+2x^2-2x-1=0$ の解は，

$x=1$，または $\dfrac{-3\pm\sqrt{5}}{2}$ となる。

どう？ 高次方程式の解き方の要領は分かった？ "うまく出来すぎ"，って思っているかも知れないけれど，まず一般に高次方程式 $f(x)=0$ が与えられたならば，x に ±1，±2，±3 などを代入して，$f(x)$ が 0 となる x の値を求める。そして，$x=a$ のとき，$f(a)=0$ となることが分かれば，因数定理と組立て除法により，$f(x)=(x-a)\cdot Q(x)$ の形に因数分解して，方程式を $(x-a)\cdot Q(x)=0$ の形にもち込んでいけばいいんだね。

練習問題 12	高次方程式	CHECK 1	CHECK 2	CHECK 3

次の高次方程式を解け。（ただし，虚数解まで求めよ。）

(1) $2x^3-3x^2-8x-3=0$　　(2) $x^3-2x-4=0$

(1) $f(x)=2x^3-3x^2-8x-3$ とおくと，$f(-1)=0$ となる。(2) $g(x)=x^3-2x-4$ とおくと，$g(2)=0$ となるね。これが糸口だよ。

(1) $2x^3-3x^2-8x-3=0$ ……① について，

①の左辺を $f(x)$ とおくと，

$f(x)=2x^3-3x^2-8x-3$

ここで，

$f(-1)=2\cdot\underbrace{(-1)^3}_{(-1)}-3\cdot\underbrace{(-1)^2}_{1}-8\cdot(-1)-3$

$=-2-3+8-3=0$

となるので，因数定理より，3 次の整式 $f(x)$ は $x+1$ で割り切れる。

$x-(-1)$ のこと

この $f(x)$ の x に 1，-1，2，-2，… などを代入していき，

$f(1)=2\cdot1^3-3\cdot1^2-8\cdot1-3$
$=2-3-8-3=-12\neq0$ NG!

$f(-1)=2\cdot(-1)^3-3\cdot(-1)^2-8\cdot(-1)-3$
$=-2-3+8-3=0$ OK!

これから，$f(-1)=0$（因数定理）の形が見つかった！

組立て除法

```
      2,  -3,  -8,  -3
-1 )      -2,   5,   3
   ------------------------
      2,  -5,  -3 | (0)
```

商 $Q(x)=2\cdot x^2-5\cdot x-3$　余り R

$f(x)$ を $x+1$ で割った商 $Q(x)$ は，前ページ右下の組立て除法より，

$Q(x)=2x^2-5x-3$

$\therefore f(x)=(x+1)\cdot Q(x)=(x+1)(2x^2-5x-3)$ ……② となる。

②を①に代入して，

この2次式は，"たすきがけ" により，さらに因数分解ができる！

$(x+1)(2x^2-5x-3)=0$

2 ╲╱ 1
1 ╱╲ −3

$(x+1)(2x+1)(x-3)=0$

$A\cdot B\cdot C=0$ のとき，
$A=0$ または $B=0$ または $C=0$ となる！

$x+1=0$ または $2x+1=0$ または $x-3=0$

$\therefore$ ①の3次方程式の解は，$x=-1,\ -\dfrac{1}{2},\ 3$ となる。

(2) $x^3-2x-4=0$ ……③ について，

③の左辺を $g(x)$ とおくと，

$g(x)=x^3-2x-4$

ここで，

$g(2)=2^3-2\cdot 2-4$

$=8-4-4=0$ となる。

この $g(x)$ の x に $x=1,\ -1,\ 2,\ -2,\ \cdots$ などを代入していき，
$g(1)=1-2-4=-5\neq 0$ *NG*!
$g(-1)=-1+2-4=-3\neq 0$ *NG*!
$g(2)=8-4-4=0$ *OK*!
これから，$g(2)=0$（因数定理）の形が見つかった！

よって，因数定理より，3次の整式 $g(x)$ は $x-2$ で割り切れる。

$g(x)$ を $x-2$ で割った商 $Q(x)$ は，右の組立て除法より，

$Q(x)=x^2+2x+2$

組立て除法 $g(x)=1\cdot x^3+0\cdot x^2-2\cdot x-4$

	1,	0,	−2,	−4
2)		2	4	4
	1	2	2	(0)

商 $Q(x)=1\cdot x^2+2\cdot x+2$　余り

$\therefore g(x)=(x-2)\cdot Q(x)$

$=(x-2)(x^2+2x+2)$ ……④ となる。

④を③に代入して，

$(x-2)(x^2+2x+2)=0$

$A\cdot B=0$ より，
$A=0$ または $B=0$ となる。

$\therefore \underline{x-2=0}$，または $\underline{x^2+2x+2=0}$

実数解 $x=2$

虚数解 $x=\dfrac{-1\pm\sqrt{1^2-1\cdot 2}}{1}=-1\pm i$ をもつ

よって，③は1つの実数解 $x=2$ と，2つの虚数解 $x=-1\pm i$ をもつ。どう？ これで，高次方程式の解法にも自信がもてるようになった？

5th day　等式の証明，不等式の証明

みんな，おはよう！ 今日は雨模様だけど，元気に授業を始めよう！今日のテーマは，“等式の証明(とうしき しょうめい)”と“不等式の証明(ふとうしき しょうめい)”の2つだよ。エッ，証明って聞いただけで，逃げ出したくなるって？ 確かに，証明問題って，初心者にとっては難しいものだ。でも，そのコツをまた分かりやすく親切に解説していくから，違和感なく証明問題にも取り組んでいけるようになると思うよ。みんな，気を楽～にして，聞いてくれ。

それじゃ，早速講義を始めよう！

● まず，等式の証明から始めよう！

一般に“等式(とうしき)”とは $A=B$ の形をした式のことで，これには，(i) 方程式と (ii) 恒等式の 2 つがあったんだね。

方程式とは，たとえば $2x-1=x+1$ みたいなもので，これは1次方程式だから，すぐ解けるね。つまり $2x-x=1+1$ より $x=2$ が解となる。方程式というのは，x がこの解の値のときしか成り立たない等式のことなんだね。

これに対して，恒等式とはどんな式だった？ そうだね。左右両辺がまったく同じ式で，たとえば，$x^2+2=x^2+2$ などが，そうだね。そして，等式の証明の対象となるのは，この恒等式であることも覚えておいてくれ。

(a) 恒等式 $x^3+3x^2+2bx+1=x^3+(a-1)x^2+2x+c-1$ がある。
定数 a，b，c の値を求めてみよう。

問題文で，恒等式と言っているので，左右両辺がまったく同じ式ってことなんだね。よって，両辺の各項の係数を比較して，

$$x^3+\underset{\sim}{3}x^2+\underline{\underline{2b}}x+\underline{1}=x^3+\underset{\sim\sim\sim}{(a-1)}x^2+\underline{\underline{2}}x+\underline{c-1}$$

$\underset{\sim\sim\sim}{3=a-1}$ かつ $\underline{\underline{2b=2}}$ かつ $\underline{1=c-1}$ となる。

よって，$a=4$，$b=1$，$c=2$ となるんだね。大丈夫？

一般に，等式 $A=B$ が成り立つことを示すには，次の 3 つの方法があることを覚えておこう。

等式 $A = B$ の証明法

(Ⅰ) A, B のうち，いずれか一方が複雑な式で，他方が簡単な式の場合，複雑な式の方を変形して，簡単な式と同じになることを示す。

(Ⅱ) A, B が共に複雑な式の場合，どちらも変形して，ある簡単な式にして，同じ式になることを示す。

(Ⅲ) $A - B$ を計算して，$A - B = 0$ となることを示す。

それでは，上のポイントに気を付けながら，具体的に等式の証明をやってみようか。

練習問題 13　等式の証明　CHECK 1　CHECK 2　CHECK 3

次の等式が成り立つことを証明せよ。

(1) $(a+b)(a^2-ab+b^2)=a^3+b^3$ …………(＊1)

(2) $a+b=2$ のとき，$a^2+b^2+2=3a+3b-2ab$ ………(＊2)

(1) は乗法公式の 1 つだけれど，これを証明せよって言われたら，左辺の方が複雑だから，これを変形して簡単な右辺と等しくなることを示せばいいんだね。(2) では $a+b=2$ の条件の下で，与えられた等式 $A=B$ が成り立つことを示すんだね。この場合，$A-B=0$ を示すことで，証明ができるはずだ。チャレンジしてごらん！

(1) $(a+b)(a^2-ab+b^2)=a^3+b^3$ ……(＊1) が成り立つことを示す。
（左辺：複雑）（右辺：簡単）

(＊1) の左辺 $=(a+b)(a^2-ab+b^2)=a^3-a^2b+ab^2+ba^2-b\cdot ab+b^3$ （$ba^2 = a^2b$，$b\cdot ab = ab^2$）

$=a^3-a^2b+ab^2+a^2b-ab^2+b^3$

$=a^3+b^3=$ (＊1) の右辺 ← (＊1) の簡単な右辺が導けた！

∴ (＊1) の等式は成り立つ。

(2) $a+b=2$ ……① という条件の下で，

$a^2+b^2+2=3a+3b-2ab$ ……(＊2)

が成り立つことを示すんだね。

今回，左右いずれがより複雑ということもないので，(左辺)−(右辺) を計算して，0 を導くことにしよう！

$(*2)$ の左辺 $-$ $(*2)$ の右辺 $= \underline{a^2+b^2}+2-3a-3b+\underline{2ab}$

$= (\underline{a^2+2ab+b^2}) - 3(a+b)+2$

$(a+b)^2$

$= (\underline{a+b})^2 - 3(\underline{a+b})+2$ 　これに①を代入すると，

2　2

$(*2)$ の左辺 $-$ $(*2)$ の右辺

$= 2^2 - 3\cdot 2 + 2 = 4 - 6 + 2 = 0$

$A-B=0$ が導けたので，
$A=B$ が成り立つと言える！

$\therefore\ a+b=2$ のとき，

$a^2+b^2+2=3a+3b-2ab$ ……$(*2)$ は成り立つ。

これで，等式の証明のやり方についても，少しは慣れただろう。

● 不等式の証明にもチャレンジしよう！

それでは，これから不等式の証明について解説しよう。**不等式**とは，$A \geqq B$ や $A<B$ などのように，不等号の入った式のことで，大小関係を定めた式のことなんだね。ここで，少し復習しておこう。前に，"虚数には，正・負の符号がない" と言ったのを覚えてる？ そう。$+i$ と $-i$ の例を出して，"$+i$ を正の虚数，$-i$ を負の虚数などとは言えない" と言ったね。これと同様に，"虚数には大小関係がない" ということも覚えておいてくれ。だから，$A \geqq B$ や $A<B$ などの不等式が与えられた場合，A と B の間に大小関係があるので，A と B は共に実数であることが，暗黙の了解としてあるんだよ。納得いった？

で，不等式についても，等式と同様に 2 通りのものがある。例を示そう。

(ⅰ) $2x-1>x+1$ ……① (x：実数)

(ⅱ) $x^2+2>0$ …………② (x：実数)

(ⅰ) の場合，①を変形して，

$2x-x>1+1$　$\therefore\ x>2$ となる。

これは①の不等式が，$x>2$ のときのみ成り立つことを表す。この $x>2$ を①の不等式の解というんだった。

これに対して，

(ⅱ) の場合，x は実数だから，$x^2 \geqq 0$ となるのはいいね。この 0 以上の

数 x^2 にさらに正の数 2 をたしているので，不等式 $x^2+2>0$ ……② は，実数 x の値に関わらず恒等的に成り立つ不等式なんだね。

"常に" という意味！

(i) と (ii) の 2 つのタイプの不等式の違いが分かっただろうか？そして，一般に "**不等式の証明**" の対象になる不等式は (ii) の恒等的に成り立つ不等式であることを頭に入れておいてくれ。

絶対不等式という。

それではここで，不等式の証明に役に立つ 4 つの公式を下に示しておこう。

不等式の証明に使う 4 つの公式

(1) $A^2 \geqq 0$，$A^2+B^2 \geqq 0$ など。　(A，B：実数)

(2) 相加・相乗平均の不等式

$a \geqq 0$，$b \geqq 0$ のとき，$a+b \geqq 2\sqrt{ab}$　(等号成立条件：$a=b$)

(3) $|a| \geqq a$　(a：実数)

(4) $a \geqq 0$，$b \geqq 0$ のとき，$a>b \iff a^2>b^2$

(1) について，A や B は実数の式でもいいので，たとえば x，y：実数のとき，

$(x-2)^2 \geqq 0$ や，$(2x+1)^2+y^2 \geqq 0$ などは，必ず成り立つんだね。

$[\ A^2\ \geqq 0]$　　$[\ A^2\ +B^2 \geqq 0\ ]$

この $(\quad)^2$ の作り方を "**平方完成**" と呼ぶことも覚えておこう。

(2) 相加・相乗平均の不等式について，

$a \geqq 0$，$b \geqq 0$ のとき，$(\sqrt{a}-\sqrt{b})^2 \geqq 0$，$(\sqrt{a})^2-2\sqrt{a}\sqrt{b}+(\sqrt{b})^2 \geqq 0$

$A^2 \geqq 0$ は常に成り立つ。　a　$2\sqrt{ab}$　b

$a-2\sqrt{ab}+b \geqq 0$ より，$a+b \geqq 2\sqrt{ab}$ が成り立つ。

等号が成り立つのは，$(\sqrt{a}-\sqrt{b})^2=0$，すなわち，$\sqrt{a}-\sqrt{b}=0$，

$\sqrt{a}=\sqrt{b}$ より，$a=b$ のときなんだね。

(3) 実数 a について，絶対値の定義から，

(i) $a \geqq 0$ のとき，$|a|=a$

(ii) $a<0$ のとき，$|a|>a$

⊕の数 → $-a$　⊖の数

$a<0$ のとき，$|a|=-a$ だね。
$a<0$ より，$-a>0$
$\therefore -a>0>a$ より
$|a|>a$

となる。(i) $a \geqq 0$ または (ii) $a<0$ に関わらず，$|a|$ は "a と等しい" か，または "a より大きい" ので，不等式 $|a| \geqq a$ は必ず成り立つ。

(4) については，$x \geqq 0$ で定義される2次関数 $y=f(x)=x^2$ のグラフで考えると，一目瞭然（いちもくりょうぜん）だと思う。$y=f(x)=x^2$ は，$x \geqq 0$ の範囲で単調に増加するだけだから，$a \geqq 0$，$b \geqq 0$ のとき，

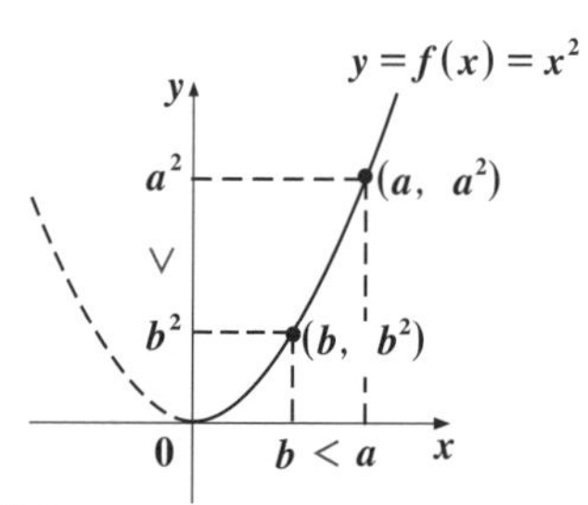

(i) $a > b$ ならば，$a^2 > b^2$ と言えるし，逆に，

(ii) $a^2 > b^2$ ならば，$a > b$ と言える。大丈夫だね。

不等式の証明では，以上の4つをうまく組み合わせていけば解けるんだよ。

それでは，さっそく，例題や練習問題で練習していこう。

(b) すべての実数 x について，$x^2 - x + 1 > 0$ となることを証明してみよう。

これは，$x^2 - x + 1$ の $x^2 - x$ を平方完成することにより，証明できる。

（ ( )² の形にすること ）

$$x^2 - 1 \cdot x + 1 = \left\{x^2 - 1 \cdot x + \left(-\frac{1}{2}\right)^2\right\} + 1 - \left(-\frac{1}{2}\right)^2$$

（ $\left(-\frac{1}{2}\right)^2$ をたした分，引く！ ）（ 2で割って2乗 ）

$$= \left(x^2 - 1 \cdot x + \frac{1}{4}\right) + 1 - \frac{1}{4} = \left(x - \frac{1}{2}\right)^2 + \frac{3}{4} > 0$$

（ $A^2 \geqq 0$ だからね → 0以上 ）（ ⊕の数 ）

∴すべての実数 x に対して，$x^2 - x + 1 > 0$ は成り立つ。大丈夫だった？

それじゃ，次の練習問題でさらに練習しよう！

練習問題 14	不等式の証明（I）	CHECK 1	CHECK 2	CHECK 3

(1) すべての実数 a，b に対して，次の不等式が成り立つことを示せ。

(i) $a^2 + 2b^2 \geqq 2ab$　　　(ii) $10a^2 + 4b^2 \geqq 4ab$

(2) $x > 0$，$y > 0$ のとき，$\dfrac{y}{x} + \dfrac{4x}{y} \geqq 4$ が成り立つことを示せ。

一般に，不等式：(左辺)≧(右辺)を証明したいとき，(左辺)−(右辺)≧0を示せばいいんだよ。(1)は，このパターンで，それに $A^2 \geqq 0$ などの公式を利用すればうまくいくはずだ。(2)は，相加・相乗平均の不等式を使って証明するといいね。

(1) (ⅰ) (左辺) − (右辺) $= a^2 + 2b^2 - 2ab$

$= (a^2 - 2ab + b^2) + b^2$　　これをとり込んで，$(\quad)^2$ の形を作る！

$= (a - b)^2 + b^2 \geqq 0$　　（$(a-b)^2$：0 以上，b^2：0 以上）

∴すべての実数 a，b に対して，$a^2 + 2b^2 \geqq 2ab$ は成り立つ。

(ⅱ) (左辺) − (右辺) $= 10a^2 + 4b^2 - 4ab$

$= 9a^2 + (a^2 - 4ab + 4b^2)$　　これをとり込んで，$(\quad)^2$ の形にする！

$= 9a^2 + (a - 2b)^2 \geqq 0$　　（$9a^2$：0 以上，$(a-2b)^2$：0 以上）

∴すべての実数 a，b に対して，$10a^2 + 4b^2 \geqq 4ab$ は成り立つ。

(2) $x > 0$，$y > 0$ のとき，$\dfrac{y}{x} > 0$ かつ $\dfrac{4x}{y} > 0$ より，
相加・相乗平均の不等式を用いると，

$$\frac{y}{x} + \frac{4x}{y} \geqq 2\sqrt{\frac{y}{x} \cdot \frac{4x}{y}} = 2\sqrt{4} = 2 \cdot 2 = 4$$

$\left[\ a \ + \ b \ \geqq 2\sqrt{a \cdot b}\ \right]$

∴ $x > 0$，$y > 0$ のとき，不等式 $\dfrac{y}{x} + \dfrac{4x}{y} \geqq 4$ は成り立つ。

$a \geqq 0$，$b \geqq 0$ でなく，$a > 0$，$b > 0$ のとき，相加・相乗平均の不等式 $a + b \geqq 2\sqrt{ab}$ は成り立つとしてもいい！

(2) の別解

(2) を (左辺) − (右辺) $\geqq 0$ の形で，証明してもいいよ。

$x > 0$，$y > 0$ のとき，

(左辺) − (右辺) $= \dfrac{y}{x} + \dfrac{4x}{y} - 4$

$= \dfrac{y^2 + 4x^2 - 4xy}{xy} = \dfrac{4x^2 - 4xy + y^2}{xy}$　　（xy で通分）

$= \dfrac{(2x - y)^2}{xy} \geqq 0$ となって，これでも証明できた！　　（$(2x-y)^2$：0 以上，xy：⊕）

∴ $x > 0$，$y > 0$ のとき，$\dfrac{y}{x} + \dfrac{4x}{y} \geqq 4$ は成り立つ。

練習問題 15　不等式の証明(Ⅱ)　CHECK 1　CHECK 2　CHECK 3

すべての実数 x, y に対して，不等式 $|2x|+|y| \geqq |2x+y|$ ……(＊) が成り立つことを示せ。

$|2x|+|y| \geqq |2x+y|$ ……(＊)の両辺は共に 0 以上なので，両辺を 2 乗した $(|2x|+|y|)^2 \geqq |2x+y|^2$ を示しても，(＊)を証明したことになるんだね。

$|2x|+|y| \geqq |2x+y|$ ……(＊)を示す。

(＊)の両辺は共に 0 以上なので，

$(|2x|+|y|)^2 \geqq |2x+y|^2$ ……(＊＊)

を示せばよい。

> $a \geqq 0$，$b \geqq 0$ のとき，
> $a \geqq b \Longleftrightarrow a^2 \geqq b^2$ となる。
> よって，$a^2 \geqq b^2$ を示せば，
> $a \geqq b$ を示したのと同じだね。

ここで，一般に $|a|^2 = a^2$ であることを用いると，

> $|a| = \begin{cases} a & (a \geqq 0 \text{ のとき}) \\ -a & (a < 0 \text{ のとき}) \end{cases}$ だから，
> (i) $a \geqq 0$ のとき，$|a| = a$ から，$|a|^2 = a^2$ だね。また，
> (ii) $a < 0$ のときも，$|a| = -a$ から，$|a|^2 = (-a)^2 = a^2$ となる。
> よって，(i) $a \geqq 0$，(ii) $a < 0$ のいずれもの場合でも，$|a|^2 = a^2$ と変形できる！

((＊＊)の左辺) − ((＊＊)の右辺) $= (|2x|+|y|)^2 - |2x+y|^2$

$= |2x|^2 + 2|2x|\cdot|y| + |y|^2 - |2x+y|^2$

（$|2x|^2 = (2x)^2$，$2|2x|\cdot|y| = 2|x|\cdot|y| = 2|x\cdot y|$，$|y|^2 = y^2$，$|2x+y|^2 = (2x+y)^2$ ← $|a|^2 = a^2$ を使った！）

$= 4x^2 + 4|xy| + y^2 - (2x+y)^2$

$= 4x^2 + 4|xy| + y^2 - (4x^2 + 4xy + y^2)$

$= 4|xy| - 4xy = 4(|xy| - xy)$

ここで，$|a| \geqq a$ の公式が使えるので，

$|xy| \geqq xy$，すなわち，$|xy| - xy \geqq 0$ となる。

よって，((＊＊)の左辺) − ((＊＊)の右辺)) $= 4(|xy| - xy) \geqq 0$ となる。（0以上）

以上より，すべての実数 x，y に対して，

$(|2x|+|y|)^2 \geqq |2x+y|^2$ ……(＊＊)

すなわち，$|2x|+|y| \geqq |2x+y|$ ……(＊)は成り立つ。

フ～，疲れたって？ そうだね。特に最後の練習問題**15**の証明は，いろんな要素が入ってたから，大変だったと思う。だから，**1**回ですべて理解しようとするのではなく，何回か繰り返し練習しながら，マスターしていけばいいんだよ。はじめに，「初心者にとって，証明問題は難しい」と言ったけど，実は「上級者になっても，やっぱり証明問題は難しい」ものなんだよ。でも，良問を繰り返し自力で解く訓練を積み重ねることによって，どんどん上手になっていくから，心配せずにシッカリ練習していってくれ。

今日も，みんなよく頑張ったね。実は，今日の講義で**1**つの大きなテーマ"**方程式・式と証明**"が終了したんだよ。そして，次回からは新たなテーマ"**図形(ずけい)と方程式(ほうていしき)**"に入ろう。これがまた，受験では最重要テーマの**1**つだから，力を入れて教えるつもりだ。もちろん分かりやすくね。

それじゃ，みんな元気で！ 次回の講義まで，さようなら…。

第1章●方程式・式と証明　公式エッセンス

1. 二項定理

$(a+b)^n = {}_nC_0a^n + {}_nC_1a^{n-1}b + {}_nC_2a^{n-2}b^2 + \cdots + {}_nC_nb^n$

2. 2次方程式の解の判別

2次方程式 $ax^2+bx+c=0$ は，

(ⅰ) $D>0$ のとき，相異なる2実数解

(ⅱ) $D=0$ のとき，重解

(ⅲ) $D<0$ のとき，相異なる2虚数解

をもつ。　(ここで，判別式 $D=b^2-4ac$)

3. 2次方程式の解と係数の関係

2次方程式 $ax^2+bx+c=0$ の2解を α，β とおくと，

(ⅰ) $\alpha+\beta=-\dfrac{b}{a}$　　(ⅱ) $\alpha\beta=\dfrac{c}{a}$

4. 解と係数の関係の逆利用

$\alpha+\beta=p$，$\alpha\beta=q$ のとき，α と β を2解にもつ x の2次方程式は，

$$x^2-\underset{(\alpha+\beta)}{\underset{\shortparallel}{p}}x+\underset{\alpha\beta}{\underset{\shortparallel}{q}}=0$$

5. 剰余の定理

整式 $f(x)$ について，

$f(a)=R \iff f(x)$ を $x-a$ で割った余りは R

6. 因数定理

整式 $f(x)$ について，

$f(a)=0 \iff f(x)$ は $x-a$ で割り切れる。（余り $R=0$ の場合）

7. 等式 $A=B$ の証明

$A-B$ を計算して，$A-B=0$ となることを示す，など。

8. 不等式の証明に使う4つの公式

相加・相乗平均の不等式：

$a\geqq 0$，$b\geqq 0$ のとき，$a+b\geqq 2\sqrt{ab}$ (等号成立条件：$a=b$) など。

第 2 章
CHAPTER

2 図形と方程式

- 2 点間の距離，内分点・外分点の公式
- 直線の方程式，点と直線の距離
- 円の方程式，2 つの円の位置関係
- 軌跡，領域，領域と最大・最小

6th day　2点間の距離，内分点・外分点の公式

おはよう！さァ，今日から，“**図形と方程式**”の講義を始めよう。文字通り，初めから親切に解説していくから，これまで図形問題が苦手だった人も，すべてマスターできるはずだ！

これから**4**回に渡って解説するけれど，この章では，xy座標平面上における“**点**”，“**線分**”，“**直線**”，そして“**円**”を中心に学習するんだよ。今日はその第**1**回目ということで，“**点と座標**”，“**2点間の距離**”，“**内分点**(ないぶんてん)**の公式**”，そして“**外分点**(がいぶんてん)**の公式**”について教えるよ。基本からシッカリ説明するから，ここでまず，シッカリ基礎を固めよう。

● 点をxy座標平面上にとってみよう！

すべての図形の基本は“**点**”だね。まず，この点を実際にxy座標平面上にとってみることにしよう。

図**1**に示すように，x軸とy軸を互いに直交するようにとり，その交点を原点**O**とおくんだね。そして，x軸，y軸それぞれに，等間隔に，…，-2，-1，0，1，2，…と目盛りをとれば，xy座標平面が完成する。

図1　xy座標平面上の点

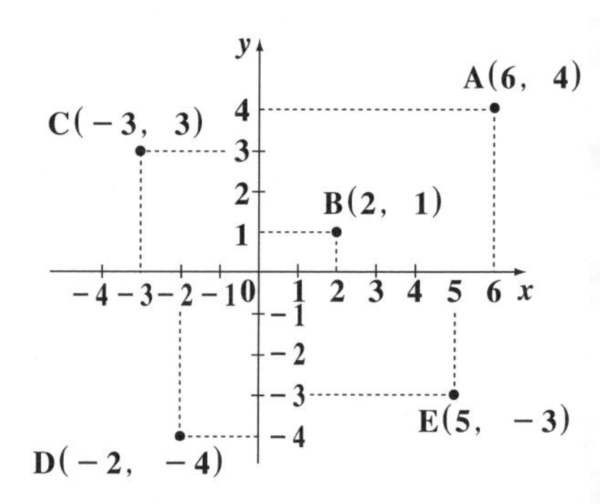

ここで，図**1**の座標平面上に，**5**つの点**A**$(6, 4)$（x座標，y座標），**B**$(2, 1)$，**C**$(-3, 3)$，**D**$(-2, -4)$，**E**$(5, -3)$をとってみてごらん。そう，**A**$(6, 4)$の意味は，“x座標が**6**で，y座標が**4**の点を**A**とおく”ということだから，点**A**は図**1**に示す位置にくるんだね。点**B**$(2, 1)$から，x座標が**2**，y座標が**1**の位置が点**B**となる。以下同様に，点**E**$(5, -3)$まで，図**1**のxy座標平面上に示しておいたから，確認してくれ。これから，点**A**と点**B**は第**1**象限の点，点**C**は第**2**象限の点，点**D**は第**3**象限の点，そして点**E**は第**4**象限の点であることが分かるね。このように，点の座標が与えられたら，正確にxy座標平面上に点をとれるように，練習しておこう。

● 2点間の距離は，三平方の定理で求まる！

じゃ，xy 座標平面上にとった2点A，B間の距離について解説しよう。
（これは，2点AとBを結ぶ"線分ABの長さ"と考えてもいい。）

これは直角三角形の"三平方の定理"から求めることができるんだ。

図2（i）に示すように，$c(=AB)$ を斜辺として，$\angle C = 90°$ の直角三角形ABCを考える。ここで，$AB = c$，$BC = a$，$CA = b$ とおくと，三平方の定理から，

$c^2 = a^2 + b^2$，つまり（c は辺の長さだから，正だ！）

$c = \sqrt{a^2 + b^2}$ ……㋐　$(c > 0)$ が導けるね。

図2　2点間の距離

（i）三平方の定理

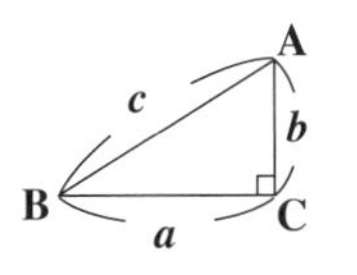

$c^2 = a^2 + b^2$

ここで，2点A，Bが図2（ii）に示すように，xy 座標平面上に，$A(x_1, y_1)$，$B(x_2, y_2)$ で与えられたものとする。このとき，これに図2（i）の直角三角形ABCを当てはめると，

$a = x_1 - x_2$ ……㋑　，$b = y_1 - y_2$ ……㋒

となるのも大丈夫だね。

㋐にこの㋑，㋒を代入することにより，c，すなわち2点A，B間の距離ABは
（"線分ABの長さ"と同じこと。）

$AB = \sqrt{(x_1 - x_2)^2 + (y_1 - y_2)^2}$ で計算できる。

（ii）2点A，B間の距離
（線分ABの長さ）

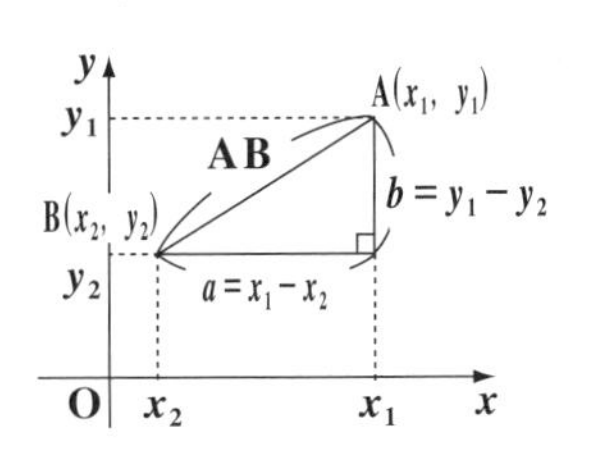

$AB = \sqrt{(x_1 - x_2)^2 + (y_1 - y_2)^2}$

x_1，x_2，y_1，y_2 の値の大小関係より，$x_1 - x_2$ や $y_1 - y_2$ は負となることもある。でも，どうせ2乗するから気にすることはないんだね。大丈夫だね。この特殊な場合として，点Bが原点Oと一致する場合も考えよう。これは図3に示すように，$A(x_1, y_1)$，$O(0, 0)$ とおくと，点 $B(x_2, y_2)$ の代わりに点 $O(0, 0)$ となっているだけなので，2点O，A間の距離OAは，

図3　2点O，A間の距離

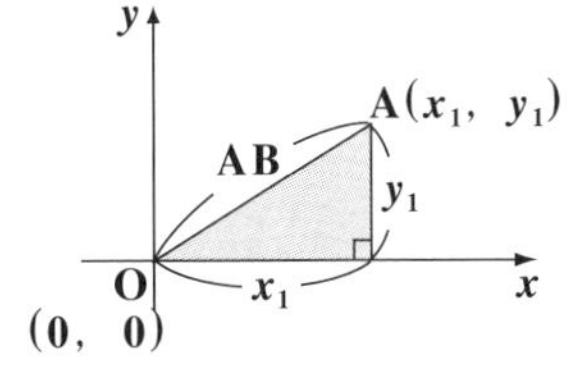

$OA = \sqrt{(x_1 - 0)^2 + (y_1 - 0)^2}$　　$\therefore$ $OA = \sqrt{x_1{}^2 + y_1{}^2}$ となるんだね。

x_1，y_1 はどうせ2乗するので，これらは負でもかまわない。以上をまとめて次に示すよ。

2 点間の距離

(1) 2 点 A，B 間の距離

xy 座標平面上の 2 点 $\mathrm{A}(x_1,\ y_1)$，$\mathrm{B}(x_2,\ y_2)$ 間の距離 AB は，

$\mathrm{AB}=\sqrt{(x_1-x_2)^2+(y_1-y_2)^2}$ となる。

(2) 2 点 O，A 間の距離

xy 座標平面上の 2 点 $\mathrm{A}(x_1,\ y_1)$，$\mathrm{O}(0,\ 0)$ 間の距離 OA は，

$\mathrm{OA}=\sqrt{{x_1}^2+{y_1}^2}$ となる。

それじゃ，実際に 2 点間の距離（線分の長さ）を計算してみよう。

練習問題 16　2 点間の距離　CHECK 1　CHECK 2　CHECK 3

xy 座標平面上に，5 点 A(6, 4)，B(2, 1)，C(−3, 3)，D(−2, −4)，O(0, 0) がある。次の線分の長さを求めよ。

(1) 線分 AB　　(2) 線分 BC　　(3) 線分 OD

(1) 線分 AB の長さは，2 点 A，B 間の距離と同じことだから，2 点間の距離の公式を使って求めればいいんだね。(2)(3) も同様だね。

(1) 2 点 $\mathrm{A}(\underset{x_1}{6},\ \underset{y_1}{4})$，$\mathrm{B}(\underset{x_2}{2},\ \underset{y_2}{1})$ を結ぶ線分 AB の長さは，

$$\mathrm{AB}=\sqrt{(\underbrace{6-2}_{x_1-x_2})^2+(\underbrace{4-1}_{y_1-y_2})^2}=\sqrt{4^2+3^2}$$

$$=\sqrt{16+9}=\sqrt{25}=5$$ となる。

(2) 2 点 $\mathrm{B}(\underset{x_1}{2},\ \underset{y_1}{1})$，$\mathrm{C}(\underset{x_2}{-3},\ \underset{y_2}{3})$ を結ぶ線分 BC の長さは，

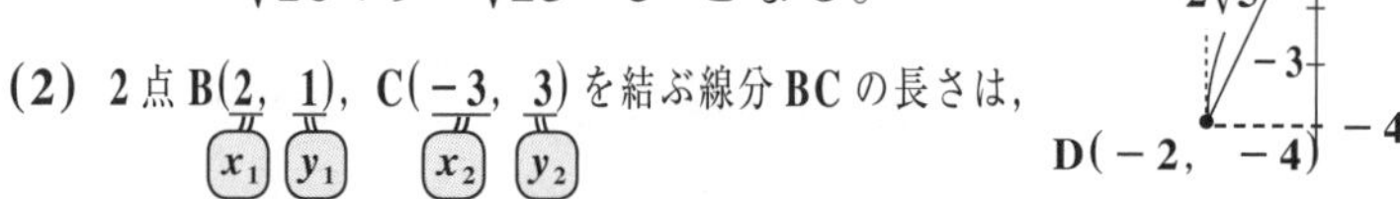

$$\mathrm{BC}=\sqrt{\{\underbrace{2-(-3)}_{x_1-x_2}\}^2+(\underbrace{1-3}_{y_1-y_2})^2}=\sqrt{5^2+(-2)^2}=\sqrt{25+4}=\sqrt{29}$$ が答えだね。

(3) 2 点 O(0, 0)，$\mathrm{D}(\underset{x_1}{-2},\ \underset{y_1}{-4})$ を結ぶ線分 OD の長さは，

$$\mathrm{OD}=\sqrt{(\underbrace{-2}_{x_1})^2+(\underbrace{-4}_{y_1})^2}=\sqrt{4+16}=\sqrt{\underbrace{20}_{2^2\times5}}=\sqrt{2^2\times5}=2\sqrt{5}$$ となる。

（⊖でもかまわない。どうせ，2乗するからね。）

● 線分の内分点の座標は“たすきがけ”で求まる!?

これから，線分の“**内分点**(ないぶんてん)”について解説しよう。図4を見てくれ。簡単のため，x軸上に2点A，Bをとった。2点A，Bのx座標はそれぞれ1と9なので，2点A，Bの座標をA(1)，B(9)と表すことにするよ。

図4 線分ABの内分点Pの例

ここで図4に示すように，線分ABを3：1に内分する点をP，そのx座標をαとおいて，点P(α)のx座標αを求めてみよう。図4で，AP：PB＝3：1であることを，APを(3)，PBを(1)と(　)を付けて表した。これは，AP，BPの本当の長さではなく，あくまでも，2つの線分の長さの比を表していることを示すためだ。比を表す場合，(　)以外にも，○や□などを付けて，長さと区別して表せばいい。

A(1)，P(α)，B(9)より，APとPBの本当の線分の長さは，それぞれ

$\mathrm{AP}=\alpha-1$…㋐，$\mathrm{PB}=9-\alpha$…㋑となる。

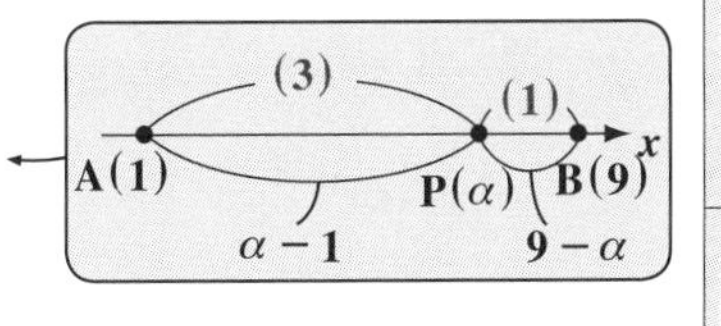

そして，その比は，AP：PB＝3：1…㋒

より，㋐，㋑を㋒に代入して，

内項の積

$(\alpha-1):(9-\alpha)=3:1$となる。ここで，(外項の積)＝(内項の積)より，

外項の積

$(\alpha-1)\times1=(9-\alpha)\times3$，　　$\alpha-1=27-3\alpha$

$\alpha+3\alpha=27+1$，　　$4\alpha=28$　　$\therefore\ \alpha=\dfrac{28}{4}=7$　と求まる！

計算は大丈夫だった？

それじゃ，これを一般化してみるよ。

図5に示すようにx軸上に2点A(x_1)，B(x_2)

（2点A，Bのx座標がそれぞれx_1，x_2，を表す。）

をとり，この2点を結んでできる線分ABをm：nに内分する点をP(α)とおいて，Pのx座標αを求めてみよう。

図5 線分ABの内分点P

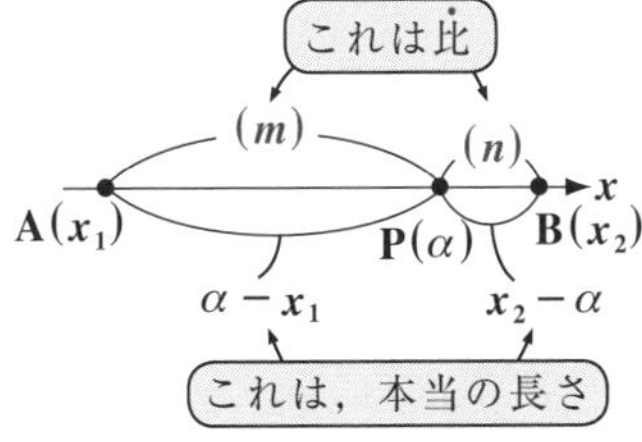

まず，$\mathrm{AP}=\alpha-x_1$……①，$\mathrm{PB}=x_2-\alpha$……②　となるのはいいね。

ここで，$\mathbf{AP}$ と $\mathbf{PB}$ の比が $m:n$ より，

$\mathbf{AP}:\mathbf{PB}=m:n$ ……③ となる。

③に①，②を代入して，

$(\alpha-x_1):(x_2-\alpha)=m:n$ 　よって，

$n(\alpha-x_1)=m(x_2-\alpha)$ ←（外項の積＝内項の積）

$n\alpha-nx_1=mx_2-m\alpha,\quad m\alpha+n\alpha=nx_1+mx_2$

$(m+n)\alpha=nx_1+mx_2\quad\therefore\alpha=\dfrac{nx_1+mx_2}{m+n}$ の公式が導けた。

この公式を利用すると，先程の例 $\mathbf{A}(1)$，$\mathbf{B}(9)$ のとき，線分 $\mathbf{AB}$ を $3:1$ に内分する点 $\mathbf{P}(\alpha)$ の x 座標 α は，$x_1=1$，$x_2=9$，$m=3$，$n=1$ より，

$\alpha=\dfrac{nx_1+mx_2}{m+n}=\dfrac{1\times1+3\times9}{3+1}=\dfrac{1+27}{4}=\dfrac{28}{4}=7$ と，一発で求まるんだね。

エッ，覚え方が難しいって？ いいよ。この内分点の公式は“たすきがけ”で覚えられるんだからね。

公式の分母は，$m+n$ だけど，分子の x_1 と x_2 については，それぞれ m と n が“たすきがけ”状態に，x_1 には n が，x_2 には m がかかっているんだね。これで，要領はつかめた？

じゃ次，今度は図6に示すように，y 軸上に3点 $\mathbf{A}(y_1)$，$\mathbf{P}(\beta)$，$\mathbf{B}(y_2)$ があり，線分 $\mathbf{AB}$ を点 $\mathbf{P}$ が，$m:n$ に内分するものとしよう。すると，同様に，

図6 線分 AB の内分点 P

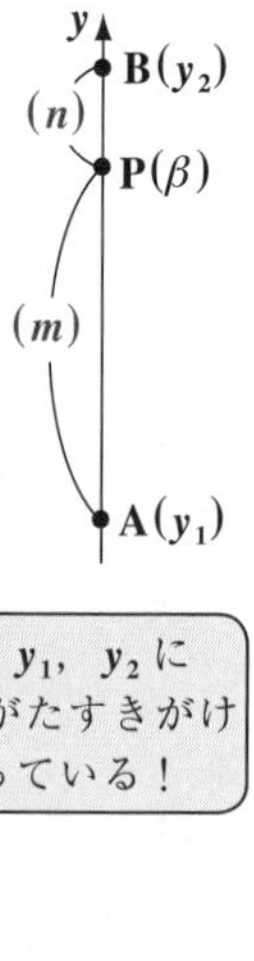

$\mathbf{AP}:\mathbf{PB}=(\beta-y_1):(y_2-\beta)=m:n$ より，

$n(\beta-y_1)=m(y_2-\beta)$，$n\beta-ny_1=my_2-m\beta$

$(m+n)\beta=ny_1+my_2\quad\therefore\beta=\dfrac{ny_1+my_2}{m+n}$ ←（これも，y_1，y_2 に n と m がたすきがけにかかっている！）

と，公式が導ける。

以上のことは，線分 **AB** が x 軸上や y 軸上にある，特殊な場合の話じゃないのかって？ そうだね。でも，これらの結果が xy 座標平面上の一般の線分 **AB** の内分点 $\mathbf{P}(\alpha,\ \beta)$ の座標を求める公式になっているんだよ。

その様子を，内分点の公式として，次にまとめて示しておこう。

内分点の公式

2 点 $\mathbf{A}(x_1,\ y_1)$，$\mathbf{B}(x_2,\ y_2)$ を結ぶ線分 **AB** を $m:n$ に内分する点を **P** とおくと，点 **P** の座標は，

$$\mathbf{P}\left(\frac{nx_1+mx_2}{m+n},\ \frac{ny_1+my_2}{m+n}\right)$$

となる。

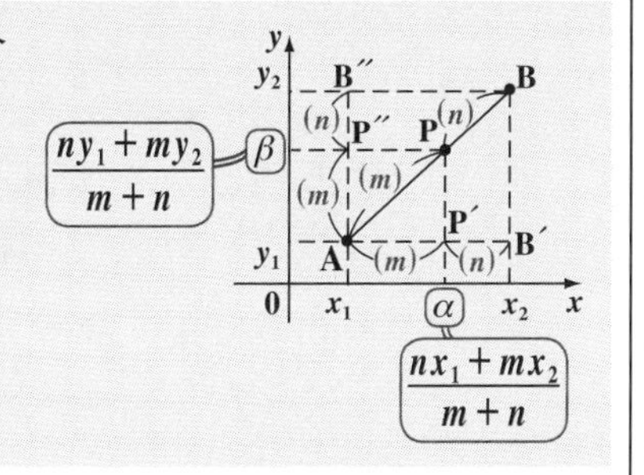

xy 座標平面上の 2 点 $\mathbf{A}(x_1,\ y_1)$，$\mathbf{B}(x_2,\ y_2)$ を結ぶ線分 **AB** を $m:n$ に内分する点を $\mathbf{P}(\alpha,\ \beta)$ とおくと，上図から分かるように，

- x 軸と平行な線分 **AB′** を点 **P′** が $m:n$ に内分するので，$\alpha=\dfrac{nx_1+mx_2}{m+n}$ となり，
- y 軸と平行な線分 **AB″** を点 **P″** が $m:n$ に内分するので，$\beta=\dfrac{ny_1+my_2}{m+n}$ となるんだね。

A (m) P′ (n) B′
$(x_1,\ y_1)$ $(\alpha,\ y_1)$ $(x_2,\ y_1)$

$\mathbf{B}''(x_1,\ y_2)$
(n)
$\mathbf{P}''(x_1,\ \beta)$
(m)
$\mathbf{A}(x_1,\ y_1)$

前に勉強した内容がそのまま公式に活かされてることが分かった？

それでは，練習問題で内分点を実際に求めてみよう。

練習問題 17　内分点の公式　CHECK 1　CHECK 2　CHECK 3

xy 座標平面上に，3 点 $\mathbf{A}(-1,\ -2)$，$\mathbf{B}(5,\ 3)$，$\mathbf{C}(-2,\ 6)$ がある。

(1) 線分 AB を 2：1 に内分する点を P とおく。P の座標を求めよ。

(2) 線分 BC を 3：2 に内分する点を Q とおく。Q の座標を求めよ。

(1)(2) 共に，内分点の座標を求める問題なので，公式通りに計算するんだね。公式のポイントは，x 座標，y 座標共に，分子の計算が“たすきがけ”になっていることだ。頑張って，結果を出してごらん。

(1) 2 点 $\mathbf{A}(\underbrace{-1}_{x_1},\ \underbrace{-2}_{y_1})$，$\mathbf{B}(\underbrace{5}_{x_2},\ \underbrace{3}_{y_2})$ を結ぶ線分

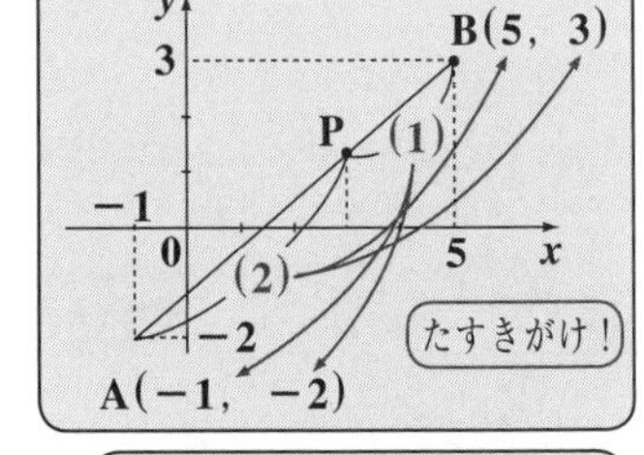

AB を $\underbrace{2}_{m}:\underbrace{1}_{n}$ に内分する点を **P** とおくと，

内分点の公式より，

$$\mathbf{P}\left(\underbrace{\frac{1\cdot(-1)+2\cdot5}{2+1}}_{\frac{-1+10}{3}},\ \underbrace{\frac{1\cdot(-2)+2\cdot3}{2+1}}_{\frac{-2+6}{3}}\right)$$

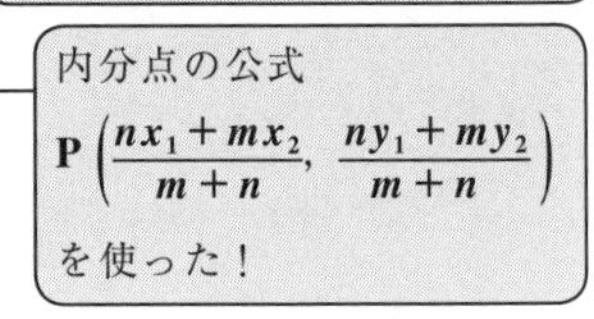

よって，点 $\mathbf{P}\left(3,\ \frac{4}{3}\right)$ となる。どう？　混乱せずに，公式を使えた？

(2) 2 点 $\mathbf{B}(\underbrace{5}_{x_1},\ \underbrace{3}_{y_1})$，$\mathbf{C}(\underbrace{-2}_{x_2},\ \underbrace{6}_{y_2})$ を結ぶ線分

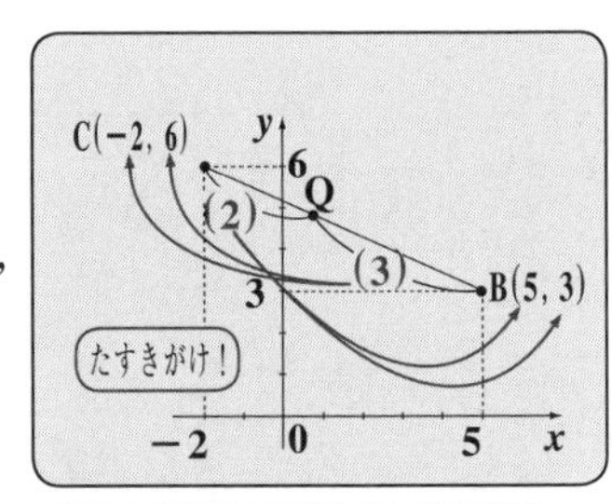

BC を $\underbrace{3}_{m}:\underbrace{2}_{n}$ に内分する点を **Q** とおくと，

内分点の公式より，

$$\mathbf{Q}\left(\underbrace{\frac{2\cdot5+3\cdot(-2)}{3+2}}_{\frac{10-6}{5}},\ \underbrace{\frac{2\cdot3+3\cdot6}{3+2}}_{\frac{6+18}{5}}\right)$$

内分点の公式
$\mathbf{Q}\left(\frac{nx_1+mx_2}{m+n},\ \frac{ny_1+my_2}{m+n}\right)$
を使った！

よって，点 $\mathbf{Q}\left(\frac{4}{5},\ \frac{24}{5}\right)$ が答えだ！

公式は，このように使いながら覚えていくといいんだよ。

ここで，点 **P** が線分 **AB** の中点となる特別な場合についても言っておこう。

つまり，図 **7** に示すように点 **P** が線分 **AB** を **1**：**1** に内分する場合だから，$m=1$，$n=1$ を公式に代入して，

$$\mathbf{P}\left(\frac{x_1+x_2}{2},\ \frac{y_1+y_2}{2}\right)$$

$\mathrm{P}\left(\frac{1\cdot x_1+1\cdot x_2}{1+1},\ \frac{1\cdot y_1+1\cdot y_2}{1+1}\right)$

となるんだね。これも，公式として覚えておこう！

図 7　線分 AB の中点 P

$\mathrm{B}(x_2,\ y_2)$
(1)
(1)
中点
$\mathrm{A}(x_1,\ y_1)$　$\mathrm{P}\left(\frac{x_1+x_2}{2},\ \frac{y_1+y_2}{2}\right)$

この中点の公式を使うと，点 $\mathbf{P}$ に関する，点 $\mathbf{A}$ の対称点 $\mathbf{B}$ の座標を求めることもできる。次の例題で練習しておこう。

(ex) 点 $\mathbf{A}(-3,\ -2)$ を点 $\mathbf{P}(1,\ 2)$ に関して対称移動した点 $\mathbf{B}$ の座標を求めてみよう。

対称移動した点 $\mathbf{B}$ を $\mathbf{B}(\alpha,\ \beta)$ とおくと，右図に示すように，点 $\mathbf{P}$ は，線分 $\mathbf{AB}$ の中点となるんだね。

対称点
$\mathbf{B}(\alpha,\ \beta)$
$\mathbf{P}(1,\ 2)$
$\mathbf{A}(-3,\ -2)$

よって，中点の公式より，

$$\begin{cases} \dfrac{-3+\alpha}{2}=1 & \cdots① \\ \dfrac{-2+\beta}{2}=2 & \cdots② \end{cases}$$
となる。

ゆえに，①より，$-3+\alpha=2$　$\therefore\ \alpha=2+3=5$

②より，$-2+\beta=4$　$\therefore\ \beta=4+2=6$

以上より，点 $\mathbf{A}$ を点 $\mathbf{P}$ に関して対称移動した点 $\mathbf{B}$ の座標は，$\mathbf{B}(5,\ 6)$ となるんだね。大丈夫？

● 外分点の公式は，内分点の公式と似てる!?

“内分点”の次は，“**外分点**（がいぶんてん）”について解説しよう。外分点の場合，まずその意味をシッカリ押さえておく必要があるんだよ。

xy 座標平面上に，線分 $\mathbf{AB}$ が与えられたとしよう。そして，この線分 $\mathbf{AB}$ を $m:n$ に外分する点 $\mathbf{P}$ は，(ⅰ) $m>n$ の場合と，(ⅱ) $m<n$ の場合によって，その位置がまったく異なることに注意してくれ。

図 8　線分 AB の外分点

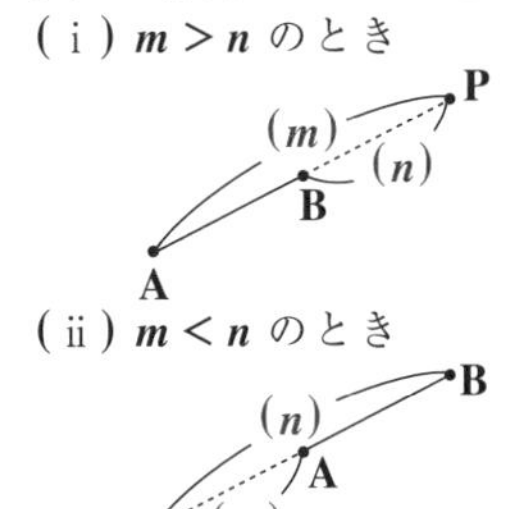

(ⅰ) $m>n$ のとき，図 8(ⅰ) に示すように，外分点 $\mathbf{P}$ は，$\mathbf{B}$ の外側にくるけれど，

(ⅱ) $m<n$ のときは，図 8(ⅱ) に示すように，外分点 $\mathbf{P}$ は，$\mathbf{A}$ の外側にくるんだね。

ン？ まだ，分かりづらいって？ いいよ。具体例で示そう。

(ⅰ) $m>n$ の例として，点 **P** が線分 **AB** を **3：1**（$3=m$，$1=n$）に外分するときの点 **P** の位置を図 **9**(ⅰ) に示す。また，

(ⅱ) $m<n$ の例として，点 **P** が線分 **AB** を **1：3**（$1=m$，$3=n$）に外分するときの外分点 **P** の位置を図 **9**(ⅱ) に示す。

図 9　外分点の具体例

(ⅰ) **3：1** に外分するとき

(ⅱ) **1：3** に外分するとき

それじゃ，外分点の座標を求める公式を導いてみよう。まず，**3** 点 **A**，**B**，**P** がすべて x 軸上の点であり，$\mathrm{A}(x_1)$，$\mathrm{B}(x_2)$，$\mathrm{P}(\alpha)$ とする。そして，線分 **AB** を $m：n$ に外分する点を **P** として，α を求めよう。

(ⅰ) $m>n$ のとき，

図 **10** に示すように，

$\mathrm{AP}：\mathrm{PB}=m：n$ となる。よって，（$\mathrm{AP}=\alpha-x_1$，$\mathrm{PB}=\alpha-x_2$）

図 10　$m>n$ のとき

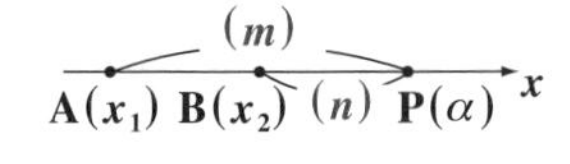

$(\alpha-x_1):(\alpha-x_2)=m:n$ より，$m(\alpha-x_2)=n(\alpha-x_1)$

$m\alpha-mx_2=n\alpha-nx_1$，　　$m\alpha-n\alpha=-nx_1+mx_2$

$(m-n)\cdot\alpha=-nx_1+mx_2$　　$\therefore\ \alpha=\dfrac{-nx_1+mx_2}{m-n}$ と，外分点の公式が導けた！ $m<n$ の場合も，これと同じ結果が導けるんだよ。

(ⅱ) $m<n$ のとき，

図 11　$m<n$ のとき

図 **11** に示すように，

$\mathrm{AP}：\mathrm{PB}=m：n$ となる。よって，（$\mathrm{AP}=x_1-\alpha$，$\mathrm{PB}=x_2-\alpha$）

$(x_1-\alpha):(x_2-\alpha)=m:n$ より，$n(x_1-\alpha)=m(x_2-\alpha)$

$nx_1-n\alpha=mx_2-m\alpha$，　　$m\alpha-n\alpha=-nx_1+mx_2$

$(m-n)\cdot\alpha=-nx_1+mx_2$　　$\therefore\ \alpha=\dfrac{-nx_1+mx_2}{m-n}$ となって，

(ⅰ) $m>n$ のときと同じ結果が導けるのが分かったね。

これは，3点A，B，Pがy軸上にあって，それぞれの点の座標が$A(y_1)$，$B(y_2)$，$P(\beta)$で，点Pが線分ABを$m:n$に外分するとき，(i) $m>n$，(ii) $m<n$のいずれの場合でも，前と同様に，$\beta=\dfrac{-ny_1+my_2}{m-n}$が導けることが分かるはずだ。以上より，次の一般的な外分点の公式が導けるんだね。

外分点の公式

2点$A(x_1,\ y_1)$，$B(x_2,\ y_2)$を結ぶ線分ABを$m:n$に外分する点をPとおくと，点Pの座標は，

$$P\left(\frac{-nx_1+mx_2}{m-n},\ \frac{-ny_1+my_2}{m-n}\right)$$

となる。

これは，内分点の公式のnの代わりに，$-n$が代入されたものだ！

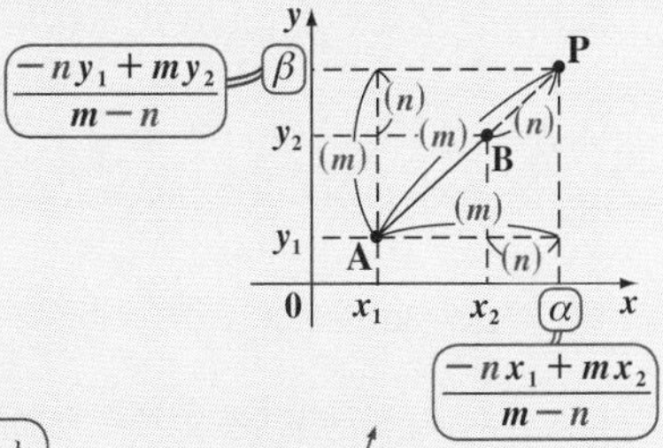

この図は，$m>n$の場合だ！

“外分点の公式”も，考え方は“内分点の公式”のときと同様だから，意味はよく分かると思う。しかも最終的な結果も，内分点の公式の“nの代わりに$-n$を代入したもの”が“外分点の公式”になるだけなので，覚え方も大丈夫だね。

それじゃ，練習問題で，外分点の公式も実際に使ってみよう。

練習問題 18　外分点の公式　CHECK 1　CHECK 2　CHECK 3

xy座標平面上に2点$A(-1,\ 2)$，$B(2,\ 4)$がある。
(1) 線分ABを$3:1$に外分する点をPとおくとき，Pの座標を求めよ。
(2) 線分ABを$1:3$に外分する点をQとおくとき，Qの座標を求めよ。

外分点の公式では，内分点の公式と同様に，分子はたすきがけになる。ただし，内分点の公式のnが$-n$になることに気を付けるんだよ。頑張れ！

(1) 2点$A(\underset{x_1}{-1},\ \underset{y_1}{2})$，$B(\underset{x_2}{2},\ \underset{y_2}{4})$を結ぶ線分ABを$\underset{m}{3}:\underset{n}{1}$に外分する点をPとおくと，

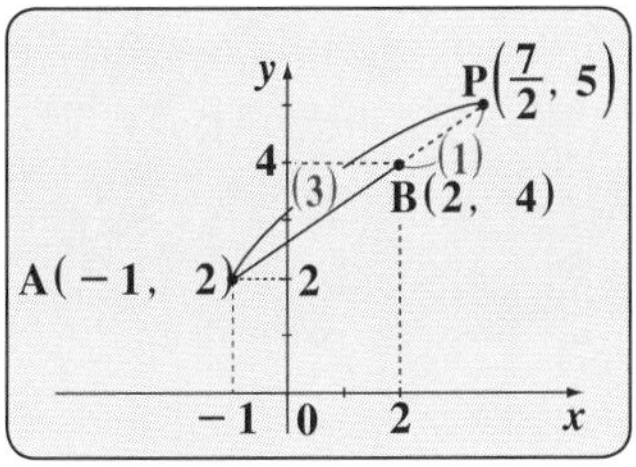

外分点の公式より，

$$P\left(\frac{-1\cdot(-1)+3\cdot 2}{3-1},\ \frac{-1\cdot 2+3\cdot 4}{3-1}\right)$$

$$\frac{1+6}{2} \qquad \frac{-2+12}{2}$$

外分点の公式
$P\left(\frac{-nx_1+mx_2}{m-n},\ \frac{-ny_1+my_2}{m-n}\right)$
を使った！

よって，点 $P\left(\frac{7}{2},\ 5\right)$ となる。大丈夫？

(2) 2 点 $A(\underset{x_1}{-1},\ \underset{y_1}{2})$，$B(\underset{x_2}{2},\ \underset{y_2}{4})$ を結ぶ線分

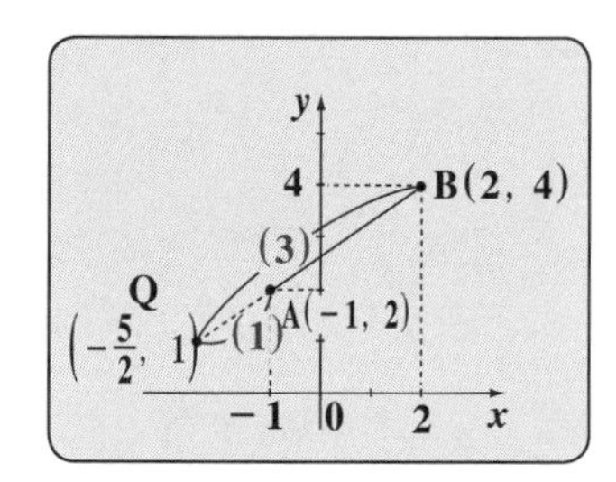

AB を $\underset{m}{1}:\underset{n}{3}$ に外分する点を Q とおくと，

外分点の公式より，

$$Q\left(\frac{-3\cdot(-1)+1\cdot 2}{1-3},\ \frac{-3\cdot 2+1\cdot 4}{1-3}\right)$$

$$\frac{3+2}{-2} \qquad \frac{-6+4}{-2}$$

外分点の公式
$Q\left(\frac{-nx_1+mx_2}{m-n},\ \frac{-ny_1+my_2}{m-n}\right)$
を使った！

よって，点 $Q\left(-\frac{5}{2},\ 1\right)$ が答えだね。大丈夫だった？

● 三角形 ABC の重心 G の公式もマスターしよう！

最後に，△ABC の**重心 G** の公式も導いてみよう。図 12 に示すように，xy 座標平面上の 3 点 $A(x_1,\ y_1)$，$B(x_2,\ y_2)$，$C(x_3,\ y_3)$ を頂点とする△ABC の重心 G の座標がどうなるか調べてみよう。

図 12　△ABC の重心 G の座標

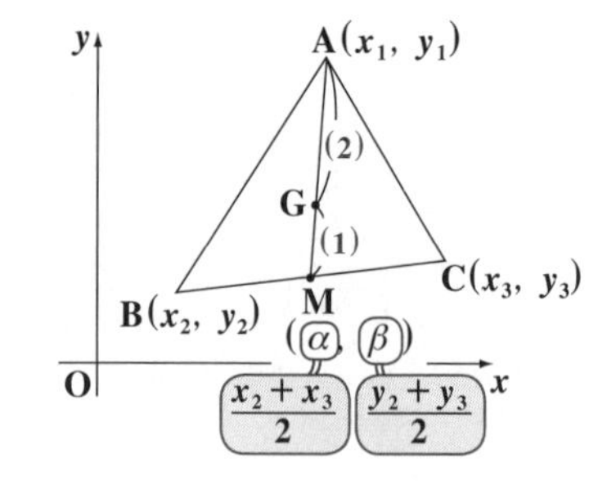

線分（辺）BC の中点を M とおくと，△ABC の重心 G は，中線 AM を 2：1 に内分する点であることは，みんな知っているね。

よって，中点 M の座標を $M(\alpha,\ \beta)$ とおくと，中点の公式より，

$$\alpha = \frac{x_2 + x_3}{2} \quad \cdots\cdots① \qquad \beta = \frac{y_2 + y_3}{2} \quad \cdots\cdots②$$

内分点の公式で
$m = n = 1$ の特別
な場合だね。

また重心 G は線分 AM を 2：1 に内分するので，
内分点の公式を使って，

$$\mathrm{G}\left(\frac{1 \cdot x_1 + 2 \cdot \underset{\frac{x_2+x_3}{2}}{\boxed{\alpha}}}{2+1},\ \frac{1 \cdot y_1 + 2 \cdot \underset{\frac{y_2+y_3}{2}}{\boxed{\beta}}}{2+1}\right)$$ となるんだね。

これに①，②を代入すると，

$$\mathrm{G}\left(\frac{x_1 + \cancel{2} \cdot \frac{x_2 + x_3}{\cancel{2}}}{3},\ \frac{y_1 + \cancel{2} \cdot \frac{y_2 + y_3}{\cancel{2}}}{3}\right)$$ より，△ABC の重心 G の座標は，

$$\mathrm{G}\left(\frac{x_1 + x_2 + x_3}{3},\ \frac{y_1 + y_2 + y_3}{3}\right)$$ となって，美しい公式が導けるんだね。

これも，シッカリ頭に入れておこう。

以上で，今日の講義は終了です。今日は，"**2点間の距離(線分の長さ)**"，"**内分点の公式**"，"**外分点の公式**"，そして"**三角形の重心Gの公式**"まで勉強したんだね。いずれも，これから勉強していく"**図形と方程式**"の基本となるものばかりだから，今の内にシッカリ基礎固めをしておくんだよ。

次回の講義では，xy 座標平面上における"**直線**"を極めることにしよう。それじゃ，みんな，次回の講義まで，元気でな。さようなら…。

7th day　直線の方程式，点と直線の距離

おはよう！　みんな元気そうで何よりだ。今日は，“**図形と方程式**”の**2**回目の講義だね。今日の講義で扱うテーマは，xy座標平面上の“**直線**”だよ。エッ，直線なら既に中学校で習ったって？　そうだね。もちろん，ここでは中学数学の復習から入るよ。でも，さらに深めていくから，直線についてさまざまな知識が身に付くはずだ。では，講義を始めよう！

● 直線の方程式には2つのタイプがある！

直線の方程式と言われたら，$y=mx+n$がすぐに思い浮かぶと思う。

（m：傾き）（n：y切片）

これは，中学校でよく習ったはずだ。

“mが傾き(かたむき)”で，“nがy切片(せっぺん)”なんだね。

直線$y=mx+n$の式のxに$x=0$を代入すると，$y=\cancel{m\times0}+n=n$となるので，図1に示すように，この直線は点$(0,\ n)$を通ることが分かる。

図1　直線$y=mx+n$

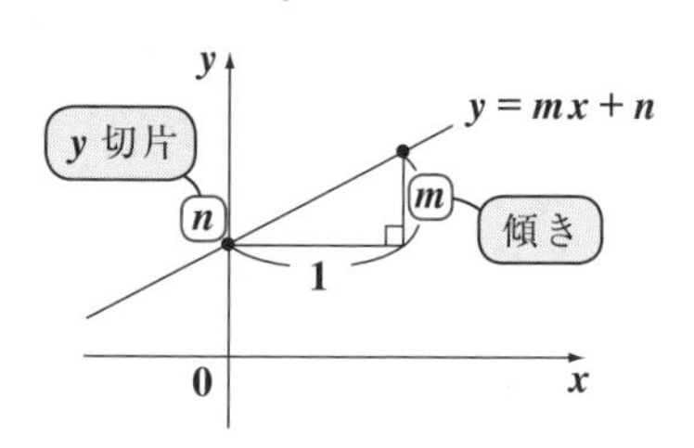

よって，y軸上にy座標がnとなる点をとって，このnの値のことを“**y切片(せっぺん)**”という。そして，この点$(0,\ n)$を起点にして，x軸の正の方向に1だけ行き，mだけ上に上がった点をとり，この2点を結べば，xy座標平面上に，直線$y=mx+n$のグラフを描くことができるんだね。じゃ，例題で練習しよう！

（$m<0$のときは，$-m$だけ下に下がった点をとる。）

(a) 次の3つの直線のグラフをxy座標平面上に描いてみよう。

(i) $y=\dfrac{4}{3}x-2$　　　(ii) $y=-\dfrac{1}{2}x+2$

(i) 直線$y=\dfrac{4}{3}x-2$の場合，y切片が-2なので，まずy軸上に点$(0,\ -2)$をとる。次に傾きが$\dfrac{4}{3}$より，右に3行って上に4上がった点をとり，この2点を結べばいい。

傾きが分数の場合，“右に 1 行って，上に $\frac{4}{3}$ 上がった点”を求めるよりも“右に分母の 3 行き，上に分子の 4 上がった点”をとる方が作図しやすい。

(ii) 直線 $y=-\frac{1}{2}x+2$ では，y 切片が 2 なので，まず y 軸上に点 $(0,\ 2)$ をとる。次に傾きが $-\frac{1}{2}$ より，この点から右に 2 行って，下に 1 下がった点をとり，この 2 点を結べば，グラフが求まるんだね。

傾きが負の場合，下に下がる。

以上 (i)(ii) のグラフを，まとめて下に示す。

(i)

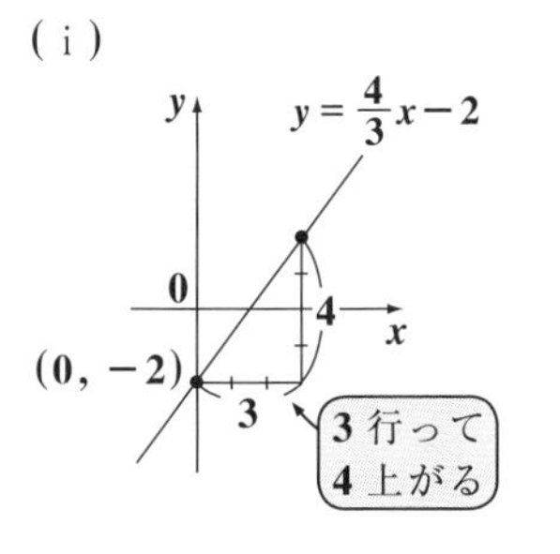

(ii)

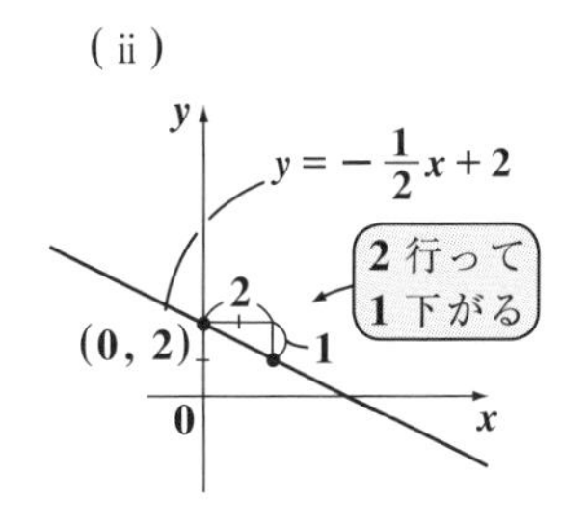

大丈夫だった？ これで，直線の方程式 $y=mx+n$ 型のグラフの描き方も思い出せたと思う。ン，これで xy 座標平面上のすべての直線が表せるようになったって？ ちょっと，待ってくれ

$y=mx+n$ の方程式は万能ではないよ。この方程式で表せない直線もある。そんなのあるのかって？ うん，あるよ。傾きが無限大 (∞) の，つまり x 軸に対して垂直な直線は方程式 $y=mx+n$ の形では表せない。これは，$x=k$ (k：実数の定数) の形でしか表すことができないんだね。エッ，何で $x=k$ みたいな簡単な式が，x 軸と直交する直線になるんだって？ 良い質問だ！ この考え方は重要だから，これからシッカリ解説しておこう。

一般に，xy 座標平面上にただ点 $P(x,\ y)$ が与えられて，その x 座標，y 座標について何の制約条件もなければ，図 2 に示すように点 P は xy 座標平面上のどこにでも存在し得るので，この場合，点 $P(x,\ y)$ は xy 座標平面全体を塗りつぶしていると考えていいんだよ。

図 2 点 $P(x,\ y)$

これに対して，たとえば $x=\underline{2}$ という方程式が与えられたとすると，これはこの図形上の点 $\mathrm{P}(x,\ y)$ について，その x 座標は常に $x=2$ の値をとらないといけないことになる。でも，y 座標については何の制約もないので，図3に示すように，$y=y',\ y'',\ y''',\ \cdots$ とさまざまな値をとり得るね。これは，$y',\ y'',\ y'''$ だけでなく，y は連続的に $-\infty<y<\infty$ の範囲ですべての値をとり得るので，結局図3に示すように点 $\mathrm{P}(x,\ y)$ は，x 軸上の座標2の点と交わり x 軸と直交する直線を描くことになるんだね。面白かった？

$x=k$ の k が2のときだね。

図3　$x=2$ のグラフ

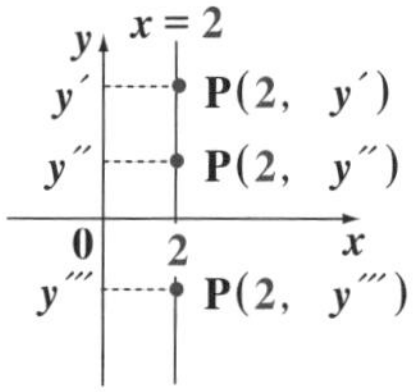

$x=2$

$\mathrm{P}(2,\ y')$

$\mathrm{P}(2,\ y'')$

$\mathrm{P}(2,\ y''')$

だから，$y=mx+n$ も，本来自由に動けたはずの点 $\mathrm{P}(x,\ y)$ に課せられた制約条件と考えていいんだよ。この $y=mx+n$ という制約を受けることにより，点 $\mathrm{P}(x,\ y)$ は，傾き m，y 切片 n の直線上のみに存在することになるんだ。

それじゃ，話を元に戻そう。xy 座標平面上の直線として，次の2つのタイプがあることを，まず頭に入れてくれ。

$$\begin{cases} (\mathrm{I})\ y=mx+n \quad (m,\ n：実数定数) \\ (\mathrm{II})\ x=k \quad (k：実数定数) \end{cases}$$

(Ⅰ) ← x 軸と直交する直線以外のすべての直線

(Ⅱ) ← x 軸と直交する直線

● $y=mx+n$ 型の方程式を極めよう！

$y=mx+n$ の形の直線の方程式の求め方には，次の3通りがあるんだよ。

方程式 $y=mx+n$ の求め方

(Ⅰ) 傾き m と y 切片 n の値が与えられる場合，

$$y=mx+n$$

(Ⅱ) 傾き m と，直線の通る点 $\mathrm{A}(x_1,\ y_1)$ が与えられる場合，

$$y=m(x-x_1)+y_1$$

(Ⅲ) 直線の通る2点 $\mathrm{A}(x_1,\ y_1)$，$\mathrm{B}(x_2,\ y_2)$ が与えられる場合，

$$y=\frac{y_2-y_1}{x_2-x_1}(x-x_1)+y_1 \quad (ただし，x_1 \neq x_2 とする。)$$

一般に，関数 $y=f(x)$ のグラフを $(p,\ q)$ だけ平行移動させたかったならば，

（"x 軸方向に p，y 軸方向に q だけ平行移動" の意味）

x の代わりに $x-p$，y の代わりに $y-q$ を代入すればよかった。つまり，

$$y=f(x)\ \xrightarrow[\text{平行移動}]{(p,\ q)\text{だけ}}\ y-q=f(x-p)$$

$$\begin{cases} x \to x-p \\ y \to y-q \end{cases}$$

となるんだね。大丈夫だね。

ここで，(Ⅰ)(Ⅱ) の公式については，原点 O を通る傾き m の直線 $y=mx$

（$n=0$ だから，これは原点 $(0,\ 0)$ を通る直線）

の平行移動で考えるといいよ。

(Ⅰ) $y=mx$ を，図 4 に示すように，$(0,\ n)$ だけ平行移動するためには，$y=mx$ の y の代わりに $y-n$ を代入すればいいので，

$y-n=mx$

$\therefore\ y=mx+n$ が導かれるんだね。

図 4　$y=mx+n$

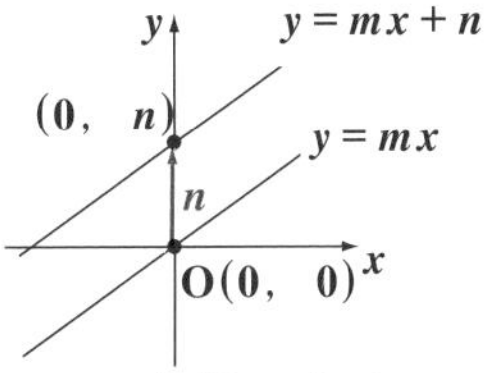

よって，$y=mx+n$ は，点 $(0,\ n)$ を通る，傾き m の直線になる。

(Ⅱ) 原点 O を通る直線 $y=mx$ を，図 5 に示すように，$(x_1,\ y_1)$ だけ平行移動

（x 軸方向に x_1，y 軸方向に y_1 だけ平行移動）

するには，$y=mx$ の x の代わりに $x-x_1$ を，y の代わりに $y-y_1$ を代入すればいいので，

$y-y_1=m(x-x_1)$，すなわち

図 5　$y=m(x-x_1)+y_1$

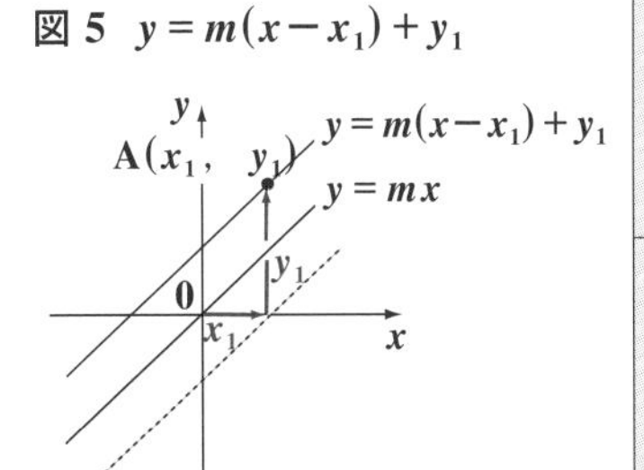

$y=m(x-x_1)+y_1$ となる。よって，この直線の方程式は，点 $A(x_1,\ y_1)$ を通る傾き m の直線の式ということになるんだね。

これから逆に，点 $A(-2,\ 3)$ を通り，傾き $\frac{1}{2}$ の直線を求めよと言われたら，$x_1=-2$，$y_1=3$，$m=\frac{1}{2}$ のことだから，これを

$y=m(x-x_1)+y_1$ に代入して，

$y=\frac{1}{2}\{x-(-2)\}+3,\qquad y=\frac{1}{2}(x+2)+3\qquad \therefore y=\frac{1}{2}x+4$ となる。

(Ⅲ) 直線の通る2点 $\mathrm{A}(x_1,\ y_1)$ と $\mathrm{B}(x_2,\ y_2)$ が与えられたら，それから直線の方程式を導くことができる。

図6 $y=\frac{y_2-y_1}{x_2-x_1}(x-x_1)+y_1$

傾き $m=\frac{y_2-y_1}{x_2-x_1}$

これは，点 $\mathrm{A}(x_1,\ y_1)$ を通るので，傾きを m とおくと(Ⅱ)の公式から，
$y=\underline{m}(x-x_1)+y_1$ と表せるだろう。

ここで，傾き m は図6から，

$\underline{m}=\frac{y_2-y_1}{x_2-x_1}$ となることが分かるだろう。これを，上式に代入して，

2点 $\mathrm{A}(x_1,\ y_1)$ と $\mathrm{B}(x_2,\ y_2)$ を通る直線の方程式が，

$y=\frac{y_2-y_1}{x_2-x_1}(x-x_1)+y_1$ と導かれるんだね。ただし，$x_1 \neq x_2$ の条件が付くけどね。エッ，$x_1=x_2$ のときはどうなるのかって？ そのときは x 軸に対して垂直な直線になるので，$x=x_1$ がその方程式になる。

これは，$x=x_2$ でもいい。

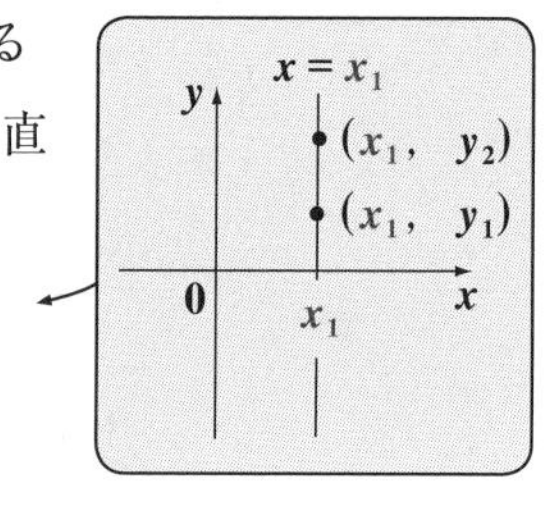

つまり，$x=k$ の k が x_1 ということだね。

それでは，次の例題をやってみてごらん。

(b) 2点 A(−1，2)，B(2，4) を通る直線の方程式を求めよう。

2点 $\mathrm{A}(-1,\ 2)$，$\mathrm{B}(2,\ 4)$ を通る直線の
（-1: x_1，2: y_1，2: x_2，4: y_2）

傾きを m とおくと，

$$m=\frac{y_2-y_1}{x_2-x_1}=\frac{4-2}{2-(-1)}=\frac{4-2}{2+1}=\frac{2}{3}$$

となるね。よって，これは点 $\mathrm{A}(-1,\ 2)$ を通る傾き $m=\frac{2}{3}$ の直線となるので，

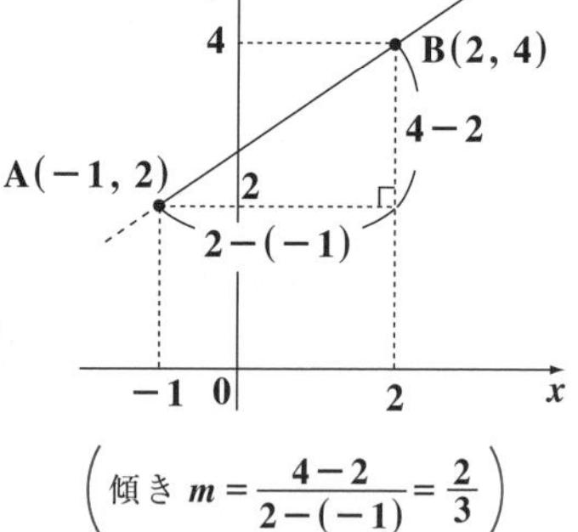

$\left(傾き\ m=\frac{4-2}{2-(-1)}=\frac{2}{3}\right)$

$y=\frac{2}{3}\{x-(-1)\}+2$

$y = \frac{2}{3}x + \boxed{\frac{2}{3} + 2}$ （$\frac{2+6}{3}$）　$\therefore y = \frac{2}{3}x + \frac{8}{3}$ が，求める直線の方程式になる。

（最後は，$y = mx + n$ の形にする！）

これは，点 B(2, 4) を通る，傾き $m = \frac{2}{3}$ の直線と考えて計算しても，
$y = \frac{2}{3}(x-2) + 4 = \frac{2}{3}x \boxed{-\frac{4}{3} + 4}$ より，$y = \frac{2}{3}x + \frac{8}{3}$ となって，同じ結果になる。
（$\frac{12-4}{3}$）

それでは，さらに練習問題で練習しておこう。

練習問題 19　直線の方程式　CHECK 1　CHECK 2　CHECK 3

***xy* 座標平面上に 3 点 A(−2, −3)，B(4, 3)，C(−2, 6) がある。**
(i) 直線 AB，(ii) 直線 BC，(iii) 直線 CA の各方程式を求めよ。

一般に，2 点 (x_1, y_1)，(x_2, y_2) を通る直線の傾き m は，$m = \frac{y_2 - y_1}{x_2 - x_1}$ でも，$m = \frac{y_1 - y_2}{x_1 - x_2}$ でもかまわない。$\frac{y_2 - y_1}{x_2 - x_1}$ の分子・分母に同じ −1 をかけたものが $\frac{y_1 - y_2}{x_1 - x_2}$ になるからだ。

つまり，
$\frac{y_2 - y_1}{x_2 - x_1} = \frac{-1 \cdot (y_2 - y_1)}{-1 \cdot (x_2 - x_1)} = \frac{-y_2 + y_1}{-x_2 + x_1} = \frac{y_1 - y_2}{x_1 - x_2}$　なんだね。大丈夫？

(i) 2 点 A(−2, −3)，B(4, 3) を通る直線の傾きを m_1 とおくと，
（x_1 = −2，y_1 = −3，x_2 = 4，y_2 = 3）

$$m_1 = \frac{3-(-3)}{4-(-2)} = \frac{3+3}{4+2} = \frac{6}{6} = 1$$ となる。

（$\frac{y_2 - y_1}{x_2 - x_1}$）

（これを，
$m_1 = \frac{y_1 - y_2}{x_1 - x_2} = \frac{-3-3}{-2-4}$
$= \frac{-6}{-6} = 1$ と
計算してもかまわない。）

よって，直線 AB は，点 A(−2, −3) を通り，傾き $m_1 = 1$ の直線より，

$y = 1 \cdot \{x - (-2)\} - 3 = x + 2 - 3$　　$\therefore y = x - 1$ となる。

これを，点B(4, 3)を通る，傾き $m_1 = 1$ の直線として，$y = 1 \cdot (x - 4) + 3$ から，$y = x - 1$ を求めてもかまわない。

(ⅱ) 2点 B(4, 3), C(−2, 6) を通る直線の傾きを m_2 とおくと，

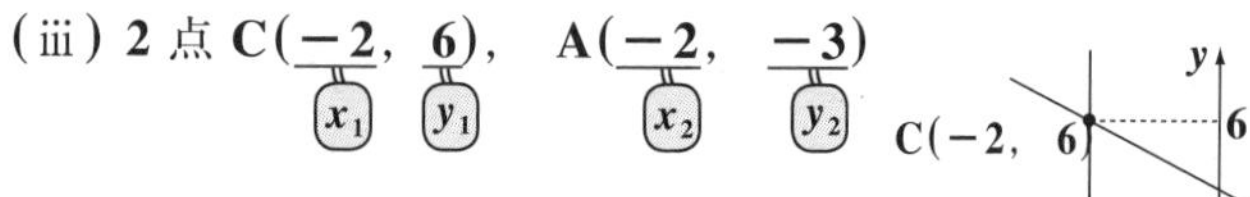

$$m_2 = \frac{3-6}{4-(-2)} = \frac{-3}{6} = -\frac{1}{2}$$ となる。

$\frac{y_1 - y_2}{x_1 - x_2}$

$m_2 = \frac{y_2 - y_1}{x_2 - x_1} = \frac{6-3}{-2-4} = \frac{3}{-6} = -\frac{1}{2}$ でもいい。

よって，直線BCは，点B(4, 3)を通る，傾き $m_2 = -\frac{1}{2}$ の直線より，

$$y = -\frac{1}{2}(x - 4) + 3 = -\frac{1}{2}x + 2 + 3$$

$\therefore y = -\frac{1}{2}x + 5$　となるんだね。

(ⅲ) 2点 C(−2, 6), A(−2, −3)

x_1　y_1　x_2　y_2

の x 座標は共に−2で等しいので，直線CAの方程式は $x = -2$ だね。

これは，x 軸と垂直な直線の方程式だ！

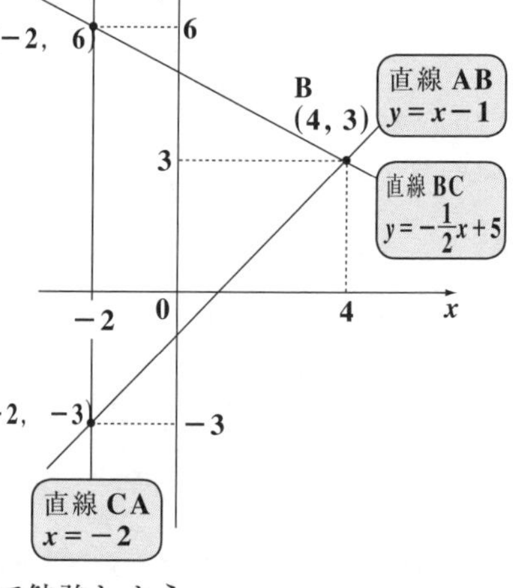

以上(ⅰ)(ⅱ)(ⅲ)の直線のグラフを右図に示しておくよ。これで，直線の方程式の表し方にも慣れただろう？

それじゃ次，2本の直線の位置関係について勉強しよう。

● 2直線の位置関係では，傾きに注目しよう！

これから，次の2本の直線 l_1，l_2 の位置関係について解説するよ。

$$\begin{cases} l_1 : y = m_1 x + n_1 \quad \cdots\cdots ㋐ \\ l_2 : y = m_2 x + n_2 \quad \cdots\cdots ㋑ \end{cases}$$

← 傾き m_1，y 切片 n_1 の直線

← 傾き m_2，y 切片 n_2 の直線

(ⅰ) $m_1 \neq m_2$ のとき
1点で交わる。

(ⅱ) $m_1 \times m_2 = -1$ のとき
直交する。

$m_1 \neq m_2$ の特別な場合

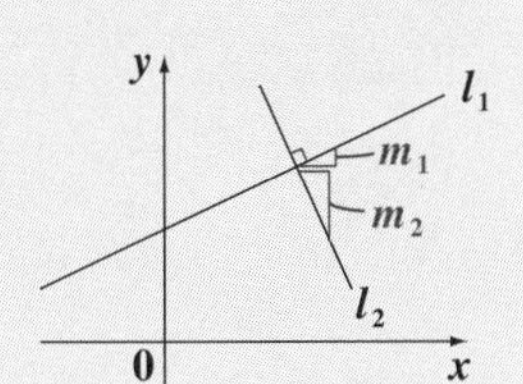

(ⅲ) $m_1 = m_2$ かつ $n_1 \neq n_2$
のとき，平行になる。

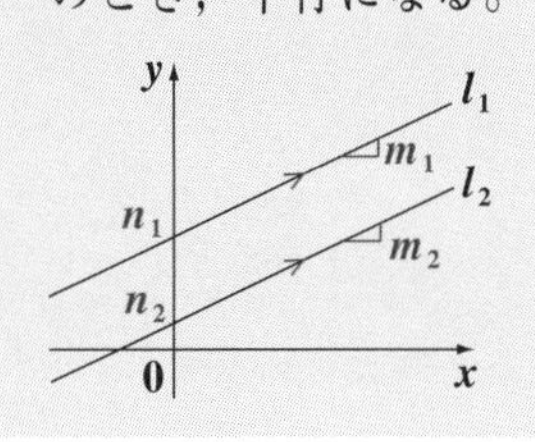

(ⅳ) $m_1 = m_2$ かつ $n_1 = n_2$
のとき，一致する。

$m_1 = m_2$ の特別な場合

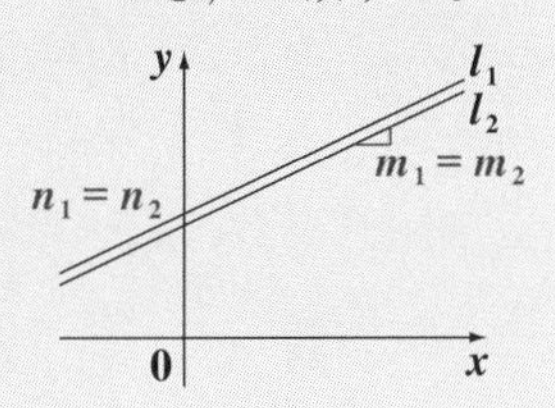

(ⅰ) $m_1 \neq m_2$ のとき，2直線 l_1 と l_2 の傾きが異なるわけだから，この2直線は必ず1点で交わることになるね。

(ⅱ) $m_1 \times m_2 = -1$ のとき，これは (ⅰ) $m_1 \neq m_2$ の特別な場合で，このとき2直線 l_1 と l_2 とは直交し，$l_1 \perp l_2$ と表すんだね。エッ，なぜ直交するのか分からんって？いいよ，説明しよう。

直交する2直線 l_1 と l_2 の傾きをそれぞれ m_1，m_2 とおき，

$m_1 > 0 > m_2$ としよう。
(＋の傾き) (－の傾き)
よって，$-m_2 > 0$ だね。

すると，図7(ⅰ)より，直角三角形ABDに三平方の定理を用いると，

$AB^2 = AD^2 + BD^2$ より，（$AD^2 = 1^2$，$BD^2 = m_1^2$）

$AB = \sqrt{1 + m_1^2}$ ……①

となるんだね。

図7 $m_1 \times m_2 = -1$ の意味

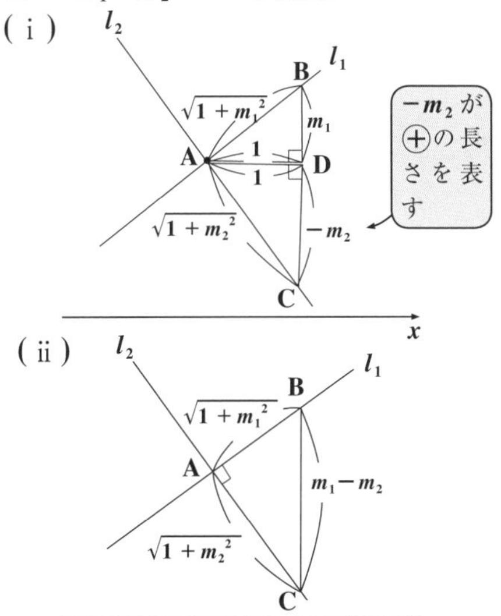

同様に，図 7(ⅰ)の直角三角形 ACD に三平方の定理を用いると，

$AC^2 = \underset{1^2}{AD^2} + \underset{(-m_2)^2 = m_2^2}{CD^2}$ より，$AC = \sqrt{1 + m_2^2}$ ……② となる。

ここで，$l_1 \perp l_2$ より，図 7(ⅱ)を見ると，三角形 ABC が ∠BAC = 90° の直角三角形になるんだね。ここで，$BC = m_1 + (\underset{⊕の長さを表す}{-m_2}) = m_1 - m_2$ であることに注意して，三平方の定理を用いると，

$\underset{(m_1 - m_2)^2 = m_1^2 - 2m_1m_2 + m_2^2}{BC^2} = \underset{(\sqrt{1+m_1^2})^2 = 1 + m_1^2}{AB^2} + \underset{(\sqrt{1+m_2^2})^2 = 1 + m_2^2}{AC^2}$ より，

$\cancel{m_1^2} - 2m_1m_2 + \cancel{m_2^2} = 1 + \cancel{m_1^2} + 1 + \cancel{m_2^2}$

$-2m_1m_2 = 2$ 　両辺を -2 で割って，2 直線 l_1 と l_2 の直交条件：

$m_1 \times m_2 = -1$ 　が導けるんだね。面白かった？

(ⅲ)，(ⅳ) 一般に，傾きが等しく y 切片が異なる $(m_1 = m_2$ かつ $n_1 \neq n_2)$ ときは，l_1 と l_2 は平行になる。これを，$l_1 /\!/ l_2$ と表すことも覚えておいてくれ。
（“平行”を表す記号）

さらに，傾きと y 切片が共に等しい $(m_1 = m_2$ かつ $n_1 = n_2)$ ときは，2 本の直線 l_1，l_2 は完全に一致するんだよ。

それでは，練習問題で，練習しておこう。

練習問題 20	直線の位置関係	CHECK 1	CHECK 2	CHECK 3

xy 座標平面上に，直線 $l_1 : y = -\frac{1}{2}x + 3$ と点 A(2, 5) がある。

(1) 点 A を通り，直線 l_1 と平行な直線 l_2 を求めよ。

(2) 点 A を通り，直線 l_1 と垂直な直線 l_3 を求めよ。

(1) $l_1 /\!/ l_2$(平行)より，l_2 の傾きは l_1 と同じ $-\frac{1}{2}$ となるね。(2) $l_1 \perp l_3$(垂直)より，l_3 の傾きは 2 となる。何故って？ $-\frac{1}{2} \times 2 = -1$ をみたすからだ。

(1) $l_1 /\!/ l_2$（平行）より，l_2 の傾き $m_2 = -\dfrac{1}{2}$

となる。よって，l_2 は点 $\mathrm{A}(\underset{x_1}{2},\ \underset{y_1}{5})$ を通り，

傾き $m_2 = -\dfrac{1}{2}$ の直線となるから，

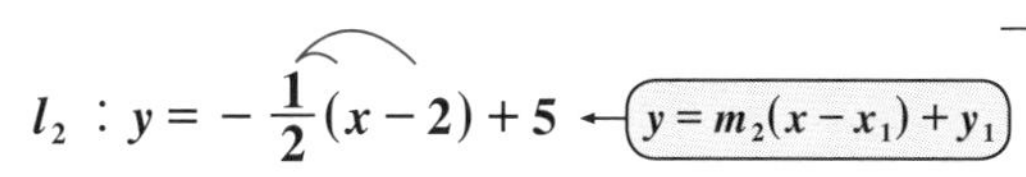

l_2 : $y = -\dfrac{1}{2}(x-2)+5$ ← $y = m_2(x-x_1)+y_1$

$y = -\dfrac{1}{2}x+1+5$　∴ l_2 : $y = -\dfrac{1}{2}x+6$ となるね。

A $(2,\ 5)$
l_3 : $y = 2x+1$
傾き 2
傾き $-\dfrac{1}{2}$
l_2 : $y = -\dfrac{1}{2}x+6$
l_1 : $y = -\dfrac{1}{2}x+3$

(2) $l_1 \perp l_3$（垂直）より，l_3 の傾き $m_3 = 2$ となる。

よって，l_3 は点 $\mathrm{A}(\underset{x_1}{2},\ \underset{y_1}{5})$ を通り，傾き $m_3 = 2$

の直線となるから，

l_3 : $y = 2(x-2)+5$ ← $y = m_3(x-x_1)+y_1$

$y = 2x-4+5$　∴ l_3 : $y = 2x+1$ となる。大丈夫だった？

> l_1 の傾きを m_1
> l_3 の傾きを m_3
> とおくと，
> $l_1 \perp l_3$ より，
> $m_1 \times m_3 = -1$
> $\left[-\dfrac{1}{2} \times 2 = -1\right]$
> となる。

● 直線は，$ax+by+c=0$ の形でも表せる！

これまで，直線の方程式には $y = mx+n$ と $x = k$ の 2 つのタイプがあると言ったね。でも，これらをまとめて $ax+by+c=0$ (a，b，c：実数定数) の形で表すこともできる。たとえば，直線 $y = 2x-3$ ($y=mx+n$ の形) は $\underset{a}{\boxed{2}} \cdot x \underset{b}{\boxed{-1}} \cdot y \underset{c}{\boxed{-3}} = 0$

と変形すれば，$ax+by+c=0$ の形にできるだろう。同様に直線 $x = 2$ ($x=k$ の形) も

変形すると，$x-2=0$ だから，これも $\underset{a}{\boxed{1}} \cdot x + \underset{b}{\boxed{0}} \cdot y \underset{c}{\boxed{-2}} = 0$ と見ると，

$ax+by+c=0$ の形の式と言える。

そして，直線の方程式をこの $ax+by+c=0$ の形で表すことにより，次の重要な“**点と直線との間の距離**”の公式が使えるようになるんだよ。

点と直線との間の距離

点 $\mathbf{A}(x_1,\ y_1)$ と直線 $ax+by+c=0$

との間の距離 h は,

$$h=\frac{|ax_1+by_1+c|}{\sqrt{a^2+b^2}}$$ で計算できる。

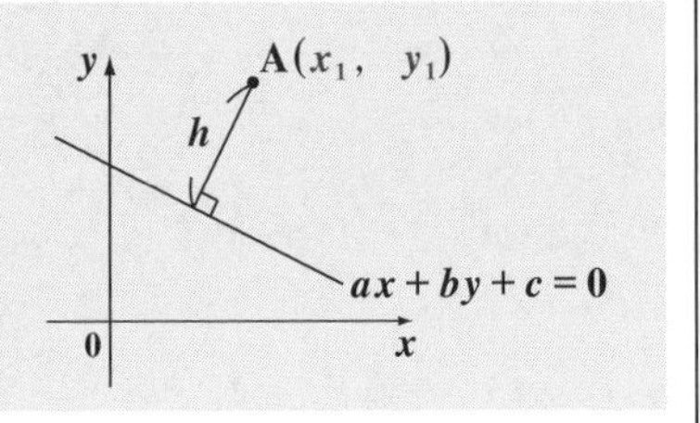

エッ，複雑そうだって？でも分母は，直線 $ax+by+c=0$ の x と y の係数 a，b から $\sqrt{a^2+b^2}$ を求めればいいね。また，分子は，この直線の式の x と y に点 $\mathbf{A}$ の座標 x_1 と y_1 を代入したものなんだね。そして，これは長さを表すので，負になってはまずいので，絶対値記号が付いている。どう？計算のやり方は分かった？

じゃ，早速練習問題で，実際に計算してみることにしよう。

練習問題 21　点と直線との間の距離　CHECK 1　CHECK 2　CHECK 3

次の問いに答えよ。

(1) 点 $\mathbf{A}(2,\ 3)$ と直線 $l_1: x+y-1=0$ との間の距離を求めよ。

(2) 点 $\mathbf{P}(-2,\ 3)$ と直線 $l_2: y=\frac{1}{2}x+1$ との間の距離を求めよ。

(1)(2) 共に，点と直線との間の距離の問題だから，公式通りに計算すればいいんだね。(2) では，l_2 の式をまず $ax+by+c=0$ の形にすることから始めよう。

(1) 点 $\mathbf{A}(\underset{x_1}{2},\ \underset{y_1}{3})$ と直線 $l_1: \underset{a}{1}\cdot x+\underset{b}{1}\cdot y\underset{c}{-1}=0$

との間の距離を h_1 とおくと，

$$h_1=\frac{|1\times2+1\times3-1|}{\sqrt{1^2+1^2}}$$

公式：$h_1=\frac{|ax_1+by_1+c|}{\sqrt{a^2+b^2}}$ を使った！

$$=\frac{|4|}{\sqrt{2}}=\frac{4}{\sqrt{2}}=2\sqrt{2}$$ となるね。

（$4 = 2\cdot(\sqrt{2})^2$）

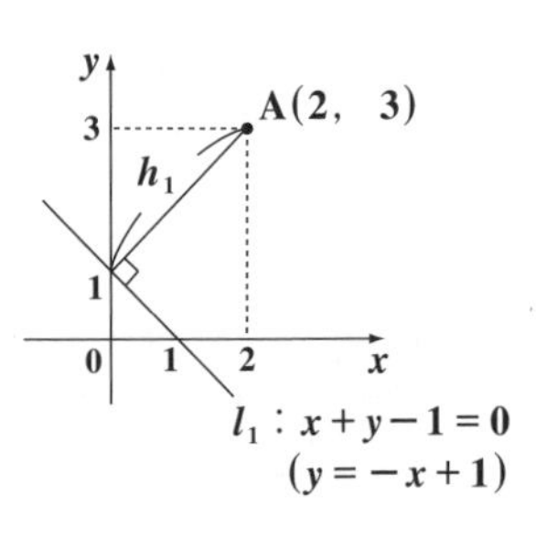

(2) $l_2 : y = \frac{1}{2}x + 1$ より，$2y = x + 2$，$x - 2y + 2 = 0$ となる。

（両辺を 2 倍した）

点 $P(\underset{x_1}{-2},\ \underset{y_1}{3})$ と直線 $l_2 : \underset{a}{1} \cdot x \underset{b}{-2} \cdot y + \underset{c}{2} = 0$

との間の距離を h_2 とおくと，

$$h_2 = \frac{|1 \times (-2) - 2 \times 3 + 2|}{\sqrt{1^2 + (-2)^2}}$$

（公式：$h_2 = \frac{|ax_1 + by_1 + c|}{\sqrt{a^2 + b^2}}$ を使った！）

P(−2, 3)

h_2

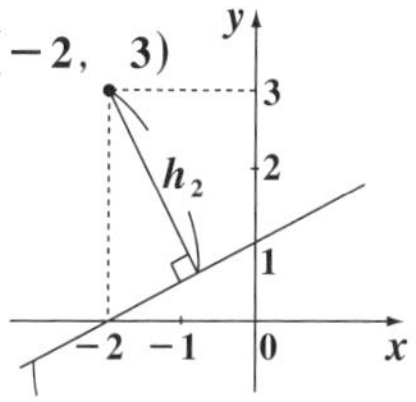

$l_2 : x - 2y + 2 = 0$

$\left(y = \frac{1}{2}x + 1\right)$

$\therefore h_2 = \frac{|-2 - 6 + 2|}{\sqrt{1+4}} = \frac{|-6|}{\sqrt{5}} = \frac{6}{\sqrt{5}} = \frac{6\sqrt{5}}{5}$（分子・分母に $\sqrt{5}$ をかけた）となって，答えだね。

● 文字定数を含む直線は，孫悟空で考えよう !?

試験では，k や a など文字定数の入った直線の方程式もよく出題されるので，これからその対処法について解説しようと思う。たとえば，文字定数 k の入った直線の方程式として，

$x + (k+1)y - 2k - 3 = 0$ ……㋐　(k：実数定数）が与えられたとしよう。

これは，k の値がさまざまな値をとれば，それにつれて異なる直線の式を表すことになる。たとえば，

・$k = -1$ のとき，㋐は

$x + \underset{0}{(-1+1)}y - 2 \times (-1) - 3 = 0$ より，$x = 1$ となる。（$x + 2 - 3 = 0$）

・$k = 0$ のとき，㋐は

$x + (0+1)y - 2 \times 0 - 3 = 0$ より，$y = -x + 3$ となる。（$x + y - 3 = 0$）

・$k = 1$ のとき，㋐は

$x + (1+1)y - 2 \times 1 - 3 = 0$ より，$y = -\frac{1}{2}x + \frac{5}{2}$ となる。（$x + 2y - 5 = 0$）

これ以外にも，$k = -100$，$-\sqrt{3}$，2，$\sqrt{7}$，… などなど，k は無限に値をとり得るので，それにつれて㋐はいろんな直線を表すことになる。よって，㋐は，“直線の方程式”というよりも，“直線群の方程式”と考えた方がいいんだね。しかし，k の値がいろいろ変化して，さまざまな直線が得られ

たとしても，図 8 に示すように，それらの直線は必ずある 1 つの定点を通ることになるんだよ。

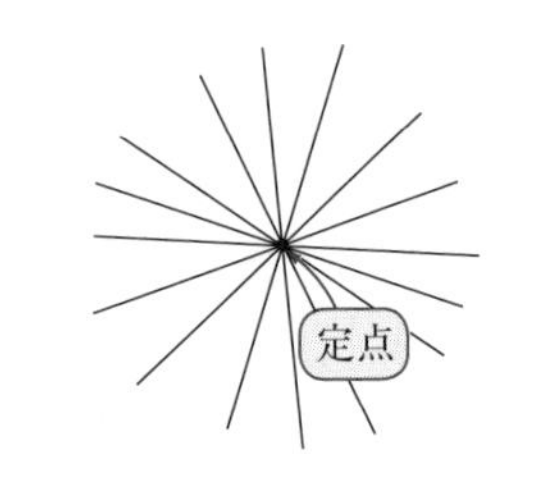

図 8　直線群の通る定点

今回の例の㋐の方程式も，変形して文字定数 k でまとめると，

$$x+(k+1)y-2k-3=0 \cdots\cdots ㋐$$

$$x+ky+y-2k-3=0$$

$$\underline{\underline{k}}\underbrace{(y-2)}_{0}+\underbrace{(x+y-3)}_{0}=0 \cdots\cdots ㋐'$$　となる。

ここで，k の値がどんなに変化しても，

$y-2=0$ ……㋑　かつ　$x+y-3=0$ ……㋒ のとき，㋐′は成り立つんだね。そして㋑より，$y=2$，これを㋒に代入して，$x+2-3=0$ より，$x=1$

よって，㋐ の直線群は，必ず定点 $(1,\ 2)$ を通ることになるんだよ。

ン？分かりづらいって？これについては，孫悟空(そんごくう)の逸話(いつわ)で説明しておこう。

かつて，孫悟空というサルの大ボスがいた。孫悟空は宇宙で一番偉いと思っている不遜なサルだった。ある日，孫悟空がお釈迦様に会ったとき，「オレは宇宙の果てまで飛んで行ってみせる！」と豪語した。「それではやってみなさい」とお釈迦様に言われるや，孫悟空は自慢の金斗雲(きんとうん)に乗って，いざ宇宙の果てに向かって飛び立った。そして，飛んで飛んで飛び続けて，ようやく宇宙の果てまでたどり着いた孫悟空は，そこに 5 本の柱を発見する。慢心した孫悟空は， その柱に自分の名前を大書して得意になるんだ。… ところが，宇宙の果てに立っていると思った 5 本の柱は実は，お釈迦様の 5 本の指だったんだね。井(い)の中(なか)の蛙(かわず)同様，お釈迦様の手の中の孫悟空は，「この愚か者めー！」とお釈迦様に叱られて，バーン！と岩山に閉じ込められることになってしまうんだ。

その後，長い年月を経て，三蔵法師に岩山から助け出されてからは孫悟空が正義のヒーローとして大活躍するのは，みんな知っての通りだ。

さて，話を㋐を変形して k でまとめた㋐′に戻そう。

すると k は，$k=-100, -\sqrt{3},\ -1,\ 0,\ 1,\ \sqrt{7},\ 3,\ 123, \cdots$ と,自由に値をとって動く,暴れ者の孫悟空みたいなものだね。これに対して,㋐′の右辺を見てみると,0 なので,ちょうど孫悟空をお釈迦様の手の中に入れるようなものだ。

暴れものの孫悟空　　　　お釈迦様の手の中

$\underline{k}(y-2)+(x+y-3)=\underline{0}$ ……㋐′

-100, $-\sqrt{3}$, … などいろんな値をとる！

さァ，暴れ者の k を，0，すなわちお釈迦様の手の中に入れるには，次のように，k にかかる係数 $y-2$ と，k から見た定数項 $x+y-3$ を 0 にする以外にないね。つまり，

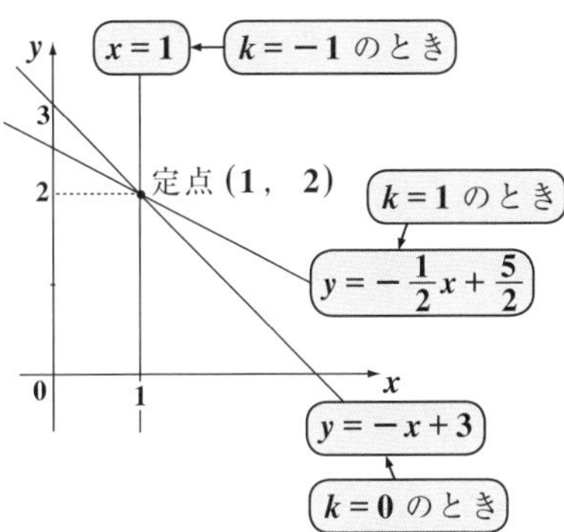

$k\cdot\underbrace{(y-2)}_{0}+\underbrace{(x+y-3)}_{0}=0$ ……㋐′ は，

$y-2=0$ ……㋑ かつ $x+y-3=0$ ……㋒

のときのみ，k がどんな値をとっても，必ず成り立つ。この㋑かつ㋒を計算して，$x=1$，$y=2$ が出てくるので，右図に示すように㋐′，すなわち $x+(k+1)y-2k-3=0$ ……㋐ は，k の値に関わらず，定点 $(1,\ 2)$ を通ることが分かるんだね。

これから，文字定数の入った直線の方程式が出てきたら，その文字定数でまとめて，“孫悟空方式”で考えて，その直線群が必ず通る定点の座標を見つけ出せばいいんだね。これで，本当に納得できただろう？

● 2直線の交点を通る直線にもチャレンジしよう！

文字定数が入った直線の方程式の考え方を応用することにより，与えられた2直線の交点を通る任意の直線の方程式を求めることができる。具体例で解説しよう。

2つの直線 $\begin{cases} l_1 : x-y+5=0 & \cdots\cdots① \\ l_2 : 2x+y+1=0 & \cdots\cdots② \end{cases}$ が与えられたとしよう。

この交点を P とおくと，P の座標は，①，②の連立方程式を解いて，

①＋②より，$3x+6=0$，$3x=-6$　$\therefore x=-2$

これを②に代入して，$2\times(-2)+y+1=0$　$\therefore y=3$ となるので，

交点 $\mathrm{P}(-2,\ 3)$ となるね。

しかし，ここでは，このように交点 P の座標を求めなくても，この交点 P を通る任意の直線の方程式は，文字定数 k を用いて，

$$\begin{cases} l_1:\ x-y+5=0 & \cdots① \\ l_2:\ 2x+y+1=0 & \cdots② \end{cases}$$

$x-y+5+k(2x+y+1)=0$ ……③

と表すことができる。

何故なら，まず，③を変形すると

$x-y+5+2kx+ky+k=0$

$\underbrace{(2k+1)}_{a}x+\underbrace{(k-1)}_{b}y+\underbrace{k+5}_{c\text{とおく}}=0$　となって，ナルホド

$ax+by+c=0$ の形をしているので，③は直線の方程式だね。

さらに，孫悟空のように k が任意の値をとったとしても，

$x-y+5=0$ …①かつ，$2x+y+1=0$ …②

のとき，③は $0+\underset{\text{任意}}{k}\cdot 0=\underset{\text{お釈迦様の手の中}}{0}$ となって，必ず成り立つ。

ということは，①かつ②は，とりも直さず，2直線 l_1 と l_2 の交点Pを求める連立方程式のことなので，この解である，$x=-2$ と $y=3$ を③に代入すると成り立つ。つまり，③の直線の方程式は，l_1 と l_2 の交点 $P(-2,\ 3)$ を自動的に通る方程式になっていたんだね。しかも，kの値は自由に変化できるので，③は，l_1 と l_2 の交点を通るほぼ任意の直線の方程式と言えるんだね。エッ，何故“ほぼ”って言葉を使ったのかって？説明しよう。図9に示すように，③の方程式は，l_1 と l_2 の交点 $P(-2,\ 3)$ を通る様々な直線群を表現している。ということは，この直線群の中に，当然元の2直線 l_1 と l_2 も含まれていなければならないね。

図9　2直線 l_1, l_2 の交点Pを通る直線の方程式

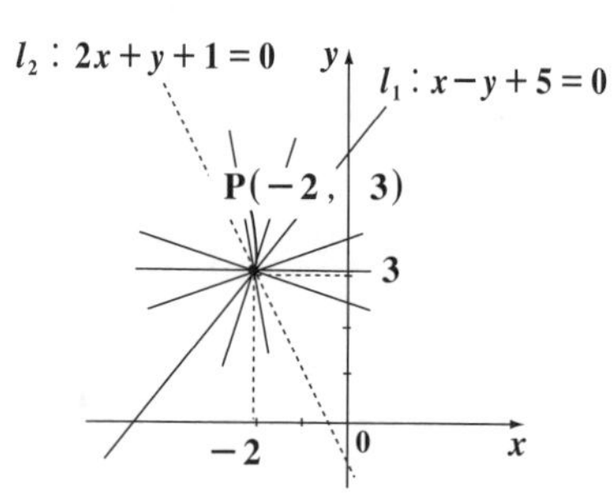

ここで，$k=0$ のときは，③は，$x-y+5=0$ となって，ナルホド，直線 l_1 を表すことができる。でも，kにどんな値を代入しても，直線 l_2 だけは，③では表現できないんだね。

したがって，2 直線 l_1 と l_2 を通る任意の直線の方程式は，厳密には

$x-y+5+k(2x+y+1)=0$ ……③

（および，$2x+y+1=0$ ）と表すのが，正しいんだね。大丈夫？

左辺で，k をかけた方程式だけは，③では表せないので，これを加える。

では，l_1 と l_2 を使った次の例題を解いてみよう。

(*ex*) 2 直線 $\begin{cases} l_1 : x-y+5=0 & \cdots\cdots ① \\ l_2 : 2x+y+1=0 & \cdots\cdots ② \end{cases}$ の交点を通り，かつ

点 $(0,\ 2)$ を通る直線 m の方程式を求めてみよう。

直線 m は l_1 と l_2 の交点を通るので，次のように表される。

$x-y+5+k(2x+y+1)=0$ ……③

問題を解く上で，l_2 以外はこれですべて表せるわけだから，まずこれで解いてみよう。これのみでうまくいかないときに，l_2 の方程式を調べてみればいいんだね。

直線 m はさらに点 $(0,\ 2)$ を通るので，$x=0$ ，$y=2$ を③に代入して

$0-2+5+k(2\cdot 0+2+1)=0$ より

$3+3k=0 \qquad 3k=-3 \qquad \therefore k=-1$

うまく k の値が求まったので，l_2 を調べる必要はない！

これを③に代入して，求める直線 m の方程式は

$x-y+5-1\cdot(2x+y+1)=0$

$x-y+5-2x-y-1=0$

$-x-2y+4=0$ 　両辺に -1 をかけて

$x+2y-4=0$ 　となるんだね。納得いった？

以上で，今日の講義は終了です。中学レベルの直線の方程式から，文字定数を含む直線の方程式まで，盛り沢山な内容だったと思う。だから，次回の講義までヨ～ク復習して，完璧にマスターしておいてくれ。

では，みんな元気でな。次回の講義でまた会おう！

8th day　円の方程式，2つの円の位置関係

おはよう！　今日もいい天気で気持ちがいいね。これまで，2回に渡って“**図形と方程式**”のテーマで，“**点**”と“**直線**”について解説した。今日からは，いよいよ本格的な図形の話に入ろう。今回は“**円**(えん)”について詳しく教えよう。円は xy 座標平面上の方程式でどのように表されるのか？興味のあるところだろうね。詳しく教えるから，楽しみにしてくれ。

● 円の方程式って，どんな式!?

まず，図1に示すような xy 座標平面上で原点 O を中心とする，半径 $r\ (>0)$ の円の方程式がどのようになるのか調べてみよう。
そのためには，点 $P(x,\ y)$ が，原点 O からの距離を一定の $r(>0)$ に保つような制約条件を付ければいいんだね。

図1　原点Oを中心とする半径 r の円

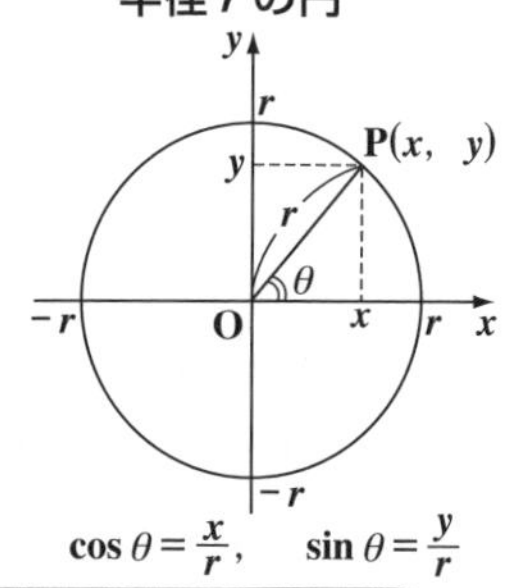

$\cos\theta = \frac{x}{r},\quad \sin\theta = \frac{y}{r}$

つまり，原点 $O(0,\ 0)$ と動点 $P(x,\ y)$

（今回，点 P は O の周りに円を描くようにして動く点なので“**動点**”と呼んだんだ。）

との間の距離を r(正の定数) と等しいとおけばいいワケだから，

$\sqrt{x^2+y^2}=r$　……①が求める円の方程式ということになる。しかし，一般に

（線分 OP の長さ）

は，$\sqrt{\ }$ が付いた方程式ではカッコ悪いので，①の両辺を2乗したものを用いる。
よって，原点 O を中心とする半径 $r(>0)$ の円の方程式は，

$x^2+y^2=r^2$　……(＊)　(r：半径)　となるんだね。よって，

- $x^2+y^2=5$ は，原点を中心とする半径 $\sqrt{5}$ の円を表す。大丈夫？
  （$5 = (\sqrt{5})^2$）

エッ，中心が原点 O だけじゃつまらない，中心をもっと自由にとって円を描きたいって？　当然の要求だね。

そのためには，原点 O を中心とする半径 r の円：

$x^2+y^2=r^2$ を $(a,\ b)$ だけ平行移動すればいいんだね。

（“x 軸方向に a，y 軸方向に b だけ平行移動”の意味）

そのためには，x の代わりに $x-a$，y の代わりに $y-b$ を代入すればいい。これは円：$x^2+y^2=r^2$ のように $y=f(x)$ の形をしていなくても同様だ。つまり

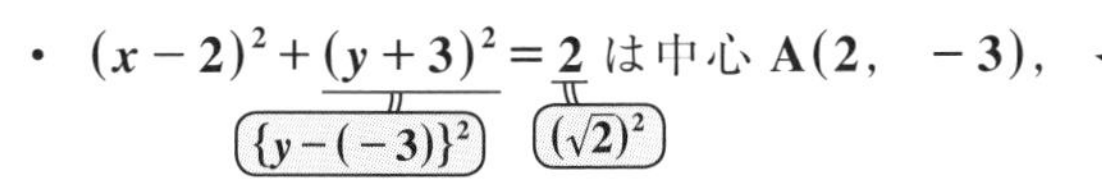

図2 中心 A(a, b)，半径 r の円

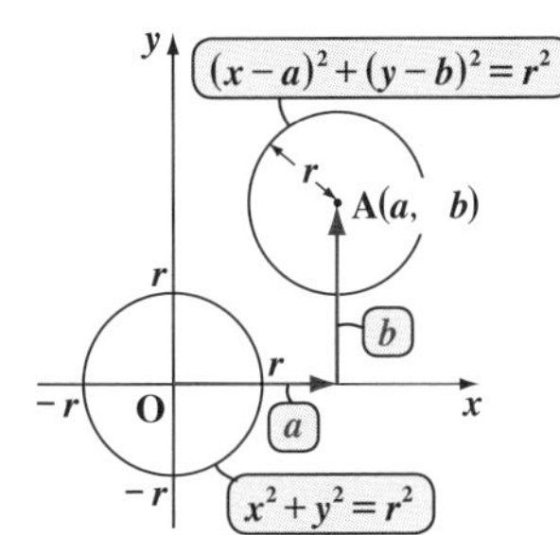

となるんだね。よって図 **2** に示すように，円 $x^2+y^2=r^2$ を $(a,\ b)$ だけ平行移動した方程式 $(x-a)^2+(y-b)^2=r^2$ は中心 $A(a,\ b)$，半径 r の円を表すことになる。これから a，b の値を自由にとることによって，xy 座標平面上の任意の点 $A(a,\ b)$ を中心とする半径 r の円を描けるようになるんだね。だからたとえば，

- $(x-1)^2+(y-2)^2=\underset{2^2}{4}$ は中心 $A(1,\ 2)$，半径 $r=2$ の円を表し，

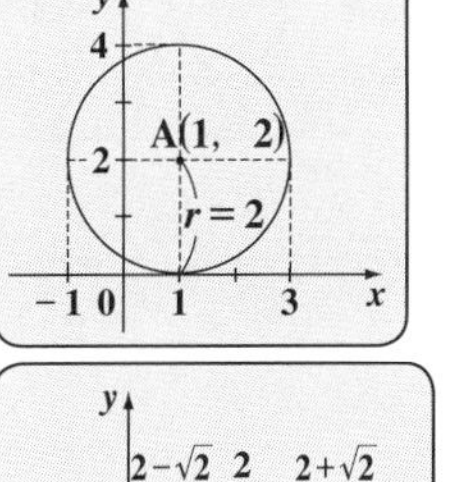

- $(x-2)^2+\underset{\{y-(-3)\}^2}{(y+3)^2}=\underset{(\sqrt{2})^2}{2}$ は中心 $A(2,\ -3)$，半径 $r=\sqrt{2}$ の円を表す。納得いった？

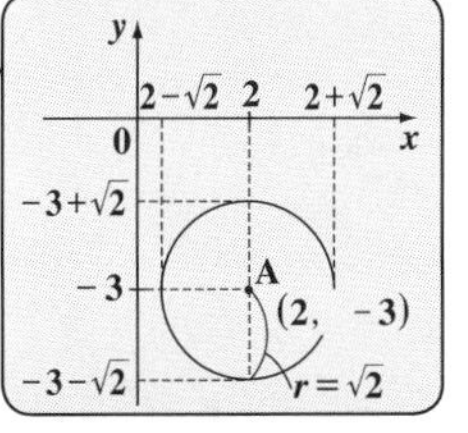

以上を基本事項として，まとめておこう。

円の方程式

(Ⅰ) 原点 $O(0,\ 0)$ を中心とする，半径 $r\ (>0)$ の円の方程式は，
$x^2+y^2=r^2\quad (r>0)$ である。

(Ⅱ) 点 $A(a,\ b)$ を中心とする，半径 $r\ (>0)$ の円の方程式は，
$(x-a)^2+(y-b)^2=r^2\quad (r>0)$ である。

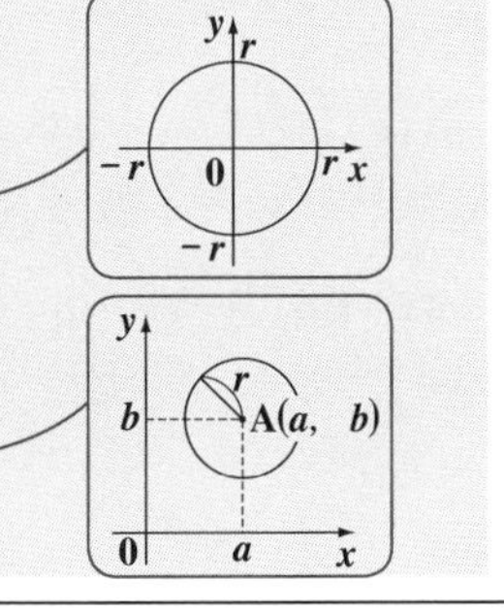

● $x^2+y^2+ax+by+c=0$ も，円の方程式!?

$x^2+y^2=r^2$ や $(x-a)^2+(y-b)^2=r^2$ が円の方程式となることは大丈夫だね。でも試験では，$x^2+y^2+ax+by+c=0$ （a，b，c：実数の定数）の形で円の方程式が出てくることも多いんだよ。実際 $x^2+y^2+ax+by+c=0$ は円の方程式となる場合もあるので，その変形の仕方を練習しておこう。ポイントは，"**平方完成**（へいほうかんせい）"だ。

たとえば，$x^2+y^2+2x-4y=0$ が円の方程式であることを確認しておこう。（$x^2+y^2+ax+by+c=0$ の $a=2$，$b=-4$，$c=0$ の場合）

$x^2+y^2+2x-4y=0$　を変形して，

$(x^2+2x)+(y^2-4y)=0$ ← x^2 と x の項，y^2 と y の項でまとめる。

$(x^2+2x+1)+(y^2-4y+4)=0+1+4$ ← 左辺に 1 と 4 をたした分，右辺もたす。

（2 で割って 2 乗）（2 で割って 2 乗）

$(x+1)^2+(y-2)^2=5$ ← "平方完成"が 2 つ完成した！

（$\{x-(-1)\}^2$ とみる！）（$(\sqrt{5})^2$）

よって，$x^2+y^2+2x-4y=0$ は，$(x+1)^2+(y-2)^2=5$ と変形できるので，これは中心 $A(-1,\ 2)$，半径 $r=\sqrt{5}$ の円の方程式だったんだね。大丈夫？

練習問題 22	円の方程式	CHECK 1	CHECK 2	CHECK 3

次の式を変形して，円であれば，その中心の座標と半径を示せ。

(1) $4x^2+4y^2-4x+8y+1=0$

(2) $x^2+y^2+2\sqrt{2}x-4\sqrt{2}y+8=0$

(3) $x^2+y^2-4x+6y+14=0$

(1)(2)(3) はいずれも $(x-a)^2+(y-b)^2=r^2$ の形にもち込めばいい。ここで，r は半径より，$r^2>0$ の条件が付く。もし，r^2 の部分が 0 や負ならば，それは円とは言えないね。

(1) $4x^2+4y^2-4x+8y+1=0$ ……① とおく。①の両辺を 4 で割って，

（$(x-a)^2+(y-b)^2=r^2$ の形にしたいので，まず，①の両辺を 4 で割る！）

$x^2+y^2-x+2y+\frac{1}{4}=0$

$(x^2-x)+(y^2+2y)=-\frac{1}{4}$ ← x^2 と x の項，y^2 と y の項でまとめる。

$$\left(x^2 - 1 \cdot x + \frac{1}{4}\right) + \left(y^2 + 2y + 1\right) = -\frac{1}{4} + \frac{1}{4} + 1$$

（-1 を 2 で割って 2 乗：$\left(-\frac{1}{2}\right)^2$，$2$ を 2 で割って 2 乗：1^2）

左辺に $\frac{1}{4}$ と 1 をたした分，右辺にもたす。

$$\left(x - \frac{1}{2}\right)^2 + (y+1)^2 = 1 \quad (1^2)$$

よって①は，中心 $\left(\frac{1}{2},\ -1\right)$，半径 1 の円の方程式である。

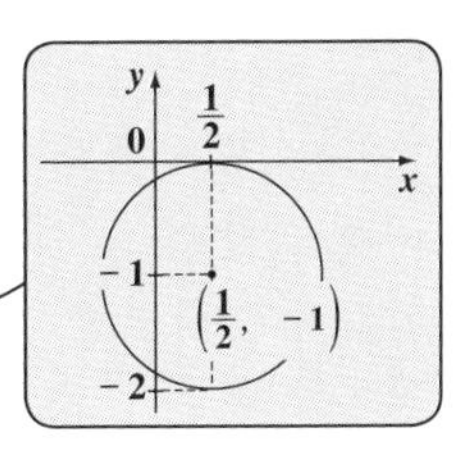

(2) $x^2 + y^2 + 2\sqrt{2}x - 4\sqrt{2}y + 8 = 0$ ……②　とおく。

②を変形して，

$$\left(x^2 + 2\sqrt{2}x\right) + \left(y^2 - 4\sqrt{2}y\right) = -8$$

x^2 と x の項，y^2 と y の項でまとめる。

$$\left(x^2 + 2\sqrt{2}x + 2\right) + \left(y^2 - 4\sqrt{2}y + 8\right) = -8 + 2 + 8$$

（2 で割って 2 乗：$(\sqrt{2})^2$，2 で割って 2 乗：$(-2\sqrt{2})^2$）

左辺に 2 と 8 をたした分，右辺にもたす。

$$\left(x + \sqrt{2}\right)^2 + \left(y - 2\sqrt{2}\right)^2 = 2 \quad ((\sqrt{2})^2)$$

よって，②は中心 $\left(-\sqrt{2},\ 2\sqrt{2}\right)$，半径 $\sqrt{2}$ の円の方程式である。

(3) $x^2 + y^2 - 4x + 6y + 14 = 0$ ……③

とおく。③を変形して，

$$(x^2 - 4x) + (y^2 + 6y) = -14$$

$$(x^2 - 4x + 4) + (y^2 + 6y + 9) = -14 + 4 + 9$$

（-4 を 2 で割って 2 乗，6 を 2 で割って 2 乗）

左辺に 4 と 9 をたした分，右辺にもたす。

$$(x-2)^2 + (y+3)^2 = -1 \quad (r^2\ ???)$$

ここで，右辺 $= -1$ となって，$r^2\ (>0)$ にはなり得ない。

よって，③は円の方程式ではない。

$x^2+y^2+ax+by+c=0$ の式は，(1)(2) の例のように円になる場合もあれば，(3) のように円にならない場合もある。右辺の r^2 に当たる部分が 0 以下の数値になるとき，それは円とは言えないからだ。要注意だよ。

● 円と直線との位置関係を押さえよう！

円についての解説も終わったので，次，円と直線との位置関係について勉強しよう。

円と直線との位置関係と言われたら，図 3 に示すように，(i) 2 点で交わるか，(ii) 1 点で接するか，または (iii) 共有点をもたないかのいずれかになるのは大丈夫だね。

でも，これら 3 つの条件を数式できちんと表現するには，どうしたらいいか分かる？ ……，これには，2 通りの方法がある。まず 1 つ目が前回勉強した，**"点と直線との間の距離の公式"** なんだね。具体的に解説しよう。

図 3 円と直線の位置関係

(i) 2 点で交わる

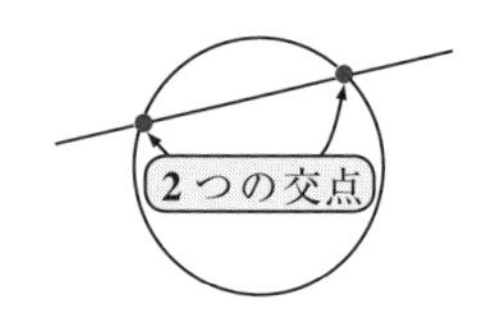

(ii) 接する

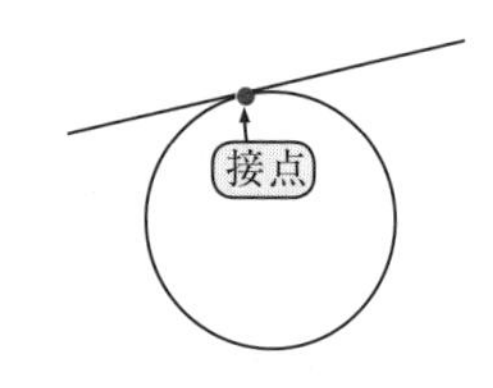

(iii) 共有点をもたない

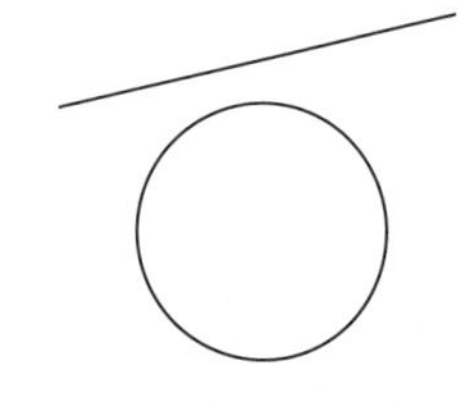

円の中心を $\mathbf{A}(x_1,\ y_1)$，半径を r とおこう。
これから，円の方程式は，
$(x-x_1)^2+(y-y_1)^2=r^2$ …①ということになるね。また，与えられた直線の方程式を
$ax+by+c=0$ …②と表そう。
すると，円の中心 $\mathbf{A}(x_1,\ y_1)$ と直線 $ax+by+c=0$ との間の距離を h とおくと，公式から

$$h=\frac{|ax_1+by_1+c|}{\sqrt{a^2+b^2}}$$ となるのはいいね。

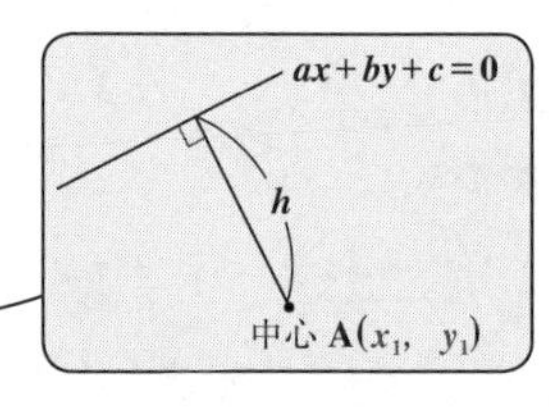

この距離 h と，円の半径 r との大小関係により，円と直線との位置関係が，次のように決まってしまうんだね。

(i) $h<r$ のとき，2 点で交わる。
(ii) $h=r$ のとき，1 点で接する。
(iii) $h>r$ のとき，共有点をもたない。

では，**2** 番目の方法について解説しよう。

$$\begin{cases} 円：(x-x_1)^2+(y-y_1)^2=r^2 & \cdots ① \\ 直線：ax+by+c=0 & \cdots\cdots\cdots\cdots ② \end{cases}$$ から y を消去すると，

x の **2** 次方程式になることが分かるね。すると，この **2** 次方程式の解が，この円と直線の共有点の x 座標となるので，これが，(ⅰ) 相異なる **2** 実数解をもつとき，**2** 点で交わり，(ⅱ) 重解をもつときは **1** 点で接し，また (ⅲ) 実数解をもたないときは共有点が存在しないことを表しているんだね。そして，これらは，この **2** 次方程式の判別式 **D** を用いて，表現することもできるんだね。それを下に示そう。

- (ⅰ) 判別式 $D>0$ のとき，**2** 点で交わる。
- (ⅱ) 判別式 $D=0$ のとき，**1** 点で接する。
- (ⅲ) 判別式 $D<0$ のとき，共有点をもたない。

以上の関係をまとめて示すよ。

円と直線の位置関係

中心 $A(x_1,\ y_1)$，半径 r の円 C と，直線 $l: ax+by+c=0$ との位置関係は，この中心 **A** と直線 l との間の距離を h とおくと，次のようになる。

(ⅰ) $h<r$ のとき，
2 点で交わる

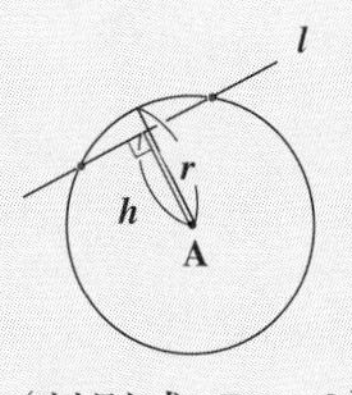

(判別式 $D>0$)

(ⅱ) $h=r$ のとき
接する

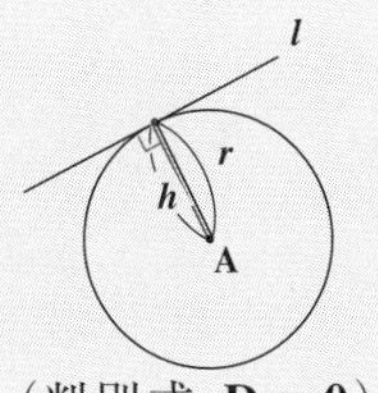

(判別式 $D=0$)

(ⅲ) $h>r$ のとき
共有点をもたない

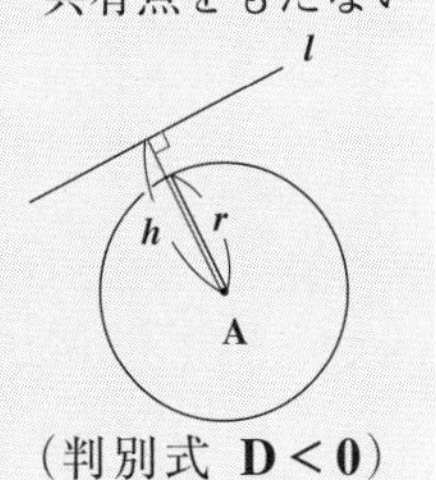

(判別式 $D<0$)

3 つの図から，(ⅰ) $h<r$(または，$D>0$) のとき **2** 点で交わり，(ⅱ) $h=r$(または，$D=0$) のとき **1** 点で接し，(ⅲ) $h>r$(または，$D<0$) のときは共有点をもたないことがビジュアルに理解できるだろう。だから，たとえば h を計算して $h=3$ となり，円の半径 $r=5$ であれば，$h<r$ となるので，この場合 (ⅰ) のイメージだね。よって，この直線は **2** 点で円と交わることが分かるんだね。それでは，実際に練習問題を解いてみよう！

練習問題 23	円と直線の位置関係	CHECK 1	CHECK 2	CHECK 3

次の各円と直線との位置関係を調べよ。

(1) 円 $C_1 : (x-1)^2+(y-2)^2=2$ と直線 $l_1 : x+y-1=0$

(2) 円 $C_2 : \left(x-\sqrt{3}\right)^2+y^2=4$ と直線 $l_2 : \sqrt{3}x-y+3=0$

(1) の円 C_1 の半径 $r_1=\sqrt{2}$，(2) の円 C_2 の半径 $r_2=2$ となるのはいいね。後は，(1)(2) それぞれの円の中心と直線との間の距離を求めればいい。

(1) 円 $C_1 : (x-1)^2+(y-2)^2=\underset{r_1^2}{2}$ より，

円 C_1 は中心 $A_1(1,\ 2)$，半径 $\underline{\underline{r_1=\sqrt{2}}}$ の円だね。

中心 $A_1(\underset{x_1}{1},\ \underset{y_1}{2})$ と，直線 $l_1 : \underset{a}{1}\cdot x+\underset{b}{1}\cdot y\underset{c}{-1}=0$

との間の距離を h_1 とおくと，

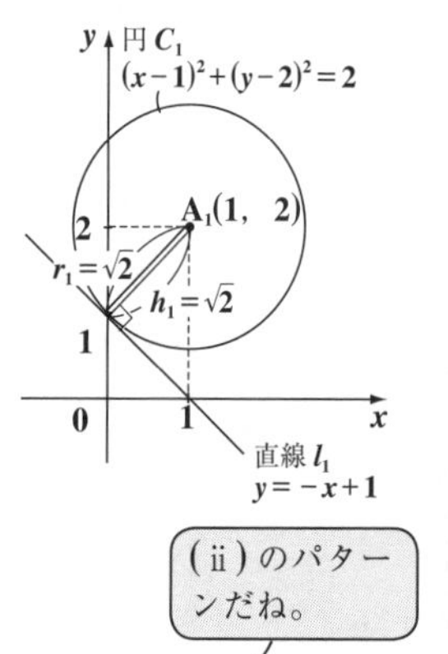

$$\underline{\underline{h_1}}=\frac{|1\times1+1\times2-1|}{\sqrt{1^2+1^2}}$$

公式：
$$h_1=\frac{|ax_1+by_1+c|}{\sqrt{a^2+b^2}}$$
を使った！

$$=\frac{|2|}{\sqrt{2}}=\frac{2}{\sqrt{2}}=\underline{\underline{\sqrt{2}}}$$

(ⅱ) のパターンだね。

よって，$h_1=r_1\ \left(=\sqrt{2}\right)$ となるので円 C_1 と直線 l_1 は接する。

(2) 円 $C_2 : \left(x-\sqrt{3}\right)^2+\underset{(y-0)^2}{y^2}=\underset{r_2^2}{4}$ より，

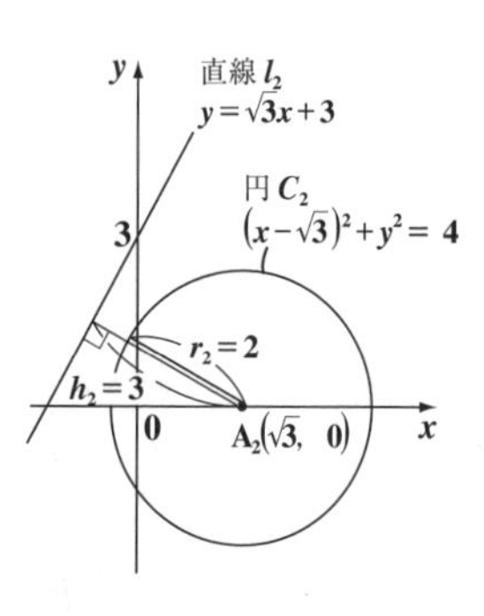

円 C_2 は中心 $A_2\left(\sqrt{3},\ 0\right)$，半径 $\underline{\underline{r_2=2}}$ の円だ。

中心 $A_2\left(\underset{x_1}{\sqrt{3}},\ \underset{y_1}{0}\right)$ と直線 $l_2 : \underset{a}{\sqrt{3}}x\underset{b}{-1}\cdot y+\underset{c}{3}=0$

との間の距離を h_2 とおくと，

$$\underline{\underline{h_2}}=\frac{\left|\sqrt{3}\times\sqrt{3}-1\times0+3\right|}{\sqrt{\left(\sqrt{3}\right)^2+(-1)^2}}$$

公式：
$$h_2=\frac{|ax_1+by_1+c|}{\sqrt{a^2+b^2}}$$
を使った！

$$=\frac{|3+3|}{\sqrt{3+1}}=\frac{6}{\sqrt{4}}=\frac{6}{2}=\underline{\underline{3}}$$

よって，$h_2 > r_2$ となるので，円 C_2 と直線 l_2 は共有点をもたないこと
[$3 > 2$]
が分かる。どう？ シッカリ結果は出せた？

参考

では，練習問題 **23** を **2** 次方程式と判別式でも調べておこう。

(1) $\begin{cases} C_1 : (x-1)^2+(y-2)^2=2 & \cdots① \\ l_1 : y=-x+1 & \cdots② \end{cases}$ より，②を①に代入してまとめると

$(x-1)^2+(-x+1-2)^2=2$ 　　$x^2-2x+1+x^2+2x+1=2$

$(x-1)^2 = x^2-2x+1$，$(-x+1-2)^2 = (-x-1)^2=(x+1)^2=x^2+2x+1$

$2x^2=0$ 　$x^2=0$ より，$x=0$（重解）をもつ。← これは接点の x 座標だね。

これは，$\underset{a}{1}\cdot x^2+\underset{b}{0}\cdot x+\underset{c}{0}=0$ とおくと，判別式 $D=0^2-4\cdot 1\cdot 0=0$ となる。

(2) $\begin{cases} C_2 : (x-\sqrt{3})^2+y^2=4 & \cdots③ \\ l_2 : y=\sqrt{3}x+3 & \cdots④ \end{cases}$ より，④を③に代入してまとめると

$(x-\sqrt{3})^2+(\sqrt{3}x+3)^2=4$ 　　$x^2-2\sqrt{3}x+3+3x^2+6\sqrt{3}x+9=4$

$(x-\sqrt{3})^2 = x^2-2\sqrt{3}x+3$，$(\sqrt{3}x+3)^2 = 3x^2+6\sqrt{3}x+9$

$4x^2+4\sqrt{3}x+8=0$ より，$\underset{a}{1}\cdot x^2+\underset{b}{\sqrt{3}}\cdot x+\underset{c}{2}=0$ 　となる。

この **2** 次方程式の判別式を D とおくと，

$D=(\sqrt{3})^2-4\cdot 1\cdot 2=3-8=-5<0$ 　となるので，円 C_2 と直線 l_2 が共有点をもたないことが分かるんだね。面白かった？

● 円の接線の方程式にもチャレンジしよう！

では次，原点 O を中心とする円の接線の方程式について教えよう。

円の接線の方程式

原点 O を中心とする半径 $r(>0)$ の円の周上の点 $P(x_1,\ y_1)$ における接線の方程式は

　$x_1x+y_1y=r^2$ 　$(r>0)$ である。

何故，こうなるのか知りたいって!? 当然だね！ 解説しよう。

図 **4** に示すように，原点 **O** を中心とする半径 r の円 C：

$x^2+y^2=r^2$　…①

上の点 $\mathbf{P}(x_1,\ y_1)$ における

（x_1 も y_1 もある定数だよ。）

接線の方程式を求めてみよう。

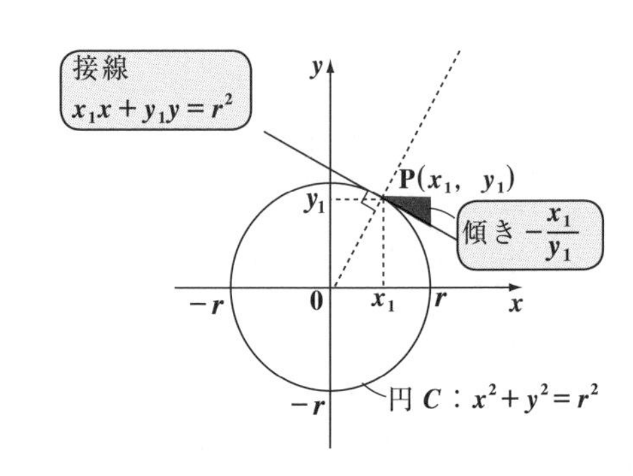

点 $\mathbf{P}(x_1,\ y_1)$ は，円 C 上の点より，$x=x_1$，$y=y_1$ を①に代入しても，当然成り立つ。

よって，$x_1{}^2+y_1{}^2=r^2$　…②となるね。

次に求める接線は，点 $\mathbf{P}(x_1,\ y_1)$ を通り，その傾きは直線 **OP** と直交するので，$-\dfrac{x_1}{y_1}$ となる。

（直線 **OP** の傾きは，当然 $\dfrac{y_1}{x_1}$ だね。求める接線の傾きを m とおくと，**OP** と接線は直交するので，当然 $\dfrac{y_1}{x_1}\times m=-1$ となる。よって，$m=-\dfrac{x_1}{y_1}$ となるんだね。）

よって，求める接線の方程式は，

$$y=-\frac{x_1}{y_1}(x-x_1)+y_1 \quad \cdots\cdots③$$

$[y=m\quad (x-x_1)+y_1]$

③の両辺に y_1 をかけて，

$$y_1y=-x_1(x-x_1)+y_1{}^2$$

$y_1y=-x_1x+x_1{}^2+y_1{}^2$　より，　$x_1x+y_1y=\underbrace{x_1{}^2+y_1{}^2}_{r^2\text{（②より）}}$　……④

よって，④に②を代入することにより，求める接線の方程式：$x_1x+y_1y=r^2$ $(r>0)$ が導けるんだね。納得いった？

例題を解いておこう。

(*ex*) 円 C：$x^2+y^2=5$ 上の点

（原点 **O** を中心とする半径 $\sqrt{5}$ の円）

$\mathbf{P}(-1,\ 2)$ における接線の

（$x=-1$，$y=2$ を円 C の方程式に代入すると，$(-1)^2+2^2=5$ となって成り立つので，点 **P** は円 **C** 上の点だね。）

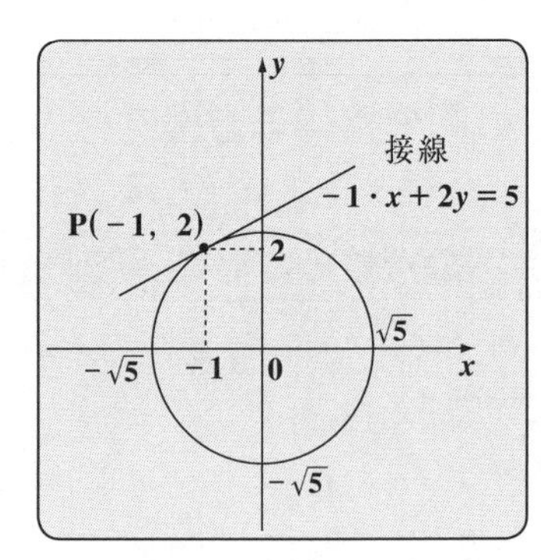

方程式は，$x_1 = -1$，$y_1 = 2$ と，公式 $x_1x + y_1y = r^2$ より，

$-1 \cdot x + 2 \cdot y = 5$，つまり，$-x + 2y = 5$ と，一発で求まるんだね。

● 2つの円の位置関係もマスターしよう！

では次，**2** つの円の位置関係についても勉強しておこう。

中心 $A_1(x_1,\ y_1)$，半径 r_1 の円を C_1，また中心 $A_2(x_2,\ y_2)$，半径 r_2 の円を C_2 とおき，**2**つの半径 r_1，r_2 に，$r_1 > r_2$ の大小関係があるものとしよう。また，**2** 点 A_1，A_2 の距離を d とおくと，$d = \sqrt{(x_1 - x_2)^2 + (y_1 - y_2)^2}$ となるのも大丈夫だね。このとき，**2** つの円 C_1，C_2 の位置関係は，d と $r_1 + r_2$ と $r_1 - r_2$ との大小関係により，次の **5** 通りの場合が考えられる。

(ｉ) $d > r_1 + r_2$ のとき

共有点をもたない

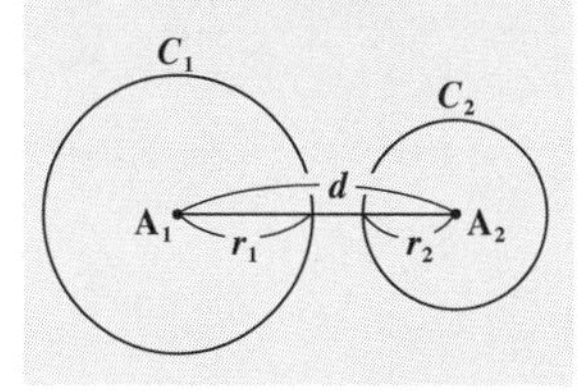

(ii) $d = r_1 + r_2$ のとき

外接する

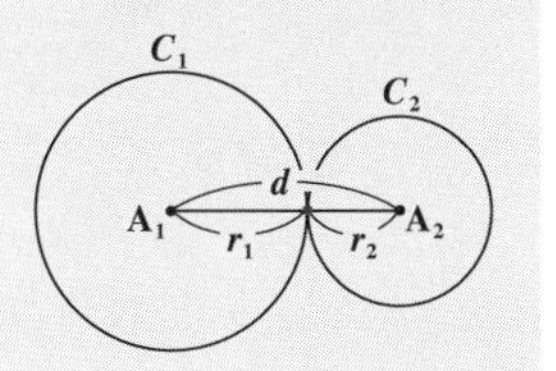

(iii) $r_1 - r_2 < d < r_1 + r_2$ のとき **2** 点で交わる

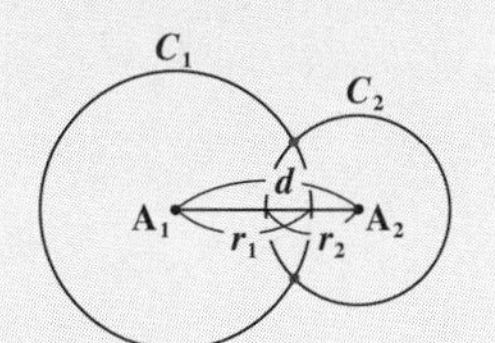

(iv) $d = r_1 - r_2$ のとき

内接する

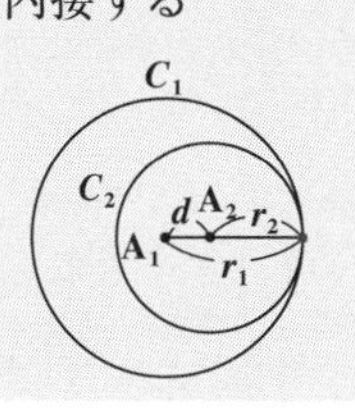

(ｖ) $d < r_1 - r_2$ のとき

共有点をもたない

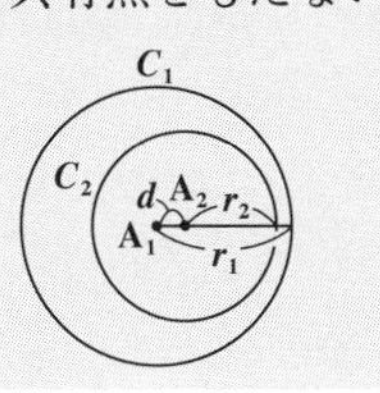

これも，図と式を見比べながら考えると，意味がよく分かると思う。

これから，たとえば，

- $r_1 = 3$，$r_2 = 1$，$d = 5$ のとき $d > r_1 + r_2$ となるので，(ｉ)の図から，**2**つの円 C_1，C_2 は互いに共有点をもたないことが分かるね。また，
  （d：**2** つの中心 A_1，A_2 間の距離）
- $r_1 = 5$，$r_2 = 2$，$d = 3$ のとき，$d = r_1 - r_2$ をみたすので，(iv)の図より，小円 C_2 は大円 C_1 に内接することが分かる。図を描きながら考えるのがコツだ。

では，この **2** つの円の位置関係の練習問題を解いてみよう。

練習問題 24　2つの円の位置関係　CHECK 1　CHECK 2　CHECK 3

次の2つの円の位置関係を調べよ。

円 C_1：$x^2+y^2=16$ と円 C_2：$(x+3)^2+(y+4)^2=4$

2つの円の位置関係の問題だから，2つの円の半径と，2つの中心間の距離を求めて，半径の和や差と大小を比較するんだね。

円 C_1 は，$x^2+y^2=16$ より，

中心 $A_1(\underset{x_1}{0},\ \underset{y_1}{0})$，半径 $r_1=4$ の円だね。

また，

円 C_2 は，$(x+3)^2+(y+4)^2=4$ より，

中心 $A_2(\underset{x_2}{-3},\ \underset{y_2}{-4})$，半径 $r_2=2$ の円だ。

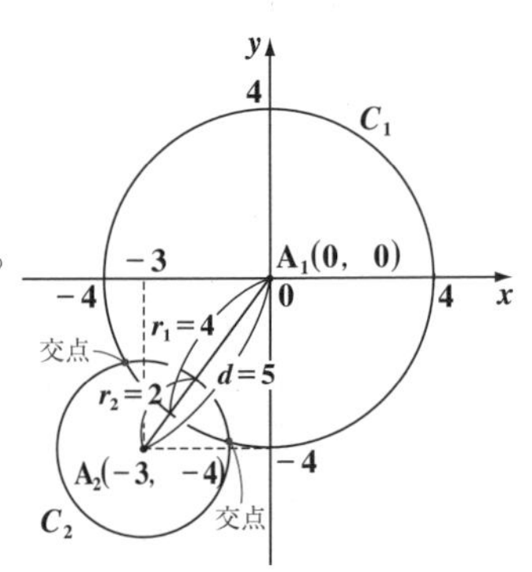

ここで，2つの中心 A_1，A_2 間の距離を d とおくと，

$$d=\sqrt{\{0-(-3)\}^2+\{0-(-4)\}^2}$$
$$=\sqrt{3^2+4^2}=\sqrt{9+16}=\sqrt{25}=5$$

よって，$r_1-r_2<d<r_1+r_2$ が成り立つので，2つの円 C_1，C_2 は，異な
$[4-2<5<4+2]$
る2点で交わることが分かる。大丈夫だった？

それでは，この C_1：$x^2+y^2=16$ と C_2：$(x+3)^2+(y+4)^2=4$ を使って，

$x^2+y^2-16=0$ とする。

$x^2+6x+9+y^2+8y+16-4=0$
$x^2+y^2+6x+8y+21=0$ とする。

2つの円の交点を通る任意の円（または，直線）についても教えておこう。これは，前回解説した"2つの直線の交点を通る任意の直線"と同様に，孫悟空方式の文字定数 k を用いればいいんだね。k をかけるのは，C_1，C_2 いずれの円でもかまわないので，ここでは C_1 の円の方程式を k 倍して，2つの円 C_1 と C_2 の交点を通る図形の方程式が次式で表されるのは大丈夫だね。

$$x^2+y^2+6x+8y+21+k(x^2+y^2-16)=0 \quad \cdots\cdots ①$$

（C_2 の方程式の左辺）（C_1 の方程式の左辺）（お釈迦様の手の中）

（$-1,\ 2,\ \sqrt{5},\ 7,\ \cdots$ など，任意に動く孫悟空のような文字定数）

k がどんな値を取ろうと，$x^2+y^2+6x+8y+21=0$，かつ $x^2+y^2-16=0$ のとき，すなわち 2 つの円の方程式 C_1 と C_2 の交点において，①の左辺は 0 となって，①は成り立つので，①は，円 C_1 と円 C_2 の交点を通る図形であることは間違いない。ここで，①を変形して，

$(k+1)x^2+(k+1)y^2+6x+8y+21-16k=0 \quad \cdots ①'$ より，

・$k+1 \neq 0$ ならば，両辺を $k+1$ で割れて，

$$x^2+y^2+\underbrace{\frac{6}{k+1}}_{a}x+\underbrace{\frac{8}{k+1}}_{b}y+\underbrace{\frac{21-16k}{k+1}}_{c\text{ とおく}}=0$$

$x^2+y^2+ax+by+c=0$ の円の方程式の形が導ける。

・これに対して，$k+1=0$ すなわち $k=-1$ のときだけは，①$'$は，

$6x+8y+37=0$ となって直線の式が導けるんだね。

以上より，

(i) $k \neq -1$ のとき，

$$x^2+y^2+6x+8y+21+k(x^2+y^2-16)=0 \quad \cdots\cdots ①$$

（および $x^2+y^2-16=0$）は 2 つの円 C_1 と C_2 の交点を通る任意

（k 倍した円 C_1 だけは，①の方程式では表せないからね。）

の円の方程式を表し，

(ii) $k=-1$ のとき，

$$x^2+y^2+6x+8y+21\underbrace{-1}_{k}(x^2+y^2-16)=0 \quad \text{すなわち}$$

$6x+8y+37=0$ は，2 つの円 C_1 と C_2 の交点を通る直線の方程式を表すことになるんだね。右図にその様子を示しておこう。これも面白かっただろう？

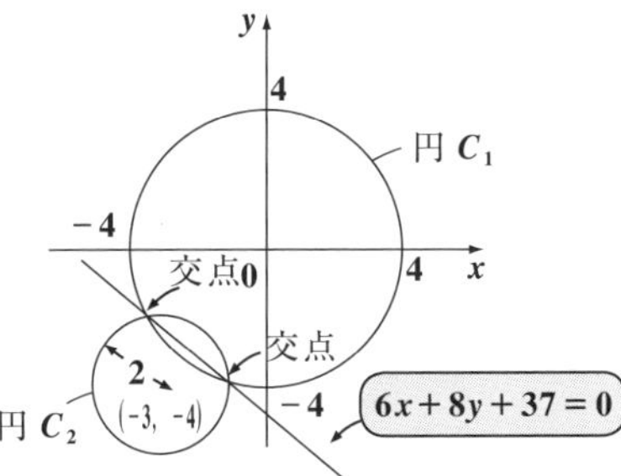

9th day　軌跡，領域，領域と最大・最小

みんな，おはよう。さァ，今日で，**"図形と方程式"**も最終講義になる。最後を飾るのは，**"軌跡と領域"**だよ。軌跡とは，xy座標平面上において，ある条件の下で動く動点$\mathbf{P}$の描く図形のことなんだね。また，xとyの不等式によって，xy座標平面上に，ある**"領域"**が示されることも勉強しよう。さらに，**"領域，最大・最小問題"**まで教えるつもりだ。では始めよう。

● 軌跡の方程式を求めてみよう！

"軌跡"とは，xy座標平面において，ある条件の下で動く動点$\mathrm{P}(x,\ y)$の描く図形(曲線や直線)のことなんだね。　たとえば，2点$\mathrm{A}(-2,\ 2)$，$\mathrm{B}(2,\ 0)$が与えられているとき，動点$\mathrm{P}(x,\ y)$が，$\mathrm{AP}=\mathrm{BP}$ …①をみたしながら動くとき，動点Pがどのような軌跡を描くか考えてみよう。

図1 AP＝BPをみたすPの軌跡

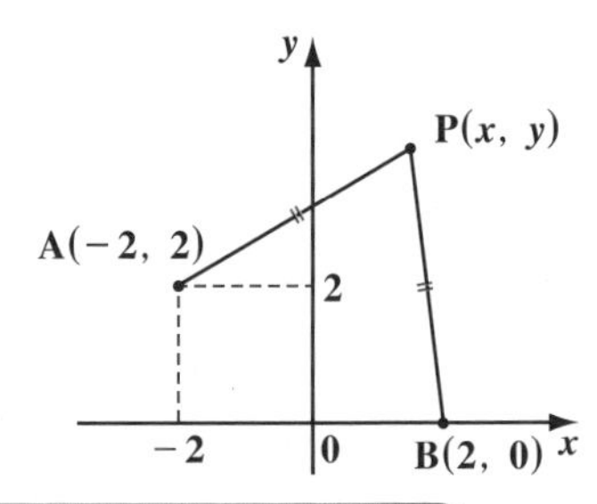

①のAPとは，2点A，P間の距離(または線分APの長さ)のことなんだね。BPも同様だ。

すると図1から，2点間の距離の公式を用いると，

$$\mathrm{AP}=\sqrt{\{x-(-2)\}^2+(y-2)^2}$$
$$=\sqrt{(x+2)^2+(y-2)^2}$$
$$\mathrm{BP}=\sqrt{(x-2)^2+y^2}\ \text{となる。}$$

$\mathrm{A}(x_1,\ y_1)$，$\mathrm{B}(x_2,\ y_2)$のとき，公式：$\mathrm{AB}=\sqrt{(x_1-x_2)^2+(y_1-y_2)^2}$を用いた！

以上のAP，BPの式を①に代入すると，

$$\sqrt{(x+2)^2+(y-2)^2}=\sqrt{(x-2)^2+y^2}$$

この両辺を2乗して，

$$(x+2)^2+(y-2)^2=(x-2)^2+y^2$$

（x^2+4x+4）（y^2-4y+4）（x^2-4x+4）

$$\cancel{x^2}+4x+\cancel{4}+\cancel{y^2}-4y+4=\cancel{x^2}-4x+\cancel{4}+\cancel{y^2}$$

$$4x-4y+4=-4x$$　両辺を4で割って，

図2 AP＝BPをみたすPの軌跡

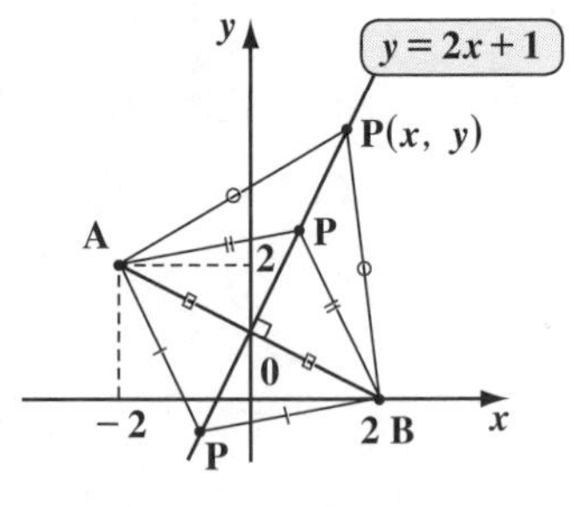

（これが，軌跡の方程式だ。）

$x-y+1=-x$　　$\therefore y=2x+1$ …② が導ける。大丈夫だった？

この②が，動点 **P** の描く軌跡の方程式で，傾き **2**，y 切片 **1** の直線が動点 **P** の描く軌跡だったんだね。そのグラフを図 **2** に示した。これから②の直線上の点 **P** はすべて **AP = BP** をみたしていることが分かったと思う。つまり，線分 **AB** の垂直二等分線が点 **P** の軌跡になるんだね。

一般に，軌跡の問題では動点 $P(x, y)$ に対して，ある条件が与えられるので，その条件の下に x と y の関係式を導けば，それが動点 **P** の描く軌跡の方程式になるんだよ。さらに練習問題で軌跡の問題を解いてみよう。

練習問題 25	軌跡（Ⅰ）	CHECK 1	CHECK 2	CHECK 3

xy 座標平面上に 2 つの定点 $O(0, 0)$，$A(3, 0)$ と動点 $P(x, y)$ がある。
(1) OP = AP をみたす動点 P の軌跡の方程式を求めよ。
(2) OP：AP = 2：1 をみたす動点 P の軌跡の方程式を求めよ。

2 定点 **O, A** から動点 **P** までの距離の比が 1：1（つまり **OP = AP**）のとき，点 **P** の描く軌跡は線分 **OA** の垂直二等分線になるんだ。でも，これが 1：1 以外の比，たとえば (2) の 2：1 などの比をとりながら動く動点 **P** の軌跡は円になることも覚えておいていいよ。このような軌跡の円のことを **"アポロニウスの円"** という。

2 定点 $O(0, 0)$ と $A(3, 0)$，それに動点 $P(x, y)$ から，

$OP=\sqrt{(x-0)^2+(y-0)^2}=\sqrt{x^2+y^2}$ ……①

$AP=\sqrt{(x-3)^2+(y-0)^2}=\sqrt{(x-3)^2+y^2}$ …② となるね。（これが **P** に与えられた条件）

(1) $OP=AP$ …③ のとき，（これは，**OP：AP = 1：1** と同じこと）

（これが動点 **P** のみたすべき条件）→（これから "x と y の関係式" を導く！）＝（**P** の軌跡の方程式）

①，②を③に代入して，

$\sqrt{x^2+y^2}=\sqrt{(x-3)^2+y^2}$

この両辺を 2 乗して，

$x^2+\cancel{y^2}=(x-3)^2+\cancel{y^2}$

$\cancel{x^2}=\cancel{x^2}-6x+9$

$6x=9$，$x=\dfrac{9}{6}$

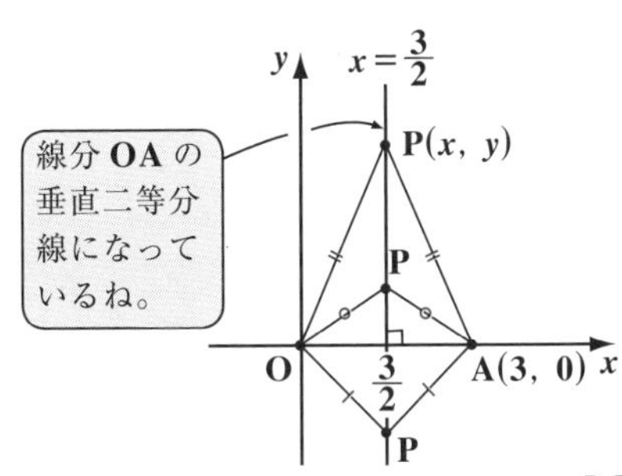

$\therefore\ x=\dfrac{3}{2}$ が，P の軌跡の方程式になる。

今回は“x だけの式”になったけど，
これが，動点 P の軌跡の方程式だ！

(2) OP : AP $=2:1$ …④ のとき，

OP : AP $=1:1$ ではないので，
点 P は，“アポロニウスの円”を描くはずだ！

④より，

$1\cdot \mathrm{OP}=2\cdot \mathrm{AP}\qquad \therefore\ 2\mathrm{AP}=\mathrm{OP}$ …⑤

これが P に与えられた条件 → これから P の軌跡の方程式を導くんだね。

①，②を⑤に代入して，

$2\cdot\sqrt{(x-3)^2+y^2}=\sqrt{x^2+y^2}$

この両辺を 2 乗して，

$4\{(x-3)^2+y^2\}=x^2+y^2$

$(x-3)^2 = x^2-6x+9$

$4(x^2-6x+9+y^2)=x^2+y^2$

$4x^2-24x+36+4y^2=x^2+y^2$

$4x^2-x^2-24x+36+4y^2-y^2=0$

$4x^2-x^2 = 3x^2,\quad 4y^2-y^2=3y^2$

$3x^2-24x+3y^2=-36$　　両辺を 3 で割って

$(x^2-8x)+y^2=-12$

$(x^2-8x+16)+y^2=-12+16$

2 で割って 2 乗

左辺に 16 をたした分，右辺にもたす。

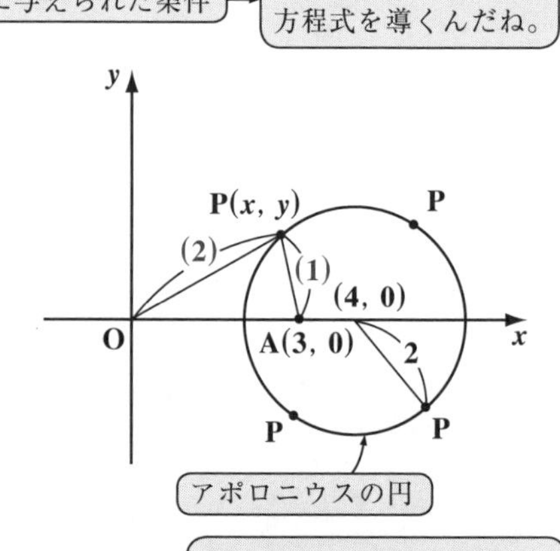

$\therefore\ (x-4)^2+y^2=4$ が，動点 P の軌跡の方程式だ。（$4=2^2$）

よって，動点 P は中心 $(4,\ 0)$，半径 2 のアポロニウスの円を描く。

OP : AP $=2:1$ のとき，
$\begin{cases}\text{OA を } 2:1 \text{ に内分する点を Q}\\ \text{OA を } 2:1 \text{ に外分する点を R}\end{cases}$
とおくと，QR を直径とする円がアポロニウスの円になることも覚えておこう！

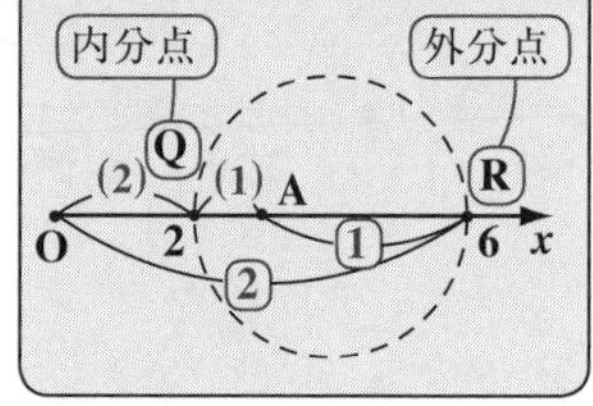

次，軌跡の問題では，x も y も t の関数，すなわち

$\begin{cases}x=f(t)\ \cdots ㋐\\ y=g(t)\ \cdots ㋑\end{cases}$ の形で表されることもあるんだよ。

このとき，x と y は変数 t を媒介（ばいかい）して（仲立ちとして）ある関係をもっているので，このような変数 t のことを“**媒介変数**（ばいかいへんすう）”と呼ぶことも覚えておいていいよ。

でも，このような㋐，㋑の形よりも，ボク達はストレートにxとyの関係式を求めたいんだね。よって，この場合は㋐と㋑からtを消去して，xとyの関係式(軌跡の方程式)を導けばいいんだよ。

それでは，次の練習問題で，実際に練習してみよう。

練習問題 26　軌跡(Ⅱ)　CHECK 1　CHECK 2　CHECK 3

放物線$y=x^2+1$上に相異なる2点$\mathrm{P}(t,\ t^2+1)$，$\mathrm{Q}(3t,\ 9t^2+1)$をとり，線分PQの中点をRとおく。tを変化させるとき，点Rの描く軌跡の方程式を求めよ。

動点$\mathrm{R}(x,\ y)$とおくと，$x=f(t)$，$y=g(t)$ (t:媒介変数)の形になるので，tを消去して，xとyの関係式(Rの軌跡の方程式)を求めればいいね。

(頂点$(0,\ 1)$の下に凸な放物線)

$y=x^2+1$より，$x=t$のとき，$y=t^2+1$，また$x=3t$のとき，$y=(3t)^2+1=9t^2+1$より，$\mathrm{P}(\underbrace{t}_{x_1},\ \underbrace{t^2+1}_{y_1})$，$\mathrm{Q}(\underbrace{3t}_{x_2},\ \underbrace{9t^2+1}_{y_2})$は間違いなく，放物線$y=x^2+1$上の点だね。

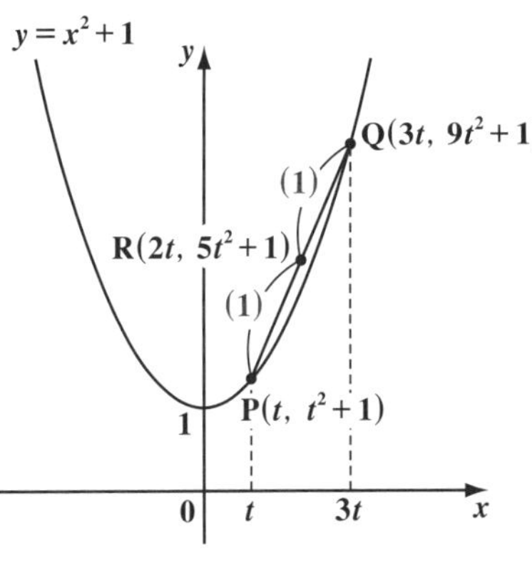

次，PとQは相異なると言っているので，当然そのx座標同士も異なる。よって

$3t \neq t,\quad 3t-t \neq 0,\quad 2t \neq 0$

$\therefore\ t \neq 0$となるのもいいね。

右図に示すように，点Rは，線分PQを1：1に内分するので，

$$\mathrm{R}\left(\frac{\overset{x_1}{t}+\overset{x_2}{3t}}{2},\ \frac{\overset{y_1}{t^2+1}+\overset{y_2}{9t^2+1}}{2}\right)$$

$$\frac{4t}{2}=2t \qquad \frac{10t^2+2}{2}=5t^2+1$$

($\mathrm{A}(x_1,\ y_1)$，$\mathrm{B}(x_2,\ y_2)$のとき，線分ABの中点Mは，$\mathrm{M}\left(\dfrac{x_1+x_2}{2},\ \dfrac{y_1+y_2}{2}\right)$となる。)

よって$\mathrm{R}(2t,\ 5t^2+1)$となる。$(t \neq 0)$

ここで，動点Rを$\mathrm{R}(x,\ y)$とおくと，

$$\begin{cases} x=2t & \cdots\cdots\cdots① \\ y=5t^2+1 & \cdots② \end{cases}$$ となる。

($x=f(t)$，$y=g(t)$ (t:媒介変数)の形が出てきたので，tを消去して，xとyの関係式を求めればいいんだね。)

$t \neq 0$ より，①から $x \neq \boxed{0}$ だね。（2×0）

①より，$t = \frac{x}{2}$ …①´

①´を②に代入して，

$$y = 5 \cdot \left(\frac{x}{2}\right)^2 + 1 = 5 \cdot \frac{x^2}{4} + 1$$

∴点 R の描く軌跡の方程式は

$$y = \frac{5}{4}x^2 + 1$$

（$x = 0$ のとき，$y = 1$ だからね。）

（ただし，$x \neq 0$ より，点 $(0,\ 1)$ を除く。）

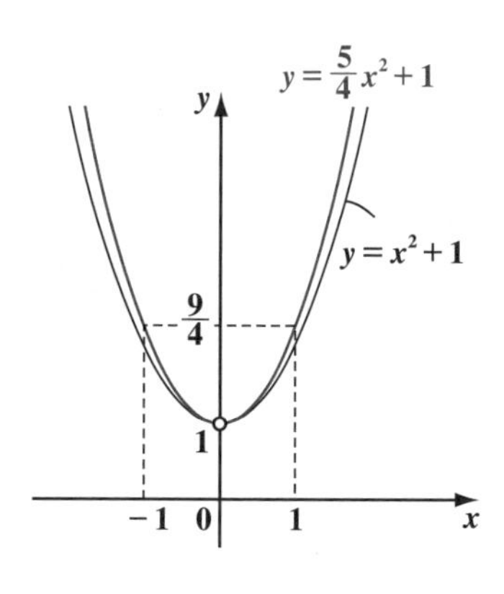

● 不等式で，領域が作れる!?

さァ，それではこれから“領域（りょういき）”の解説に入ろう。でも，その前にこれまで勉強した直線や放物線，それに円について考えてみよう。たとえば，

(1) 直線 $y = 2x + 1$ ←（傾き 2，y 切片 1 の直線）

(2) 放物線 $y = (x - 2)^2 + 1$ ←（点 $(2,\ 1)$ を頂点とする，下に凸の放物線）

(3) 直線 $x = 3$ ←（x 軸に垂直な直線）

(4) $(x + 1)^2 + (y - 1)^2 = \boxed{4}$（$2^2$） ←（中心 $(-1,\ 1)$，半径 2 の円）

など，みんな見なれた方程式（等式）ばかりだね。特に (1) と (2) は共に，y は x の関数なので，$y = f(x) = 2x + 1$ や $y = g(x) = (x - 2)^2 + 1$ などと表せるんだね。そして，xy 座標平面上で，(1) と (3) は直線を，(2) と (4) は曲線を描くことになるんだった。ここまでは，みんな大丈夫だね。

では，ここで，これまでの等式を不等式に変えたらどうなるか？ 実はこれが，xy 座標平面上の“領域（りょういき）”を描くことになるんだよ。具体的に見ていこう。

(1) (i) 直線 $y = 2x + 1$ のグラフを図 3 (i) に示す。

次に，(ii) 不等式 $y > 2x + 1$ について考えるよ。これは“その y 座標が，直線 $y = 2x + 1$ の y よりも大きい”と言ってるわけだから，図 3 (ii) に示すように，直線 $y = 2x + 1$ を境界にして，その上側の領域を表すことになるんだね。そして，$y > 2x + 1$ に等号はないので，境界線 $y = 2x + 1$ を含まない。よって，境界線は破線で示す。

また，(iii) 不等式 $y \leqq 2x+1$ が与えられたら，これは“その y 座標が，直線 $y=2x+1$ の y 以下である”と言ってるわけだから，図 3 (iii) に示すように，直線 (境界線) $y=2x+1$ を含めて，その下側の領域を表すことになる。今回は等号があるので，境界線 $y=2x+1$ を含み，これを実線で示す。イメージはつかめた？

図 3 (i) $y=2x+1$ (ii) $y>2x+1$ (iii) $y \leqq 2x+1$

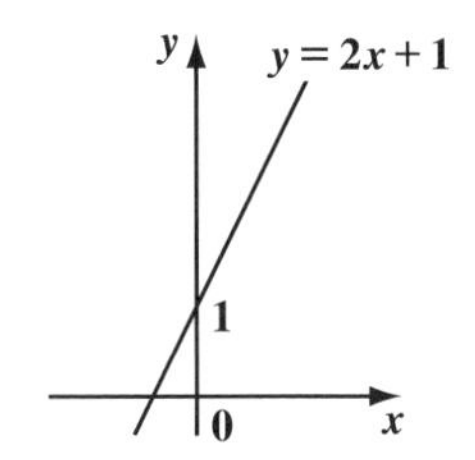

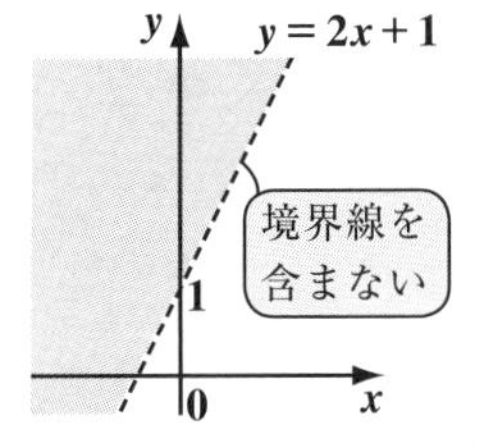

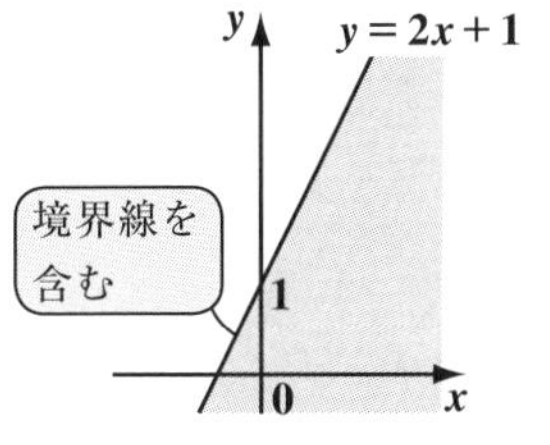

(2) 同様に，(i) $y=(x-2)^2+1$，(ii) $y \geqq (x-2)^2+1$，(iii) $y<(x-2)^2+1$ の表す曲線と領域を図 4 (i)，(ii)，(iii) にそれぞれ示す。**(1)** と同様だね。

図 4 (i) $y=(x-2)^2+1$ (ii) $y \geqq (x-2)^2+1$ (iii) $y<(x-2)^2+1$

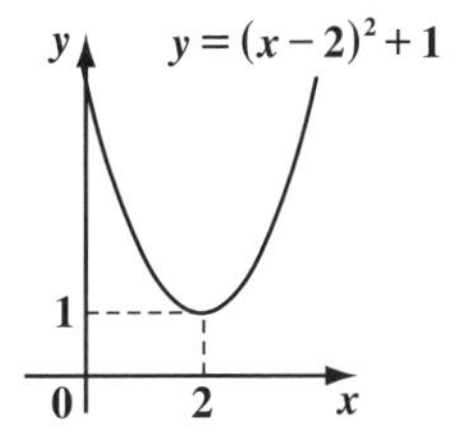

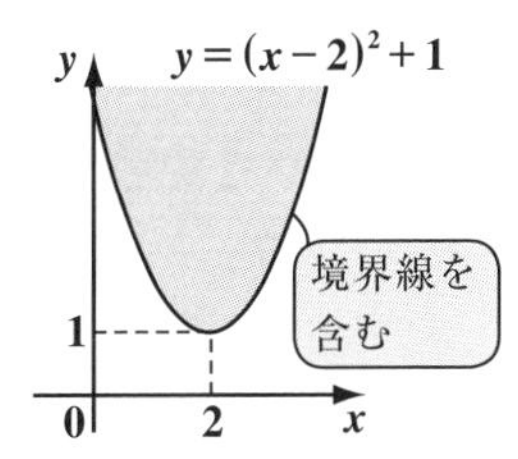

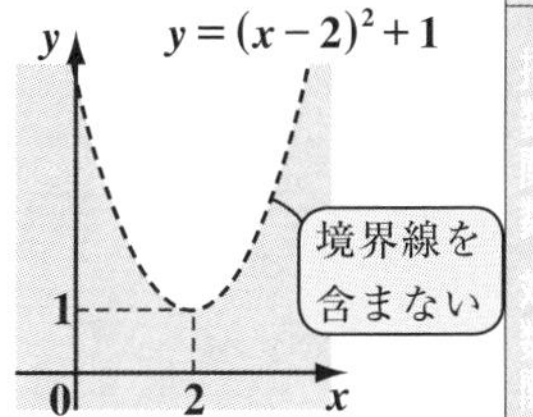

(3) (i) x 軸に垂直な直線 $x=3$ についても，2 つの不等式 (ii) $x \geqq 3$ と (iii) $x<3$ について考えてみると，(ii) $x \geqq 3$ は，“その x 座標が $x=3$ 以上である”と言っているので，直線 (境界線) $x=3$ を含んで，その右側の領域を表すんだね。(iii) $x<3$ は，“その x 座標が $x=3$ より小さい”と言ってるわけだから，直線 (境界線) $x=3$ を含まないで，その左側の領域を表す。以上を図 5 (i)，(ii)，(iii) にそれぞれ示しておこう。

図 5 (i) $x=3$ (ii) $x \geqq 3$ (iii) $x<3$

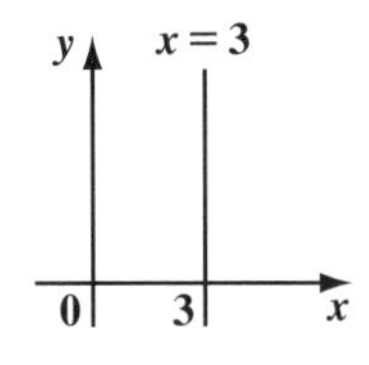

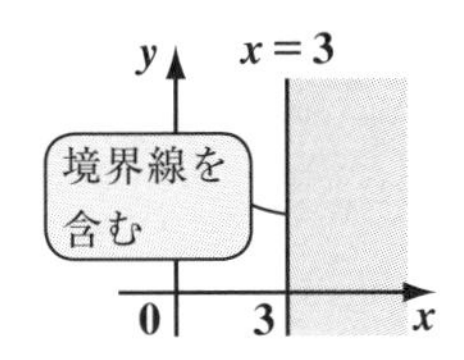

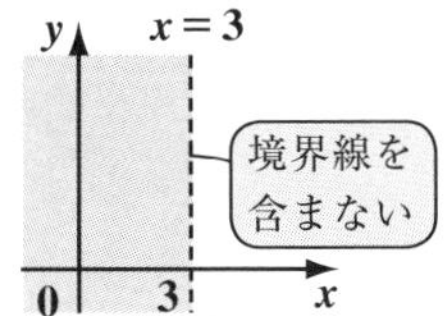

(4) (ⅰ) $(x+1)^2+(y-1)^2=\boxed{4}$ は，中心 A$(-1,\ 1)$，半径 2 の円だね。ここで，（4 は 2^2）

また 2 つの不等式 (ⅱ) $(x+1)^2+(y-1)^2<4$ と (ⅲ) $(x+1)^2+(y-1)^2>4$ の表す領域を考えてみよう。(ⅱ) では，$(x+1)^2+(y-1)^2=r^2<\boxed{4}$ とみると，“これは中心 A で，半径 r が 2 より小さい円の集合体” と考えればいいので，$(x+1)^2+(y-1)^2=4$ の円の境界線を含まないで，その内側の領域を表すことになるんだね。（4 は 2^2）

(ⅲ) も同様に，$(x+1)^2+(y-1)^2=r^2>\boxed{4}$ と考えると，“中心は A で，半径 r が 2 より大きい円の集合体” となるので，これも境界線 (円) $(x+1)^2+(y-1)^2=4$ を含まないで，その外側の領域を表すことになる。大丈夫？（4 は 2^2）

以上の結果を，図 6 (ⅰ)，(ⅱ)，(ⅲ) にそれぞれ示すよ。

図 6 (ⅰ) $(x+1)^2+(y-1)^2=4$　(ⅱ) $(x+1)^2+(y-1)^2<4$　(ⅲ) $(x+1)^2+(y-1)^2>4$

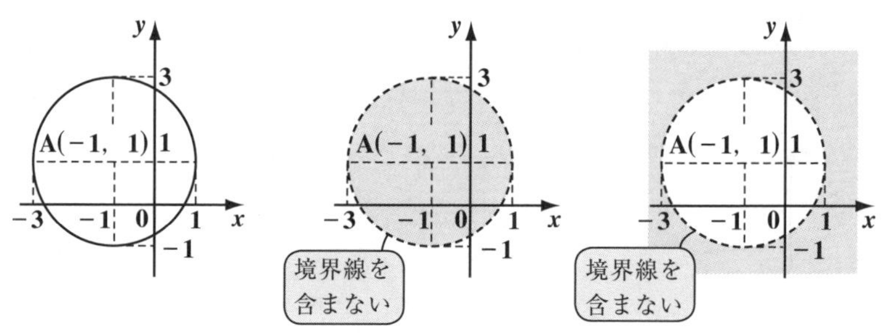

どう？ 不等式によって xy 座標平面が，

(Ⅰ) 上・下，(Ⅱ) 左・右，(Ⅲ) 内・外に分けられることが分かっただろう。

また，不等式に・等号が付いていれば境界線を含み，

・等号がなければ境界線を含まないことも大丈夫だね。

この不等式と領域の問題は，地図のイメージで考えるとさらに分かりやすくなるかもしれない。たとえば，

(Ⅰ) $y=f(x)$ を，$y-f(x)=\underline{\underline{0}}$ とおいて，右辺の $\underline{\underline{0}}$ を海抜 0m，すなわち海岸線とすると，

(ⅰ) $y-f(x)>0$ つまり $y>f(x)$ は，海抜が 0m より大きいので，陸の領域を表し，

(ⅱ) $y-f(x)<0$ つまり $y<f(x)$ は，海抜が 0m より小さいので，海の領域を表している，と考えられるんだね。

同様に，

(Ⅱ) $x=k$ すなわち $x-k=0$ を海岸線とみると，これを境にして，

　(ⅰ) $x-k>0$，つまり $x>k$ は陸の領域を表し，

　(ⅱ) $x-k<0$，つまり $x<k$ は海の領域を表すんだね。

さらに，円についても同様で，

(Ⅲ) $(x-a)^2+(y-b)^2-r^2=0$ を海岸線とみると，これを境にして，

　(ⅰ) $(x-a)^2+(y-b)^2-r^2<0$ は，海の領域を表し

　(ⅱ) $(x-a)^2+(y-b)^2-r^2>0$ は，陸の領域を表しているんだね。

不等式と領域

(Ⅰ) xy 座標平面を上・下に分ける不等式

　(ⅰ) $y>f(x)$ のとき，
　　$y=f(x)$ の上側の領域を表す。

　(ⅱ) $y<f(x)$ のとき，
　　$y=f(x)$ の下側の領域を表す。

(ⅰ) $y>f(x)$　(ⅱ) $y<f(x)$

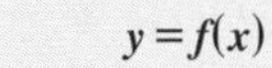

$y=f(x)$　$y=f(x)$

(Ⅱ) xy 座標平面を左・右に分ける不等式

　(ⅰ) $x>k$ のとき，
　　$x=k$ の右側の領域を表す。

　(ⅱ) $x<k$ のとき，
　　$x=k$ の左側の領域を表す。

(ⅰ) $x>k$　(ⅱ) $x<k$

$x=k$　$x=k$

(Ⅲ) xy 座標平面を内・外に分ける不等式

　(ⅰ) $(x-a)^2+(y-b)^2<r^2$ のとき，
　　円 $(x-a)^2+(y-b)^2=r^2$ の
　　内側の領域を表す。

　(ⅱ) $(x-a)^2+(y-b)^2>r^2$ のとき，
　　円 $(x-a)^2+(y-b)^2=r^2$ の
　　外側の領域を表す。

(ⅰ) $(x-a)^2+(y-b)^2<r^2$　(ⅱ) $(x-a)^2+(y-b)^2>r^2$

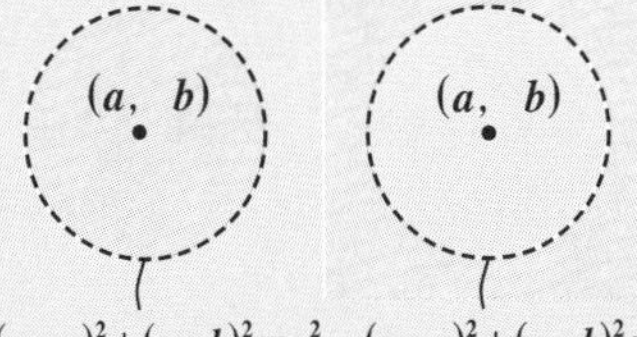

実際の問題では，これらの不等式が組み合わされて出題されることが多いんだよ。早速，練習問題で練習しておこう。

練習問題 27 不等式と領域(I) CHECK 1 CHECK 2 CHECK 3

次の連立不等式が表す領域を xy 座標平面上に示せ。

$$\begin{cases} (x+1)^2+y^2 \leqq 5 & \cdots\cdots① \\ y \leqq -\dfrac{1}{3}x+\dfrac{4}{3} & \cdots\cdots② \end{cases}$$

連立不等式の場合，①かつ②と考えるんだよ。つまり，これは中心 $(-1,\ 0)$，半径 $\sqrt{5}$ の円の周およびその内部(①)で，かつ直線 $y=-\dfrac{1}{3}x+\dfrac{4}{3}$ 以下(②)をみたす領域を表しているんだよ。集合で勉強した"共通部分"のことだね。

(i) $(x+1)^2+y^2 \leqq 5$ …① より，これは

中心 $A(-1,\ 0)$，半径 $r=\sqrt{5}$ の円の周およびその内部を表すんだね。

(ii) $y \leqq -\dfrac{1}{3}x+\dfrac{4}{3}$ …② より，これは

直線 $y=-\dfrac{1}{3}x+\dfrac{4}{3}$ 以下の領域を表している。

ここで，$\begin{cases} (x+1)^2+y^2=5 & \cdots①' \\ y=-\dfrac{1}{3}x+\dfrac{4}{3} & \cdots②' \end{cases}$

①′の円と②′の直線の交点の x 座標は，①′と②′から y を消去した x の2次方程式にもち込み，それを解けば求められるんだよ。

とおいて，①′と②′の交点の座標を求める。

まず，②′を①′に代入して，y を消去すると，

$$(x+1)^2+\left(-\frac{1}{3}x+\frac{4}{3}\right)^2=5$$

$(x+1)^2 = x^2+2x+1$

$\left(-\dfrac{1}{3}x+\dfrac{4}{3}\right)^2 = \left(-\dfrac{1}{3}x\right)^2+2\cdot\left(-\dfrac{1}{3}x\right)\cdot\dfrac{4}{3}+\left(\dfrac{4}{3}\right)^2$

この x の2次方程式の解が，交点の x 座標になる。

$$x^2+2x+1+\frac{1}{9}x^2-\frac{8}{9}x+\frac{16}{9}=5$$

$$\underbrace{\left(1+\frac{1}{9}\right)}_{\frac{9+1}{9}}x^2+\underbrace{\left(2-\frac{8}{9}\right)}_{\frac{18-8}{9}}x+\underbrace{\frac{16}{9}-4}_{\frac{16-36}{9}}=0$$

$\frac{10}{9}x^2+\frac{10}{9}x-\frac{20}{9}=0$　　両辺に 9 をかけて，

$10x^2+10x-20=0$　　両辺を 10 で割って，

左辺を因数分解して

$x^2+x-2=0$　　$(x+2)(x-1)=0$

$\therefore x=-2$ または 1

これで，交点の x 座標が分かった。
後は，これを②´に代入して，y 座標も求める。

(ア) $x=-2$ のとき

②´より，$y=-\frac{1}{3}\cdot(-2)+\frac{4}{3}=\frac{2+4}{3}=2$　　∴交点 $(-2,\ 2)$

(イ) $x=1$ のとき

②´より，$y=-\frac{1}{3}\times 1+\frac{4}{3}=\frac{-1+4}{3}=1$　　∴交点 $(1,\ 1)$

よって①´の円と②´の直線は，2 点 $(-2,\ 2)$ と $(1,\ 1)$ で交わることが分かった。以上より，①，②から，

中心 $A(-1,\ 0)$，半径 $r=\sqrt{5}$ の円周およびその内部で，かつ，直線 $y=-\frac{1}{3}x+\frac{4}{3}$ 以下となる領域が求める領域になるので，それを xy 座標平面上に図示すると右図の網目部になる。

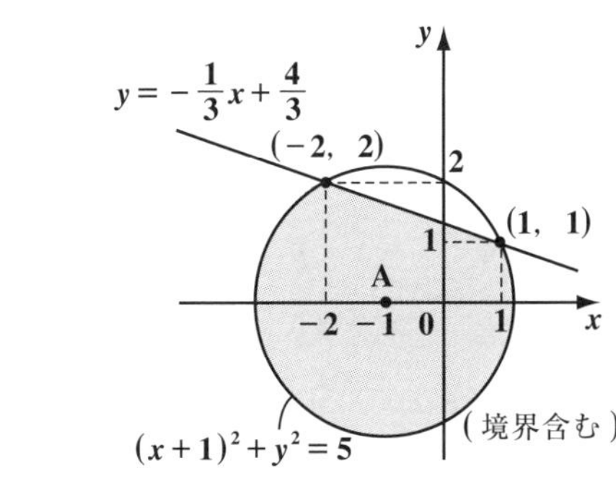

どう？ 領域の問題にも慣れてきた？

それでは次，"**領域と最大・最小問題**"について解説することにしよう。これが"**図形と方程式**"の最終テーマになるんだよ。

● 領域と最大・最小問題までマスターしよう！

それではもう1題，連立不等式と領域の問題を解いてみよう。

練習問題 28	不等式と領域(Ⅱ)	CHECK 1	CHECK 2	CHECK 3

次の連立不等式が表す領域を D とおく。領域 D を xy 座標平面上に示せ。

$$\begin{cases} y \leqq x+1 \\ y \leqq -4x+21 \\ y \geqq -\dfrac{1}{4}x+\dfrac{9}{4} \end{cases}$$

$y=x+1$ 以下で，かつ，$y=-4x+21$ 以下で，かつ，$y=-\frac{1}{4}x+\frac{9}{4}$ 以上となる領域が求める領域 D なんだね。これを求めるためには，まずそれぞれの2つの直線の交点を求める必要があるんだね。

$y \leqq x+1$ …①，かつ，$y \leqq -4x+21$ …②，かつ，$y \geqq -\dfrac{1}{4}x+\dfrac{9}{4}$ …③

($y=x+1$ 以下)　($y=-4x+21$ 以下)　($y=-\frac{1}{4}x+\frac{9}{4}$ 以上)

とおく。さらに

直線 l_1：$y=x+1$ …①′，直線 l_2：$y=-4x+21$ …②′

直線 l_3：$y=-\dfrac{1}{4}x+\dfrac{9}{4}$ …③′　とおき，まずそれぞれの2直線の交点を求めてみよう。

(ⅰ) l_1 と l_2 の交点を求めよう。

$$\begin{cases} l_1：y=x+1 \quad \cdots\cdots\cdots ①' \\ l_2：y=-4x+21 \quad \cdots ②' \end{cases}$$ より

（①′と②′から y を消去して，x の1次方程式を作り，それを解くと l_1 と l_2 の交点の x 座標が求まる。）

y を消去して，$x+1=-4x+21$

$x+4x=21-1$，　$5x=20$，　$x=\dfrac{20}{5}=4$

$x=4$ を①′に代入して，$y=4+1=5$

∴ l_1 と l_2 との交点を A とおくと，A(4, 5) となる。

(ⅱ) l_2 と l_3 の交点も同様に求めるよ。

$$\begin{cases} l_2：y=-4x+21 \quad \cdots ②' \\ l_3：y=-\dfrac{1}{4}x+\dfrac{9}{4} \quad \cdots ③' \end{cases}$$ より y を消去して，

$-\frac{1}{4}x+\frac{9}{4}=-4x+21$　　両辺に 4 をかけて，

$-x+9=-16x+84,\quad 16x-x=84-9$

$15x=75,\quad x=\frac{75}{15}=5$ ←（l_2 と l_3 の交点の x 座標）

これを②′に代入して，$y=-4\times5+21=1$

∴ l_2 と l_3 の交点を B とおくと，B(5, 1) だね。

(iii) l_3 と l_1 の交点も，求めてみよう。

$$\begin{cases} l_3 : y=-\frac{1}{4}x+\frac{9}{4} \ \cdots ③' \\ l_1 : y=x+1 \ \cdots\cdots\cdots\cdots ①' \end{cases}$$ より y を消去して，

$x+1=-\frac{1}{4}x+\frac{9}{4}$　　両辺に 4 をかけて，

$4x+4=-x+9,\quad 4x+x=9-4$

$5x=5,\quad x=\frac{5}{5}=1$ ←（l_3 と l_1 の交点の x 座標）

これを①′に代入して，$y=1+1=2$

∴ l_3 と l_1 の交点を C とおくと，

C(1, 2) だね。

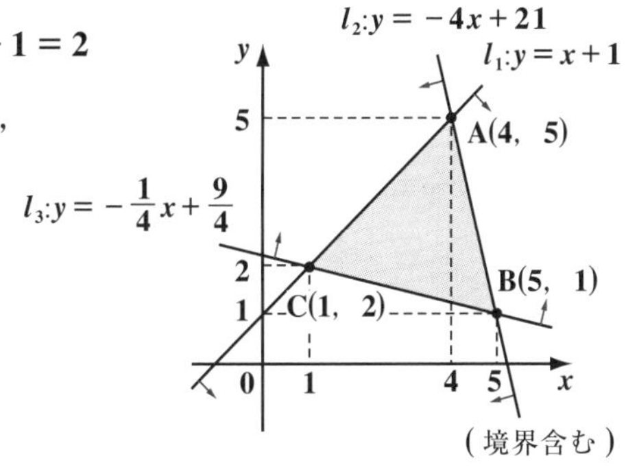

以上より，$y=x+1$ 以下で，かつ，

$y=-4x+21$ 以下で，かつ，

$y=-\frac{1}{4}x+\frac{9}{4}$ 以上をみたす領域

D を，右図に網目部で示す。

さァ，それでは，この領域 D を使って最後のテーマ“**領域と最大・最小問題**”について具体的に解説しよう。

「領域 D 上の点 (x, y) に対して，$x+y$ の最大値と最小値を求めよ。」って言われたらどうする？… エッ，P116 の図 7 に示すように，領域 D 上の点 $(\underset{x_1}{2}, \underset{y_1}{2})$ や $(\underset{x_2}{4}, \underset{y_2}{2})$ や $(\underset{x_3}{3}, \underset{y_3}{3})$ などを調べて，それらの和 $2+2$ や

$4+2$ や $3+3$ の値をしらみつぶしに調べていくって!? ウ～ン，でも領域 D 上には，無限に点が存在するから，このようなやり方では一生かかっても，$x+y$ の最大値や最小値を求めることは不可能だね。

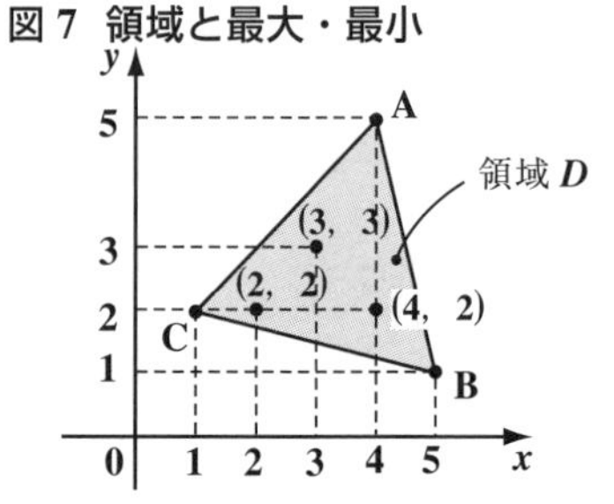

図7 領域と最大・最小

じゃ，どうするかってことだけど，ここでは $x+y$ の値を k とおいて $x+y=k$ …㋐ とし，この k の最大値と最小値を求めることにしよう。ン？ ㋐って，$y=-x+k$ …㋐′ と変形すると，傾き -1，y 切片 k の直線になってるって？ いい着眼点だ。でも，ボクはこの㋐′を"直線の式"とは呼ばずに，見かけ上の直線の式と呼ぶことにしている。

図8 見かけ上の直線 $y=-x+k$

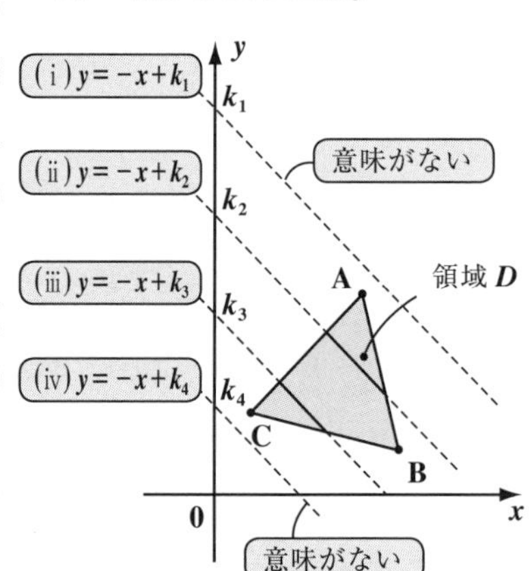

何故，$y=-x+k$ …㋐′ を見かけ上の直線と呼ぶのか，種明かしをしよう。図8を見てくれ。今回，点 (x, y) は領域 D 上でしか定義されていないから，(i)や(iv)のような傾き -1 の直線 $y=-x+k_1$ や $y=-x+k_4$ は意味がなく，k_1 や k_4 の値も存在しないんだね。これに対して(ii)や(iii)の $y=-x+k_2$ や $y=-x+k_3$ は領域 D を通過するため，そのときの y 切片 k_2 や k_3 の値も存在するんだね。

であるならば，図9に示すように，見かけ上の直線 $y=-x+k$ …㋐′ がギリギリ，領域 D と共有点をもつところを調べれば，それから k の最大値や最小値が分かるはずだね。

図9 見かけ上の直線 $y=-x+k$

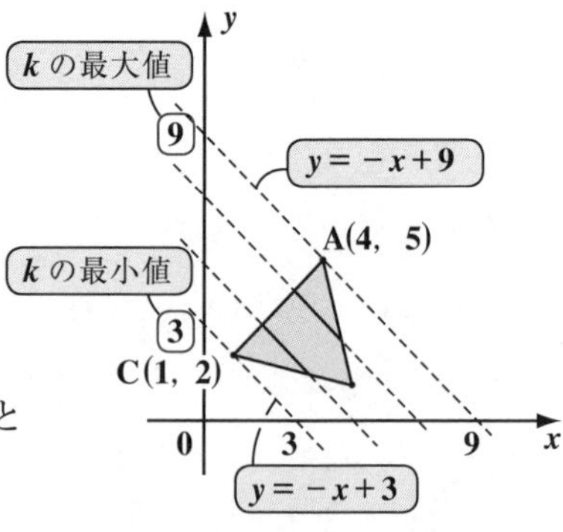

図9のグラフから明らかに，見かけ上の直線㋐′が，

・点 $A(\underset{x}{4}, \underset{y}{5})$ を通るとき，k の値は最大と

なり，最大値 $k=x+y=4+5=9$ となるね。
また，

・点 C(1, 2) を通るとき，k の値は最小となり，最小値 $k=x+y=1+2=3$
（$x=1$, $y=2$）

となるのが，分かるんだね。面白かった？
この“**領域と最大・最小問題**”は試験では頻出のテーマなんだけど，この例によってその基本的な考え方をマスターできたんだよ。この種の問題は，試験ではさまざまな形で出題されるんだけれど，この基本をシッカリマスターしておけば，応用は速いよ。さらに勉強したい人は，この後「**元気が出る数学**」や「**合格！数学**」で腕を磨けばいいんだよ。

以上で，“**図形と方程式**”の講義はすべて終了した。みんな，よく頑張ったね！ 後は，反復練習によって本物の受験基礎力も身に付けてくれたらいいんだよ。

次回からは，新たなテーマ“**三角関数**”の講義に入るよ。また，楽しく詳しく解説していくつもりだ。それじゃ，みんな体調に気を付けてな。
さようなら…。

第2章● 図形と方程式　公式エッセンス

1.　2点 $A(x_1,\ y_1)$，$B(x_2,\ y_2)$ 間の距離

$$AB=\sqrt{(x_1-x_2)^2+(y_1-y_2)^2}$$

2.　内分点・外分点の公式

2点 $A(x_1,\ y_1)$，$B(x_2,\ y_2)$ を結ぶ線分 AB を

(i)　点 P が $m:n$ に内分するとき，$P\left(\dfrac{nx_1+mx_2}{m+n},\ \dfrac{ny_1+my_2}{m+n}\right)$

(ii)　点 Q が $m:n$ に外分するとき，$Q\left(\dfrac{-nx_1+mx_2}{m-n},\ \dfrac{-ny_1+my_2}{m-n}\right)$

3.　点 $A(x_1,\ y_1)$ を通る傾き m の直線の方程式

$$y=m(x-x_1)+y_1$$

2点 $A(x_1,\ y_1)$，$B(x_2,\ y_2)$ を通る場合は，傾き $m=\dfrac{y_1-y_2}{x_1-x_2}$ だ。(ただし，$x_1\fallingdotseq x_2$)

4.　2直線の平行条件と垂直条件

(1) $m_1=m_2$ のとき，平行　　(2) $m_1\cdot m_2=-1$ のとき，直交

(m_1，m_2 は2直線の傾き)

5.　点と直線の距離

点 $A(x_1,\ y_1)$ と直線 $ax+by+c=0$ との間の距離 h は，

$$h=\frac{|ax_1+by_1+c|}{\sqrt{a^2+b^2}}$$

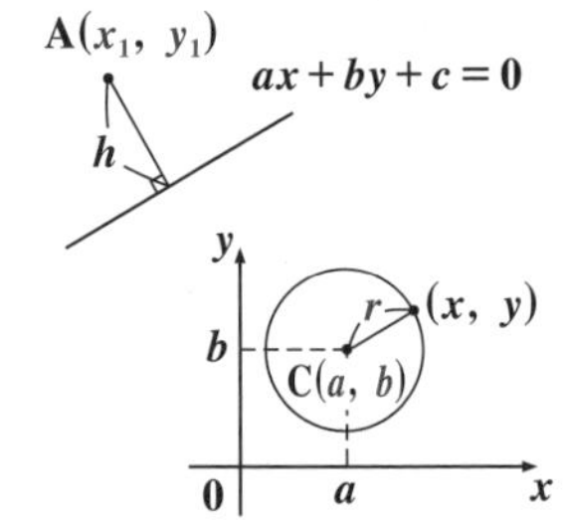

6.　円の方程式

$$(x-a)^2+(y-b)^2=r^2\quad(r>0)$$

(中心 $C(a,\ b)$，半径 r)

7.　円と直線の位置関係

円の中心と直線との距離を h とおくと，

(i) $h<r$ のとき，2点で交わる　　(ii) $h=r$ のとき，接する

(iii) $h>r$ のとき，共有点なし

8.　動点 $P(x,\ y)$ の軌跡の方程式

(動点 $P(x,\ y)$ の軌跡の方程式) $\equiv$ (x と y の関係式)

9.　領域と最大・最小

見かけ上の直線(または曲線)を利用して解く。

第 3 章
CHAPTER

3 三角関数

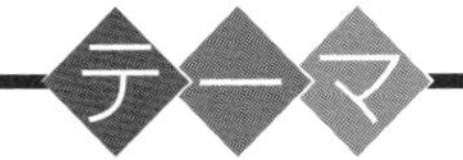

- 一般角，三角関数の定義
- 弧度法，$\sin(\theta+\pi)$ 等の変形，グラフ
- 三角関数の加法定理，合成
- 三角方程式・三角不等式

10th day　一般角，三角関数の定義

おはよう！ 今日もみんな元気そうだね。さァ，今日から新しいテーマ“**三角関数**”について解説しよう。実は，この三角関数は，数学**I**でやった三角比をさらに発展させたものだから，みんな知ってる**sin**(サイン)，**cos**(コサイン)，**tan**(タンジェント)をさらに深めていくことになるんだね。

今日の講義では，まず三角比の復習から入ろう。そして，“**一般角**”，“**三角関数の定義**”について，深く解説していくつもりだ。

● 三角比の復習から始めよう！

数学**I**で習った“**三角比**”は，これから解説する“**三角関数**”の基礎となるものなんだ。エッ，三角比のこと忘れちゃってるかも知れないって？いいよ。まず，三角比の復習から入ろう。

三角比には，**3**つの定義があったんだ。思い出してくれ！

(Ⅰ) 直角三角形による三角比の定義

図**1**に示すように，**3**辺の長さがa, b, cの直角三角形の直角ではない**1**つの角度をθ(シータ)とおくと，**3**つの三角比$\sin\theta, \cos\theta, \tan\theta$は，この**3**辺の長さ$a, b, c$により，次のように定義されるんだったね。大丈夫？

$$\sin\theta = \frac{b}{c},\quad \cos\theta = \frac{a}{c},\quad \tan\theta = \frac{b}{a}$$

図1　直角三角形による三角比の定義

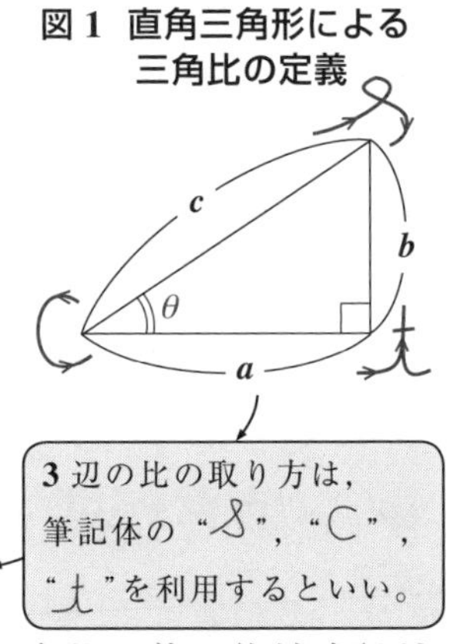

そして，$\theta = 30°, 45°, 60°$の**3**つの三角比の値は絶対暗記だった！

(ⅰ) $\theta = 30°$のとき，

$$\sin 30° = \frac{1}{2},\quad \cos 30° = \frac{\sqrt{3}}{2},\quad \tan 30° = \frac{1}{\sqrt{3}}$$

(ⅱ) $\theta = 45°$のとき，

$$\sin 45° = \frac{1}{\sqrt{2}},\quad \cos 45° = \frac{1}{\sqrt{2}},\quad \tan 45° = 1$$

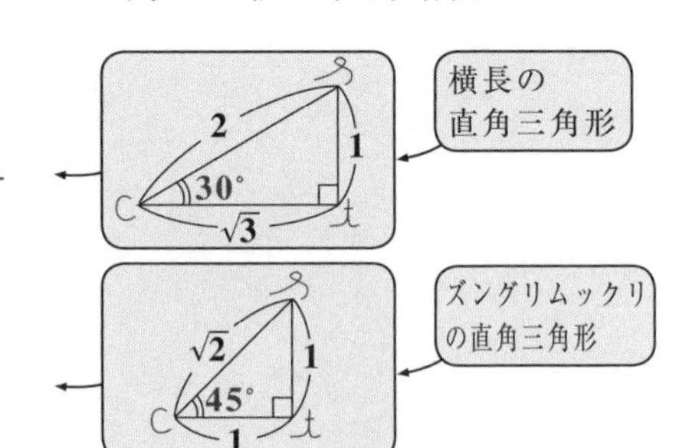

(ⅲ) $\theta = 60°$ のとき，

$\sin 60° = \frac{\sqrt{3}}{2}$，$\cos 60° = \frac{1}{2}$，$\tan 60° = \sqrt{3}$

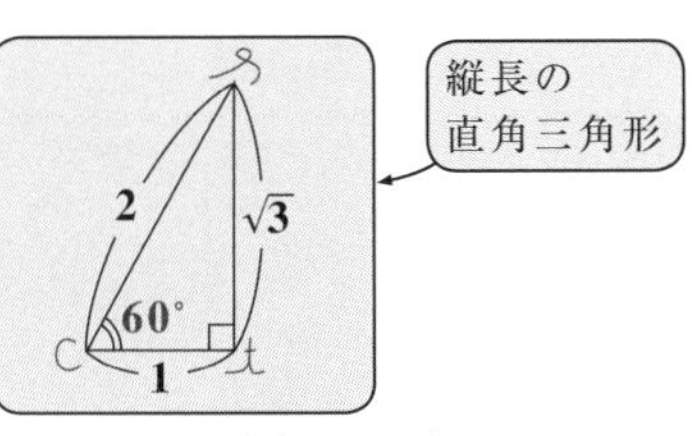

どう？ 思い出してきた？ これらの値は三角関数においても，すごく重要なんだよ。

(Ⅱ) 半径 r の半円による三角比の定義

直角三角形による三角比の定義では，角度のとり得る範囲が当然 $0° < \theta < 90°$ の制約を受けてしまう。この角度の範囲を $0° \leqq \theta \leqq 180°$ に拡張するために，図2に示すような原点を中心とする半径 r の上半円を使って，三角比を定義したんだね。この半円周上の点 P の座標を $P(x,\ y)$ とおくと，この点 P の座標 x と y，それに半径 r を使って，三角比を次のように定義した。これも覚えてるな？

図2 半径 r の半円による三角比の定義

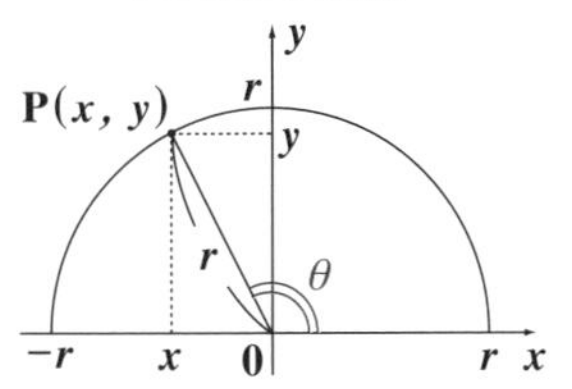

$$\sin\theta = \frac{y}{r},\ \cos\theta = \frac{x}{r},\ \tan\theta = \frac{y}{x}\ \ (x \neq 0)\ \ (0° \leqq \theta \leqq 180°)$$

これら三角比の値は，角度だけで決まり，直角三角形や半円の大きさ(サイズ)とは無関係だってことも覚えてるだろう。だから，半径 $r = 1$ の“**単位円**”の半円を使って三角比を定義してもいいわけで，これが，最も洗練された三角比の定義だったんだね。

(Ⅲ) 半径1の半円による三角比の定義

図3に示すように，原点を中心とする半径1の上半円周上の点 $P(x,\ y)$ の座標 x と y を使って，三角比は次のようにシンプルに定義できるんだね。

図3 半径1の半円による三角比の定義

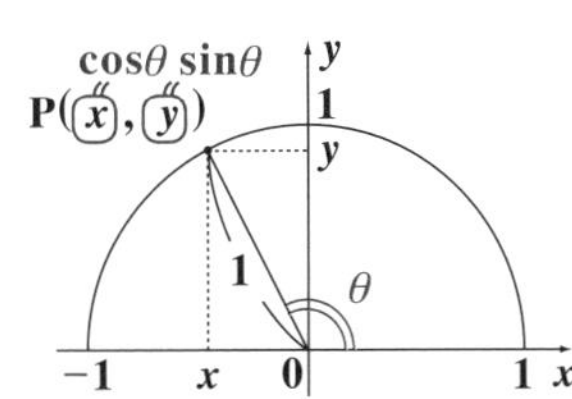

$$\sin\theta = y,\ \cos\theta = x,\ \tan\theta = \frac{y}{x}\ \ (x \neq 0)$$

(y は $\frac{y}{1}$ のこと，x は $\frac{x}{1}$ のこと)

$$(0° \leqq \theta \leqq 180°)$$

これでいくと，点 P の x 座標と y 座標がそのままストレートに，それぞれ $\cos\theta$ と $\sin\theta$ を表すことになるので，非常に便利なんだね。

三角比の復習の最後として，三角比の**3**つの基本公式も下に書いておこう。

三角比の 3 つの基本公式

(ⅰ) $\cos^2\theta + \sin^2\theta = 1$　　(ⅱ) $\tan\theta = \dfrac{\sin\theta}{\cos\theta}$　$(\cos\theta \neq 0)$

(ⅲ) $1 + \tan^2\theta = \dfrac{1}{\cos^2\theta}$　$(\cos\theta \neq 0)$

(ⅰ)の公式は，図**4**に示すように，半径**1**の上半円で三角比を定義した場合を考えると，三平方の定理から導けるんだね。すなわち，

$x^2 + y^2 = 1$ より，

$\cos^2\theta + \sin^2\theta = 1$　となる。

$(\because x = \cos\theta,\ y = \sin\theta)$

図 4　三角比の基本公式

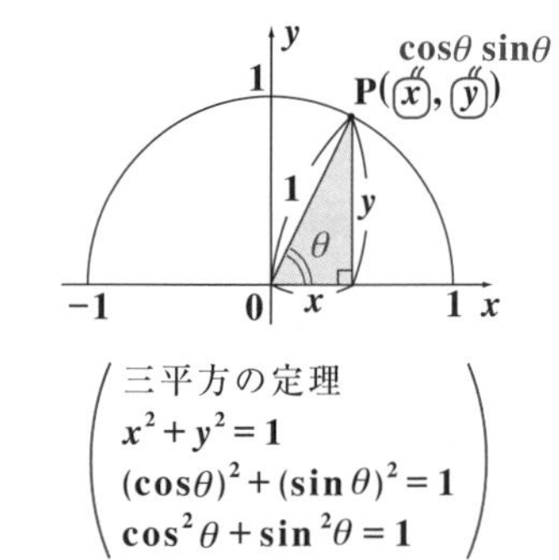

(ⅱ) $\tan\theta = \dfrac{y}{x}$ より，$x = \cos\theta$，$y = \sin\theta$

をこれに代入して，$\tan\theta = \dfrac{\sin\theta}{\cos\theta}$　もすぐに導ける。(ただし，$\cos\theta \neq 0$)

最後に(ⅲ)は，$\cos\theta \neq 0$ のとき，(ⅰ)の両辺を $\cos^2\theta$ $(\neq 0)$ で割れば，導けるんだね。

$$\frac{\sin^2\theta + \cos^2\theta}{\cos^2\theta} = \frac{1}{\cos^2\theta} \qquad \therefore\ 1 + \tan^2\theta = \frac{1}{\cos^2\theta}$$

$$\frac{\cos^2\theta}{\cos^2\theta} + \frac{\sin^2\theta}{\cos^2\theta} = 1 + \left(\frac{\sin\theta}{\cos\theta}\right)^2 = 1 + \tan^2\theta$$

これで，三角比の復習も終わったので，“**三角関数**(さんかくかんすう)”の話に入っていこう。

● 一般角って，何だろう!?

数学 **I** の“**三角比**”では，直角三角形から半円を利用することにより，定義できる角度 θ の範囲を $0° < \theta < 90°$ から $0° \leqq \theta \leqq 180°$ へと拡張した。しかし，この角度 θ の範囲をさらに拡張して，自由に動ける状態にしたものを“**一般角**(いっぱんかく)”と呼ぶ。そして，この一般角 θ で定義される $\sin\theta$，$\cos\theta$，$\tan\theta$ のことを“**三角関数**(さんかくかんすう)”と呼ぶんだよ。大丈夫？ それでは，これから，この一般角について詳しく解説しよう。

x 軸の正の向きから，角度 $\alpha(>0)$ だけ回転した**動径 OP** と，角度 $-\alpha(<0)$ だけ回転した動径 OP のイメージを，図 **5** に示した。つまり，角度に⊕, ⊖ を付けて，

（OP は動く半径なので，"**動径**（どうけい）" と呼ぶ。）

図 5　角度の正・負の向き

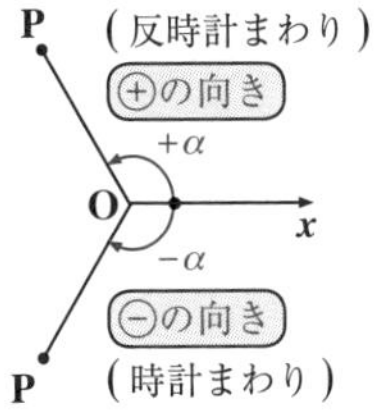

$\begin{cases} \text{(i) 反時計まわりに回転する角度を正 (⊕)} \\ \text{(ii) 時計まわりに回転する角度を負 (⊖)} \end{cases}$　とするんだよ。

しかも，この回転角には，何の制約もつけずに，動径 **OP** は⊕にも⊖にも，自由にグルグル回れるものとしよう。すると，面白いことが起こる。図 **6**（i）に示すように，これまで **120°** で表していた角度が，負の角度を導入することにより，**−240°** と表してもいいことになる。さらに，図 **6**（ii）に示すように，**+360°**（一周分）正の向きに余分に回転して **480°** としても，**120°** のときの動径 **OP** と同じ位置にくる。

（**+120°** のこと。"+" は略す。）

図 6　角度の表し方

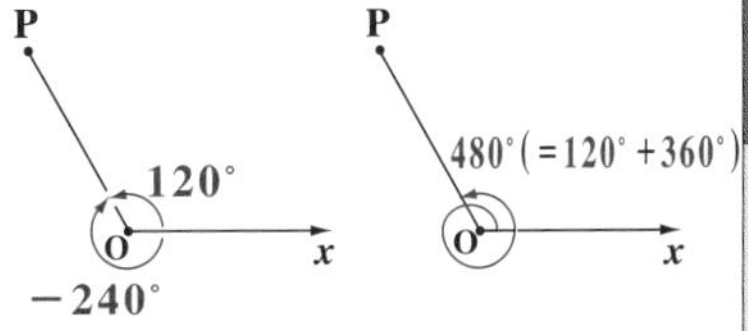

これは，⊕ 側に **1** 周，**2** 周，…と何回回転させても，また⊖側に **1** 周，**2** 周，…と何回回転させても同じ位置にくるので，これまで **120°** と表現していた角度を，これからは **120° + 360° × n（n：整数）** と表すことができる。角度のこのような表し方を "**一般角**（いっぱんかく）" と呼ぶんだよ。

一般に，θ を（i）$0° \leqq \theta < 360°$，または，（ii）$-180° \leqq \theta < 180°$ の範囲の角度として一般角は，

$\theta + 360° \times n$（n：整数）と表すことが多い。図 **7** に，θ が，

（i）$0° \leqq \theta < 360°$ のときの主要な角度を，また，

（ii）$-180° \leqq \theta < 180°$ のときの主要な角度をそれぞれ示しておいた。

図 7　（i）$0° \leqq \theta < 360°$ のとき　（ii）$-180° \leqq \theta < 180°$ のとき

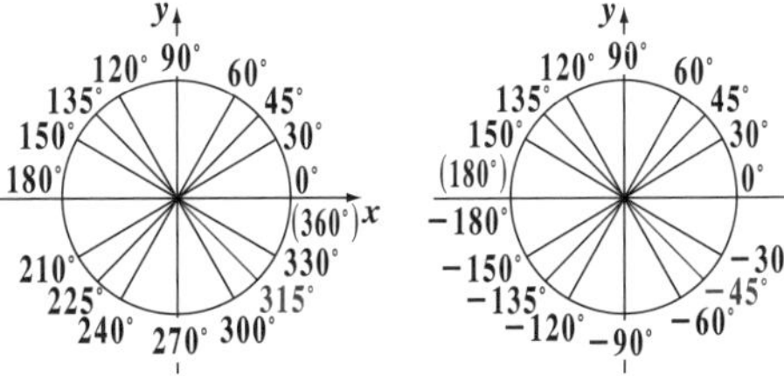

だから，同じ一般角でも，**315°＋360°×*n*** と **−45°＋360°×*n*** (***n***：整数) のように，**2** 通りの表し方ができる。納得いった？

次，角度と象限（しょうげん）の関係についても解説しておこう。図 **8** に示すように，***xy*** 座標平面は ***x*** 軸と ***y*** 軸によって **4** 分割され，第 **1** 象限から反時計まわりに第 **4** 象限まで名前が付けられているんだ。このそれぞれの象限に ***x*** 軸と ***y*** 軸は含まれないことも覚えておこう。

図 8　角度と象限

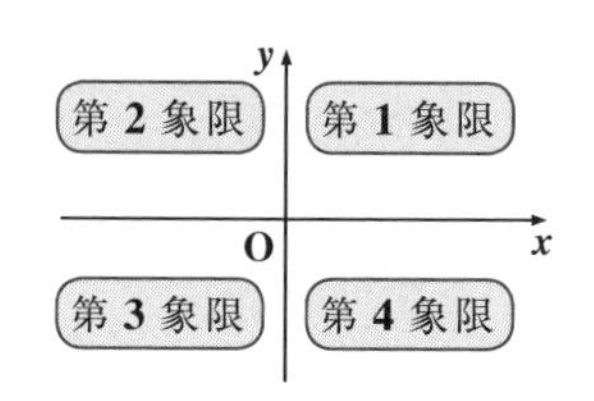

そして，図 **7** と図 **8** を重ね合わせて考えると，たとえば，**120°** は第 **2** 象限の角，**−45°** は第 **4** 象限の角などと言えるんだね。角度がどの象限に属するかによって，各三角関数の符号が決まるので，これはすごく重要だ！

お待たせしました！それでは，練習問題で少し練習しておこう！

練習問題 29　角度と象限　CHECK 1　CHECK 2　CHECK 3

次の各角度は，それぞれ第何象限の角度になるか。

(1) 405°　**(2) 930°**　**(3) −1320°**

360°×*n* (***n*** 周分) の角度をたしても，引いても本質的に同じ角度を表すことになるので，自分の分かりやすい角度にもち込むのがコツだよ。

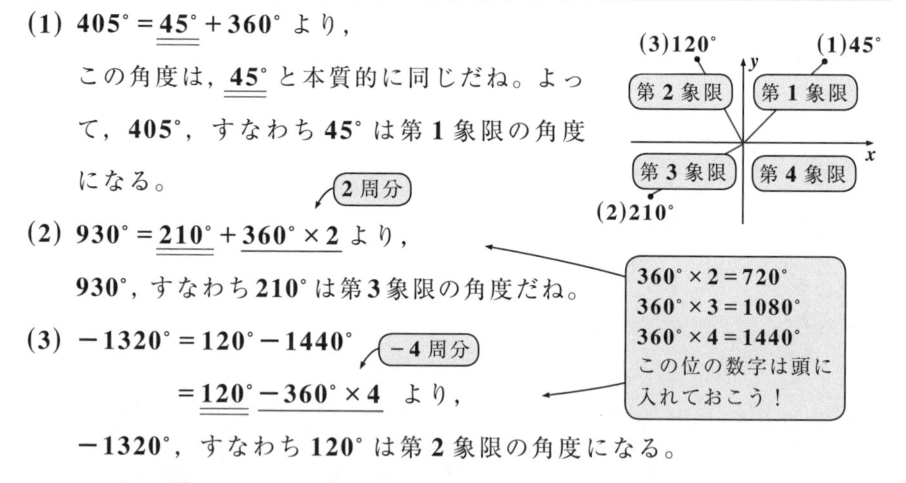

(1) **405°＝45°＋360°** より，

この角度は，**45°** と本質的に同じだね。よって，**405°**，すなわち **45°** は第 **1** 象限の角度になる。

(2) **930°＝210°＋360°×2** より，

930°，すなわち **210°** は第 **3** 象限の角度だね。

(3) **−1320°＝120°−1440°**

＝120°−360°×4 より，

−1320°，すなわち **120°** は第 **2** 象限の角度になる。

● 三角関数は，一般角で定義する！

角度が，**0°≦*θ*≦180°** で定義されるのが "**三角比**" で，この角度を一般角で定義したものが“**三角関数**”なんだから，三角関数の定義は，三角比のときと同様に，(Ⅰ) 半径 r の円と，(Ⅱ) 半径 **1** の単位円の **2** つで定義できる。

(Ⅰ) 半径 r の円による三角関数の定義

原点を中心とする半径 r の円周上の点 **P** の座標 x，y と r により，三角関数は次のように定義される。

$$\sin\theta = \frac{y}{r},\ \cos\theta = \frac{x}{r},\ \tan\theta = \frac{y}{x}\quad (x \neq 0)$$

半円が円に変わっただけで，三角比のときの定義と同じだ！

三角関数も三角比と同様に，円のサイズ（大きさ）には無関係なので，当然，半径 $r=1$ とした“**単位円**（たんいえん）”でも定義することができる。

(Ⅱ) 半径 1 の円による三角関数の定義

原点を中心とする半径 **1** の円周上の点 **P** の座標 x，y により，三角関数は次のように定義される。

$$\sin\theta = y,\ \cos\theta = x,\ \tan\theta = \frac{y}{x}\quad (x \neq 0)$$

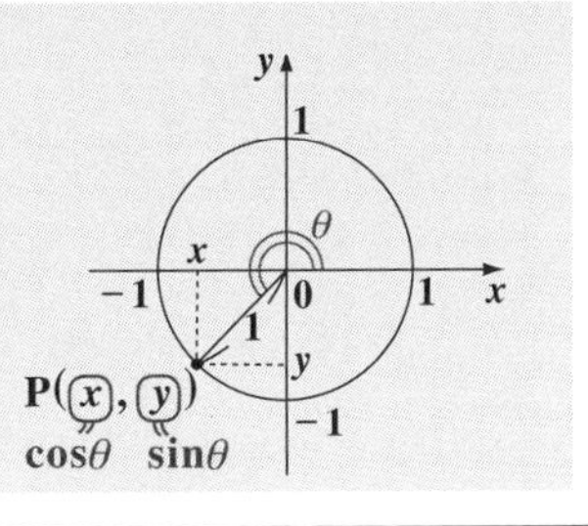

この定義(Ⅱ)から，単位円周上の点 $P(x,\ y)$ の x が $\cos\theta$，y が $\sin\theta$ を表し，そして $\tan\theta = \frac{y}{x}$ だね。よって，

(ⅰ) 第 **1** 象限では，$y>0$，$x>0$，$\frac{y}{x}>0$
（y：$\sin\theta$，x：$\cos\theta$，$\frac{y}{x}$：$\tan\theta$）

(ⅱ) 第 **2** 象限では，$y>0$，$x<0$，$\frac{y}{x}<0$
（y：$\sin\theta$，x：$\cos\theta$，$\frac{y}{x}$：$\tan\theta$）

(ⅲ) 第 **3** 象限では，$y<0$，$x<0$，$\frac{y}{x}>0$
（y：$\sin\theta$，x：$\cos\theta$，$\frac{y}{x}$：$\tan\theta$）

図 9　三角関数の符号

	(ⅱ) 第 2 象限	(ⅰ) 第 1 象限	(ⅲ) 第 3 象限	(ⅳ) 第 4 象限
$\sin\theta$	⊕	⊕	⊖	⊖
$\cos\theta$	⊖	⊕	⊖	⊕
$\tan\theta$	⊖	⊕	⊕	⊖

(iv) 第 **4** 象限では，$\underset{\boxed{\sin\theta}}{y}<0$，$\underset{\boxed{\cos\theta}}{x}>0$，$\underset{\boxed{\tan\theta}}{\dfrac{y}{x}}<0$

となるので，角度がどの象限に属するかで，三角関数 $\sin\theta$，$\cos\theta$，$\tan\theta$ の符号 (⊕,⊖) は，図 **9** に示すようにすべて決まってしまうんだね。

● 三角関数の重要な値は覚えよう！

三角関数の角度 θ は，一般角で自由に値をとり得るのだけれど，この θ が (i) $0^\circ \leqq \theta < 360^\circ$ か，または (ii) $-180^\circ \leqq \theta < 180^\circ$ のように，**1** 周分における主要な角度の三角関数の値を覚えておけばいいのは分かるね。

たとえば，$\sin 405^\circ$ が与えられても，

$$\sin 405^\circ = \sin(45^\circ + \underbrace{\cancel{360^\circ}}_{1\text{周分}}) = \sin\underbrace{45^\circ}_{0^\circ\text{以上，}360^\circ\text{未満の角度}} = \frac{1}{\sqrt{2}}$$ と計算できるからだ。

(i) $\theta = 0^\circ$，90°，180°，270° の三角関数の値は，図 **10** より明らかに，

$\sin 0^\circ = 0$，$\cos 0^\circ = 1$，$\tan 0^\circ = 0$

$\sin 90^\circ = 1$，$\cos 90^\circ = 0$，$\tan 90^\circ$ は定義できない。

$\sin 180^\circ = 0$，$\cos 180^\circ = -1$，$\tan 180^\circ = 0$

$\sin 270^\circ = -1$，$\cos 270^\circ = 0$，$\tan 270^\circ$ は定義できない。

図 **10** 三角関数の値

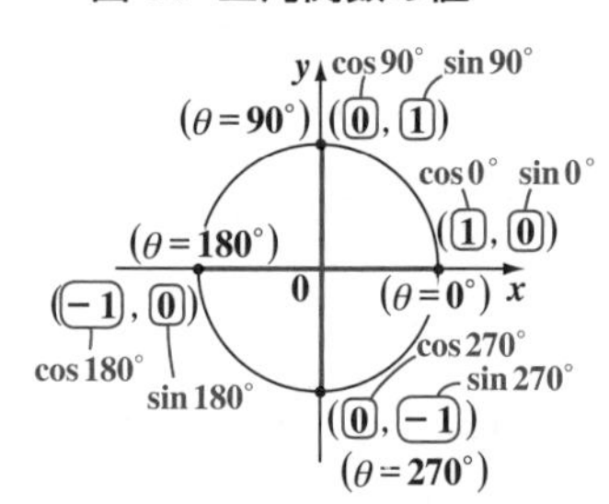

$\theta = 90^\circ$ と 270° のとき，$\cos\theta = 0$ より，$\tan\theta = \dfrac{\sin\theta}{\cos\theta}$ の分母が **0** となるからね。

(ii) $\theta = 30^\circ$，150°，210°，330° の三角関数の値について，これは，$\theta = 30^\circ$ のグループと考えていい。$\theta = 30^\circ$ のとき，横長の直角三角形で三角関数の各値は定義できる。それ以外の角度 (150°，210°，330°) の三角関数は，図 **11** に示すように，半径 $r = 2$ の円で考えると，

図 **11** 三角関数の値

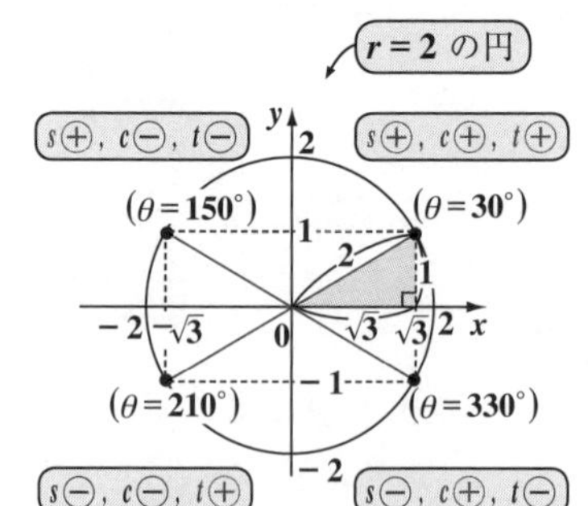

絶対値が同じで，符号が各象限によって異なるだけなんだね。

$\sin 30° = \frac{1}{2}$， $\cos 30° = \frac{\sqrt{3}}{2}$， $\tan 30° = \frac{1}{\sqrt{3}}$

$\sin 150° = \frac{1}{2}$， $\cos 150° = -\frac{\sqrt{3}}{2}$， $\tan 150° = -\frac{1}{\sqrt{3}}$ ← 150° は第2象限の角より，s⊕，c⊖，t⊖

s，c，t はそれぞれ sin，cos，tan を表す！

$\sin 210° = -\frac{1}{2}$， $\cos 210° = -\frac{\sqrt{3}}{2}$， $\tan 210° = \frac{1}{\sqrt{3}}$ ← 210° は第3象限の角より，s⊖，c⊖，t⊕

$\sin 330° = -\frac{1}{2}$， $\cos 330° = \frac{\sqrt{3}}{2}$， $\tan 330° = -\frac{1}{\sqrt{3}}$ ← 330° は第4象限の角より，s⊖，c⊕，t⊖

このように，$\theta = 30°$，$150°$，$210°$，$330°$ の三角関数は，横長の直角三角形のグループと考えることができるんだね。納得いった？

(iii) $\theta = 45°$，$135°$，$225°$，$315°$ の三角関数の値について，これは，$\theta = 45°$（ズングリムックリの直角三角形）のグループと考えていい。$45°$ 以外の角度（$135°$，$225°$，$315°$）の三角関数の値は，$\theta = 45°$ のときの三角関数の値と絶対値が同じで，各象限により符号が異なるだけなんだね。今回は，図 12 に示すように，半径 $r = \sqrt{2}$ の円で考えるといい。

図 12　三角関数の値

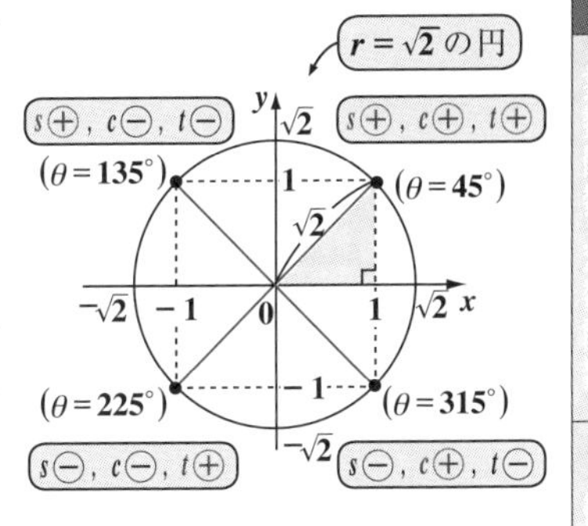

$\sin 45° = \frac{1}{\sqrt{2}}$， $\cos 45° = \frac{1}{\sqrt{2}}$， $\tan 45° = 1$

$\sin 135° = \frac{1}{\sqrt{2}}$， $\cos 135° = -\frac{1}{\sqrt{2}}$， $\tan 135° = -1$ ← 135° は第2象限の角より，s⊕，c⊖，t⊖

$\sin 225° = -\frac{1}{\sqrt{2}}$， $\cos 225° = -\frac{1}{\sqrt{2}}$， $\tan 225° = 1$ ← 225° は第3象限の角より，s⊖，c⊖，t⊕

$\sin 315° = -\frac{1}{\sqrt{2}}$， $\cos 315° = \frac{1}{\sqrt{2}}$， $\tan 315° = -1$ ← 315° は第4象限の角より，s⊖，c⊕，t⊖

(iv) $\theta = 60°$, $120°$, $240°$, $300°$ の三角関数の値について，これは，$\theta = 60°$(たて長の直角三角形)のグループと考えるといいね。図 13 に示すように，60° 以外の角度 (120°, 240°, 300°) の三角関数の値は，$\theta = 60°$ のときの三角関数の値と絶対値が等しく，各象限により符号が異なるだけだからね。

図 13 三角関数の値

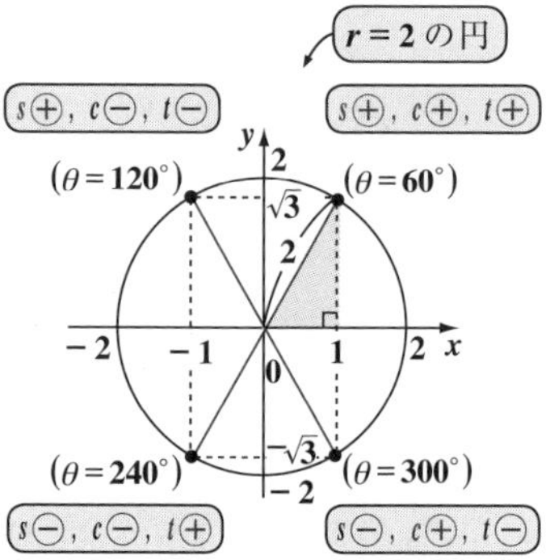

$\sin 60° = \frac{\sqrt{3}}{2}$, $\cos 60° = \frac{1}{2}$, $\tan 60° = \sqrt{3}$

$\sin 120° = \frac{\sqrt{3}}{2}$, $\cos 120° = -\frac{1}{2}$, $\tan 120° = -\sqrt{3}$ ← 120° は第 2 象限の角より，s⊕，c⊖，t⊖

$\sin 240° = -\frac{\sqrt{3}}{2}$, $\cos 240° = -\frac{1}{2}$, $\tan 240° = \sqrt{3}$ ← 240° は第 3 象限の角より，s⊖，c⊖，t⊕

$\sin 300° = -\frac{\sqrt{3}}{2}$, $\cos 300° = \frac{1}{2}$, $\tan 300° = -\sqrt{3}$ ← 300° は第 4 象限の角より，s⊖，c⊕，t⊖

どう？ 三角関数になっても，ポイントとなるのは，3 つのタイプの直角三角形の三角関数の値だったんだね。

それでは，覚えないといけない三角関数の値を表にして，下に示そう。

表 1 三角関数の主な値 ($0° \leqq \theta \leqq 360°$)

θ	0°	30°	45°	60°	90°	120°	135°	150°	180°
		第 1 象限の角				第 2 象限の角			
sin	0	$\frac{1}{2}$	$\frac{1}{\sqrt{2}}$	$\frac{\sqrt{3}}{2}$	1	$\frac{\sqrt{3}}{2}$	$\frac{1}{\sqrt{2}}$	$\frac{1}{2}$	0
cos	1	$\frac{\sqrt{3}}{2}$	$\frac{1}{\sqrt{2}}$	$\frac{1}{2}$	0	$-\frac{1}{2}$	$-\frac{1}{\sqrt{2}}$	$-\frac{\sqrt{3}}{2}$	-1
tan	0	$\frac{1}{\sqrt{3}}$	1	$\sqrt{3}$		$-\sqrt{3}$	-1	$-\frac{1}{\sqrt{3}}$	0

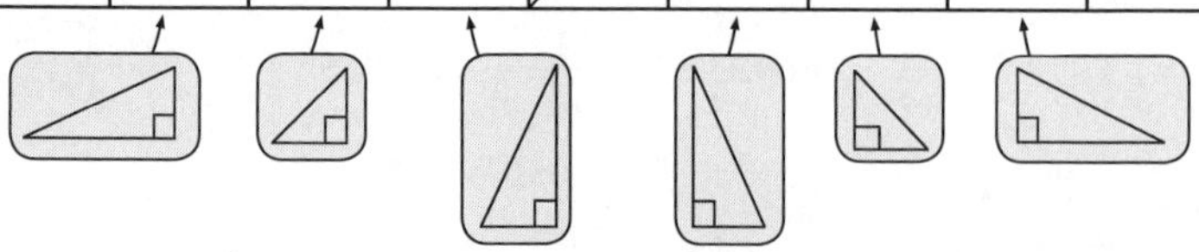

	第3象限の角				第4象限の角			0°
θ	210°	225°	240°	270°	300°	315°	330°	360°
sin	$-\frac{1}{2}$	$-\frac{1}{\sqrt{2}}$	$-\frac{\sqrt{3}}{2}$	-1	$-\frac{\sqrt{3}}{2}$	$-\frac{1}{\sqrt{2}}$	$-\frac{1}{2}$	0
cos	$-\frac{\sqrt{3}}{2}$	$-\frac{1}{\sqrt{2}}$	$-\frac{1}{2}$	0	$\frac{1}{2}$	$\frac{1}{\sqrt{2}}$	$\frac{\sqrt{3}}{2}$	1
tan	$\frac{1}{\sqrt{3}}$	1	$\sqrt{3}$		$-\sqrt{3}$	-1	$-\frac{1}{\sqrt{3}}$	0

どう？ 三角関数の覚え方もマスターできたでしょう。要は，**3** つの直角三角形のどのタイプかによって，三角関数の絶対値が決まり，また第何象限の角度かによって，その符号が決まるんだね。

それじゃ，次の練習問題で，三角関数の値を実際に計算してみよう。

練習問題 30 三角関数の計算 CHECK 1 CHECK 2 CHECK 3

次の各式の値を求めよ。

(1) $\cos 750° \cdot \tan 600° - \sin(-585°) \cdot \cos 1485°$

(2) $\sin 510° \cdot \tan(-1140°) + \cos(-390°) \cdot \tan 945°$

エッ，難しそうだって？ 大丈夫！まず，角度を簡単にすることだ。

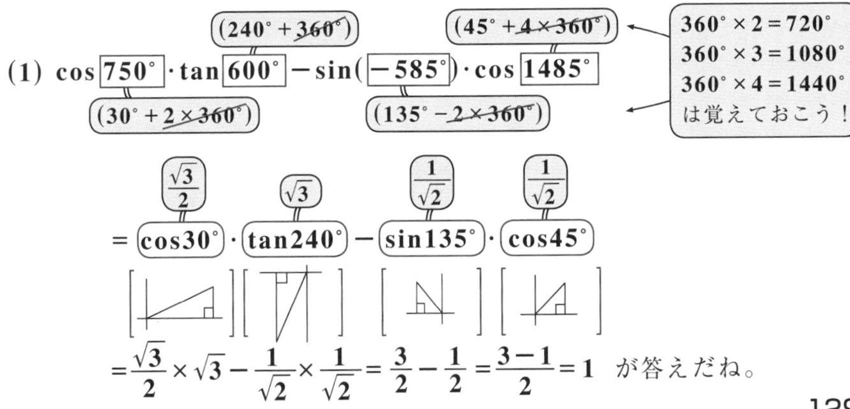

(1) $\cos 750° \cdot \tan 600° - \sin(-585°) \cdot \cos 1485°$

$= \cos 30° \cdot \tan 240° - \sin 135° \cdot \cos 45°$

$= \frac{\sqrt{3}}{2} \times \sqrt{3} - \frac{1}{\sqrt{2}} \times \frac{1}{\sqrt{2}} = \frac{3}{2} - \frac{1}{2} = \frac{3-1}{2} = 1$ が答えだね。

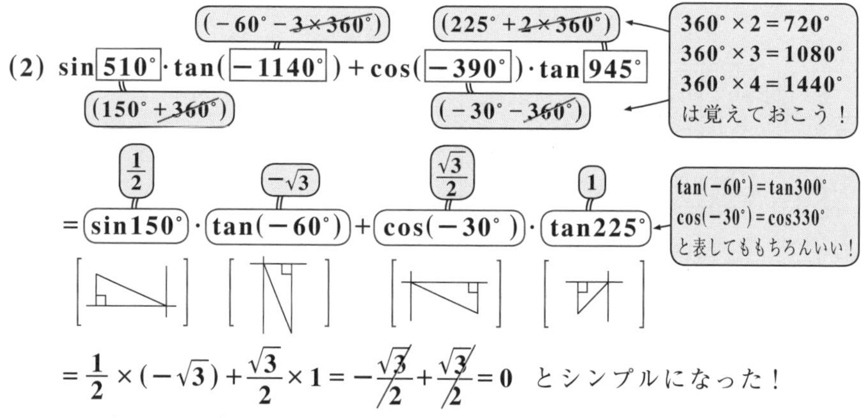

スラスラ解けるようになるまで練習して三角関数に慣れよう！

● 三角関数の基本公式も押さえよう！

半円で定義された三角比に対して，三角関数は円で定義されたけど，同様の定義なので，三角比の **3** つの基本公式はそのまま三角関数の **3** つの基本公式になるんだよ。

三角関数の基本公式（Ⅰ）

(1) $\cos^2\theta+\sin^2\theta=1$

(2) $\tan\theta=\dfrac{\sin\theta}{\cos\theta}$ $(\cos\theta\neq0)$

(3) $1+\tan^2\theta=\dfrac{1}{\cos^2\theta}$ $(\cos\theta\neq0)$

単位円による定義

P(x, y)（x, y はともに ⊖）

$x=\cos\theta$, $y=\sin\theta$ を

$x^2+y^2=1$ に代入して，

どうせ **2** 乗するので，$x<0$，$y<0$ でも"三平方の定理"は成り立つ。

(1) $\cos^2\theta+\sin^2\theta=1$ が導ける。

(2)(3) は，三角比のときと同様。

θ が一般角になっても，上の **3** つの基本公式は成り立つんだね。

そして，さらに三角関数では次の **3** つの基本公式も成り立つんだよ。これは，角度が一般角になったので，出てきた公式だ。

三角関数の基本公式（Ⅱ）

(1) $\sin(-\theta)=-\sin\theta$　(2) $\cos(-\theta)=\cos\theta$　(3) $\tan(-\theta)=-\tan\theta$

図 **14** に示すように単位円で三角関数を定義したとき，角度 θ と $-\theta$ に対応する三角関数の **sin** と **cos** は，この単位円周上の **2** 点 **P** と **P′** の y 座標，

x 座標にそれぞれ対応するんだね。

よって，P と P′ の y 座標 $\sin\theta$ と $\sin(-\theta)$ は，絶対値が等しく，符号が異なるので，

(1) $\underset{\ominus}{\underline{\sin(-\theta)}} = -\underset{\oplus}{\underline{\sin\theta}}$ が導ける。 ← 図 14 より

図 14　三角関数の基本公式（Ⅱ）

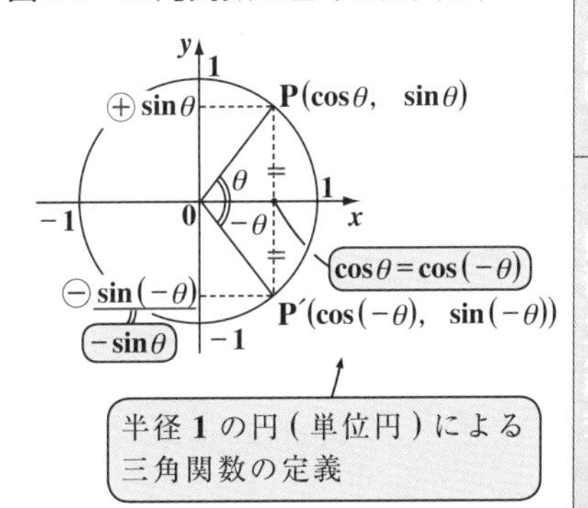

また，P と P′ の x 座標 $\cos\theta$ と $\cos(-\theta)$ はまったく等しくなるので，

(2) $\cos(-\theta) = \cos\theta$　となる。

そして，(1)(2) の公式を利用すると，

(3) $\tan(-\theta) = \dfrac{\sin(-\theta)}{\cos(-\theta)} = \dfrac{-\sin\theta}{\cos\theta} = -\dfrac{\sin\theta}{\cos\theta} = -\tan\theta$ も導ける。

（$\sin(-\theta)$ → $-\sin\theta$　(1) より，$\cos(-\theta)$ → $\cos\theta$　(2) より）

公式 $\tan\theta = \dfrac{\sin\theta}{\cos\theta}$ の θ に $-\theta$ を代入して，$\tan(-\theta) = \dfrac{\sin(-\theta)}{\cos(-\theta)}$ となる。

この 3 つの公式の覚え方も教えておこう。

「sin と tan の中の⊖は表に出し，cos の中の⊖はにぎりつぶす！」

$\sin(-\theta) = -\sin\theta$，$\tan(-\theta) = -\tan\theta$　　　$\cos(-\theta) = \cos\theta$

どう？これで忘れないだろう。

で，練習問題 30(2) は，この公式を使って，次のように解いてもいい。

(2) $\sin 510^\circ \cdot \tan(-1140^\circ) + \cos(-390^\circ) \cdot \tan 945^\circ$

$= \sin 150^\circ \cdot \underline{\tan(-60^\circ)} + \underline{\cos(-30^\circ)} \cdot \tan 225^\circ$

（$\tan(-60^\circ) = -\tan 60^\circ$：tan の中の⊖は表に出す！　$\cos(-30^\circ) = \cos 30^\circ$：cos の中の⊖はにぎりつぶす！）

$= \sin 150^\circ \cdot (-\tan 60^\circ) + \cos 30^\circ \cdot \tan 225^\circ$

$= -\underset{\frac{1}{2}}{\sin 150^\circ} \cdot \underset{\sqrt{3}}{\tan 60^\circ} + \underset{\frac{\sqrt{3}}{2}}{\cos 30^\circ} \cdot \underset{1}{\tan 225^\circ} = -\dfrac{1}{2} \cdot \sqrt{3} + \dfrac{\sqrt{3}}{2} \cdot 1 = 0$ ← 同じ結果だ！

以上で今日の講義は終了です。みんな，ヨ～ク復習しておこう…。

11th day　弧度法，$\sin(\theta+\pi)$ 等の変形，グラフ

みんな，おはよう！ 前回で三角関数の基本の解説が終わったので，今回からさらに三角関数を深めていこうと思う。エッ，難しくなるのかって？ うん，レベルは上がっていくよ。でも，これで解ける問題の幅がさらに広がるわけだから，頑張ろうな！

今日の講義では，まず新たな角度の単位として，“**弧度法**”を教えよう。さらに，“**$\sin(\theta+\pi)$ などの変形**”そして“**三角関数のグラフ**”まで解説するつもりだ。今回も盛り沢山の内容だね。それじゃ講義を始めよう！

●“弧度法”って，何だろう!?

1000g のことを **1kg** と言ってもいいし，また **100cm** のことを **1m** と言い換えても同じことだね。このように，同じことを別の単位で表現することは，日頃よくやってることなんだね。同様に，これまで“°(度)”で表してきた角度も，“**ラジアン**”という単位で表現し直すこともできる。この新たな角度の表し方を“**弧度法**”というんだよ。

図1 円周率 π

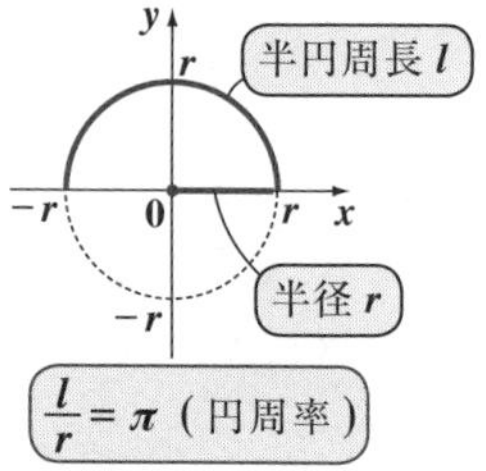

$\frac{l}{r}=\pi$ (円周率)

中学校で，円周率 π (パイ) について習ったことがあると思う。この**円周率 π** とは図 **1** に示すように，半径 r の円の半円周の長さ l と，半径 r の比のことで，

$\frac{l}{r}=\pi$ ……㋐　となるんだよ。

ここで，半径 $r=1$ のとき，これを㋐に代入すると，$\frac{l}{1}=\pi$，すなわち $l=\pi$ となるので，単位円 (半径 **1** の円) の半円周の長さそのものが円周率 π (パイ) になるんだね。

この単位円で考えるよ。

図 **2**(ⅰ) のように，**180°** と半円周の長さを対応させると，図 **2**(ⅱ)，(ⅲ) に示すように，

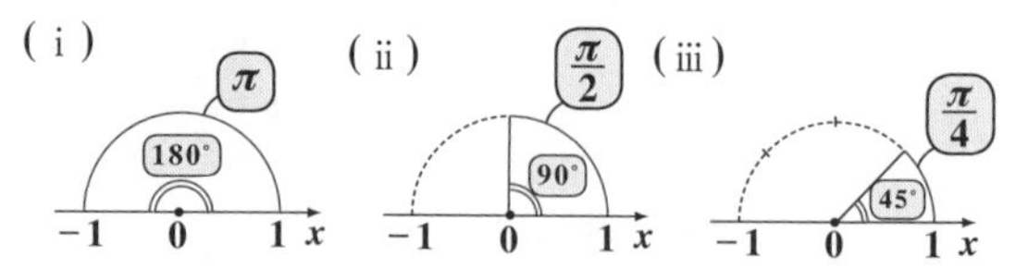

図2 弧度法

90° には $\dfrac{\pi}{2}$ が，45° には $\dfrac{\pi}{4}$ がそれぞれ対応するのが分かるだろう。

このような発想から，

$180^\circ = \pi$（ラジアン） と角度を変換して表す方法を“**弧度法**(こどほう)”というんだよ。そして，π（ラジアン）のラジアンは省略して，一般には，

（“度”に代わる，新たな角度の単位）

$180^\circ = \pi$ と表す。ン？ まだピンとこない？ いいよ，具体的にこれまで

（“180° イクオール パイ”と読む）

勉強した 0°，30°，45°，…，360° の角度をすべて弧度法で表してみよう。

たとえば，$30^\circ = \dfrac{180^\circ}{6} = \dfrac{\pi}{6}$ などと表せるんだね。それじゃ，いくよ。

（30°：“度”で表した角度，180°：π のこと，$\dfrac{\pi}{6}$：“弧度法”で表した角度）

$0^\circ = 0$，$30^\circ = \dfrac{\pi}{6}$，$45^\circ = \dfrac{\pi}{4}$，$60^\circ = \dfrac{\pi}{3}$，$90^\circ = \dfrac{\pi}{2}$

（$\dfrac{180^\circ}{6}$，$\dfrac{180^\circ}{4}$，$\dfrac{180^\circ}{3}$，$\dfrac{180^\circ}{2}$）

$120^\circ = \dfrac{2}{3}\pi$，　$135^\circ = \dfrac{3}{4}\pi$，　$150^\circ = \dfrac{5}{6}\pi$，　$180^\circ = \pi$

（$2 \times 60^\circ = 2 \times \dfrac{\pi}{3}$，$3 \times 45^\circ = 3 \times \dfrac{\pi}{4}$，$5 \times 30^\circ = 5 \times \dfrac{\pi}{6}$）

$210^\circ = \dfrac{7}{6}\pi$，　$225^\circ = \dfrac{5}{4}\pi$，　$240^\circ = \dfrac{4}{3}\pi$，　$270^\circ = \dfrac{3}{2}\pi$

（$7 \times 30^\circ = 7 \times \dfrac{\pi}{6}$，$5 \times 45^\circ = 5 \times \dfrac{\pi}{4}$，$4 \times 60^\circ = 4 \times \dfrac{\pi}{3}$，$3 \times 90^\circ = 3 \times \dfrac{\pi}{2}$）

$300^\circ = \dfrac{5}{3}\pi$，　$315^\circ = \dfrac{7}{4}\pi$，　$330^\circ = \dfrac{11}{6}\pi$，　$360^\circ = 2\pi$

（$5 \times 60^\circ = 5 \times \dfrac{\pi}{3}$，$7 \times 45^\circ = 7 \times \dfrac{\pi}{4}$，$11 \times 30^\circ = 11 \times \dfrac{\pi}{6}$，$2 \times 180^\circ = 2\pi$）

どう？ 弧度法で，主要な角度をすべて表したんだね。ン？ まだ慣れないって？ 心配しなくていいよ。使いながらだんだん上手になっていくからね。

それじゃ，次の例題で練習しておこう。

(a) 次の三角関数の値を求めよう。

$$(1)\ \sin\frac{4}{3}\pi \qquad (2)\ \cos\frac{11}{6}\pi \qquad (3)\ \tan\left(-\frac{5}{4}\pi\right)$$

(1) $\sin\frac{4}{3}\pi\ (=\sin240°) = -\frac{\sqrt{3}}{2}$

$\frac{\pi}{3}=60°$ より，$\frac{4}{3}\pi=4\times60°=240°$　よって，これは $\sin240°$ のことだ。

(2) $\cos\frac{11}{6}\pi\ (=\cos330°) = \frac{\sqrt{3}}{2}$

$\frac{\pi}{6}=30°$ より，$\frac{11}{6}\pi=11\times30°=330°$　よって，これは $\cos330°$ のことだ。

(3) $\tan\left(-\frac{5}{4}\pi\right) = -\tan\frac{5}{4}\pi\ (=-\tan225°) = -1$

tan の中の㊀は表に出す。

$\frac{\pi}{4}=45°$ より，$5\times\frac{\pi}{4}=5\times45°=225°$　よって，これは $-\tan225°$ のことだ。

どう？ 少しは，弧度法にも慣れてきた？

それじゃ，次の練習問題で，さらに練習してみよう。

練習問題 31　弧度法と三角関数の値　CHECK 1　CHECK 2　CHECK 3

次の式の値を求めよ。

(1) $\cos\frac{25}{6}\pi\cdot\tan\frac{10}{3}\pi-\sin\left(-\frac{13}{4}\pi\right)\cdot\cos\frac{33}{4}\pi$

(2) $\sin\frac{17}{6}\pi\cdot\tan\left(-\frac{19}{3}\pi\right)+\cos\left(-\frac{13}{6}\pi\right)\cdot\tan\frac{21}{4}\pi$

ヒェー，って感じだって？ 確かに，弧度法で表された絶対値の大きな角の三角関数の値を求めないといけないからね。でも，“$2\pi=360°$(1 周分)の整数倍”を除いて考えていいわけだから，たとえば，$\frac{25}{6}\pi=\frac{\pi+24\pi}{6}=\frac{\pi}{6}+4\pi$ より，$\cos\frac{25}{6}\pi=\cos\frac{\pi}{6}$ となるんだね。

(1) $\cos\frac{25}{6}\pi\cdot\tan\frac{10}{3}\pi-\sin\left(-\frac{13}{4}\pi\right)\cdot\cos\frac{33}{4}\pi$

$\sin\left(-\frac{13}{4}\pi\right) = -\sin\frac{13}{4}\pi$ ← sin の中の㊀は表に出す！

$=\cos\frac{\pi+24\pi}{6}\cdot\tan\frac{4\pi+6\pi}{3}+\sin\frac{5\pi+8\pi}{4}\cdot\cos\frac{\pi+32\pi}{4}$

$=\cos\left(\frac{\pi}{6}+4\pi\right)\cdot\tan\left(\frac{4}{3}\pi+2\pi\right)+\sin\left(\frac{5}{4}\pi+2\pi\right)\cdot\cos\left(\frac{\pi}{4}+8\pi\right)$

(4π: 2 周分, 2π: 1 周分, 2π: 1 周分, 8π: 4 周分)

$=\cos\frac{\pi}{6}\times\tan\frac{4}{3}\pi+\sin\frac{5}{4}\pi\times\cos\frac{\pi}{4}=\frac{3}{2}-\frac{1}{2}=1$ となる。

($\cos\frac{\pi}{6}=\frac{\sqrt{3}}{2}$, $\tan\frac{4}{3}\pi=\sqrt{3}$, $\sin\frac{5}{4}\pi=-\frac{1}{\sqrt{2}}$, $\cos\frac{\pi}{4}=\frac{1}{\sqrt{2}}$)

(2) $\sin\frac{17}{6}\pi\cdot\tan\left(-\frac{19}{3}\pi\right)+\cos\left(-\frac{13}{6}\pi\right)\cdot\tan\frac{21}{4}\pi$

$\tan\left(-\frac{19}{3}\pi\right) = -\tan\frac{19}{3}\pi$, $\cos\left(-\frac{13}{6}\pi\right) = \cos\frac{13}{6}\pi$

← tan の中の㊀は表に出し，cos の中の㊀はにぎりつぶす！

$=-\sin\frac{17}{6}\pi\cdot\tan\frac{19}{3}\pi+\cos\frac{13}{6}\pi\cdot\tan\frac{21}{4}\pi$

$=-\sin\frac{5\pi+12\pi}{6}\cdot\tan\frac{\pi+18\pi}{3}+\cos\frac{\pi+12\pi}{6}\cdot\tan\frac{5\pi+16\pi}{4}$

$=-\sin\left(\frac{5}{6}\pi+2\pi\right)\cdot\tan\left(\frac{\pi}{3}+6\pi\right)+\cos\left(\frac{\pi}{6}+2\pi\right)\cdot\tan\left(\frac{5}{4}\pi+4\pi\right)$

(2π: 1 周分, 6π: 3 周分, 2π: 1 周分, 4π: 2 周分)

$=-\sin\frac{5}{6}\pi\times\tan\frac{\pi}{3}+\cos\frac{\pi}{6}\times\tan\frac{5}{4}\pi=-\frac{1}{2}\times\sqrt{3}+\frac{\sqrt{3}}{2}\times1=0$

($\sin\frac{5}{6}\pi=\frac{1}{2}$, $\tan\frac{\pi}{3}=\sqrt{3}$, $\cos\frac{\pi}{6}=\frac{\sqrt{3}}{2}$, $\tan\frac{5}{4}\pi=1$)

となる。

● 弧度法で扇形の弧の長さと面積も表せる！

角度を弧度法（ラジアン）で表すメリットは，扇形の弧の長さ l や面積 S をシンプルな公式で表せることにもあるんだね。

扇形の弧長 l と面積 S

半径 r，中心角 θ（ラジアン）の扇形の弧の長さ l と面積 S は，次式で表せる。

(i) $l = r\theta$　　(ii) $S = \frac{1}{2}r^2\theta$

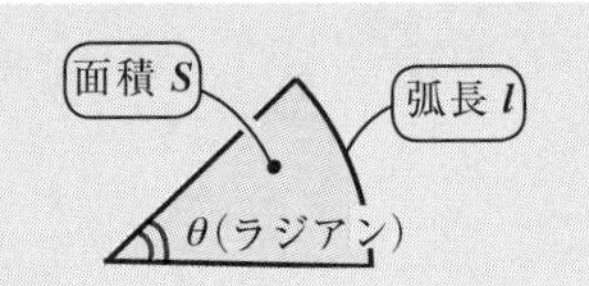

公式の証明をしておこう。右図に示す半径 r の円の円周の長さが $2\pi r$，面積が πr^2 であることはみんな知ってるね。

これから，中心角 θ（ラジアン）の扇形をとると，この弧長(こちょう) l も，面積 S も，それぞれ円周 $2\pi r$ と，円の面積 πr^2 に，角度に比例させるための係数 $\frac{\theta}{2\pi}$ ←扇形 ←円全体 をかければよいことに気付くはずだ。

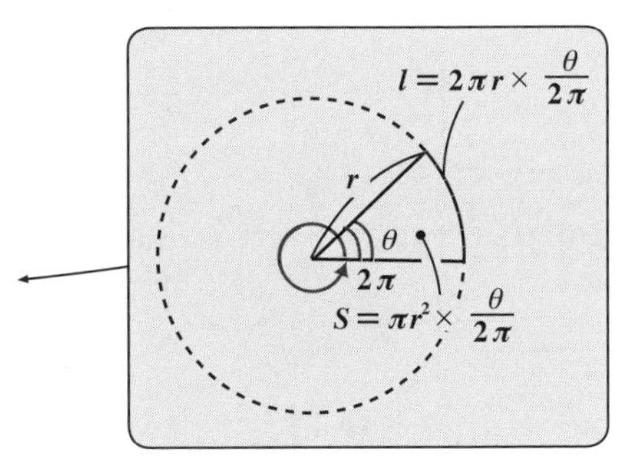

よって，半径 r，中心角 θ の扇形の

(i) 弧の長さ $l = 2\pi r \times \frac{\theta}{2\pi} = r\theta$　が導かれ，

(ii) 面積 $S = \pi r^2 \times \frac{\theta}{2\pi} = \frac{1}{2}r^2\theta$　も導かれるんだね。納得いった？

例題で練習しておこう。

(ex) 半径 $r = 6$，中心角 $\theta = \frac{\pi}{4}$ の扇形の弧長 l と面積 S は，

$$l = r \cdot \theta = 6 \cdot \frac{\pi}{4} = \frac{3}{2}\pi$$

$$S = \frac{1}{2}r^2 \cdot \theta = \frac{1}{2}6^2 \cdot \frac{\pi}{4} = \frac{36}{8}\pi = \frac{9}{2}\pi$$　となるんだね。

● $\sin(\theta+\pi)$ などの変形では，記号と符号を決定しよう！

$\sin(\theta+90^\circ)$ や $\cos(180^\circ-\theta)$ などの変形の仕方については既に「**初めから始める数学I**」の三角比のところで練習した。これと同様の変形公式は三角関数においてもあるんだよ。三角関数では，

（Ⅰ）π（180°）の関係したものと，（Ⅱ）$\frac{\pi}{2}$（90°）や $\frac{3}{2}\pi$（270°）の関係したもの

に分けて，解説しよう。この変形については，公式として覚えるのではなく，変形の要領を覚えてくれたらいい。ポイントは，（ i ）記号の決定と（ ii ）符号（⊕, ⊖）の決定の **2** つのステップで変形することだ。

それではまず，（Ⅰ）π の関係したものから解説するよ。

$\sin(\theta+\pi)$ などの変形

（Ⅰ）π の関係したもの

（ i ）記号の決定

- $\sin \rightarrow \sin$
- $\cos \rightarrow \cos$
- $\tan \rightarrow \tan$

（ ii ）符号（⊕, ⊖）の決定

θ を第 **1** 象限の角，例えば $\theta=\frac{\pi}{6}$ とおいて左辺の符号を調べ，右辺の符号を決定。

具体例で説明しておこう。たとえば，$\sin(\theta+\pi)$ を変形してみるよ。

（ i ）π が関係している式なので，

$\underline{\sin} \rightarrow \underline{\sin}$ より，まず，$\sin(\theta+\pi)=\bigcirc\sin\theta$ と記号が決まる。（符号はまだ未定！）

（ ii ）次，θ は第 **1** 象限の角ならなんでもいいんだけれど，ボクは便宜上 θ を $\theta=\frac{\pi}{6}$（$=30^\circ$）とおいて，左辺の $\sin(\theta+\pi)$ の符号を調べることにしている。すると，

$$\sin\left(\frac{\pi}{6}+\pi\right)=\sin\frac{7}{6}\pi<0 \text{ より，}$$

右辺の $\sin\theta$ に⊖を付ける。（符号が決まった。）

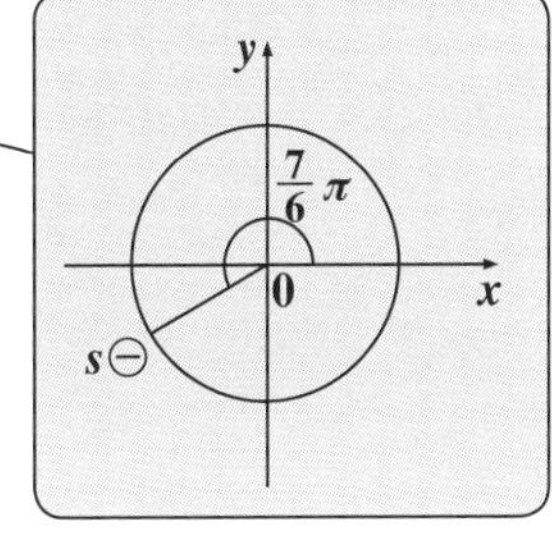

以上（ i ）（ ii ）より，

$\sin(\theta+\pi)=-\sin\theta$ と変形できる。

要領つかめた？ それでは，例題でさらに練習しておこう。

(b) 次の式を簡単にしよう。

(1) $\sin(\pi - \theta)$　　(2) $\cos(\theta - \pi)$　　(3) $\tan(\theta + \pi)$

3 つまとめて，やっておこう。まず，いずれも π が関係しているので，

(i) 記号は変化しない。つまり，sin → sin，cos → cos，tan → tan より，

(1) $\sin(\pi - \theta) = \bigcirc\sin\theta$　(2) $\cos(\theta - \pi) = \bigcirc\cos\theta$　(3) $\tan(\theta + \pi) = \bigcirc\tan\theta$

符号はまだ未定！

(ii) 次，$\theta = \dfrac{\pi}{6}$ ($= 30°$) と考えて，(1)，(2)，(3) の左辺の符号を調べ，それぞれの右辺の符号を決定して，オシマイだ。

(1) $\sin(\pi - \theta) = \oplus\sin\theta$　　$\sin\dfrac{5}{6}\pi > 0$

(2) $\cos(\theta - \pi) = \ominus\cos\theta$　　$\cos\left(-\dfrac{5}{6}\pi\right) < 0$

(3) $\tan(\theta + \pi) = \oplus\tan\theta$　　$\tan\dfrac{7}{6}\pi > 0$

便宜上，$\theta = \dfrac{\pi}{6}$ とおいて，

(1) $\pi - \theta = \pi - \dfrac{\pi}{6} = \dfrac{5}{6}\pi$

(2) $\theta - \pi = \dfrac{\pi}{6} - \pi = -\dfrac{5}{6}\pi$

(3) $\theta + \pi = \dfrac{\pi}{6} + \pi = \dfrac{7}{6}\pi$

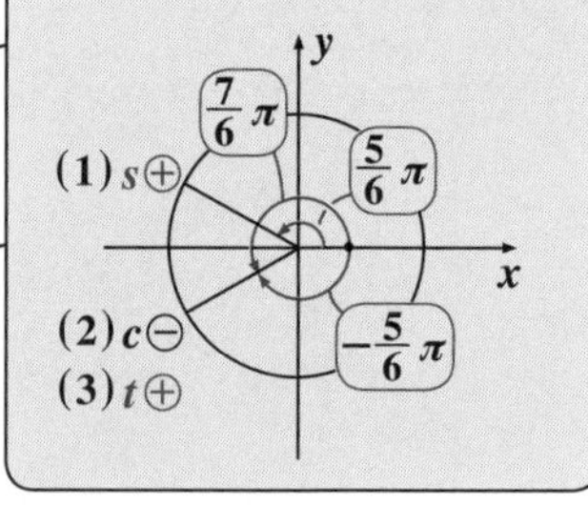

では次，(II) $\dfrac{\pi}{2}$ や $\dfrac{3}{2}\pi$ が関係したものについても示しておこう。

$\sin\left(\theta - \dfrac{\pi}{2}\right)$ などの変形

(II) $\dfrac{\pi}{2}$ や $\dfrac{3}{2}\pi$ の関係したもの

(i) 記号の決定

- sin → cos
- cos → sin
- tan → $\dfrac{1}{\tan}$

(ii) 符号 (⊕, ⊖) の決定

θ を第 1 象限の角，例えば $\theta = \dfrac{\pi}{6}$ とおいて左辺の符号を調べ，右辺の符号を決定する。

$\sin\left(\theta-\dfrac{\pi}{2}\right)$ の例で説明しよう。

(ⅰ) まず，$\dfrac{\pi}{2}$ が関係しているので，$\sin \to \cos$ に変化するんだね。

（符号はまだ未定！）

よって，$\sin\left(\theta-\dfrac{\pi}{2}\right)=$ ◌ $\cos\theta$ と記号が決まるんだね。

(ⅱ) 次，θ を便宜上 $\theta=\dfrac{\pi}{6}\ (=30^\circ)$ とおいて，

（第 1 象限の角なら，$\dfrac{\pi}{4}$ でも，$\dfrac{\pi}{3}$ でもかまわない。）

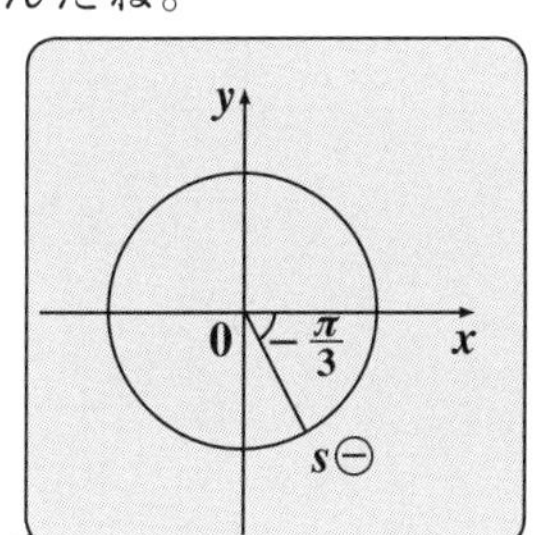

$\sin\left(\theta-\dfrac{\pi}{2}\right)$ の符号を調べると，

$\sin\left(\dfrac{\pi}{6}-\dfrac{\pi}{2}\right)=\sin\left(\dfrac{\pi-3\pi}{6}\right)=\underline{\sin\left(-\dfrac{\pi}{3}\right)}<0$　⊖

よって，右辺の cos に⊖を付ける。

以上 (ⅰ)(ⅱ) より，（符号が決まった！）

$\sin\left(\theta-\dfrac{\pi}{2}\right)=-\cos\theta$ と変形できる。大丈夫？

それじゃ，例題でさらに練習してみよう。

(c) 次の式を簡単にしよう。

(1) $\sin\left(\theta+\dfrac{\pi}{2}\right)$　　(2) $\cos\left(\dfrac{3}{2}\pi-\theta\right)$　　(3) $\tan\left(\theta+\dfrac{3}{2}\pi\right)$

これも，3 つまとめて変形してみよう。2 つのステップで変形するんだね。

(ⅰ) $\dfrac{\pi}{2}$ や $\dfrac{3}{2}\pi$ 系の場合，$\sin\to\cos$，$\cos\to\sin$，$\tan\to\dfrac{1}{\tan}$ と記号が変わるので，符号はまだ未定だけど，次のようになる。

(1) $\sin\left(\theta+\dfrac{\pi}{2}\right)=$ ◌ $\cos\theta$　　(2) $\cos\left(\dfrac{3}{2}\pi-\theta\right)=$ ◌ $\sin\theta$

(3) $\tan\left(\theta+\dfrac{3}{2}\pi\right)=$ ◌ $\dfrac{1}{\tan\theta}$

(ⅱ) 次，$\theta = \frac{\pi}{6}$ と考えて，(1)，(2)，(3) の左辺の符号を調べ，それぞれの右辺の符号 (⊕, ⊖) を決定する。

(1) $\sin\left(\theta + \frac{\pi}{2}\right) = \oplus\cos\theta$ 　［$\sin\frac{2}{3}\pi > 0$］

(2) $\cos\left(\frac{3}{2}\pi - \theta\right) = \ominus\sin\theta$ 　［$\cos\frac{4}{3}\pi < 0$］

(3) $\tan\left(\theta + \frac{3}{2}\pi\right) = \ominus\frac{1}{\tan\theta}$ 　［$\tan\frac{5}{3}\pi < 0$］

便宜上，$\theta = \frac{\pi}{6}$ とおいて，

(1) $\theta + \frac{\pi}{2} = \frac{\pi}{6} + \frac{\pi}{2}$
$= \frac{\pi + 3\pi}{6} = \frac{2}{3}\pi$ $(= 120°)$

(2) $\frac{3}{2}\pi - \theta = \frac{3}{2}\pi - \frac{\pi}{6}$
$= \frac{9\pi - \pi}{6} = \frac{4}{3}\pi$ $(= 240°)$

(3) $\theta + \frac{3}{2}\pi = \frac{\pi}{6} + \frac{3}{2}\pi$
$= \frac{\pi + 9\pi}{6} = \frac{5}{3}\pi$ $(= 300°)$

以上より，

(1) $\sin\left(\theta + \frac{\pi}{2}\right) = \cos\theta$，(2) $\cos\left(\frac{3}{2}\pi - \theta\right) = -\sin\theta$，　そして

(3) $\tan\left(\theta + \frac{3}{2}\pi\right) = -\frac{1}{\tan\theta}$ と変形できるんだね。大丈夫？

それじゃ，練習問題でさらに実力に磨きをかけておこう。

練習問題 32 　$\sin(\theta + \pi)$ などの変形　CHECK 1　CHECK 2　CHECK 3

次の式を簡単にせよ。

(1) $\cos(\pi + \theta) \cdot \sin\left(\theta - \frac{\pi}{2}\right) - \cos\left(\theta - \frac{3}{2}\pi\right) \cdot \sin(\pi - \theta)$

(2) $\dfrac{\cos(\pi - \theta)}{\cos\left(\frac{3}{2}\pi - \theta\right)} + \tan\left(\theta + \frac{\pi}{2}\right)$

(ⅰ) π 系のものと，(ⅱ) $\frac{\pi}{2}$，$\frac{3}{2}\pi$ 系のものが入っているけれど，いずれにせよ，2 つのステップで確実に変形していけばいいんだよ。

(1) ㋐ $\cos(\pi+\theta)=-\cos\theta$ ← （ⅰ）$\cos\to\cos$ （ⅱ）$\cos\frac{7}{6}\pi<0$

㋑ $\sin\left(\theta-\frac{\pi}{2}\right)=-\cos\theta$ ← （ⅰ）$\sin\to\cos$ （ⅱ）$\sin\left(-\frac{\pi}{3}\right)<0$

㋒ $\cos\left(\theta-\frac{3}{2}\pi\right)=-\sin\theta$ ← （ⅰ）$\cos\to\sin$ （ⅱ）$\cos\left(-\frac{4}{3}\pi\right)<0$

㋓ $\sin(\pi-\theta)=\sin\theta$ ← （ⅰ）$\sin\to\sin$ （ⅱ）$\sin\frac{5}{6}\pi>0$

$\theta=\frac{\pi}{6}$ と考えて

以上より，

$$\cos(\pi+\theta)\cdot\sin\left(\theta-\frac{\pi}{2}\right)-\cos\left(\theta-\frac{3}{2}\pi\right)\cdot\sin(\pi-\theta)$$

$$=-\cos\theta\cdot(-\cos\theta)-(-\sin\theta)\cdot\sin\theta$$

$=\cos^2\theta+\sin^2\theta=1$ となって，答えだ！

これは，基本公式！

(2) ㋐ $\cos(\pi-\theta)=-\cos\theta$ ← （ⅰ）$\cos\to\cos$ （ⅱ）$\cos\frac{5}{6}\pi<0$

㋑ $\cos\left(\frac{3}{2}\pi-\theta\right)=-\sin\theta$ ← （ⅰ）$\cos\to\sin$ （ⅱ）$\cos\frac{4}{3}\pi<0$

㋒ $\tan\left(\theta+\frac{\pi}{2}\right)=-\frac{1}{\tan\theta}$ ← （ⅰ）$\tan\to\frac{1}{\tan}$ （ⅱ）$\tan\frac{2}{3}\pi<0$

$\theta=\frac{\pi}{6}$ と考えて

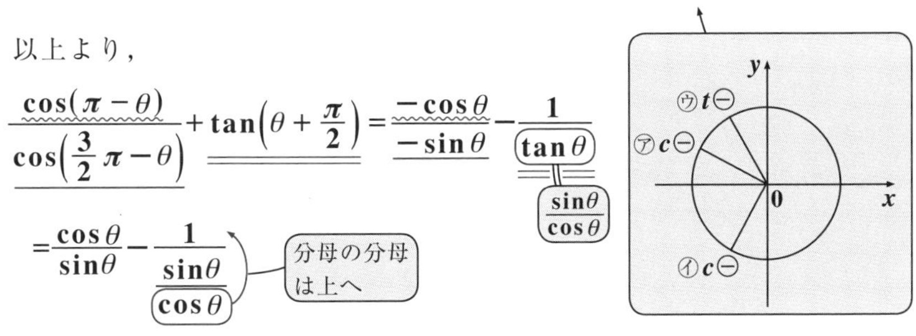

以上より，

$$\frac{\cos(\pi-\theta)}{\cos\left(\frac{3}{2}\pi-\theta\right)}+\tan\left(\theta+\frac{\pi}{2}\right)=\frac{-\cos\theta}{-\sin\theta}-\frac{1}{\tan\theta}$$

$\tan\theta = \frac{\sin\theta}{\cos\theta}$

$$=\frac{\cos\theta}{\sin\theta}-\frac{1}{\frac{\sin\theta}{\cos\theta}}$$

分母の分母は上へ

$=\frac{\cos\theta}{\sin\theta}-\frac{\cos\theta}{\sin\theta}=0$ と，簡単になったね！ヨ～ク練習しよう！

● 三角関数 $y=\sin x$ のグラフは周期的！？

これから，三角関数（ⅰ）$y=\sin x$，（ⅱ）$y=\cos x$，（ⅲ）$y=\tan x$ のグラフについて解説しようと思う。これまで，角度を表す文字として，“θ”を使ってきたけれど，ここでは，“x”を使って，文字通り，変数 x の三角関数 y の形で，xy 座標平面上に，それぞれのグラフを描いていく。それじゃ，まず，(ⅰ) $y=\sin x$ のグラフから調べてみよう。角度 x の定義域として，

“変数 x のとり得る値の範囲”のこと

1 周分 $0 \leqq x \leqq 2\pi$ まで調べれば十分だね。後は，同じことの繰り返しになるだけだからだ。ここでは，$x=0,\ \frac{\pi}{4},\ \frac{\pi}{2},\ \frac{3}{4}\pi,\ \pi,\ \cdots,\ 2\pi$ と変化させて，それぞれの三角関数，すなわち y の値を調べると図 3 に示す通り，

$y=\sin 0=0$，$y=\sin\frac{\pi}{4}=\frac{1}{\sqrt{2}}$，$y=\sin\frac{\pi}{2}=1$

$y=\sin\frac{3}{4}\pi=\frac{1}{\sqrt{2}}$ (0.71)，$y=\sin\pi=0$，$y=\sin\frac{5}{4}\pi=-\frac{1}{\sqrt{2}}$

$y=\sin\frac{3}{2}\pi=-1$，$y=\sin\frac{7}{4}\pi=-\frac{1}{\sqrt{2}}$，$y=\sin 2\pi=0$

となる。これから，xy 座標平面上で，$y=\sin x$ のグラフの通る点が，

図 3　$y=\sin x$ の $(x,\ y)$ の値

$\sin\frac{3}{4}\pi=\frac{1}{\sqrt{2}}$，$\sin\frac{\pi}{2}=1$，$\sin\frac{\pi}{4}=\frac{1}{\sqrt{2}}$，$\sin\pi=0$，$\sin 0=0$，$(\sin 2\pi=0)$，$\sin\frac{5}{4}\pi=-\frac{1}{\sqrt{2}}$，$\sin\frac{3}{2}\pi=-1$，$\sin\frac{7}{4}\pi=-\frac{1}{\sqrt{2}}$

角度を x，そして $\sin x$ を y とおいたので，混乱を避けるため，単位円は XY 座標系で表した！

$(0,\ 0)$，$\left(\frac{\pi}{4},\ \frac{1}{\sqrt{2}}\right)$，$\left(\frac{\pi}{2},\ 1\right)$，$\left(\frac{3}{4}\pi,\ \frac{1}{\sqrt{2}}\right)$，$(\pi,\ 0)$，$\left(\frac{5}{4}\pi,\ -\frac{1}{\sqrt{2}}\right)$，

$\left(\frac{3}{2}\pi,\ -1\right)$，$\left(\frac{7}{4}\pi,\ -\frac{1}{\sqrt{2}}\right)$，$(2\pi,\ 0)$　　となるね。

これらの点を xy 座標平面上にとって，それらの点を滑らかな曲線で結ぶと，図 4(ⅰ) に示すような，$y=\sin x\ (0 \leqq x \leqq 2\pi)$ のグラフが出来上がる。さらに，$x<0$ や $2\pi<x$ の範囲においても，$0 \leqq x \leqq 2\pi$ のときと同様のことを繰り返すだけなので図 4(ⅱ) に示すようなグラフになる。

図 4　$y=\sin x$ のグラフ

(ⅰ) $0 \leqq x \leqq 2\pi$ のとき

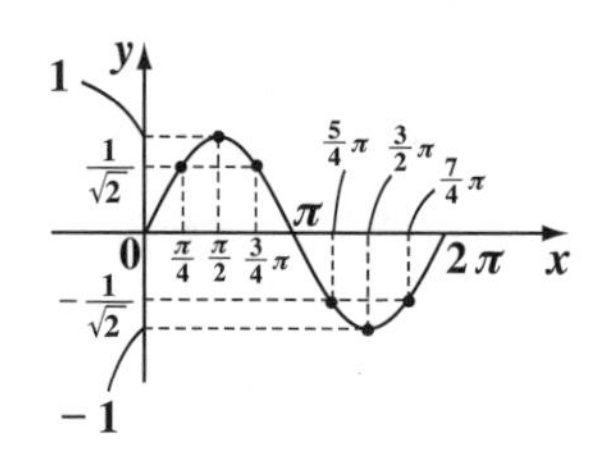

(ⅱ) $-\infty<x<\infty$ のとき

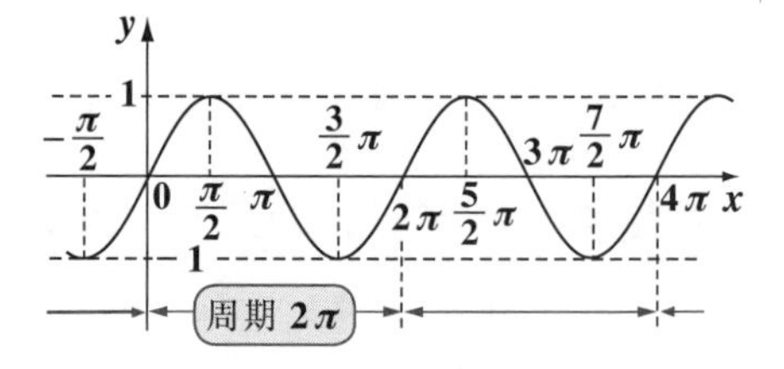

よって，$y=\sin x$ のように周期的に同じ形のグラフが現れる関数を "**周期関数**" といい，この場合，その**周期(基本周期)**は 2π となるんだよ。

● $y=\cos x$，$y=\tan x$ のグラフも調べよう！

三角関数 $y=\cos x$ についても，$0 \leqq x \leqq 2\pi$ の範囲で $x=0,\ \frac{\pi}{4},\ \frac{\pi}{2},\ \cdots,\ 2\pi$

と変化させていったときの y の値を調べることにより，$y=\cos x$ のグラフは，xy 座標平面上の次の点を通ることが分かるね。

$(0,\ 1)$，$\left(\frac{\pi}{4},\ \frac{1}{\sqrt{2}}\right)$，$\left(\frac{\pi}{2},\ 0\right)$　（$\frac{1}{\sqrt{2}}$ は 0.71。各点の前の数が x，後の数が y）

$\left(\frac{3}{4}\pi,\ -\frac{1}{\sqrt{2}}\right)$，$(\pi,\ -1)$，$\left(\frac{5}{4}\pi,\ -\frac{1}{\sqrt{2}}\right)$

$\left(\frac{3}{2}\pi,\ 0\right)$，$\left(\frac{7}{4}\pi,\ \frac{1}{\sqrt{2}}\right)$，$(2\pi,\ 1)$

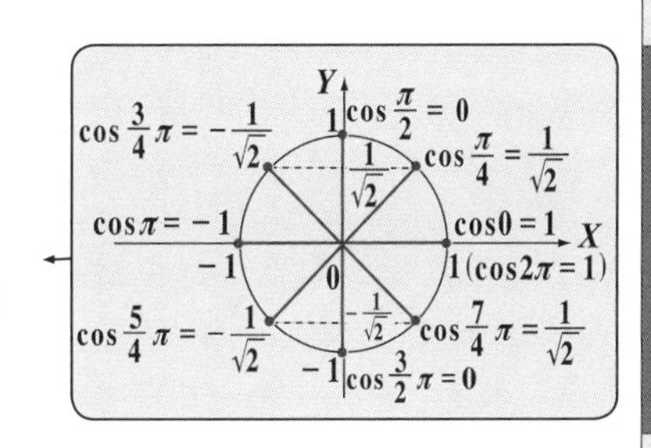

これらの点を xy 座標平面上にプロットし，さらに滑らかな曲線で結ぶと，$y=\cos x\ (0 \leqq x \leqq 2\pi)$ のグラフが描ける。そして，$-\infty < x < \infty$ における $y=\cos x$ のグラフは，$y=\sin x$ のときと同様に，周期(基本周期) 2π の周期関数になることも分かるだろう。以上を，図 5 (ⅰ)(ⅱ) に示すよ。

図 5　$y=\cos x$ のグラフ

(ⅰ) $0 \leqq x \leqq 2\pi$ のとき

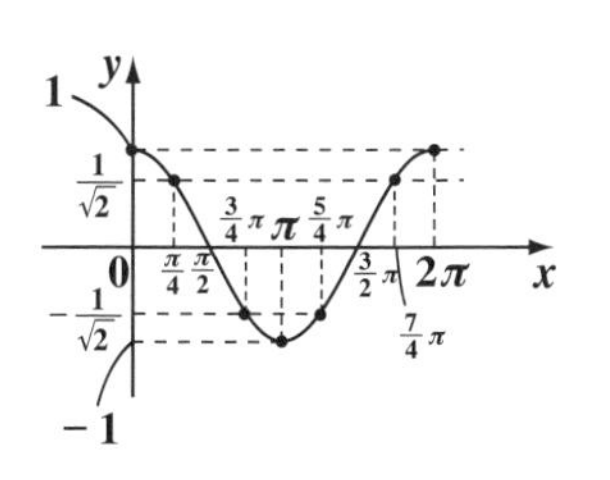

(ⅱ) $-\infty < x < \infty$ のとき

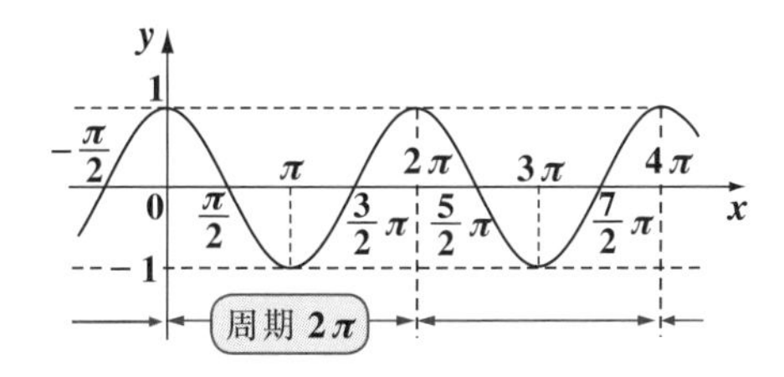

それでは，次，$y=\tan x$ のグラフも調べてみよう。XY 座標平面上における単位円周上の点を $P(X,\ Y)$ とおくと，$\tan x=\dfrac{Y}{X}$ となるんだね。

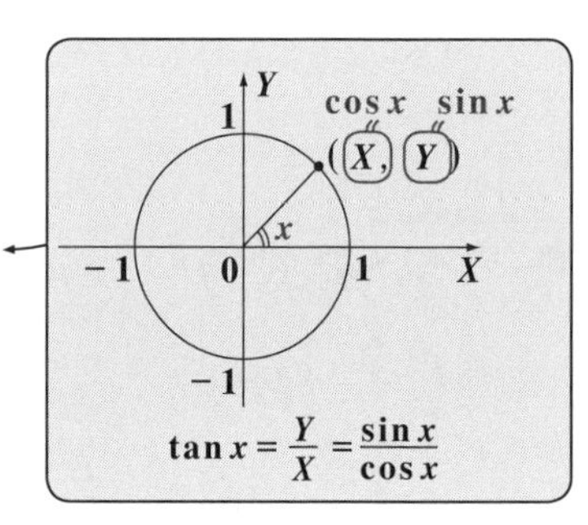

図 6　tan *x* の図形的意味

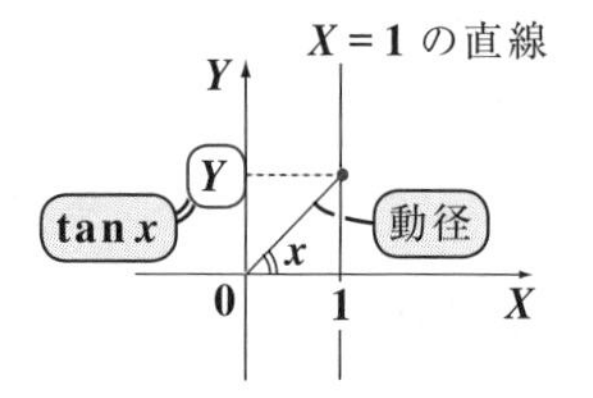

ここで，$\tan x$ も図のサイズには無関係だから，大きさを自由にとれる。よって，図 **6** に示すように，$X=1$ とおくと，

（これは，Y 軸に平行な直線）

$y=\tan x=\dfrac{Y}{1}=Y$ となって，角度 x によって定まる動径 (直線) と直線 $X=1$ との交点の Y 座標そのものが，$y=\tan x$ の値になるんだね。

これから図 **7** に示すように，x の定義域を $-\dfrac{\pi}{2}<x<\dfrac{\pi}{2}$ の範囲にとれば，Y，すなわち $y=\tan x$ の値が $-\infty$ から ∞ まで変化することが分かるだろう。

図 7　$y=\tan x\left(-\dfrac{\pi}{2}<x<\dfrac{\pi}{2}\right)$

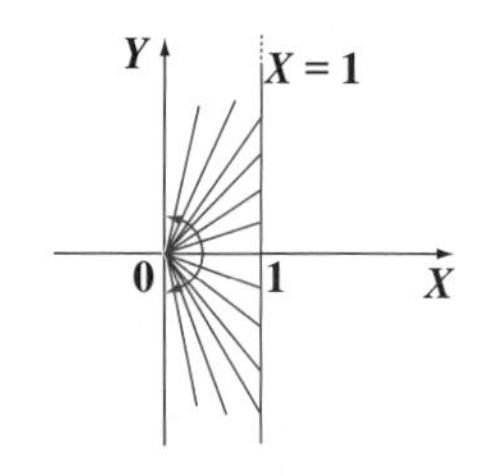

よって，図 **8** に示すように，$x=-\dfrac{\pi}{3}$，$-\dfrac{\pi}{6}$，0，$\dfrac{\pi}{6}$，$\dfrac{\pi}{3}$ のときの Y 座標 $(=\tan x)$ の値を調べると，$y=\tan x\left(-\dfrac{\pi}{2}<x<\dfrac{\pi}{2}\right)$ のグラフは，xy 座標平面上の次の各点

$\left(-\dfrac{\pi}{3},\ -\sqrt{3}\right)$，$\left(-\dfrac{\pi}{6},\ -\dfrac{1}{\sqrt{3}}\right)$，$(0,\ 0)$

$\left(\dfrac{\pi}{6},\dfrac{1}{\sqrt{3}}\right)$，$\left(\dfrac{\pi}{3},\sqrt{3}\right)$ を通ることが分かるね。

図 8　$y=\tan x\left(-\dfrac{\pi}{2}<x<\dfrac{\pi}{2}\right)$

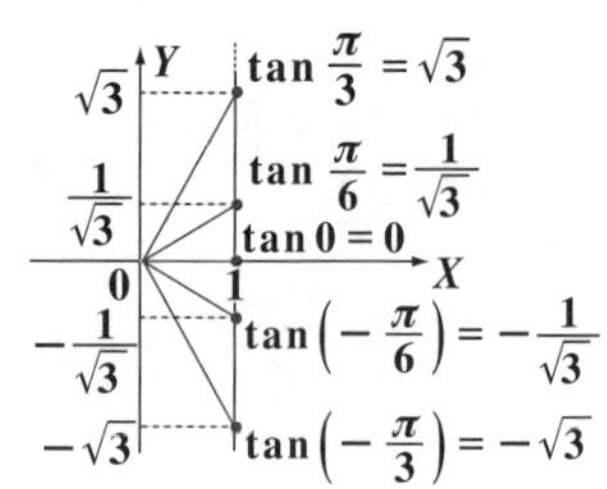

これらの点を xy 座標平面上にとって，滑らかな曲線で結ぶと，$y=\tan x$ $\left(-\frac{\pi}{2}<x<\frac{\pi}{2}\right)$ のグラフが描ける。ここで，注意点は，x が $-\frac{\pi}{2}$ に近づくと y は $-\infty$ になり，また x が $\frac{\pi}{2}$ に近づくと y は $+\infty$ に大きくなるってことだよ。

そして，$-\infty<x<\infty$ における $y=\tan x$ のグラフは，$-\frac{\pi}{2}<x<\frac{\pi}{2}$ の範囲におけるグラフが繰り返し現れることになるので，周期 π の周期関数になるんだね。この様子を図 9(ｉ)(ⅱ) に示しておこう。

図 9　$y=\tan x$ のグラフ

(ｉ) $-\frac{\pi}{2}<x<\frac{\pi}{2}$ のとき

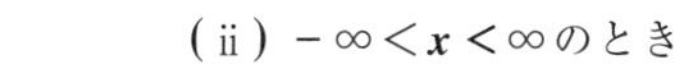
(ⅱ) $-\infty<x<\infty$ のとき

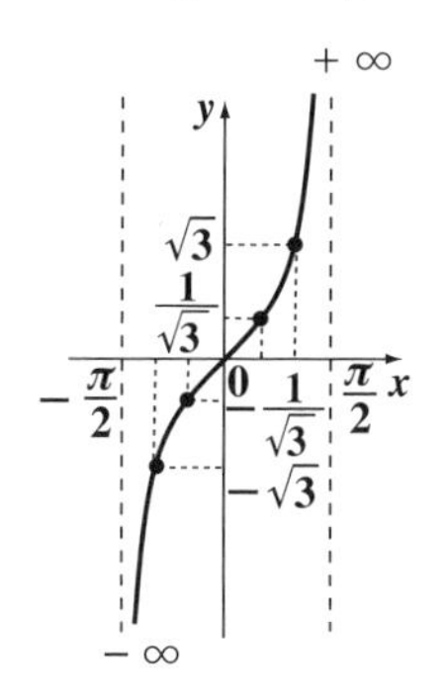

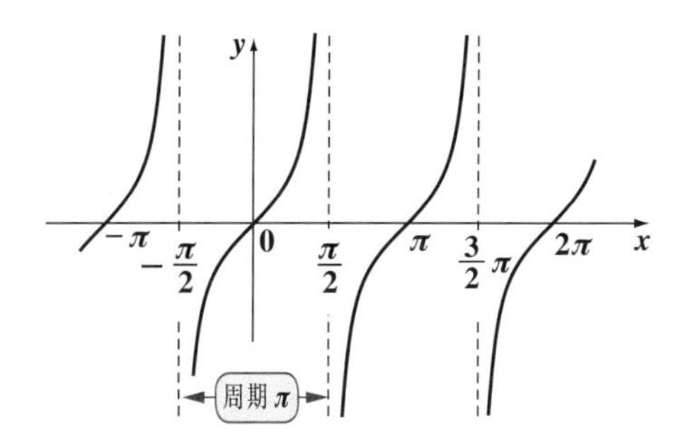

今日は，弧度法，$\sin(\theta+\pi)$ 等の変形，そして三角関数のグラフまで勉強したんだね。どれも，本格的な三角関数の問題を解く上で基本となるものばかりだから，シッカリ復習しておいてくれ。

それじゃ，今日の講義はここまでにしておこう。みんな，次回まで元気でな。さようなら。

12th day　三角関数の加法定理，三角関数の合成

みんな，おはよう！　三角関数も今日で **3** 回目になるけど，調子は出てきた？　今日の講義が，三角関数の一番の山場になる。今日のテーマは，**“三角関数の加法定理”**，**“2 倍角の公式”**，**“半角の公式”**，それに**“三角関数の合成”**なんだよ。エッ，難しそうって!?　でも，いつも通り分かりやすく解説していくから，すべて理解できると思うよ。

● 三角関数の加法定理は 6 つある！

これまで，$\sin\frac{\pi}{6}$ や $\tan\frac{3}{4}\pi$ などの値は，絶対暗記で覚えろ，って言ったね。でも，これから解説する**“三角関数の加法定理”**を使えば，$\cos\frac{5}{12}\pi$ や $\sin\frac{7}{12}\pi$ といった，これまで計算することができなかった三角関数の値も求められるようになるんだよ。

これから三角関数のさまざまな公式が出てくるけれど，この**“三角関数の加法定理”**は，それらすべての公式の基となる重要なものなんだ。

ここでは，角度を，これまでの θ の代わりに，α と β の **2** つを使い，**6** つ（“シータ”）（“アルファ”）（“ベータ”と読む！）の加法定理の公式をこれから示すから，まずビビらずに見てくれ！

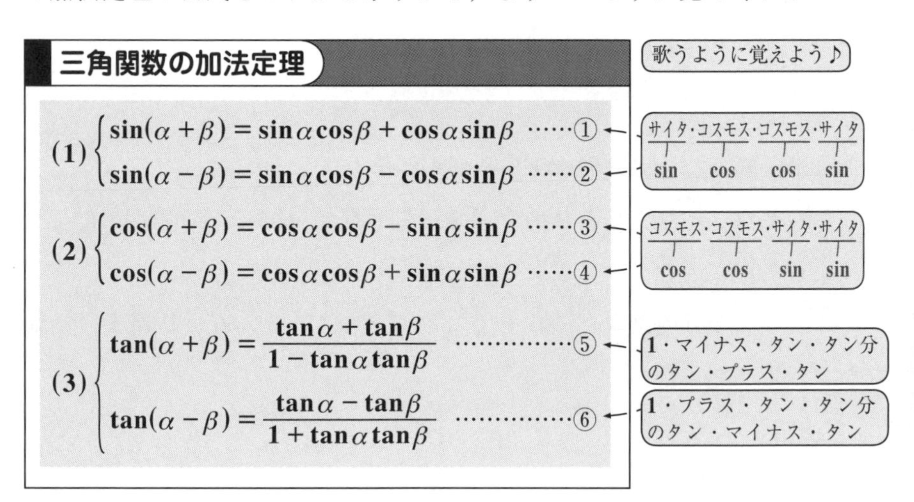

(1)
$$\sin(\alpha+\beta)=\sin\alpha\cos\beta+\cos\alpha\sin\beta \quad \cdots\cdots ①$$
$$\sin(\alpha-\beta)=\sin\alpha\cos\beta-\cos\alpha\sin\beta \quad \cdots\cdots ②$$

(2)
$$\cos(\alpha+\beta)=\cos\alpha\cos\beta-\sin\alpha\sin\beta \quad \cdots\cdots ③$$
$$\cos(\alpha-\beta)=\cos\alpha\cos\beta+\sin\alpha\sin\beta \quad \cdots\cdots ④$$

(3)
$$\tan(\alpha+\beta)=\frac{\tan\alpha+\tan\beta}{1-\tan\alpha\tan\beta} \quad \cdots\cdots ⑤$$
$$\tan(\alpha-\beta)=\frac{\tan\alpha-\tan\beta}{1+\tan\alpha\tan\beta} \quad \cdots\cdots ⑥$$

ヒェ～って!? そうだね。初めてこれを見たら，やっぱりみんなビビるよね。いいよ。ゆっくり見ていこう。まず，**(1)** は **sin**，**(2)** は **cos**，**(3)** は **tan** の公式で，角度はいずれも，$\alpha+\beta$ と $\alpha-\beta$ の **2** 種類になるんだね。

ここで，**(1)**，**(2)** の①，②，③，④の公式の右辺の角度に注目してくれ。いずれも，α，β，α，β の順にキレイに並んでいるね。そして，**(1)** の $\sin(\alpha+\beta)$，$\sin(\alpha-\beta)$ では，

α，β，α，β の順

$$(1)\begin{cases}\sin(\alpha+\beta)=\underline{\sin}\alpha\,\underline{\cos}\beta+\underline{\cos}\alpha\,\underline{\sin}\beta \quad \cdots\cdots①\\ \sin(\alpha-\beta)=\underline{\sin}\alpha\,\underline{\cos}\beta-\underline{\cos}\alpha\,\underline{\sin}\beta \quad \cdots\cdots②\end{cases}$$

サイタ，コスモス，コスモス，サイタ

と，右辺の⊕,⊖ の違いはあるが，記号が **sin**，**cos**，**cos**，**sin** の順に並んでいるので，これは「サイタ，コスモス，コスモス，サイタ」と歌うように覚えよう。当然，サイタが **sin**，コスモスが **cos** を表しているんだね。
それじゃ，次，**(2)** の $\cos(\alpha+\beta)$ と $\cos(\alpha-\beta)$ の加法定理についても，その覚え方を教えよう。

α，β，α，β の順

$$(2)\begin{cases}\cos(\alpha+\beta)=\underline{\cos}\alpha\,\underline{\cos}\beta-\underline{\sin}\alpha\,\underline{\sin}\beta \quad \cdots\cdots③\\ \cos(\alpha-\beta)=\underline{\cos}\alpha\,\underline{\cos}\beta+\underline{\sin}\alpha\,\underline{\sin}\beta \quad \cdots\cdots④\end{cases}$$

コスモス，コスモス，サイタ，サイタ

③，④共に，角度は，α，β，α，β の順で，記号は **cos**，**cos**，**sin**，**sin** の順だから，**cos** の加法定理は「コスモス，コスモス，サイタ，サイタ」と覚えればいいんだよ。ここで，$\cos(\alpha+\beta)$ の右辺には⊖がきて，$\cos(\alpha-\beta)$ の右辺には⊕がきてること，これ要注意だね。
次，**(3)** の $\tan(\alpha+\beta)$，$\tan(\alpha-\beta)$ についても，

$$(3)\begin{cases}\tan(\alpha+\beta)=\dfrac{\tan\alpha+\tan\beta}{1-\tan\alpha\tan\beta} \quad \cdots\cdots\cdots\cdots⑤\\ \tan(\alpha-\beta)=\dfrac{\tan\alpha-\tan\beta}{1+\tan\alpha\tan\beta} \quad \cdots\cdots\cdots\cdots⑥\end{cases}$$

（分子・分母それぞれ：α，β の順）

⑤：1・マイナス・タン・タン分のタン・プラス・タン

⑥：1・プラス・タン・タン分のタン・マイナス・タン

分子・分母共に，角度は，α，β と α，β の順になってるね。

そして，⑤の $\tan(\alpha+\beta)$ の公式は，「**1**・マイナス・タン・タン分のタン・プラス・タン」と，また⑥の $\tan(\alpha-\beta)$ の公式は，「**1**・プラス・タン・タン分のタン・マイナス・タン」と覚えればいいんだね。

この加法定理の証明については「**元気が出る数学 II**」（マセマ）で詳しく解説しているので，興味のある人はそちらで勉強してくれたらいい。ここでは，公式は便利な道具として，どんどん使っていくことにしよう。それでは，例題と練習問題で実際に計算してみることにしよう。

(a) $\sin\frac{\pi}{12}$ **の値を求めよう。**

$\frac{\pi}{6}=30°$ だから，$\frac{\pi}{12}=\frac{30°}{2}=15°$ だね。よって，$\sin\frac{\pi}{12}=\sin 15°$ を求めたいんだね。加法定理においては，ボクは角度は"ラジアン"より"度"の単位の方が分かりやすいと思う。この角度の単位については，適宜使いやすい方を用いればいいと思う。

エッ，$\sin 15°$ って聞かれたって，どうしていいか分からないって!? そう，これまでの知識にない三角関数の値だね。でも，$15°=\underbrace{45°}_{\alpha}-\underbrace{30°}_{\beta}$ と考え，見慣れた **45°** と **30°** をそれぞれ α，β とおくと，加法定理の公式：

$\sin(\alpha-\beta)=\sin\alpha\cos\beta-\cos\alpha\sin\beta$ ……② が使えるんだね。

つまり，

$$\sin\frac{\pi}{12}=\sin 15°$$

"ラジアン"から"度"にした！

サイタ・コスモス・コスモス・サイタ♪

$$=\sin(45°-30°)=\underbrace{\sin 45°}_{\frac{1}{\sqrt{2}}}\cdot\underbrace{\cos 30°}_{\frac{\sqrt{3}}{2}}-\underbrace{\cos 45°}_{\frac{1}{\sqrt{2}}}\cdot\underbrace{\sin 30°}_{\frac{1}{2}}$$

$$[\sin(\alpha-\beta)=\sin\alpha\cdot\cos\beta-\cos\alpha\cdot\sin\beta]$$

$$=\frac{1}{\sqrt{2}}\cdot\frac{\sqrt{3}}{2}-\frac{1}{\sqrt{2}}\cdot\frac{1}{2}=\frac{\sqrt{3}}{2\sqrt{2}}-\frac{1}{2\sqrt{2}}=\frac{\sqrt{3}-1}{2\sqrt{2}}$$

$$=\frac{\sqrt{2}(\sqrt{3}-1)}{4}=\frac{\sqrt{6}-\sqrt{2}}{4}$$

分子・分母に $\sqrt{2}$ をかけた。

となって，答えが導けた！

エッ？ $15°=60°-45°$ としてもいいのかって？ 良い質問だ！これでも同

じ結果が導けるよ。

$$\sin 15^\circ = \sin(60^\circ - 45^\circ) = \underset{\frac{\sqrt{3}}{2}}{\boxed{\sin 60^\circ}} \cdot \underset{\frac{1}{\sqrt{2}}}{\boxed{\cos 45^\circ}} - \underset{\frac{1}{2}}{\boxed{\cos 60^\circ}} \cdot \underset{\frac{1}{\sqrt{2}}}{\boxed{\sin 45^\circ}}$$

$$[\sin(\alpha - \beta) = \sin\alpha \cdot \cos\beta - \cos\alpha \cdot \sin\beta]$$

$$= \frac{\sqrt{3}}{2\sqrt{2}} - \frac{1}{2\sqrt{2}} = \frac{\sqrt{6} - \sqrt{2}}{4}$$ と同じ結果だね。

このように，$\frac{\pi}{12} = 15^\circ$ を $45^\circ - 30^\circ$ としても，$60^\circ - 45^\circ$ としてもいい。

練習問題 33　三角関数の加法定理　CHECK 1　CHECK 2　CHECK 3

次の三角関数の値を求めよ。

(1) $\sin\frac{7}{12}\pi$　　(2) $\cos\frac{5}{12}\pi$　　(3) $\tan\frac{11}{12}\pi$

$\frac{\pi}{12} = 15^\circ$ より，$\frac{7}{12}\pi = 7 \times 15^\circ = 105^\circ$，$\frac{5}{12}\pi = 5 \times 15^\circ = 75^\circ$，$\frac{11}{12}\pi = 11 \times 15^\circ = 165^\circ$ となる。後は，$105^\circ = 60^\circ + 45^\circ$，$75^\circ = 45^\circ + 30^\circ$，$165^\circ = 120^\circ + 45^\circ$ とでも考えて，三角関数の加法定理を用いればいいんだね。

(1) $\sin\frac{7}{12}\pi = \sin 105^\circ$

$$= \sin(60^\circ + 45^\circ) = \underset{\frac{\sqrt{3}}{2}}{\boxed{\sin 60^\circ}} \cdot \underset{\frac{1}{\sqrt{2}}}{\boxed{\cos 45^\circ}} + \underset{\frac{1}{2}}{\boxed{\cos 60^\circ}} \cdot \underset{\frac{1}{\sqrt{2}}}{\boxed{\sin 45^\circ}}$$

$$[\sin(\alpha + \beta) = \sin\alpha \cdot \cos\beta + \cos\alpha \cdot \sin\beta]$$ ← 公式①

$$= \frac{\sqrt{3}}{2\sqrt{2}} + \frac{1}{2\sqrt{2}} = \frac{\sqrt{3} + 1}{2\sqrt{2}} = \frac{\sqrt{6} + \sqrt{2}}{4}$$ となる。

(2) $\cos\frac{5}{12}\pi = \cos 75^\circ$

$$= \cos(45^\circ + 30^\circ) = \underset{\frac{1}{\sqrt{2}}}{\boxed{\cos 45^\circ}} \cdot \underset{\frac{\sqrt{3}}{2}}{\boxed{\cos 30^\circ}} - \underset{\frac{1}{\sqrt{2}}}{\boxed{\sin 45^\circ}} \cdot \underset{\frac{1}{2}}{\boxed{\sin 30^\circ}}$$

$$[\cos(\alpha + \beta) = \cos\alpha \cdot \cos\beta - \sin\alpha \cdot \sin\beta]$$ ← 公式③

$$= \frac{\sqrt{3}}{2\sqrt{2}} - \frac{1}{2\sqrt{2}} = \frac{\sqrt{3} - 1}{2\sqrt{2}} = \frac{\sqrt{6} - \sqrt{2}}{4}$$ が答えだ！

(3) $\tan\frac{11}{12}\pi = \tan 165°$

$= \tan(120° + 45°) = \dfrac{\tan 120° + \tan 45°}{1 - \tan 120° \cdot \tan 45°}$

($\tan 120° = -\sqrt{3}$, $\tan 45° = 1$)

1・マイナス・タン・タン分のタン・プラス・タン

$$\left[\tan(\alpha + \beta) = \frac{\tan\alpha + \tan\beta}{1 - \tan\alpha \cdot \tan\beta}\right]$$ ← 公式⑤

$= \dfrac{-\sqrt{3}+1}{1-(-\sqrt{3})} = \dfrac{1-\sqrt{3}}{1+\sqrt{3}} = \dfrac{(1-\sqrt{3})^2}{(1+\sqrt{3})(1-\sqrt{3})}$ ← 分子・分母に$(1-\sqrt{3})$をかけた。

$= \dfrac{1-2\sqrt{3}+3}{1-3} = -\dfrac{4-2\sqrt{3}}{2} = -(2-\sqrt{3}) = -2+\sqrt{3}$ となる。

● 2倍角と半角の公式を導こう！

"加法定理" の2つの公式

$\sin(\alpha+\beta) = \sin\alpha\cos\beta + \cos\alpha\sin\beta$ ……① と ← サイタ・コスモス・コスモス・サイタ

$\cos(\alpha+\beta) = \cos\alpha\cos\beta - \sin\alpha\sin\beta$ ……③ ← コスモス・コスモス・サイタ・サイタ

を使って，次の **"2倍角の公式"**（にばいかく）を導くことができる。コツは，①，③の公式のβにαを代入することだよ。

- まず，①の両辺のβにαを代入すると，

$\sin(\alpha+\alpha) = \sin\alpha\cos\alpha + \cos\alpha\sin\alpha$

$\therefore$ $\sin 2\alpha = 2\sin\alpha \cdot \cos\alpha$ の公式が導ける！

- 次，③の両辺のβにαを代入して，

$\cos(\alpha+\alpha) = \cos\alpha\cos\alpha - \sin\alpha\sin\alpha$

$\therefore$ $\cos 2\alpha = \cos^2\alpha - \sin^2\alpha$ ……㋐ となる。

ここで，$\cos^2\alpha = 1 - \sin^2\alpha$ ……㋑ より，

㋑を㋐に代入して，

$\cos 2\alpha = 1 - \sin^2\alpha - \sin^2\alpha$

$\therefore$ $\cos 2\alpha = 1 - 2\sin^2\alpha$ となる。

また，$\sin^2\alpha = 1 - \cos^2\alpha$ ……㋒ より，㋒を㋐に代入して，

ここで，基本公式
$\cos^2\alpha + \sin^2\alpha = 1$ より，
$\cos^2\alpha = 1 - \sin^2\alpha$
また，
$\sin^2\alpha = 1 - \cos^2\alpha$ とできる。

$\cos 2\alpha = \cos^2\alpha - (1-\cos^2\alpha) = \cos^2\alpha - 1 + \cos^2\alpha$

$\therefore$ $\cos 2\alpha = 2\cos^2\alpha - 1$ も導ける。

以上の結果が，"**2倍角の公式**"と呼ばれるものなんだよ。これらを，公式として，次に示す。ここで，$\sin 2\alpha$ については公式は1つだけだけど，$\cos 2\alpha$ については3通りの公式で表せるので，注意しよう。

2倍角の公式

(1) $\sin 2\alpha = 2\sin\alpha\cos\alpha$

(2) $\cos 2\alpha = \cos^2\alpha - \sin^2\alpha$
$= 1 - 2\sin^2\alpha$ …㊁
$= 2\cos^2\alpha - 1$ …㊂

さらに，この(2)の"2倍角の公式"を使って，"**半角の公式**"も導かれるんだよ。まず，(2)の $\cos 2\alpha = 1 - 2\sin^2\alpha$ ……㊁ を変形して，

$2\sin^2\alpha = 1 - \cos 2\alpha$

$\therefore$ $\sin^2\alpha = \dfrac{1-\cos 2\alpha}{2}$ が導かれる。

また，(2)の $\cos 2\alpha = 2\cos^2\alpha - 1$ ……㊂ を変形して，

$2\cos^2\alpha = 1 + \cos 2\alpha$

$\therefore$ $\cos^2\alpha = \dfrac{1+\cos 2\alpha}{2}$ も導かれる。

半角の公式

(1) $\sin^2\alpha = \dfrac{1-\cos 2\alpha}{2}$　　(2) $\cos^2\alpha = \dfrac{1+\cos 2\alpha}{2}$

ここで，$\alpha = \dfrac{\theta}{2}$ とおくと，$2\alpha = \theta$ となるので，上の2つの半角の公式を

(1) $\sin^2\dfrac{\theta}{2} = \dfrac{1-\cos\theta}{2}$　(2) $\cos^2\dfrac{\theta}{2} = \dfrac{1+\cos\theta}{2}$ と表すこともある！

エッ，次々に公式が導かれて，目が回りそうだって？ そうだね。でも，(加法定理)→(2倍角の公式)→(半角の公式)と，順に公式が導かれていく流れをシッカリ押さえておくと，公式を正確に覚えることができると思うよ。

それでは，この半角の公式を実際に使ってみよう。

練習問題 34　半角の公式　CHECK 1　CHECK 2　CHECK 3

次の問いに答えよ。

(1) $\sin^2\frac{7}{12}\pi$ の値を求めて，$\sin\frac{7}{12}\pi$ の値を求めよ。

(2) $\cos^2\frac{5}{12}\pi$ の値を求めて，$\cos\frac{5}{12}\pi$ の値を求めよ。

$\frac{7}{12}\pi = 7\times15^\circ = 105^\circ$，$\frac{5}{12}\pi = 5\times15^\circ = 75^\circ$ のことだったね。今回は，半角の公式 $\sin^2\alpha = \frac{1-\cos2\alpha}{2}$ と $\cos^2\alpha = \frac{1+\cos2\alpha}{2}$ を利用して解こう。

(1) 半角の公式：$\sin^2\alpha = \frac{1-\cos2\alpha}{2}$ を使う。

ここで，$\alpha = \frac{7}{12}\pi = 105^\circ$ とおくと，$2\alpha = 210^\circ$ となるので，半角の公式より，

$$\sin^2\frac{7}{12}\pi = \sin^2 105^\circ = \frac{1-\cos210^\circ}{2} = \frac{1+\frac{\sqrt{3}}{2}}{2}$$

（$\cos210^\circ = -\frac{\sqrt{3}}{2}$）←分子・分母に 2 をかける。

$\left[\sin^2\alpha = \frac{1-\cos2\alpha}{2}\right]$ ←半角の公式

$= \frac{2+\sqrt{3}}{4}$ となって，答えだ。

105° は第 2 象限の角より，sin は⊕

ここで，$\sin\frac{7}{12}\pi = \sin105^\circ > 0$ より，

$$\sin\frac{7}{12}\pi = \sqrt{\frac{2+\sqrt{3}}{4}}$$

$\sin\frac{7}{12}\pi > 0$ より，$\sin\frac{7}{12}\pi = \pm\sqrt{\frac{2+\sqrt{3}}{4}}$ とする必要はない。

ここで，2 重根号のはずし方は，$\sqrt{(a+b)+2\sqrt{ab}} = \sqrt{a}+\sqrt{b}$ $(a>0,\ b>0)$ だったので，

（$a+b$：たして，ab：かけて）

$$\sin\frac{7}{12}\pi = \sqrt{\frac{2+\sqrt{3}}{4}} = \sqrt{\frac{4+2\sqrt{3}}{8}}$$

←$\sqrt{\ }$ 内の分子と分母を 2 倍した！

$$\sin\frac{7}{12}\pi=\frac{\sqrt{4+2\sqrt{3}}}{\sqrt{8}}$$

(4 は $a+b$, 3 は $a\cdot b$, $\sqrt{8}$ は $2\sqrt{2}$)

分子に $\sqrt{(a+b)+2\sqrt{ab}}$ の形を作った。 $a+b=4$，$a\cdot b=3$ より，$a=3$，$b=1$ となる。

$$=\frac{\sqrt{3}+\sqrt{1}}{2\sqrt{2}}=\frac{\sqrt{3}+1}{2\sqrt{2}}=\frac{\sqrt{6}+\sqrt{2}}{4}$$ となる。

練習問題 33(1) と同じ結果だ

(2) 半角の公式：$\cos^2\alpha=\frac{1+\cos2\alpha}{2}$ を使うよ。

ここで，$\alpha=\frac{5}{12}\pi=75°$ とおくと，$2\alpha=150°$ となるので，半角の公式より，

$$\cos^2\frac{5}{12}\pi=\cos^2 75°=\frac{1+\cos150°}{2}=\frac{1-\frac{\sqrt{3}}{2}}{2}$$

($\cos150°=-\frac{\sqrt{3}}{2}$)

分子・分母に 2 をかける。

$\left[\ \cos^2\alpha=\frac{1+\cos2\alpha}{2}\ \right]$ ← 半角の公式

$$=\frac{2-\sqrt{3}}{4}$$ となるね。

ここで，$\cos\frac{5}{12}\pi=\cos75°>0$ より，

第 1 象限の角より，cos は⊕

2 重根号のはずし方
$a>b>0$ のとき，公式：
$\sqrt{(a+b)-2\sqrt{ab}}=\sqrt{a}-\sqrt{b}$ の
$a=3$，$b=1$ の場合

$$\cos\frac{5}{12}\pi=\sqrt{\frac{2-\sqrt{3}}{4}}=\sqrt{\frac{4-2\sqrt{3}}{8}}=\frac{\sqrt{4-2\sqrt{3}}}{\sqrt{8}}=\frac{\sqrt{3}-\sqrt{1}}{2\sqrt{2}}=\frac{\sqrt{6}-\sqrt{2}}{4}$$

(4 は $3+1$, 3 は $3\cdot1$)

となる。

これも練習問題 33(2) と同じ結果だ

● 三角関数の合成にもチャレンジしよう！

ここで，$P=\sqrt{3}\sin\theta+\cos\theta$ ……① $(0\leqq\theta<2\pi)$ という式が与えられているとしよう。このPの最大値がどうなるか分かる？

1 周分の角度の範囲

エッ，$\sin\theta$ の最大値は 1，$\cos\theta$ の最大値も 1 だから，①のPの最大値は $\sqrt{3}\times1+1=\sqrt{3}+1$ になるって？ う～ん，残念ながら間違いだ。何故

だか分かる？ そうだね。$\sin\theta$ が最大値 **1** をとるときの θ は $\frac{\pi}{2}(=90^\circ)$ だけど，$\cos\theta$ が最大値 **1** となるときの θ は $0(=0^\circ)$ で，これらが最大値 **1** をとるときの角度 θ の値が一致することはないからだ。

じゃ，①の **P** の最大値をどうやって求めるのかって？ ここで，登場するのが，“**三角関数の合成**（ごうせい）”と呼ばれる手法で，これでバラバラに動く①の右辺の $\sin\theta$ と $\cos\theta$ を**1**つにまとめる（合成する）ことができるんだ。

それじゃ，具体的に **2** つの sin と cos を **1** つに合成してみよう。

(i) まず，$\sin\theta$ と $\cos\theta$ の係数 $\sqrt{3}$ と 1 に着目する。

$$P=\sqrt{3}\cdot\sin\theta+1\cdot\cos\theta \quad \cdots\cdots①$$

(ii) この $\sqrt{3}$ と 1 を **2** 辺にもつ右のような直角三角形を考え，斜辺の **2** をムリヤリくくり出す。

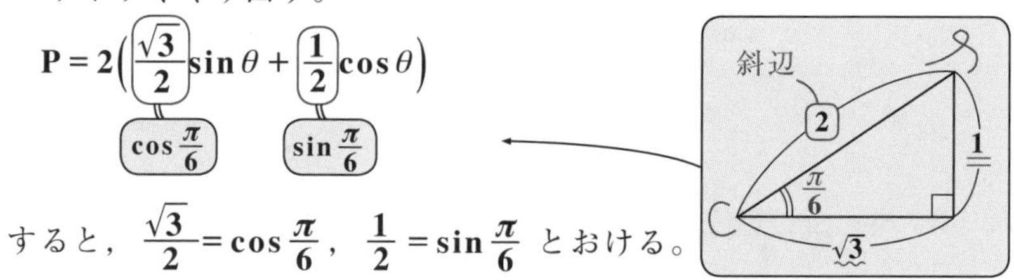

$$P=2\left(\frac{\sqrt{3}}{2}\sin\theta+\frac{1}{2}\cos\theta\right)$$

すると，$\frac{\sqrt{3}}{2}=\cos\frac{\pi}{6}$，$\frac{1}{2}=\sin\frac{\pi}{6}$ とおける。

(iii) よって，三角関数の加法定理を使って，三角関数の合成が終了する。

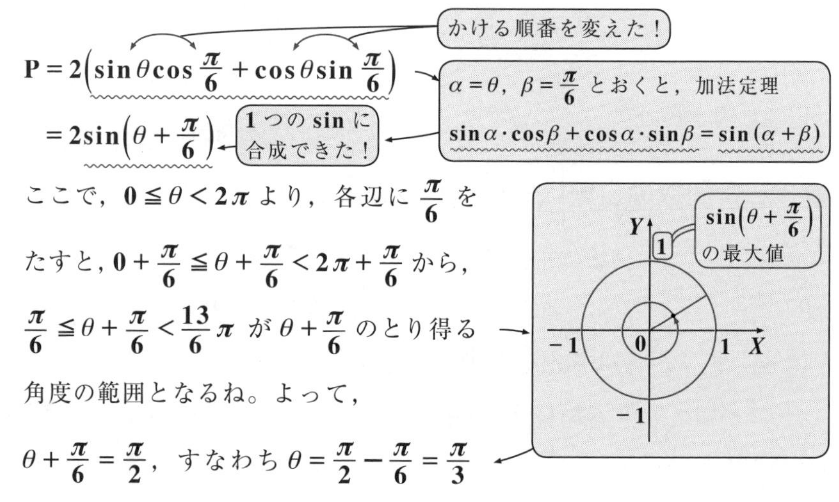

$$P=2\left(\sin\theta\cos\frac{\pi}{6}+\cos\theta\sin\frac{\pi}{6}\right)$$
$$=2\sin\left(\theta+\frac{\pi}{6}\right)$$

ここで，$0\leqq\theta<2\pi$ より，各辺に $\frac{\pi}{6}$ をたすと，$0+\frac{\pi}{6}\leqq\theta+\frac{\pi}{6}<2\pi+\frac{\pi}{6}$ から，$\frac{\pi}{6}\leqq\theta+\frac{\pi}{6}<\frac{13}{6}\pi$ が $\theta+\frac{\pi}{6}$ のとり得る角度の範囲となるね。よって，

$$\theta+\frac{\pi}{6}=\frac{\pi}{2}，すなわち\ \theta=\frac{\pi}{2}-\frac{\pi}{6}=\frac{\pi}{3}$$

のとき，$\sin\left(\theta+\frac{\pi}{6}\right)$ は最大値 1 をとるので，$P=2\sin\left(\theta+\frac{\pi}{6}\right)$ は，（最大値 1）

最大値 $P=2\times1=2$ をとることが分かるんだね。

実際に，元の $P=\sqrt{3}\sin\theta+\cos\theta$ ……① の θ に $\frac{\pi}{3}$ を代入すると，

$$P=\sqrt{3}\cdot\underbrace{\sin\frac{\pi}{3}}_{\frac{\sqrt{3}}{2}}+\underbrace{\cos\frac{\pi}{3}}_{\frac{1}{2}}=\sqrt{3}\cdot\frac{\sqrt{3}}{2}+\frac{1}{2}=\frac{3}{2}+\frac{1}{2}=2$$ となり，これが最大値だったんだ。納得いった？

それでは，例題や練習問題で，三角関数の合成にも慣れていこう。

(b) $\sin\theta+\cos\theta$ を合成しよう。

$$\sin\theta+\cos\theta=1\cdot\sin\theta+1\cdot\cos\theta$$

$$=\sqrt{2}\left(\underbrace{\frac{1}{\sqrt{2}}}_{\cos\frac{\pi}{4}}\sin\theta+\underbrace{\frac{1}{\sqrt{2}}}_{\sin\frac{\pi}{4}}\cos\theta\right)$$

$\sin\theta$ と $\cos\theta$ の係数 1 と 1 から，これらを 2 辺にもつ直角三角形を作り，斜辺の長さ $\sqrt{2}$ をくくり出す！

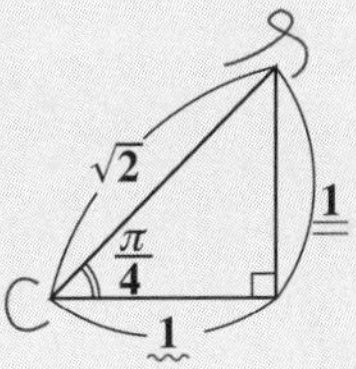

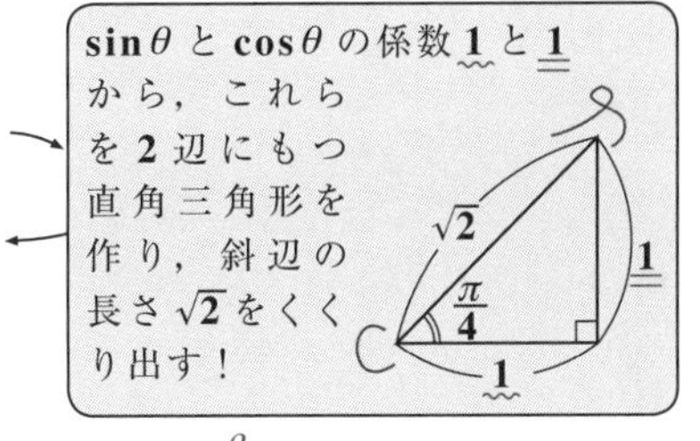

よって，

$$\sin\theta+\cos\theta=\sqrt{2}\left(\sin\underset{\alpha}{\theta}\cdot\cos\underset{\beta}{\frac{\pi}{4}}+\cos\underset{\alpha}{\theta}\cdot\sin\underset{\beta}{\frac{\pi}{4}}\right)$$

公式：$\sin\alpha\cdot\cos\beta+\cos\alpha\cdot\sin\beta=\sin(\alpha+\beta)$ を使った！

$$=\sqrt{2}\sin\left(\theta+\frac{\pi}{4}\right)$$ と合成できる！

別解

三角関数の合成は，sin だけでなく，次のように cos で合成してもいいよ。

$$\sin\theta+\cos\theta=1\cdot\cos\theta+1\cdot\sin\theta=\sqrt{2}\left(\underbrace{\frac{1}{\sqrt{2}}}_{\cos\frac{\pi}{4}}\cos\theta+\underbrace{\frac{1}{\sqrt{2}}}_{\sin\frac{\pi}{4}}\sin\theta\right)$$

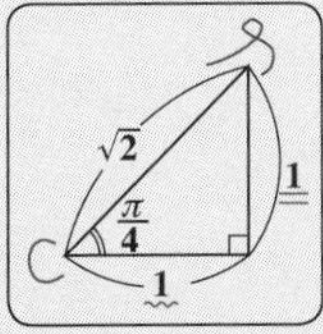

$$=\sqrt{2}\left(\cos\theta\cdot\cos\frac{\pi}{4}+\sin\theta\cdot\sin\frac{\pi}{4}\right)=\sqrt{2}\cos\left(\theta-\frac{\pi}{4}\right)$$

cos による合成の終了

公式：$\cos\alpha\cdot\cos\beta+\sin\alpha\cdot\sin\beta=\cos(\alpha-\beta)$ を使った！

それじゃ，さらに練習しておこう！

練習問題 35	三角関数の合成（Ⅰ）	CHECK 1	CHECK 2	CHECK 3

$\mathbf{P}=\sin\theta-\sqrt{3}\cos\theta\ \left(0\leqq\theta\leqq\dfrac{\pi}{2}\right)$ について，P のとり得る値の範囲を求めよ。

P $=1\cdot\sin\theta-\sqrt{3}\cdot\cos\theta$ として，1 と $\sqrt{3}$ を 2 辺にもつ直角三角形の斜辺の長さ 2 をくくり出して，三角関数の合成にもち込むんだね。頑張れ！

$$\mathbf{P}=1\cdot\sin\theta-\sqrt{3}\cdot\cos\theta$$

$$=2\left(\frac{1}{2}\sin\theta-\frac{\sqrt{3}}{2}\cos\theta\right)$$

（$\frac{1}{2}=\cos\frac{\pi}{3}$，$\frac{\sqrt{3}}{2}=\sin\frac{\pi}{3}$）

$\sin\theta$ と $\cos\theta$ の係数 1 と $\sqrt{3}$（⊖は無視）から，これらを 2 辺にもつ直角三角形を作り，斜辺の長さ 2 をくくり出して，

$$\mathbf{P}=2\left(\sin\theta\cdot\cos\frac{\pi}{3}-\cos\theta\cdot\sin\frac{\pi}{3}\right)$$

$$=2\sin\left(\theta-\frac{\pi}{3}\right)\ となる。$$

公式：
$\sin\alpha\cdot\cos\beta-\cos\alpha\cdot\sin\beta$
$=\sin(\alpha-\beta)$ を使った！

ここで，$0\leqq\theta\leqq\dfrac{\pi}{2}$ より，各辺から $\dfrac{\pi}{3}$ を引くと，

$$-\frac{\pi}{3}\leqq\theta-\frac{\pi}{3}\leqq\frac{\pi}{2}-\frac{\pi}{3},\quad -\frac{\pi}{3}\leqq\theta-\frac{\pi}{3}\leqq\frac{\pi}{6}$$

（$\frac{\pi}{2}-\frac{\pi}{3}=\frac{3\pi-2\pi}{6}$，$-\frac{\pi}{3}=-60°$，$\frac{\pi}{6}=30°$）

となる。よって，右図に示すように，sin は単位円周上の点の Y 座標のことだから，

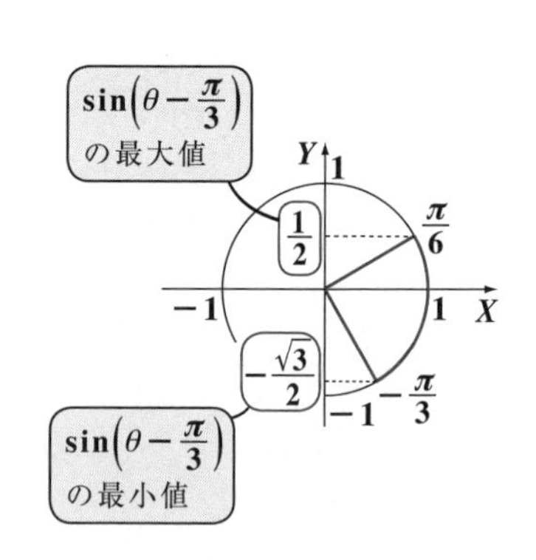

$$-\frac{\sqrt{3}}{2}\leqq\sin\left(\theta-\frac{\pi}{3}\right)\leqq\frac{1}{2}\ となる。$$

各辺に 2 をかけて，

$$-\sqrt{3}\leqq\underbrace{2\sin\left(\theta-\frac{\pi}{3}\right)}_{\mathbf{P}}\leqq 1$$

$\therefore -\sqrt{3}\leqq\mathbf{P}\leqq 1$ となる。

練習問題 36	三角関数の合成(Ⅱ)	CHECK 1	CHECK 2	CHECK 3

$\mathbf{P} = \sin^2\theta + 3\cos^2\theta + 2\sin\theta\cos\theta \left(0 \leqq \theta \leqq \frac{\pi}{2}\right)$ のとき，
P の最大値とそのときの θ の値を求めよ。

半角の公式と，2 倍角の公式，それに三角関数の合成の融合問題だ。

$\mathbf{P} = \underline{\sin^2\theta} + 3\cdot\underline{\cos^2\theta} + \underline{2\sin\theta\cdot\cos\theta} \left(0 \leqq \theta \leqq \frac{\pi}{2}\right)$ を変形して，

（$\sin^2\theta = \frac{1-\cos 2\theta}{2}$，$\cos^2\theta = \frac{1+\cos 2\theta}{2}$：半角の公式）
（$2\sin\theta\cdot\cos\theta = \sin 2\theta$：2 倍角の公式）

$\mathbf{P} = \frac{1}{2}(1-\cos 2\theta) + \frac{3}{2}(1+\cos 2\theta) + \sin 2\theta$

$= \sin 2\theta + \left(\frac{3}{2} - \frac{1}{2}\right)\cos 2\theta + \frac{1}{2} + \frac{3}{2}$

$= \underline{1\cdot\sin 2\theta + 1\cdot\cos 2\theta} + 2$

$= \sqrt{2}\left(\frac{1}{\sqrt{2}}\cdot\sin 2\theta + \frac{1}{\sqrt{2}}\cdot\cos 2\theta\right) + 2$

（$\frac{1}{\sqrt{2}} = \cos\frac{\pi}{4}$，$\frac{1}{\sqrt{2}} = \sin\frac{\pi}{4}$）

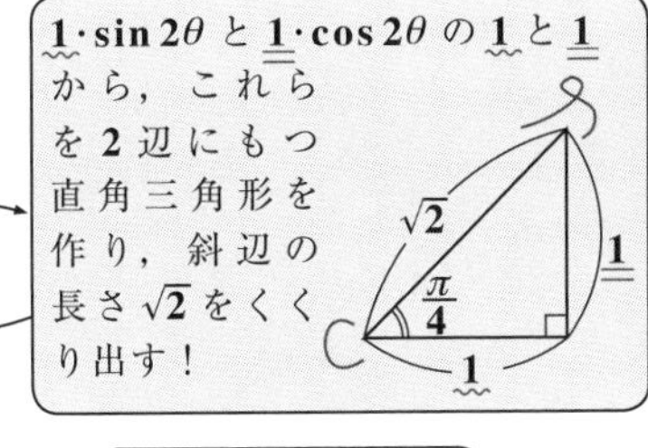

$= \sqrt{2}\left(\sin 2\theta\cdot\cos\frac{\pi}{4} + \cos 2\theta\cdot\sin\frac{\pi}{4}\right) + 2 \quad = \sqrt{2}\sin\left(2\theta + \frac{\pi}{4}\right) + 2$

（これを最大にする！）（三角関数の合成の終了）

ここで，$0 \leqq \theta \leqq \frac{\pi}{2}$ より，$\frac{\pi}{4} \leqq 2\theta + \frac{\pi}{4} \leqq \frac{5}{4}\pi$

（$0 \leqq \theta \leqq \frac{\pi}{2}$ より，$0 \leqq 2\theta \leqq \pi$，$\frac{\pi}{4} \leqq 2\theta + \frac{\pi}{4} \leqq \frac{5}{4}\pi$）

よって，右図より，（$2\theta = \frac{\pi}{2} - \frac{\pi}{4}$）

$2\theta + \frac{\pi}{4} = \frac{\pi}{2}$，すなわち $\theta = \frac{\pi}{8}$ のとき，

$\sin\left(2\theta + \frac{\pi}{4}\right)$ は最大値 1 をとり，

P も，最大値 $\mathbf{P} = \sqrt{2} \times 1 + 2 = 2 + \sqrt{2}$ をとる。大丈夫だった？

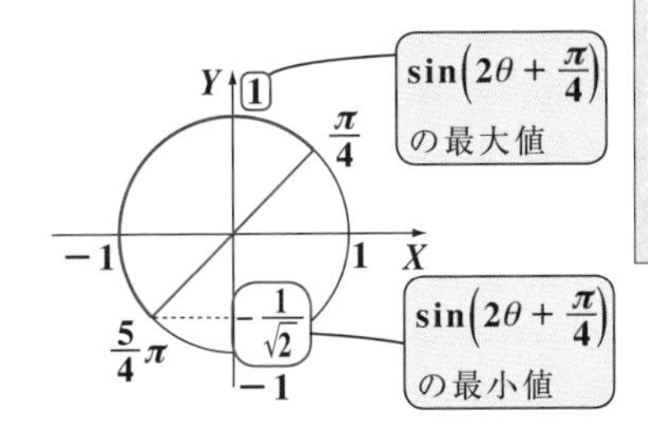

今日の講義は，これで終了です。
シッカリ復習してマスターしてくれ！
　では，次回の講義でまた会おうな。さようなら…。

13th day　三角方程式，三角不等式

みんな，おはよう！ これまで，3回に渡って三角関数の講義を行ってきたけれど，今日で三角関数も最終講義になる。最後を飾るテーマは，"**三角方程式**(さんかくほうていしき)"と"**三角不等式**(さんかくふとうしき)"だ。これらについては既に数学Iの"**三角比**"のところで，その基本を話しているけれど，今回はさらにレベルアップしたものだと考えてくれたらいい。レベルは上がっても，また分かりやすく解説するから，もちろん心配は無用だよ。では，講義を始めよう！

● 三角方程式では，解の範囲の条件に注意しよう！

三角方程式とは，三角関数($\sin x$, $\cos x$, $\tan x$など)の入った方程式のことで，その方程式をみたす角度xの値のことを"**解**(かい)"という。そして，この解を求めることを，"**方程式を解く**"というんだったね。 三角方程式にはさまざまな形のものがあるけれど，最終的には，$\cos x = k$や$\sin x = k$や$\tan x = k$ (k：ある定数)の形になることが多いので，もう1度次のことをシッカリ頭に入れておこう。

図1(ⅰ) $\cos x$と$\sin x$

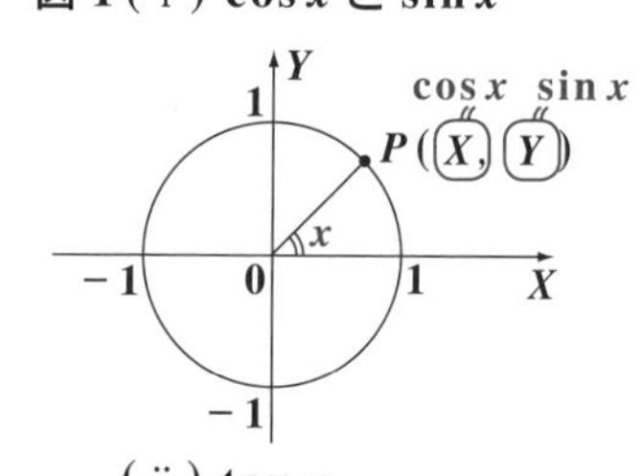

(ⅱ) $\tan x$

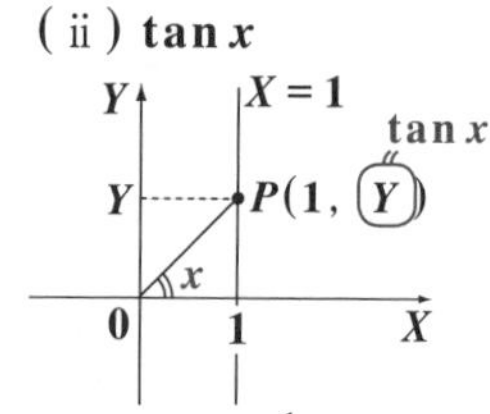

(ⅰ) $\cos x$は，単位円周上の点のX座標

(ⅱ) $\sin x$は，単位円周上の点のY座標

(ⅲ) $\tan x$は，直線$X = 1$上の点のY座標

となる。

これらも，既に数学Iの三角比で勉強しているね。でも，"**三角関数**"になると，角度の表し方が多彩になっているので，解答の仕方にも注意が必要となるんだよ。

たとえば，三角方程式$\cos x = \frac{1}{2}$ ……① の解を求めたかったら，まず$\cos x = X$とおき，図2に示すようなXY座標平面上の単位円と直線$X = \frac{1}{2}$の交点から，2つの動径OPとOP′を求め，それから解の角度xの値を求めればいいね。

図2 $\cos x = \frac{1}{2}$の解

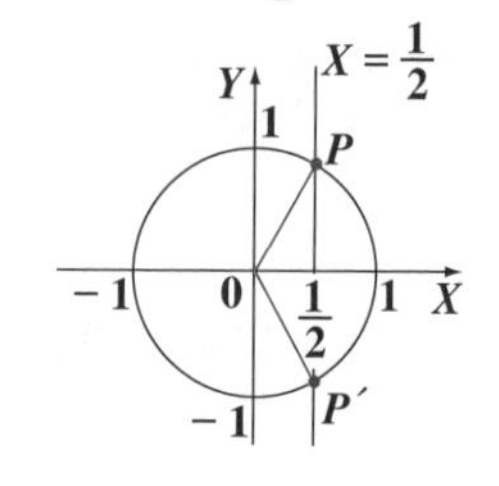

でも，①の方程式の解の範囲の条件として，

(ｉ) $0 \leqq x < 2\pi$ がついていたら，

図3(ｉ)に示すように，①の方程式の解は，

$x = \dfrac{\pi}{3},\ \dfrac{5}{3}\pi$ となる。

図3(ｉ) $\cos x = \dfrac{1}{2}$ の解

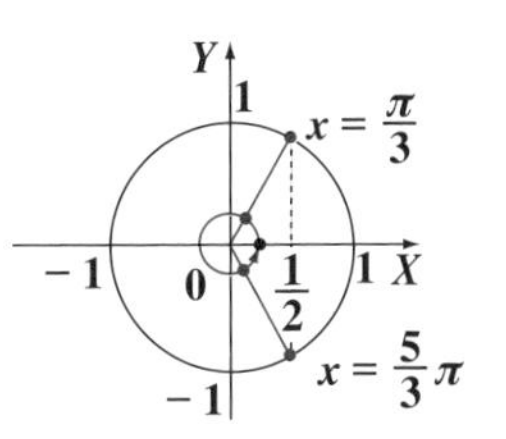

でも，別の解の範囲の条件として，

(ⅱ) $-\pi \leqq x < \pi$ がついていたら，

図3(ⅱ)に示すように，①の解は，

$x = -\dfrac{\pi}{3},\ \dfrac{\pi}{3}$ になってしまう。

(ⅱ) $\cos x = \dfrac{1}{2}$ の解

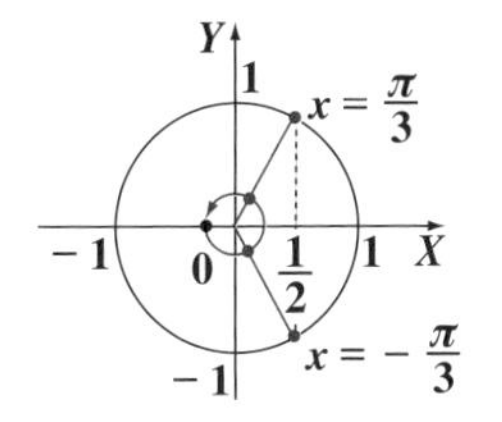

さらに，解の範囲の条件が何もついてなかったら，

(ⅲ) これは，一般角で答えることになるので，

$x = \dfrac{\pi}{3} + \underline{2n\pi},\ \dfrac{5}{3}\pi + \underline{2n\pi}$ となる。

（n 周分）（n 周分）

これは，(ⅱ)の角を用いて，$x = \pm\dfrac{\pi}{3} + 2n\pi$ を解としても，もちろんいいよ。

どう？ 同じ方程式であっても，付けられた解の範囲の条件によって，解答が異なった形になることが分かっただろう。

それじゃ，簡単な例題だけど，与えられた解の範囲の条件に気を付けながら解いてみてごらん。

(a) 次の三角方程式を解こう。

(1) $\sin x = -\dfrac{1}{\sqrt{2}}$ $(0 \leqq x < 2\pi)$　　(2) $\tan x = \sqrt{3}$ $(-\pi \leqq x < \pi)$

(1) $\sin x = Y$ とおいて，XY 座標平面上の単位円と直線 $Y = -\dfrac{1}{\sqrt{2}}$ の交点から動径を求めるんだね。

後は，解の範囲の条件が $0 \leqq x < 2\pi$ であることに気を付けて，解 $x = \dfrac{5}{4}\pi,\ \dfrac{7}{4}\pi$ が求まる。

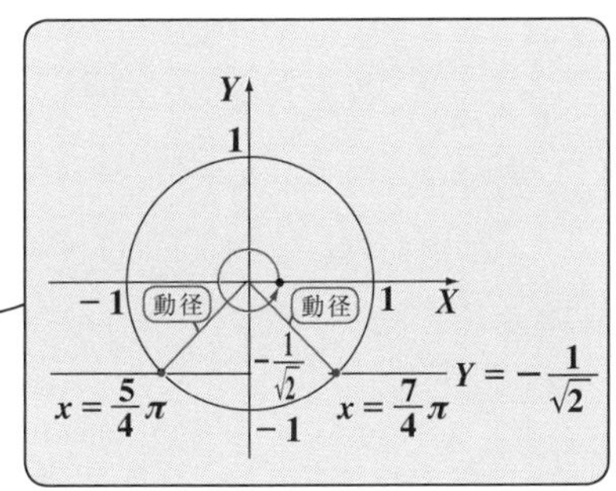

(2) $\tan x = Y$ とおいて，XY 座標平面上の直線 $X=1$ 上に点 $(1,\ \sqrt{3})$ を取り，動径を求める。
後は，解の範囲の条件が，
$-\pi \leqq x < \pi$ であることに注意して，解 $x = -\frac{2}{3}\pi,\ \frac{\pi}{3}$ が求まるんだね。
これも，大丈夫だね。

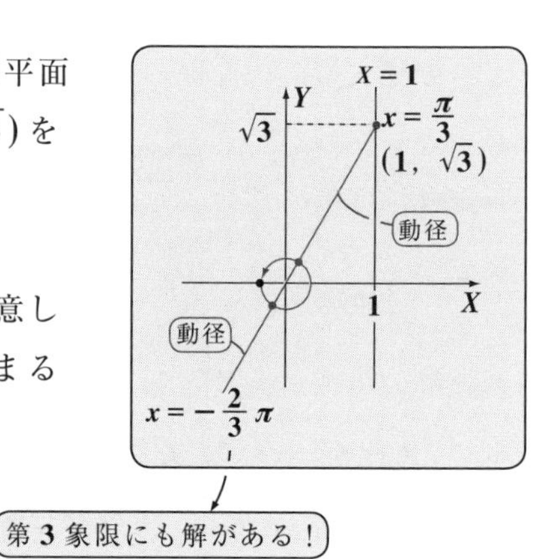

第 3 象限にも解がある！

● 本格的な三角方程式にチャレンジしよう！

それじゃ，これから本格的な三角方程式の問題に入ろう。エッ，難しそうだって？ 確かに，これまで勉強した"**2 倍角の公式**"や"**半角の公式**"，それに"**三角関数の合成**"など，さまざまな要素が入ってくるからね。でも，三角方程式って，慣れると面白いものなんだよ。気持ちを引かずに，むしろ前に出して楽しみながら解いていってくれたらいいんだよ。

練習問題 37	三角方程式 (Ⅰ)	CHECK 1	CHECK 2	CHECK 3

次の三角方程式を解け。

(1) $\sin 2x + \sqrt{3}\cos x = 0$ ………① $(-\pi \leqq x < \pi)$

(2) $\cos 2x - \sqrt{2}\cos x - 1 = 0$ ……② $(0 \leqq x < 2\pi)$

(1) の①の左辺 $= 1 \cdot \sin 2x + \sqrt{3} \cdot \cos x$ とおいて，三角関数の合成にもち込むって？

角度が $2x$ と x で異なる！ 合成は無理！

オイオイ，三角関数の合成にもち込める式の形は，$a\sin x + b\cos x$ や $a\sin 2x + b\cos 2x$ のように，sinとcosの角度が x 同士や $2x$ 同士のようにそろってないといけないよ。だから，今回は合成は無理なので，2倍角の公式 $\sin 2x = 2\sin x \cdot \cos x$ を使ってみよう。(2) も $\cos 2x$ に 2 倍角の公式を使って変形すればいいんだね。

(1) $\sin 2x + \sqrt{3}\cos x = 0$ ………① $(-\pi \leqq x < \pi)$ 　①を変形して，

$\sin 2x$ = $2\sin x \cdot \cos x$ ← 2 倍角の公式！

$2\sin x \cdot \underline{\cos x} + \sqrt{3}\,\underline{\cos x} = 0$

共通因数

$A \cdot B = 0$ ならば
$A = 0$ または $B = 0$ だね。

$\cos x \cdot (2\sin x + \sqrt{3}) = 0$ より，$\cos x = 0$ または $2\sin x + \sqrt{3} = 0$

$\therefore$ (i) $\cos x = 0$ または (ii) $\sin x = -\dfrac{\sqrt{3}}{2}$

$X = 0$ と考える。

$Y = -\dfrac{\sqrt{3}}{2}$ と考える。

解の範囲の条件：$-\pi \leqq x < \pi$ に注意して，

(i) $\cos x = 0$ より，$x = -\dfrac{\pi}{2},\ \dfrac{\pi}{2}$

(ii) $\sin x = -\dfrac{\sqrt{3}}{2}$ より，$x = -\dfrac{2}{3}\pi,\ -\dfrac{\pi}{3}$

以上 (i)(ii) より，$x = -\dfrac{2}{3}\pi,\ -\dfrac{\pi}{2},\ -\dfrac{\pi}{3},\ \dfrac{\pi}{2}$ となる。

(2) $\cos 2x - \sqrt{2}\cos x - 1 = 0$ ……② $(0 \leqq x < 2\pi)$

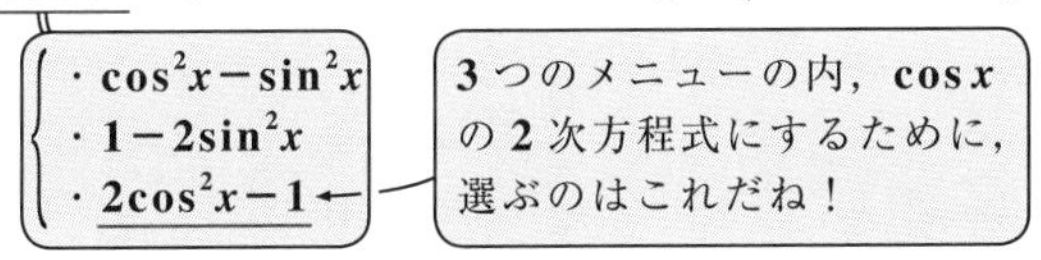

2倍角の公式：$\cos 2x = 2\cos^2 x - 1$ を用いて，②を変形すると，

$2\cos^2 x - 1 - \sqrt{2}\cos x - 1 = 0$

$2\cos^2 x - \sqrt{2}\cos x - 2 = 0$

これは，"たすきがけ"で解く形の $\cos x$ の2次方程式だ！

2 ╲╱ $\sqrt{2}$
1 ╱╲ $-\sqrt{2}$

$(2\cos x + \sqrt{2})(\cos x - \sqrt{2}) = 0$ $\therefore \cos x = -\dfrac{\sqrt{2}}{2}$，または $\sqrt{2}$ （$\sqrt{2} \fallingdotseq 1.4$）

ここで，$0 \leqq x < 2\pi$ のとき，

$-1 \leqq \cos x \leqq 1$ より，$\cos x \neq \sqrt{2}$

$\therefore \cos x = -\dfrac{\sqrt{2}}{2} = -\dfrac{1}{\sqrt{2}}$

これを，$X = -\dfrac{1}{\sqrt{2}}$ と考える。

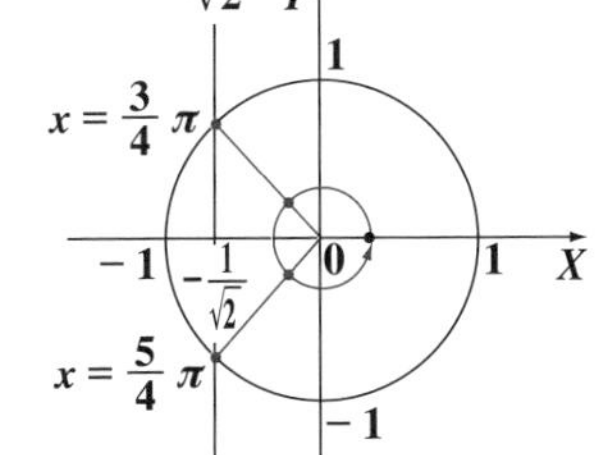

ここで，$0 \leqq x < 2\pi$ より，求める解は，$x = \dfrac{3}{4}\pi,\ \dfrac{5}{4}\pi$ となるんだね。

練習問題 38	三角方程式(Ⅱ)	CHECK 1	CHECK 2	CHECK 3

次の三角方程式を解け。

(1) $\sin x - \cos x = 1$ ……………………………③ $(0 \leqq x < 2\pi)$

(2) $2\sqrt{3}\sin x \cdot \cos x + 2\cos^2 x = \sqrt{3} + 1$ ……④ $(0 \leqq x \leqq \pi)$

(1) は,③の左辺 $= 1 \cdot \sin x - 1 \cdot \cos x$ として,三角関数の合成にもち込むとうまくいく。
(2) は 2 倍角の公式:$2\sin x \cdot \cos x = \sin 2x$ と半角の公式:$\cos^2 x = \dfrac{1+\cos 2x}{2}$ を使って変形していくと,ウマクいく。

(1) $1 \cdot \sin x - 1 \cdot \cos x = 1$ ……③ $(0 \leqq x < 2\pi)$

③を変形して,

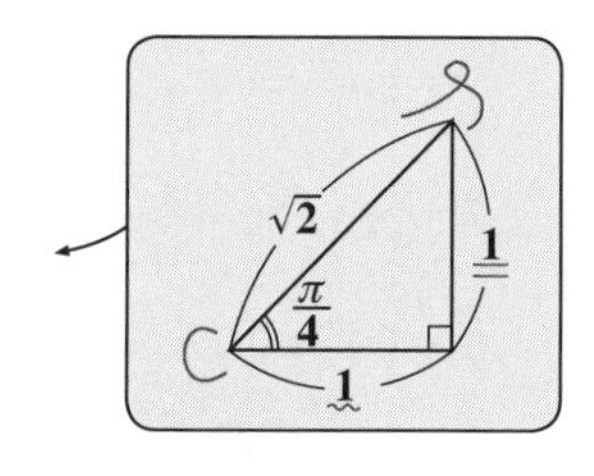

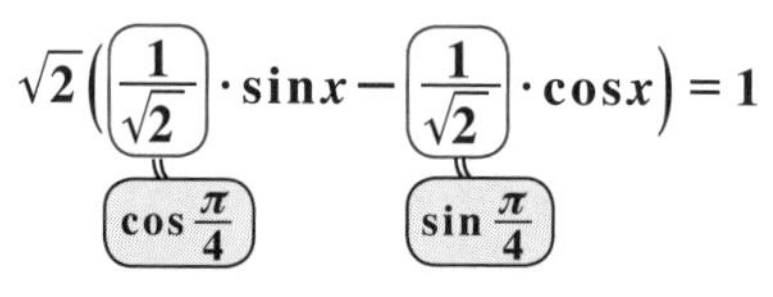

$$\sqrt{2}\left(\frac{1}{\sqrt{2}} \cdot \sin x - \frac{1}{\sqrt{2}} \cdot \cos x\right) = 1$$

($\frac{1}{\sqrt{2}} = \cos\frac{\pi}{4}$, $\frac{1}{\sqrt{2}} = \sin\frac{\pi}{4}$)

$$\sqrt{2}\left(\sin x \cdot \cos\frac{\pi}{4} - \cos x \cdot \sin\frac{\pi}{4}\right) = 1$$

公式:
$\sin\alpha \cdot \cos\beta - \cos\alpha \cdot \sin\beta = \sin(\alpha - \beta)$ を使った!

$$\sqrt{2}\sin\left(x - \frac{\pi}{4}\right) = 1$$

三角関数の合成完了!

$$\sin\left(x - \frac{\pi}{4}\right) = \frac{1}{\sqrt{2}}$$

$Y = \dfrac{1}{\sqrt{2}}$ と考える。

ここで,$0 \leqq x < 2\pi$ より,各辺から $\dfrac{\pi}{4}$ を引いて,$-\dfrac{\pi}{4} \leqq x - \dfrac{\pi}{4} < \dfrac{7}{4}\pi$

($x - \frac{\pi}{4}$:θ のこと)

$$\therefore\ x - \frac{\pi}{4} = \frac{\pi}{4},\ \frac{3}{4}\pi$$

($x - \frac{\pi}{4}$:θ)

よって,$x = \dfrac{\pi}{2},\ \pi$ が答えだね。

($\frac{\pi}{2} = \frac{\pi}{4} + \frac{\pi}{4}$, $\pi = \frac{3}{4}\pi + \frac{\pi}{4}$)

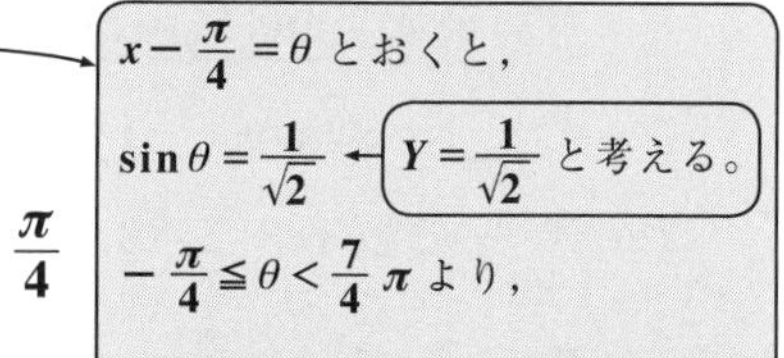

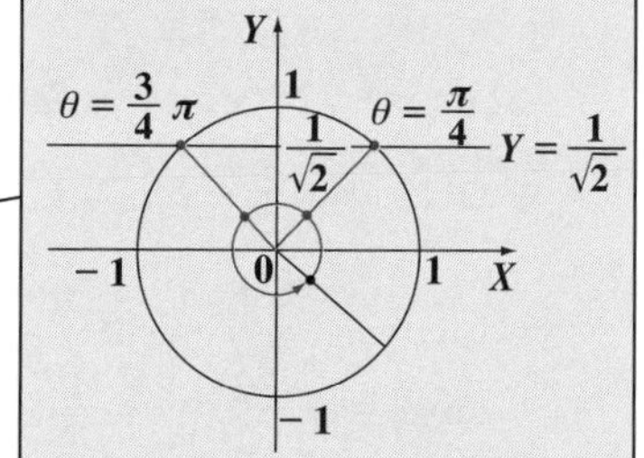

$\therefore\ \theta = \dfrac{\pi}{4},\ \dfrac{3}{4}\pi$ となる。このように,$x - \dfrac{\pi}{4} = \theta$ とおくといい。

(2) $\sqrt{3}\cdot\underline{2\sin x\cdot\cos x}+2\cdot\underline{\cos^2 x}=\sqrt{3}+1$ ……④ $(0\leqq x\leqq\pi)$

$2\sin x\cos x = \sin 2x$ ← 2倍角の公式！

$\cos^2 x = \dfrac{1+\cos 2x}{2}$ ← 半角の公式！

④を変形して，

$$\sqrt{3}\cdot\sin 2x+2\times\frac{1}{2}\cdot(1+\cos 2x)=\sqrt{3}+1$$

$$\sqrt{3}\sin 2x+\cos 2x+1=\sqrt{3}+1$$

$$\sqrt{3}\cdot\sin 2x+1\cdot\cos 2x=\sqrt{3}$$

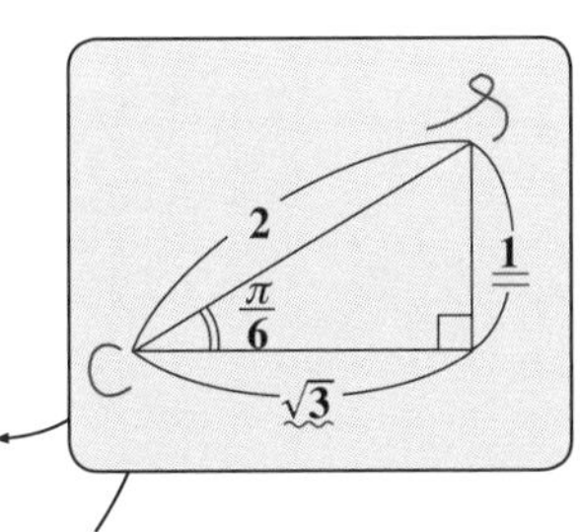

角度が共に $2x$ でそろっているので，三角関数の合成が使えるパターンだ！

$$2\left(\frac{\sqrt{3}}{2}\cdot\sin 2x+\frac{1}{2}\cdot\cos 2x\right)=\sqrt{3}$$

$\dfrac{\sqrt{3}}{2}=\cos\dfrac{\pi}{6}$，$\dfrac{1}{2}=\sin\dfrac{\pi}{6}$

$$2\left(\sin 2x\cdot\cos\frac{\pi}{6}+\cos 2x\cdot\sin\frac{\pi}{6}\right)=\sqrt{3}$$

公式：$\sin\alpha\cdot\cos\beta+\cos\alpha\cdot\sin\beta=\sin(\alpha+\beta)$ を使った！

$$2\cdot\sin\left(2x+\frac{\pi}{6}\right)=\sqrt{3}$$ ← 三角関数の合成完了！

$$\sin\left(2x+\frac{\pi}{6}\right)=\frac{\sqrt{3}}{2}$$ ← $Y=\dfrac{\sqrt{3}}{2}$ と考える。

ここで，$0\leqq x\leqq\pi$ より，（各辺に2をかけて）

$$0\leqq 2x\leqq 2\pi$$

（各辺に $\dfrac{\pi}{6}$ をたして）

$$\frac{\pi}{6}\leqq 2x+\frac{\pi}{6}\leqq\frac{13}{6}\pi$$ （$2x+\dfrac{\pi}{6}=\theta$）

$$\therefore\ 2x+\frac{\pi}{6}=\frac{\pi}{3},\ \frac{2}{3}\pi$$

$2x+\dfrac{\pi}{6}=\theta$ とおくと，

$\sin\theta=\dfrac{\sqrt{3}}{2}$ ← $Y=\dfrac{\sqrt{3}}{2}$ と考える。

$\dfrac{\pi}{6}\leqq\theta\leqq\dfrac{13}{6}\pi$ より，

$\therefore\ \theta=2x+\dfrac{\pi}{6}=\dfrac{\pi}{3},\ \dfrac{2}{3}\pi$

よって，(i) $2x+\dfrac{\pi}{6}=\dfrac{\pi}{3}$ より，$2x=\dfrac{\pi}{3}-\dfrac{\pi}{6}=\dfrac{\pi}{6}$ $\therefore\ x=\dfrac{\pi}{12}$

(ii) $2x+\dfrac{\pi}{6}=\dfrac{2}{3}\pi$ より，$2x=\dfrac{2}{3}\pi-\dfrac{\pi}{6}=\dfrac{\pi}{2}$ $\therefore\ x=\dfrac{\pi}{4}$

以上より，三角方程式④の解は，$x=\dfrac{\pi}{12},\ \dfrac{\pi}{4}$ となるんだね。大丈夫？

● 三角不等式にも挑戦しよう！

次，三角不等式についても解説しよう。三角関数($\sin x$，$\cos x$，$\tan x$など)の入った不等式を**三角不等式**といい，一般にその解はxの値ではなく，xの値の範囲で示されることになるんだよ。解き方は，三角方程式のときと類似しているけれど，ここでも角度xの範囲の条件により，解答の形式が変わることに注意しよう。それでは，具体例で説明するよ。

たとえば，三角不等式$\cos x \leqq -\frac{1}{2}$……①の解を

$X \leqq -\frac{1}{2}$と考える。

(ⅰ) $0 \leqq x < 2\pi$のときと，(ⅱ) $-\pi \leqq x < \pi$のときの2つの場合で考えてみよう。

図4 $\cos x \leqq -\frac{1}{2}$の解

(ⅰ) $0 \leqq x < 2\pi$のとき

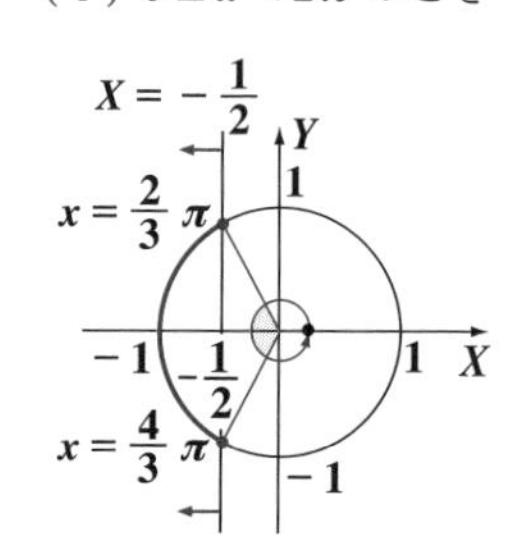

(ⅱ) $-\pi \leqq x < \pi$のとき

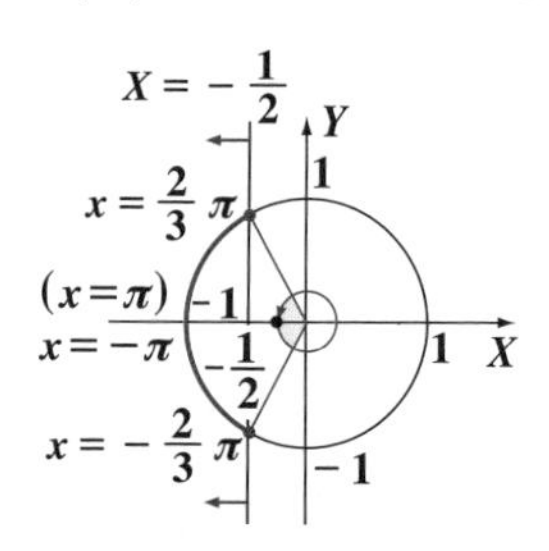

(ⅰ) $0 \leqq x < 2\pi$のとき，図4(ⅰ)より，

①の解は，$\frac{2}{3}\pi \leqq x \leqq \frac{4}{3}\pi$となる。

(ⅱ) $-\pi \leqq x < \pi$のとき，図4(ⅱ)より，

①の解は，

$-\pi \leqq x \leqq -\frac{2}{3}\pi$，$\frac{2}{3}\pi \leqq x < \pi$となる。

(ⅱ) $-\pi \leqq x < \pi$のとき，解の角度xの範囲が2つのパーツに分割されて表されることになるんだね。納得いった？

それでは，本格的な三角不等式の問題を解いてみよう！

練習問題 39	三角不等式(Ⅰ)	CHECK 1	CHECK 2	CHECK 3

次の三角不等式を解け。

(1) $\tan^2 x + \sqrt{3}\tan x \leqq 0$ ……① $(-\pi \leqq x < \pi)$

(2) $\cos 2x + \sin x \geqq 0$ ………② $(0 \leqq x < 2\pi)$

(1)では，$-\sqrt{3} \leqq \tan x \leqq 0$がすぐ導けるはずだ。ここで，$\tan x$は，直線$X=1$上の点の$Y$座標に対応していることがポイントだ。(2)角度が$2x$と$x$で異なるので，三角関数の合成はできないね。ここは，2倍角の公式$\cos 2x = 1 - 2\sin^2 x$を利用すればうまくいくはずだ。頑張れ！

(1) $\tan^2 x + \sqrt{3}\tan x \leqq 0$ ……① $(-\pi \leqq x < \pi)$ ①を変形して,

$\tan x(\tan x + \sqrt{3}) \leqq 0$ ← $t(t+\sqrt{3}) \leqq 0$ $-\sqrt{3} \leqq t \leqq 0$ と同じ

$\therefore \underline{-\sqrt{3} \leqq \tan x \leqq 0}$

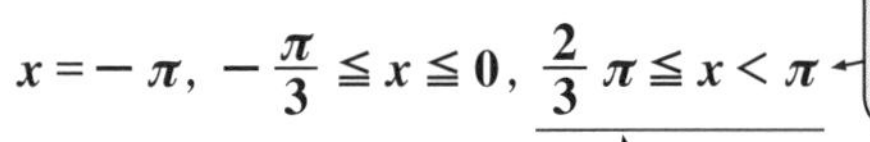

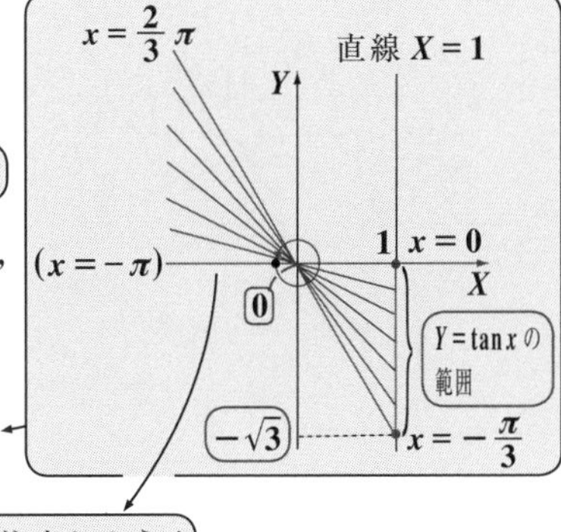

ここで, $-\pi \leqq x < \pi$ より, 右図から,

①をみたす角度 x の範囲は,

$$x = -\pi,\ -\frac{\pi}{3} \leqq x \leqq 0,\ \underline{\frac{2}{3}\pi \leqq x < \pi}$$

第2象限にも解があることに注意しよう！

(2) $\underline{\cos 2x} + \sin x \geqq 0$ ……② $(0 \leqq x < 2\pi)$

$\cdot\cos^2 x - \sin^2 x$
$\cdot\underline{1 - 2\sin^2 x}$ ←
$\cdot 2\cos^2 x - 1$

3つのメニューの内, $\sin x$ の2次不等式にするために, 選ぶのは, これだね。

②を変形して, $1 - 2\sin^2 x + \sin x \geqq 0$ この両辺に -1 をかけて

$2\sin^2 x - \sin x - 1 \leqq 0$ ← これは, "たすきがけ" で解く形の $\sin x$ の2次不等式だ。

2 ╲╱ 1
1 ╱╲ −1

$(2\sin x + 1)(\sin x - 1) \leqq 0$

$\therefore -\frac{1}{2} \leqq \underline{\sin x \leqq 1}$ より, $\underline{-\frac{1}{2} \leqq \sin x}$

元々 $\sin x \leqq 1$ の条件はあるので, これは不要。

$-\frac{1}{2} \leqq Y$ と考える。

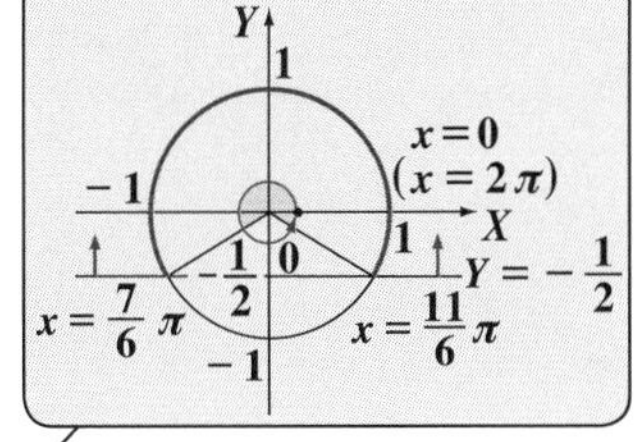

ここで, $0 \leqq x < 2\pi$ より, 求める②の解は

右図より, $0 \leqq x \leqq \frac{7}{6}\pi,\ \frac{11}{6}\pi \leqq x < 2\pi$ となるね。

練習問題 40　三角不等式(Ⅱ)　CHECK 1　CHECK 2　CHECK 3

次の三角不等式を解け。

(1) $\sin x + \sqrt{3}\cos x \leqq -1$ ……③ $(0 \leqq x < 2\pi)$

(2) $\sin 2x - \cos x > 0$ ………④ $(0 \leqq x < 2\pi)$

(1) の左辺は, 三角関数の合成が使える形だね。(2) は, 2倍角の公式 $\sin 2x = 2\sin x\cos x$ を利用して, $A \cdot B > 0$ の形にもち込めばいい。

(1) $1\cdot\sin x+\sqrt{3}\cos x \leqq -1$ ……③ $(0 \leqq x < 2\pi)$

③を変形して，

$2\left(\frac{1}{2}\sin x+\frac{\sqrt{3}}{2}\cos x\right) \leqq -1$

$\frac{1}{2}$ は $\cos\frac{\pi}{3}$，$\frac{\sqrt{3}}{2}$ は $\sin\frac{\pi}{3}$

$2\left(\sin x\cos\frac{\pi}{3}+\cos x\sin\frac{\pi}{3}\right) \leqq -1$

公式：
$\sin\alpha\cdot\cos\beta+\cos\alpha\cdot\sin\beta$
$=\sin(\alpha+\beta)$ を使った！

$\therefore\ \sin\left(x+\frac{\pi}{3}\right) \leqq -\frac{1}{2}$ ……③′

これは，$Y \leqq -\frac{1}{2}$ と考える。

ここで，$0 \leqq x < 2\pi$ より，$\frac{\pi}{3} \leqq x+\frac{\pi}{3} < \frac{7}{3}\pi$

（$\frac{\pi}{3}$ は $0+\frac{\pi}{3}$，$x+\frac{\pi}{3}$ は θ，$\frac{7}{3}\pi$ は $2\pi+\frac{\pi}{3}$）

となる。さらに，$\theta=x+\frac{\pi}{3}$ とおくと，

$\frac{\pi}{3} \leqq \theta < \frac{7}{3}\pi$ の範囲の中で，③′より，

$\sin\theta \leqq -\frac{1}{2}$ をみたす θ の範囲を右上図から

求めることができる。これより，$\frac{7}{6}\pi \leqq \theta \leqq \frac{11}{6}\pi$ となる。

（θ は $x+\frac{\pi}{3}$）

$\therefore\ \frac{7}{6}\pi \leqq x+\frac{\pi}{3} \leqq \frac{11}{6}\pi$ より，$\frac{7}{6}\pi-\frac{\pi}{3} \leqq x \leqq \frac{11}{6}\pi-\frac{\pi}{3}$

各辺から $\frac{\pi}{3}$ を引いて，求める x の範囲を出す！

以上より，$\frac{5}{6}\pi \leqq x \leqq \frac{3}{2}\pi$ となるんだね。

(2) $\sin 2x-\cos x > 0$ ……④ $(0 \leqq x < 2\pi)$

$\sin 2x$ は $2\sin x\cdot\cos x$ ← 2倍角の公式！

④を変形して，

$2\sin x\cdot\cos x-\cos x>0$　　$\cos x(2\sin x-1)>0$

共通因数

$A\cdot B>0$ より，
(ⅰ) $A>0$ かつ $B>0$
または
(ⅱ) $A<0$ かつ $B<0$
だね。

(ⅰ) $\cos x>0$ かつ $2\sin x-1>0$ ，または
(ⅱ) $\cos x<0$ かつ $2\sin x-1<0$ 　となる。

(ⅰ) $\cos x>0$ かつ $\sin x>\dfrac{1}{2}$ 　のとき，

$X>0$　　$Y>\dfrac{1}{2}$ と考える。

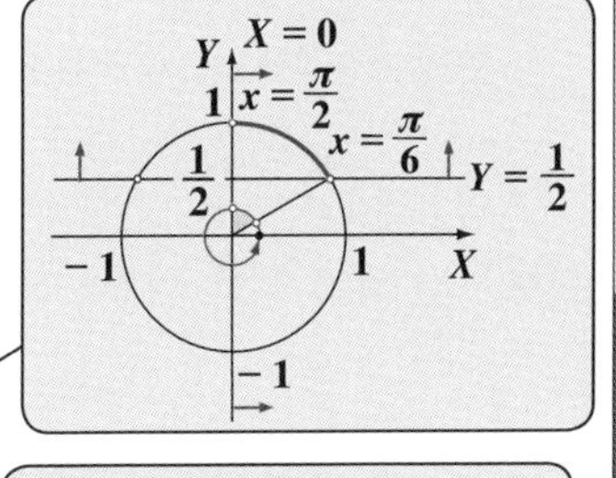

$0\leqq x<2\pi$ より，右図から，

$\dfrac{\pi}{6}<x<\dfrac{\pi}{2}$ となる。

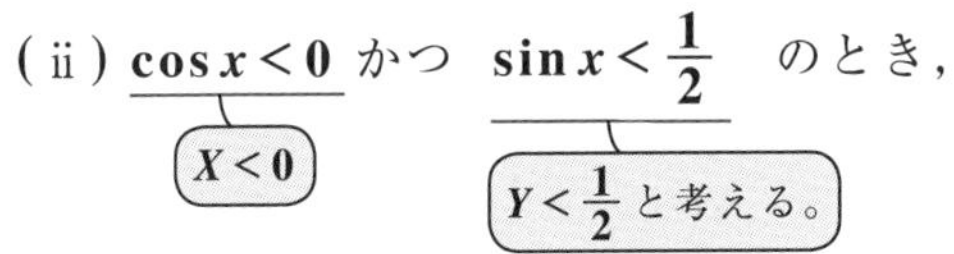

(ⅱ) $\cos x<0$ かつ $\sin x<\dfrac{1}{2}$ 　のとき，

$X<0$　　$Y<\dfrac{1}{2}$ と考える。

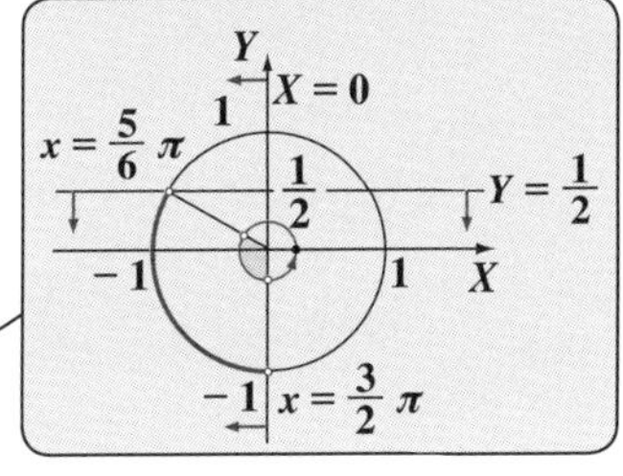

$0\leqq x<2\pi$ より，右図から，

$\dfrac{5}{6}\pi<x<\dfrac{3}{2}\pi$ となる。

以上(ⅰ)(ⅱ)より，求める三角不等式④の解は，

$\dfrac{\pi}{6}<x<\dfrac{\pi}{2}$，$\dfrac{5}{6}\pi<x<\dfrac{3}{2}\pi$ となるんだね。大丈夫だった？

以上で，三角関数の講義はすべて終了です！　かなり大変だったかも知れないけれど，面白かったでしょう？　数学って，きっかけさえつかんでしまえば，実力を爆発的に伸ばしていくことができるんだよ。これまでのボクの講義がキミ達の起爆剤になるはずだから，さらに上を目指して頑張っていってくれ。

でも，その前に必ず実力を定着させておく必要があるんだったね。そう，理解できたと思ったら，それを反復練習して本当に自分のものにしてしまうことなんだね。本当にマスターすると，習ったんではなくて，初めから自分で知っていたような錯覚を覚えるかも知れないね。そうなるまで，何度も反復練習してくれ。期待してるゾ！

第3章●三角関数　公式エッセンス

1. 三角関数の基本公式（Ⅰ）

（ i ）$\cos^2\theta+\sin^2\theta=1$　（ii）$\tan\theta=\dfrac{\sin\theta}{\cos\theta}$　（iii）$1+\tan^2\theta=\dfrac{1}{\cos^2\theta}$

2. 三角関数の基本公式（Ⅱ）

(1)$\sin(-\theta)=-\sin\theta$　(2)$\cos(-\theta)=\cos\theta$　(3)$\tan(-\theta)=-\tan\theta$

sin と tan の中の㊀は表に出し，cos の中の㊀はにぎりつぶす！

3. 三角関数の加法定理

(1) $\begin{cases}\sin(\alpha+\beta)=\sin\alpha\cos\beta+\cos\alpha\sin\beta\\ \sin(\alpha-\beta)=\sin\alpha\cos\beta-\cos\alpha\sin\beta\end{cases}$ ← サイタ・コスモス・コスモス・サイタ（sin cos cos sin）

(2) $\begin{cases}\cos(\alpha+\beta)=\cos\alpha\cos\beta-\sin\alpha\sin\beta\\ \cos(\alpha-\beta)=\cos\alpha\cos\beta+\sin\alpha\sin\beta\end{cases}$ ← コスモス・コスモス・サイタ・サイタ（cos cos sin sin）

(3) $\begin{cases}\tan(\alpha+\beta)=\dfrac{\tan\alpha+\tan\beta}{1-\tan\alpha\tan\beta}\\ \tan(\alpha-\beta)=\dfrac{\tan\alpha-\tan\beta}{1+\tan\alpha\tan\beta}\end{cases}$

← 1・マイナス・タン・タン分のタン・プラス・タン

← 1・プラス・タン・タン分のタン・マイナス・タン

4. 2倍角の公式

(1) $\sin2\alpha=2\sin\alpha\cos\alpha$

(2) $\cos2\alpha=\cos^2\alpha-\sin^2\alpha=1-2\sin^2\alpha=2\cos^2\alpha-1$

5. 半角の公式

(1) $\sin^2\alpha=\dfrac{1-\cos2\alpha}{2}$　　(2) $\cos^2\alpha=\dfrac{1+\cos2\alpha}{2}$

6. 三角関数の合成

$a\sin\theta+b\cos\theta=\sqrt{a^2+b^2}\sin(\theta+\alpha)$

$\left(\cos\alpha=\dfrac{a}{\sqrt{a^2+b^2}}\ ,\ \sin\alpha=\dfrac{b}{\sqrt{a^2+b^2}}\right)$

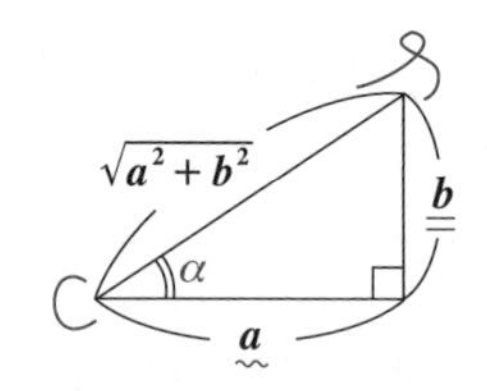

第 4 章
CHAPTER

4 指数関数・対数関数

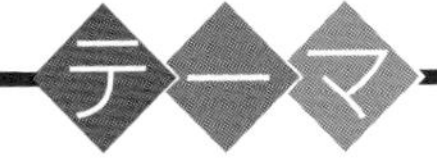

▶ 指数法則， 指数関数

▶ 指数方程式・指数不等式

▶ 対数計算， 対数関数

▶ 対数方程式・対数不等式

14th day　指数法則，指数関数，指数方程式・不等式

おはよう！ みんな元気か？ 今日から，新しいテーマ“**指数関数**，**対数関数**”の講義に入るよ。で，今日は，“**指数関数**”について解説する。具体的には，“**指数法則**”から“**指数関数**”，そして“**指数方程式**”，“**指数不等式**”まで一気に教えるつもりだ。間延びさせずに，一連の流れを理解することも，いい練習になると思う。また，最初の“**指数法則**”については，既にその基本は数学Iで勉強してるからね。

ではまず，“**指数法則**”の復習から講義を始めることにしよう。

● 指数法則を拡張しよう！

a を m 回かけたものを a^m と表し，これを“a の m 乗”と呼ぶ。つまり，$a^m=\underbrace{a\times a\times a\times\cdots\times a}_{m\text{個の}a\text{の積}}$ となる。そして，この上付きの小さな添え字の m を“**指数**”という。この指数計算のやり方を示す“**指数法則**”をまず下に示そう。

指数法則（I）

(1) $a^0=1$　(2) $a^1=a$　(3) $a^m\times a^n=a^{m+n}$

(4) $(a^m)^n=a^{m\times n}$　(5) $\dfrac{a^m}{a^n}=a^{m-n}$　(6) $\left(\dfrac{b}{a}\right)^m=\dfrac{b^m}{a^m}$

(7) $(a\times b)^m=a^m\times b^m$　（a，b：実数，$a\neq 0$，m，n：自然数）

どう？ 頭が，指数計算モードになってきたかな？ この主なものの具体例も書いておこう。

(1) $2^0=1$，$1000^0=1$，$\left(\dfrac{1}{3}\right)^0=1$

(3) $x^4\times x^2=x^{4+2}=x^6$，$2^3\times 2^2=2^{3+2}=2^5=32$

(4) $(y^4)^2=y^{4\times 2}=y^8$，$(2^3)^2=2^{3\times 2}=2^6=64$

(5) $\dfrac{x^7}{x^2}=x^{7-2}=x^5$，$\dfrac{5^6}{5^3}=5^{6-3}=5^3=125$

(6) $\left(\dfrac{x}{2}\right)^3=\dfrac{x^3}{2^3}=\dfrac{x^3}{8}$，$\left(\dfrac{v}{u}\right)^6=\dfrac{v^6}{u^6}$

$2^5=32$
$2^{10}=1024$
は覚えておこう。
すると，2^6 も
$2^6=2\times 2^5=2\times 32$
$=64$
とすぐ求まる！

(7) $(2x)^3=(2\times x)^3=2^3\times x^3=8x^3$　などだね。大丈夫だね。今日の講義では，この指数法則をさらに拡張させるよ。

2 次方程式 $x^2=3$ の解が，$x=\sqrt{3}$，$-\sqrt{3}$ となることは大丈夫だね。じゃ，**3** 次方程式 $x^3=27$ の解はどうなる？ …，そう。"x はこれを **3** 回かけて **27** になる数" のことだから，当然 $x=3$ が答えだ。エッ，$x=-3$ は答えじゃないのかって？ 実際に -3 を **3** 回かけてごらん。すると，$(-3)^3=(-1\times 3)^3=\underbrace{(-1)^3}_{-1}\times\underbrace{3^3}_{27}=-27$ となって **27** とはならないから，$x=-3$ は $x^3=27$ の解じゃない。$x^3=-27$ の解なんだ。

一般に，**2** 以上の自然数 n に対して，$x^n=a$ (a：実数の定数) をみたす解 x のことを "**a の n 乗根**" という。そして，この n 乗根は

2乗根，3乗根，4乗根 ……などをまとめて，**累乗根**（るいじょうこん）ということも覚えておこう。

(i) n が偶数のとき，$\sqrt[n]{a}$，$-\sqrt[n]{a}$　($a>0$) の **2** つ，
(ii) n が奇数のとき，$\sqrt[n]{a}$　($a<0$ でもかまわない。) の **1** つとなる。

n が奇数のとき，たとえば，$\sqrt[3]{-27}$ は，**3** 回かけて -27 となる数のことだから，これは，-3 で存在するんだね。∴ $\sqrt[3]{-27}=-3$
また，$\sqrt[5]{-32}$ も，**5** 回かけて -32 となる数は -2 だから，$\sqrt[5]{-32}=-2$ となる。じゃ，$\sqrt[4]{-32}$ は存在するか？ これはムリだね。**4** 回 (偶数回) かけて負の -32 になる実数は存在しないからだ。(ここでは，実数しか考えていない！)

ここで，

$\left(a^{\frac{1}{n}}\right)^n=a^{\frac{1}{n}\times n}=a^{\frac{n}{n}}=a^1=a$，　すなわち

$\left(a^{\frac{1}{n}}\right)^n=\underbrace{a^{\frac{1}{n}}\times a^{\frac{1}{n}}\times\cdots\times a^{\frac{1}{n}}}_{n\text{ 個の } a^{\frac{1}{n}} \text{ の積}}=a$　となるので $a^{\frac{1}{n}}$ は，"n 回かけて a となる数" のことだから，結局 $\sqrt[n]{a}=a^{\frac{1}{n}}$ となるんだね。これも，メニューに加えよう。

ここで，$n=2$ のときだけは慣例として，$a^{\frac{1}{2}}=\sqrt[2]{a}$ とせず，シンプルに $a^{\frac{1}{2}}=\sqrt{a}$ と表す。これも覚えておいてくれ。

さらに，$a^{\frac{m}{n}}=\left(a^{\frac{1}{n}}\right)^m=(a^m)^{\frac{1}{n}}$ より

$a^{\frac{m}{n}}=\left(\sqrt[n]{a}\right)^m=\sqrt[n]{a^m}$ となる。これも新メニューだね。

また，このように，指数部に $\frac{m}{n}$ のように有理数(分数)がきてもかまわないので，たとえばこれまでの公式 $a^m \times a^n = a^{m+n}$ の自然数 m，n の代わりに有理数 p，q を用いて，$a^p \times a^q = a^{p+q}$ と表すことにしよう。

指数法則(Ⅱ)

(1) $a^0 = 1$　(2) $a^1 = a$　(3) $a^p \times a^q = a^{p+q}$

(4) $(a^p)^q = a^{p \times q}$　(5) $\frac{a^p}{a^q} = a^{p-q}$　(6) $a^{\frac{1}{n}} = \sqrt[n]{a}$

(7) $a^{\frac{m}{n}} = \sqrt[n]{a^m} = \left(\sqrt[n]{a}\right)^m$　(8) $(ab)^p = a^p b^p$　(9) $\left(\frac{b}{a}\right)^p = \frac{b^p}{a^p}$

(ただし，$a > 0$，p，q：有理数，m，n：自然数，$n \geqq 2$)

(6)，(7) において，n が奇数のときは，$a < 0$ の場合もあり得る。

それでは，早速練習問題を解いて，この指数法則に慣れることにしよう。

練習問題 41　指数法則　CHECK 1　CHECK 2　CHECK 3

次の計算をせよ。

(1) $5^{\frac{1}{6}} \cdot 5^{\frac{1}{3}}$　(2) $\left(8^{\frac{1}{2}}\right)^{\frac{4}{3}}$　(3) $\left(\sqrt[3]{16}\right)^{\frac{3}{2}}$

(4) $(27x^6)^{\frac{2}{3}}$　(5) $\frac{3^{\frac{5}{3}}}{3^{\frac{1}{6}}}$　(6) $\left(\frac{\sqrt{8}}{\sqrt[3]{4}}\right)^{\frac{3}{5}}$

指数法則(Ⅱ)の公式を駆使して解いていくんだね。公式はまず使うことによって慣れることが大切だ。頑張れ！

(1) $5^{\frac{1}{6}} \times 5^{\frac{1}{3}} = 5^{\frac{1}{6}+\frac{1}{3}} = 5^{\frac{1}{2}} = \sqrt{5}$ ← 公式 (3) $a^p \times a^q = a^{p+q}$ を使った！

$\left(\frac{1+2}{6} = \frac{3}{6} = \frac{1}{2}\right)$

(2) $\left(8^{\frac{1}{2}}\right)^{\frac{4}{3}} = 8^{\frac{1}{2}\times\frac{4}{3}} = 8^{\frac{2}{3}} = (2^3)^{\frac{2}{3}} = 2^{3\times\frac{2}{3}} = 2^2 = 4$　となる。

公式 (4) $(a^p)^q = a^{p\times q}$ を使った！

(3) $\left(\sqrt[3]{16}\right)^{\frac{3}{2}} = \left(16^{\frac{1}{3}}\right)^{\frac{3}{2}} = 16^{\frac{1}{3}\times\frac{3}{2}} = 16^{\frac{1}{2}} = (4^2)^{\frac{1}{2}} = 4^{2\times\frac{1}{2}} = 4$　だね。

公式 (6) $\sqrt[n]{a} = a^{\frac{1}{n}}$　公式 (4) $(a^p)^q = a^{p\times q}$ を使った！

(4) $(27x^6)^{\frac{2}{3}} = (3^3 \times x^6)^{\frac{2}{3}} = (3^3)^{\frac{2}{3}} \times (x^6)^{\frac{2}{3}} = 3^{3\times\frac{2}{3}} \times x^{6\times\frac{2}{3}} = 3^2 \cdot x^4 = 9x^4$

公式 (8) $(ab)^p = a^p \cdot b^p$　公式 (4) $(a^p)^q = a^{p\times q}$ を使った！

$\dfrac{10-1}{6}=\dfrac{9}{6}=\dfrac{3}{2}$

(5) $\dfrac{3^{\frac{5}{3}}}{3^{\frac{1}{6}}}=3^{\frac{5}{3}-\frac{1}{6}}=3^{\frac{3}{2}}=3^{1+\frac{1}{2}}=3^1\cdot3^{\frac{1}{2}}=3\sqrt{3}$ が答えだ。

公式 (5) $\dfrac{a^p}{a^q}=a^{p-q}$

公式 (3) $a^{p+q}=a^p\times a^q$ を使った！

$\sqrt{2^3}=2^{\frac{3}{2}}$　　$\dfrac{9-4}{6}=\dfrac{5}{6}$

(6) $\left(\dfrac{\sqrt{8}}{\sqrt[3]{4}}\right)^{\frac{3}{5}}=\left(\dfrac{2^{\frac{3}{2}}}{2^{\frac{2}{3}}}\right)^{\frac{3}{5}}=\left(2^{\frac{3}{2}-\frac{2}{3}}\right)^{\frac{3}{5}}=\left(2^{\frac{5}{6}}\right)^{\frac{3}{5}}=2^{\frac{5}{6}\times\frac{3}{5}}=2^{\frac{1}{2}}=\sqrt{2}$　となる。

$\sqrt[3]{2^2}=2^{\frac{2}{3}}$

公式 (7) $\sqrt[n]{a^m}=a^{\frac{m}{n}}$

公式 (5) $\dfrac{a^p}{a^q}=a^{p-q}$

公式 (4) $(a^p)^q=a^{p\times q}$ を使った！

練習問題 42　指数法則の応用　CHECK 1　CHECK 2　CHECK 3

$2^x+2^{-x}=\sqrt{5}$ のとき，次の各式の値を求めよ。

(1) $2^{2x}+2^{-2x}$　　　(2) $2^{3x}+2^{-3x}$

$2^x=\alpha$，$2^{-x}=\beta$ とおくと，条件より $\alpha+\beta=\sqrt{5}$ なんだね。また，$\alpha\cdot\beta=2^x\cdot2^{-x}=2^{x-x}=2^0=1$ となる。ここで，$\alpha+\beta$ と $\alpha\cdot\beta$ の基本対称式の値が分かったので，2つの対称式 (1) $2^{2x}+2^{-2x}=\alpha^2+\beta^2$ と (2) $2^{3x}+2^{-3x}=\alpha^3+\beta^3$ を，基本対称式 ($\alpha+\beta$ と $\alpha\beta$) で表して，それぞれの値を求めればいいんだね。

$\underset{\alpha}{2^x}+\underset{\beta}{2^{-x}}=\sqrt{5}$ ……①　より，$2^x=\alpha$，　$2^{-x}=\beta$ とおくと，①は，

$\alpha+\beta=\sqrt{5}$ ……①′ となる。

また，$\alpha\cdot\beta=2^x\cdot2^{-x}=2^{x+(-x)}=2^{x-x}=2^0=1$ より，

$\alpha\cdot\beta=1$ ……②　となる。

以上をまとめると，

$$\begin{cases}\alpha+\beta=\sqrt{5} & \cdots\cdots①' \\ \alpha\cdot\beta=1 & \cdots\cdots②\end{cases}$$ となる。

2つの基本対称式の値が分かった！

対称式 ($\alpha^2+\beta^2$ や $\alpha^3+\beta^3$ など) はすべて，基本対称式 ($\alpha+\beta$ と $\alpha\cdot\beta$) で表すことができる。
(ex)
・$\alpha^2+\beta^2=(\alpha+\beta)^2-2\alpha\beta$
基本対称式
・$\alpha^3+\beta^3=(\alpha+\beta)^3-3\alpha\beta(\alpha+\beta)$
基本対称式

(1) $\begin{cases}2^{2x}=(2^x)^2=\alpha^2 \\ 2^{-2x}=(2^{-x})^2=\beta^2\end{cases}$ より，

$2^{2x}+2^{-2x}=\alpha^2+\beta^2$
対称式

（$\sqrt{5}$（①′より））（1（②より））

$= (\alpha+\beta)^2 - 2\alpha\beta = (\sqrt{5})^2 - 2\cdot 1 = 5-2=3$　となる。

（基本対称式）

(2) $\begin{cases} 2^{3x} = (2^x)^3 = \alpha^3 \\ 2^{-3x} = (2^{-x})^3 = \beta^3 \end{cases}$　より，

$2^{3x} + 2^{-3x} = \underline{\alpha^3 + \beta^3} = (\alpha+\beta)^3 - 3\alpha\beta\cdot(\alpha+\beta)$

（対称式）（基本対称式）（$\alpha+\beta=\sqrt{5}$，$\alpha\beta=1$）

$= (\sqrt{5})^3 - 3\cdot 1\cdot\sqrt{5} = 5\sqrt{5} - 3\sqrt{5}$

（$\sqrt{5}\times\sqrt{5}\times\sqrt{5} = 5\cdot\sqrt{5}$）

$= (5-3)\sqrt{5} = 2\sqrt{5}$　と答えが導ける。納得いった？

● 指数関数って，どんな関数!?

それじゃ，これから，“**指数関数**（しすうかんすう）”について解説しよう。指数関数とは，$y=2^x$ や $y=3^x$ や $y=\left(\frac{1}{2}\right)^x$ などなど…，$y=a^x$ の形をした関数のことなんだよ。エッ，指数関数 $y=2^x$ は，2 次関数 $y=x^2$ と比べて，2 と x の位置が入れ替ってるだけだって？　そうだね。でも，指数関数は，これまでに習った 2 次関数などとは，まったく異なるグラフの関数になるんだよ。

一般に，“**指数関数**”とは，$y=a^x$ の形をした関数のことで，a は 1 以外の正の実数定数なんだ。そして，この定数 a のことを“**底**（てい）”と呼び，底 a の値が，(Ⅰ) $a>1$ のときと，(Ⅱ) $0<a<1$ のときで，まったく異なる形状のグラフになるんだよ。エッ，$a=1$ のときはどうなるのかって？

$a=1$ のとき，$y=a^x$ は，$y=1^x=1$ となって，これは，図 1 に示すように，x 軸に平行な直線だから，指数関数とは言えないね。よって，指数関数 $y=a^x$ の底 a の条件として，$a>0$ かつ $a\neq 1$ が付くんだよ。納得いった？

図 1　$a=1$ のとき，$y=1$

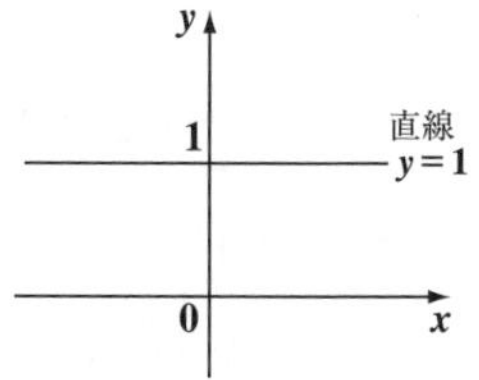

(Ⅰ) $a>1$ の場合：$y=3^x$ や $y=5^x$ などのように，底 a が $a>1$ をみたす指数関数の代表例として，$y=2^x$ のグラフを実際に xy 座標平面上に

描いてみることにしよう。

$x=-2,\ -1,\ 0,\ 1,\ 2$ のとき，

それぞれの y 座標は，

・$x=-2$ のとき，$y=2^{-2}=\dfrac{1}{2^2}=\dfrac{1}{4}$

・$x=-1$ のとき，$y=2^{-1}=\dfrac{1}{2}$

・$x=0$ のとき，　$y=2^0=1$

・$x=1$ のとき，　$y=2^1=2$

・$x=2$ のとき，　$y=2^2=4$　となるので，

図2 (Ⅰ)$a>1$ のときの代表例 $y=2^x$ のグラフ

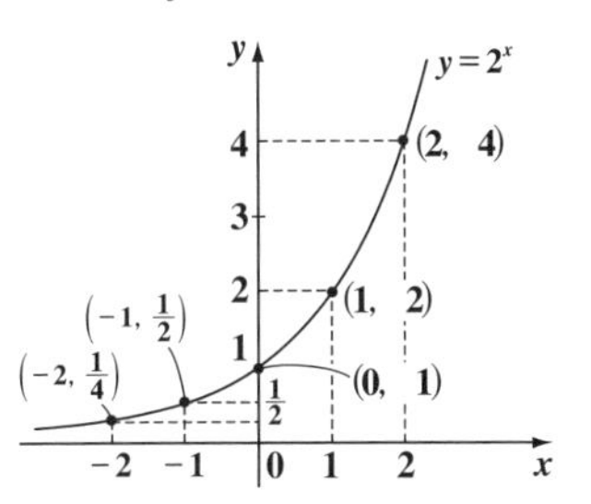

$y=2^x$ のグラフは，点 $\left(-2,\ \dfrac{1}{4}\right)$，$\left(-1,\ \dfrac{1}{2}\right)$，$(0,\ 1)$，$(1,\ 2)$，$(2,\ 4)$ を通る。よって，図2に示すように，これらの点を滑らかな曲線で結んで $y=2^x$ のグラフが描ける。このグラフのポイントとして，

(ⅰ) 単調に増加すること，

(ⅱ) 必ず，点 $(0,\ 1)$ を通ること，

(ⅲ) $x=-3,\ -4,\ -5,\ \cdots$ と小さくしていくと，$y=a^x$ のグラフは限りなく 0 に近づいていくが，常に $y>0$ であること，

が挙げられる。シッカリ頭に入れておこう。

(Ⅱ) $0<a<1$ の場合：$y=\left(\dfrac{1}{3}\right)^x$ や $y=\left(\dfrac{1}{5}\right)^x$ などのように，底 a が $0<a<1$ をみたす指数関数の代表例として，$y=\left(\dfrac{1}{2}\right)^x$ のグラフについても調べてみることにしよう。

指数法則から，

$y=\left(\dfrac{1}{2}\right)^x=\left(2^{-1}\right)^x=2^{-x}$ となるので，

$x=-2,\ -1,\ 0,\ 1,\ 2$ のときの y 座標を求めると，

・$x=-2$ のとき，$y=2^{-(-2)}=2^2=4$

・$x=-1$ のとき，$y=2^{-(-1)}=2^1=2$

図3 (Ⅱ) $0<a<1$ のときの代表例 $y=\left(\dfrac{1}{2}\right)^x$ のグラフ

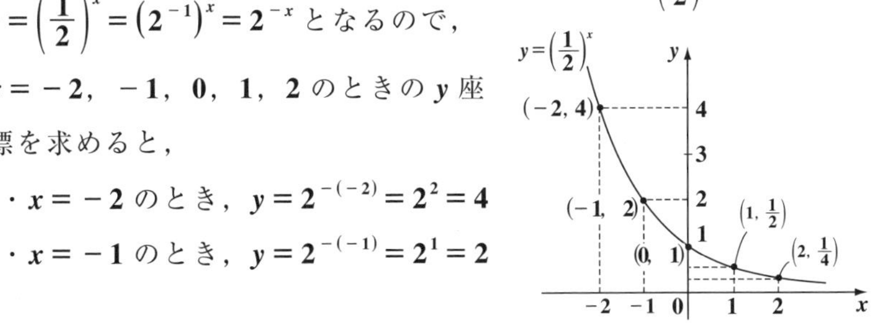

・$x=0$ のとき，　$y=2^{-0}=2^{0}=1$

・$x=1$ のとき，　$y=2^{-1}=\frac{1}{2}$

・$x=2$ のとき，　$y=2^{-2}=\frac{1}{2^2}=\frac{1}{4}$　となるね。よって，

$y=\left(\frac{1}{2}\right)^x$ のグラフは，点 $(-2,\ 4)$，$(-1,\ 2)$，$(0,\ 1)$，$\left(1,\ \frac{1}{2}\right)$，$\left(2,\ \frac{1}{4}\right)$ を通ることが分かったので，図3に示すように，これらの点を xy 座標平面上にとり，それらを滑らかな曲線で結べば，指数関数 $y=\left(\frac{1}{2}\right)^x$ のグラフの概形が描ける。このグラフのポイントとしては，

(i) 単調に減少すること，
(ii) 必ず，点 $(0,\ 1)$ を通ること，
(iii) $x=3,\ 4,\ 5,\ \cdots$ と大きくしていくと，$y=a^x$ のグラフは，限りなく 0 に近づいていくが，常に $y>0$ であること，

が挙げられる。これら3つのポイントは，$y=\left(\frac{1}{3}\right)^x$ や $y=\left(\frac{1}{5}\right)^x$ など，底 a が $0<a<1$ の範囲にあるすべての指数関数 $y=a^x$ がもっている性質なんだよ。

以上より，指数関数 $y=a^x$ のグラフには2つのタイプがあることが分かったと思う。これを，下にまとめておこう。

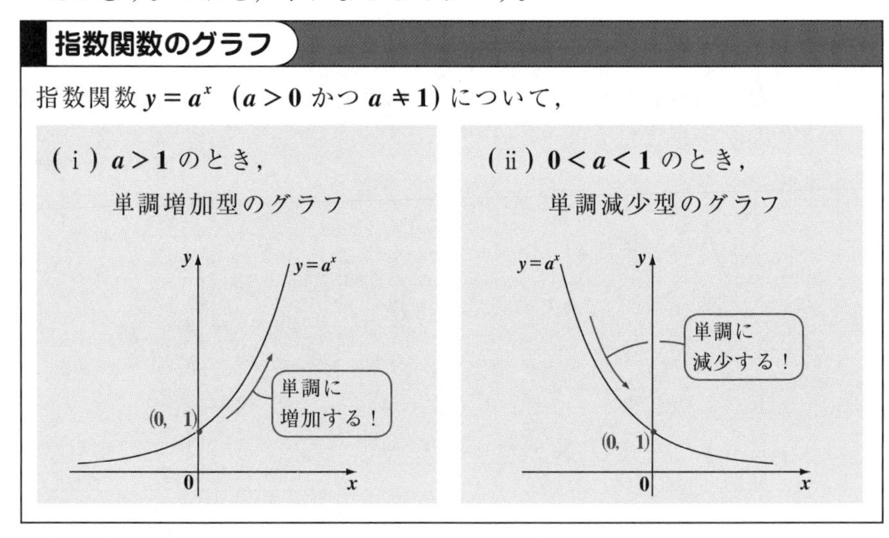

一般に，関数 $y=f(x)$ のグラフを，$(p,\ q)$ だけ平行移動したかったならば，

（"x 軸方向に p, y 軸方向に q だけ平行移動" の意味）

x の代わりに $x-p$，y の代わりに $y-q$ を代入すればよかった。つまり，

$$y=f(x)\ \xrightarrow[\text{平行移動}]{(p,\ q)\text{だけ}}\ y-q=f(x-p)\qquad \begin{cases} x\to x-p \\ y\to y-q \end{cases}$$

となる。大丈夫だね。

これに対して，関数 $y=f(x)$ のグラフを，**y 軸に関して対称移動**させたかったならば，x の代わりに $-x$ を代入すればいいんだよ。つまり

$$y=f(x)\ \xrightarrow[\text{対称移動}]{y\text{軸に関して}}\ y=f(-x)\qquad \cdot\, x\to -x$$

となる。

よって，指数関数 $y=\left(\frac{1}{2}\right)^x=\left(2^{-1}\right)^x=2^{-x}$ は，$y=2^x$ の x の代わりに $-x$ が入ったものだから，図 4 に示すように，$y=2^x$ と $y=\left(\frac{1}{2}\right)^x$ のグラフは，y 軸に関して線対称なグラフになるんだね。これって，y 軸を鏡の面と考えると，左右対称なグラフの形だから，当然 $y=2^x$ が単調に増加するならば，$y=\left(\frac{1}{2}\right)^x$ は単調に減少することになるんだね。納得いった？

図 4　$y=2^x$ と $y=2^{-x}$ は y 軸に関して対称なグラフ

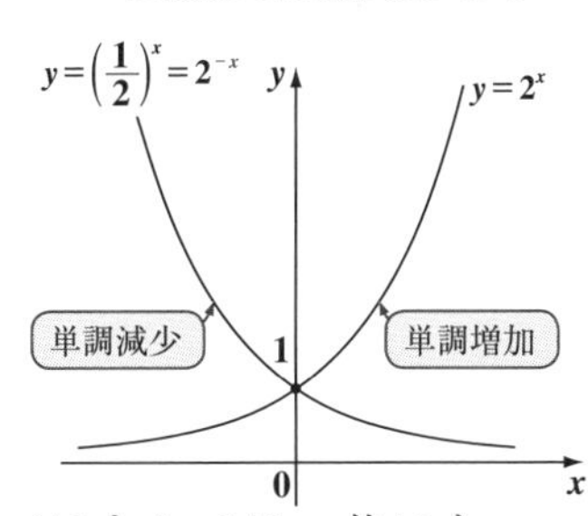

このy 軸に関して左右対称なグラフになるペアとしては，他にも，$y=3^x$ と $y=\left(\frac{1}{3}\right)^x=3^{-x}$ や，$y=5^x$ と $y=\left(\frac{1}{5}\right)^x=5^{-x}$ などが考えられる。これも，大丈夫だね。

それでは，次の練習問題をやってみてごらん。

練習問題 43　指数関数のグラフ　CHECK 1　CHECK 2　CHECK 3

次の各関数を，(3,　1) だけ平行移動したものを求めよ。

(1) $y=2^x$　　　　(2) $y=2^{-x}$

$y=f(x)$ を (3,　1) だけ平行移動した関数は，$y-1=f(x-3)$ となる。

(1) $y=2^x$ を，(3，1) だけ平行移動するためには，$y=2^x$ の x の代わりに，$x-3$ を，y の代わりに $y-1$ を代入すればよい。よって，求める平行移動された関数は，

$y-1=2^{x-3}$ より，$y=2^{x-3}+1$ となる。納得いった？

(2) $y=2^{-x}$ に対しても，これを (3，1) だけ平行移動した関数は，同様に $y-1=2^{-(x-3)}$ より，$y=2^{-x+3}+1$ となるんだね。

● 指数方程式には，2 つのタイプがある！

では次，"**指数方程式**（しすうほうていしき）" に入ろう。"**指数方程式**" とは，文字通り，2^x や 3^{x-1} など，指数関数の入った方程式のことで，その方程式をみたす x の値のことを "**解**（かい）" といい，その解を求めることを，"**指数方程式を解く**" という。で，この指数方程式の解法には，次に示す 2 つのタイプがある。

(Ⅰ) 見比べ型：$a^{x_1}=a^{x_2}$ ならば，$x_1=x_2$ となる。

(Ⅱ) 置換型　：$a^x=t$ などと置換する。$(t>0)$

まず，(Ⅰ) "見比べ型" の例を示そう。たとえば，指数方程式：
$3^{x^2}=3$ ……㋐が与えられた場合，㋐を $3^{\textcircled{x^2}}=3^{\textcircled{1}}$ と見れば，底は同じ 3 なので左右両辺の指数部を見比べて，$x^2=1$ となる。よって，$x=\pm1$ の解が導ける。どう？簡単でしょう。それじゃ，もう 1 つ。指数方程式：
$4^{x+1}=\dfrac{2^x}{4}$ ……㋑が与えられた場合，左右両辺の指数部をキチンと見比べられるように，㋑の左右両辺の底を 2 にそろえて示す必要があるんだね。つまり，㋑を変形して，

$(2^2)^{x+1}=\dfrac{2^x}{2^2}$　　$2^{\boxed{2(x+1)}}=2^{\boxed{x-2}}$ として，指数部同士を見比べて，

$2(x+1)=x-2$　　$2x+2=x-2$　$\therefore x=-4$ と答えが出てくるんだね。

これで，"見比べ型の指数方程式" の解き方も理解できただろう。

次，(Ⅱ) "置換型" の例も示そう。たとえば，指数方程式：
$4^x-3\cdot2^x+2=0$ ……㋒が与えられた場合，㋒を
$(2^2)^x=2^{2\times x}=(2^x)^2$

$(\boxed{2^x})^2-3\cdot\boxed{2^x}+2=0$ と変形して，$2^x=t$ $(t>0)$ と置換すると，
t　　t

$t^2-3\cdot t+2=0$　と，見慣れた t の2次方程式になるだろう。
これを変形して，

$(t-1)(t-2)=0$　　$\therefore t=1$ または 2　$(=2^x)$ となる。

よって，$2^{x}=1=2^{0}$ より $x=0$，または $2^{x}=2=2^{1}$ より $x=1$ となる。

見比べ型　　見比べ型

つまり ㋒ の指数方程式の解は，$x=0,\ 1$ となるんだね。
このように，置換してうまくいく置換型の指数方程式でも，最後には見比べ型の指数方程式が顔を出すので，注意しておくといいよ。

練習問題 44	指数方程式（見比べ型）	CHECK 1	CHECK 2	CHECK 3

次の指数方程式を解け。

(1) $5\cdot\sqrt{5^x}=25^x$　　(2) $\dfrac{4^{x^2}}{2}=2^x$　　(3) $\dfrac{27\cdot 2^y}{3^{3x}}=\dfrac{3^{2y}}{2^{2x-1}}$

(1) は両辺の底を5にそろえ，(2) は両辺の底を2にそろえて，それぞれの指数部を見比べればいい。(3) は $3^{\bigcirc}\times 2^{\square}=3^{\otimes}\times 2^{\boxtimes}$ の形に変形して，3と2の指数部を見比べればいいね。

(1) $5\cdot\sqrt{5^x}=25^x$ を変形して

$(5^x)^{\frac{1}{2}}=5^{\frac{1}{2}x}$　　$(5^2)^x=5^{2x}$

見比べ！

$5\times 5^{\frac{1}{2}x}=5^{2x}$，　$5^{\frac{1}{2}x+1}=5^{2x}$　←　両辺の底を5にそろえたので，後は，指数部を見比べるだけだ。

$5^{1+\frac{1}{2}x}$

両辺の指数部を比較して，

$\dfrac{1}{2}x+1=2x$，　$\left(2-\dfrac{1}{2}\right)x=1$，　$\dfrac{3}{2}x=1$　$\therefore x=\dfrac{2}{3}$ となって答えだ。

$(2^2)^{x^2}=2^{2x^2}$　　2^{2x^2-1}　　見比べ

(2) $\dfrac{4^{x^2}}{2}=2^x$ を変形して，　$\dfrac{2^{2x^2}}{2^1}=2^x$，　$2^{2x^2-1}=2^{x}$

両辺の底を2にそろえたので，後は指数部同士の見比べだ！

両辺の指数部を比較して，

$2x^2-1=x$　　$2x^2-x-1=0$　←　"たすきがけ" の2次方程式だ。

2　　1
1　　−1

$(2x+1)(x-1)=0 \quad \therefore x=-\dfrac{1}{2},\ 1$ となって，答えだ！

(3) 目標はまず，$3^{\bigcirc}\times 2^{\square}=3^{\otimes}\times 2^{\boxtimes}$ の形にすることだ！

$\dfrac{27\cdot 2^y}{3^{3x}}=\dfrac{3^{2y}}{2^{2x-1}}$ を変形して，$(3^3\cdot 3^{-3x})\cdot 2^y=3^{2y}\cdot 2^{-(2x-1)}$

（$27=3^3$，$3^3\cdot 3^{-3x}=3^{3-3x}$，$2^{-(2x-1)}=2^{-2x+1}$）

$3^{(3-3x)}\cdot 2^{\boxed{y}}=3^{(2y)}\cdot 2^{\boxed{1-2x}}$ ← $3^{\bigcirc}\times 2^{\square}=3^{\otimes}\times 2^{\boxtimes}$ の形になった！

両辺の 3 と 2 のそれぞれの指数部を比較して，

$3-3x=2y$ かつ $y=1-2x$ となる。よって，

$$\begin{cases} 3x+2y=3 & \cdots\cdots ① \\ 2x+y=1 & \cdots\cdots ② \end{cases}$$ とおくと，

$$\begin{array}{rl} & 4x+2y=2 \\ -) & 3x+2y=3 \\ \hline & x \qquad = -1 \end{array}$$

②×2－①より，$x=-1$

これを②に代入して，$2\times(-1)+y=1 \quad \therefore y=3$

以上より，$x=-1,\ y=3$ が，この指数方程式の解になる。大丈夫？

次，置換型の指数方程式についても，練習問題で練習しておこう。

練習問題 45　指数方程式（置換型）　CHECK 1　CHECK 2　CHECK 3

指数方程式：$2^{2x+1}+5\cdot 2^x-3=0$ を解け。

$2^x=t$ とおくと，t の 2 次方程式になるので，これを解こう。

$2^{2x+1}+5\cdot 2^x-3=0 \cdots\cdots ①$ を変形して，

（$2^{2x+1}=2^1\cdot 2^{2x}=2\cdot(2^x)^2$）

$2\cdot(2^x)^2+5\cdot 2^x-3=0$

（$2^x=t$）

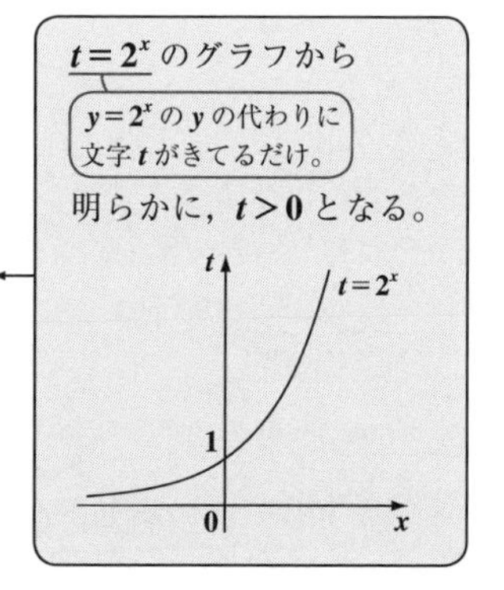

ここで $2^x=t$ と置換すると，$t>0$ となり，

この方程式①は，t の 2 次方程式

$2t^2+5t-3=0$ となる。これを解いて，

$$\begin{array}{ccc} 2 & \times & -1 \\ 1 & & 3 \end{array}$$ ← たすきがけ！

$(2t-1)(t+3)=0$

ここで，$t>0$ より，$t\neq-3 \quad \therefore t=\dfrac{1}{2}\ (=2^x)$ となる。（$\dfrac{1}{2}=2^{-1}$）

よって，$2^{x}=2^{-1}$ より，$x=-1$ が解となる。大丈夫だった？

● 指数不等式では，底 a の値に要注意だ！

“**指数不等式**” とは，指数関数 (2^x や 3^x など) の入った不等式のことで，その解は，一般には x の値の範囲で示される。この指数不等式の場合も，(Ⅰ) 見比べ型と (Ⅱ) 置換型の **2** つのタイプに分類される。でも，
(Ⅰ) 指数不等式の見比べ型の場合，

$\begin{cases} \text{(i)}\ a>1 \text{ のとき，不等号の向きは変化しないけれど，} \\ \text{(ii)}\ 0<a<1 \text{ のとき，不等号の向きが逆転することに注意が必要だ。} \end{cases}$

指数不等式の注意点

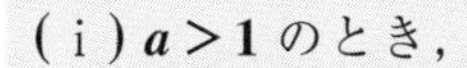

(i) $a>1$ のとき，

$a^{x_1}>a^{x_2} \rightleftarrows x_1>x_2$

不等号の向きは変化しない！

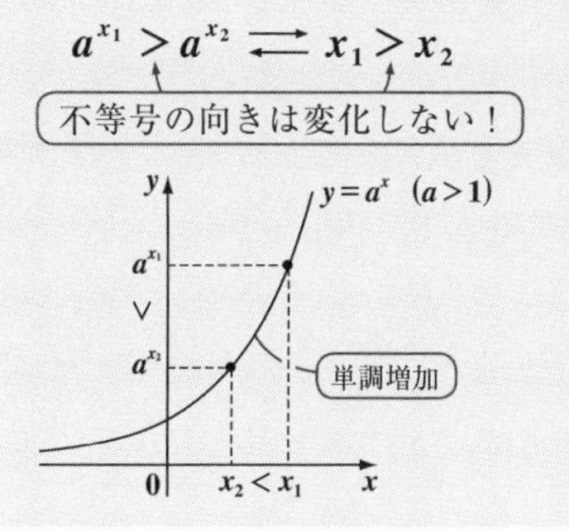

(ii) $0<a<1$ のとき，

$a^{x_1}>a^{x_2} \rightleftarrows x_1<x_2$

不等号の向きが逆転！

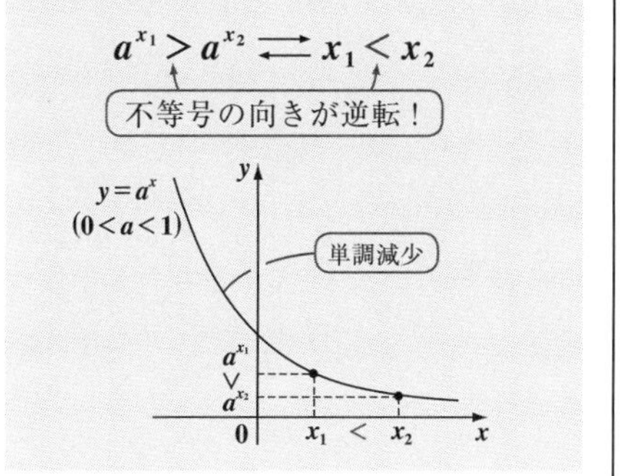

(i) $a>1$ のとき，指数関数 $y=a^x$ は，単調増加型のグラフになるので，
$x_1>x_2$ ならば，$a^{x_1}>a^{x_2}$ となる。これは，逆も成り立つので，結局，
“$a^{x_1}>a^{x_2}$ ならば，$x_1>x_2$” と言えるんだね。
不等号の向きは変化しない！

(ii) $0<a<1$ のとき，指数関数 $y=a^x$ は単調減少型のグラフになるので，
$x_1<x_2$ ならば，$a^{x_1}>a^{x_2}$ となるんだね。これは，グラフから逆もまた成り立つので，“$a^{x_1}>a^{x_2}$ ならば，$x_1<x_2$”も成り立つんだね。納得いった？
不等号の向きが逆転する

見比べ型の指数不等式

(i) $a>1$ のとき，　$a^{x_1}>a^{x_2}$ ならば，$x_1>x_2$ となる。
(ii) $0<a<1$ のとき，　$a^{x_1}>a^{x_2}$ ならば，$x_1<x_2$ となる。

(Ⅱ) 指数不等式の置換型の場合，

$a^x=t$ などとおいて，t の 2 次不等式などにもちこんで解けばいいんだね。このとき $t>0$ となることも要注意だ。

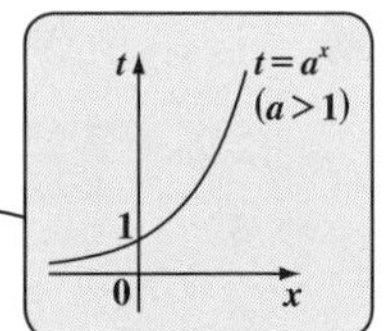

それでは，練習問題で，実際に指数不等式を解いてみよう。

練習問題 46 指数不等式（見比べ型） CHECK 1 CHECK 2 CHECK 3

次の指数不等式を解け。

(1) $9^x>\sqrt[3]{3}\cdot 3^x$

(2) $a^{3x+1}>a^{3-x}$ （ただし，$a>0$ かつ $a\neq 1$ とする）

(1) では，底を 3 にそろえて見比べればいい。(2) の場合，(i) $a>1$ のときと，(ii) $0<a<1$ のときで場合分けして解く必要があるね。

(1) $9^x>\sqrt[3]{3}\cdot 3^x$ を変形して，（$9^x=(3^2)^x=3^{2x}$，$\sqrt[3]{3}=3^{\frac{1}{3}}$）

$3^{2x}>3^{\frac{1}{3}}\cdot 3^x$，　$3^{2x}>3^{x+\frac{1}{3}}$ （見比べ！）

ここで，両辺の底は 3 (>1) なので，両辺の指数部を比較して，

$2x>x+\dfrac{1}{3}$　$\therefore x>\dfrac{1}{3}$ となる。

（$a>1$ のとき，$a^{x_1}>a^{x_2}$ ならば，$x_1>x_2$ となる。不等号の向きが変わらない）

(2) $a^{3x+1}>a^{3-x}$ ……① （見比べ！） $(a>0$ かつ $a\neq 1)$ について，

(i) $a>1$ のとき，（$a>1$ より，指数部の大小関係は変化しない。）

①の指数部を比較して，$3x+1>3-x$　$3x+x>3-1$

$4x>2$　$\therefore x>\dfrac{1}{2}$ となる。

(ii) $0<a<1$ のとき，（$0<a<1$ より，指数部の大小関係は逆転する。）

①の指数部を比較して，$3x+1<3-x$

$4x<2$　$\therefore x<\dfrac{1}{2}$ となるね。納得いった？

それでは次，置換型の指数不等式も解いてみよう。

練習問題 47　指数不等式（置換型）　CHECK 1　CHECK 2　CHECK 3

指数不等式：$2^{2x+1}-5\cdot2^x+2<0$ を解け。

$2^x=u$ とおくと，u の 2 次不等式の問題に帰着する。ここで，$u>0$ の条件は大事だよ。

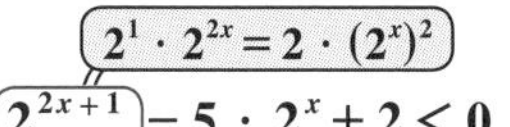

$2^{2x+1}-5\cdot2^x+2<0$ ……② を変形して，

$2\cdot((2^x))^2-5\cdot(2^x)+2<0$　（2^x は u）

ここで，$2^x=u$ とおくと，$u>0$ であり，

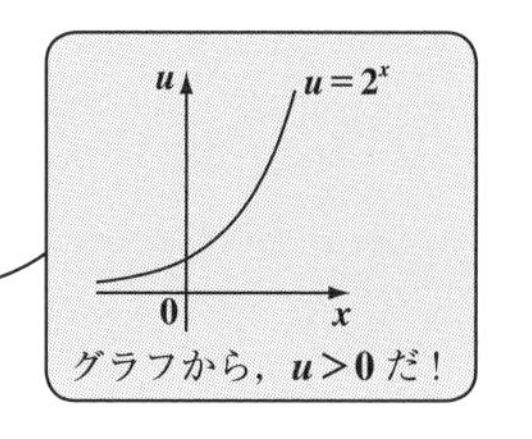

②は

$2u^2-5u+2<0$ となる。

2 ＼／ −1
1 ／＼ −2 ← たすきがけ

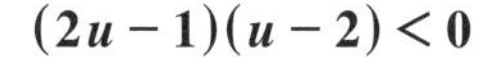

$(2u-1)(u-2)<0$

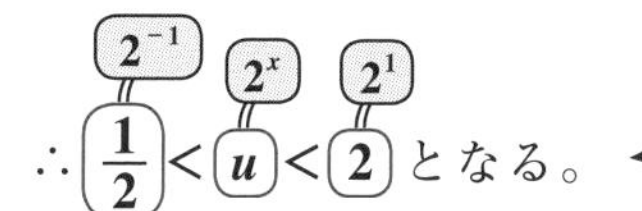

$\therefore\ \dfrac{1}{2}<u<2$ となる。（$\frac{1}{2}=2^{-1}$，$u=2^x$，$2=2^1$）

（これは，$u>0$ の条件をみたす。）

見比べ！

よって，$2^{-1}<2^x<2^1$ より，$-1<x<1$ が②の解となる。大丈夫？

底が 2 で，1 より大きいので，指数部を見比べるときに，不等号の向きに変化は起らない！

以上で，今日の“**指数関数**”の講義はすべて終了です。フ～，疲れたって？　そうだね。“**指数法則**”，“**指数関数**”，それに“**指数方程式**”，“**指数不等式**”まで，一気に教えたからね。くたびれるのも当然だろうね。でも，一気に勉強することによって，指数関数全体の一連の流れがすべて理解できたと思う。今は，疲れてるだろうから，一休みしてもかまわないよ。でも，また元気が回復したら，シッカリ復習しておくんだよ。それじゃ，元気で，さようなら…。

15th day　対数計算，対数関数，対数方程式・不等式

おはよう！ みんな元気？ 今日は“**対数関数**”について解説しよう。これは，前回解説した“**指数関数**”とは，兄弟のような関数なんだ。

ここでは，まず，“**対数の定義**”から始めて，“**対数計算**”，“**対数関数**”，そして“**対数方程式**”，“**対数不等式**”まで，すべて教えよう。今日も盛り沢山の内容になるけれど，最後まで分かりやすく教えよう！

● 対数って，指数のこと??

指数計算で，$2^4 = 16$ や，$5^2 = 25$ などと計算できるのは大丈夫だね。

（$2 \times 2 \times 2 \times 2$ のこと）（5×5 のこと）

これを一般化して，$a^b = c$ という式が与えられたとき，この式を書き変えて，$b = \log_a c$ と表すことにする。実は，これが**対数**の定義なんだ。ンッ，ピンとこないって？ 当然だ。これからゆっくり解説していくよ。

（これは，“ログ a の c”などと読む）

先程の例でいうと，$2^4 = 16$ は，$4 = \log_2 16$ と変形できるし，

（“ログ 2 の 16”と読む）

$5^2 = 25$ は，$2 = \log_5 25$ と変形できる。

（“ログ 5 の 25”と読む）

少し慣れてきた？ それでは対数の定義を次に示そう。

対数の定義

$$a^b = c \rightleftarrows b = \log_a c$$

（ここで，a を“**底**”，c を“**真数**”と呼ぶ。）

（底）（真数）

$a^b = c$ と，$b = \log_a c$ は同じ式で，a を“**底**”，c を“**真数**”と呼び，そして，$\log_a c$ のことを“**a を底とする c の対数**”，または単に“**対数**”という。ここで，$\log_a c = b$ のことだから，結局 $a^{b} = c$ の式の指数 b が，対数 $\log_a c$ ということになるんだね。エッ，まだ練習したいって？ いいよ。たとえば，対数 $\log_2 8$ は，具体的にどんな数になるか分かる？

（b：対数）

（これは，“ログ 2 の 8”とでも読むが，正式には，“2 を底とする 8 の対数”という。）

そうだね。$\log_2 8 = x$ とおくと，これは，$2^x = 8$ のことだから，当然 $2^3 = 8$ より，$x = 3$ すなわち，$\log_2 8 = 3$ となることが分かるはずだ。同様に，$\log_3 81$ も，$\log_3 81 = x$ とおくと，$3^x = 81 = 3^4$ より，$x = 4$，すなわち $\log_3 81 = 4$ となる。

この要領で，実際に対数の値を求める訓練を，次の例題でしておこう。

(a) 次の各式の値を求めよ。

(1) $\log_2 1$　　(2) $\log_3 3$　　(3) $\log_2 16$

(4) $\log_3 \frac{1}{9}$　　(5) $\log_2 \sqrt{2}$　　(6) $\log_5 \sqrt[3]{5}$

(1) $2^0 = 1$ だから，$\log_2 1 = 0$ だね。大丈夫？

(2) $3^1 = 3$ だから，$\log_3 3 = 1$ となる。これもいい？ 次，

(3) $2^4 = 16$ だから，$\log_2 16 = 4$ となるのもいいね。

(4) $3^{-2} = \frac{1}{3^2} = \frac{1}{9}$，すなわち $3^{-2} = \frac{1}{9}$ から，$\log_3 \frac{1}{9} = -2$ となる。

(5) $2^{\frac{1}{2}} = \sqrt{2}$ のことだから，$\log_2 \sqrt{2} = \frac{1}{2}$ となるね。

(6) $5^{\frac{1}{3}} = \sqrt[3]{5}$ のことだから，これから，$\log_5 \sqrt[3]{5} = \frac{1}{3}$ となる。

どう？ 対数の計算にも少しは慣れてきた？でも，以上のものはみんなキレイな数値になるものばかりを示したにすぎないんだよ。もし，$\log_2 10$ と言われて，これが具体的にどんな数になるか分かる？ …，確かに $2^x = 10$ をみたす何かある x という数はただ 1 つ存在するだろうね。でも，これを近似だけど具体的に知るには，関数電卓や数表を使う以外にないんだね。だから，この場合，対数 $\log_2 10$ の値は，$\log_2 10$ と表す以外にないんだね。でも，このような対数も，これから示す"**対数計算の公式**"により，別の形で表現することはできるんだ。

● 対数計算の公式をマスターしよう！

複雑な指数計算を行うには，"**指数法則**"という便利な公式があったね。これと同様に，こみ入った対数計算を行うのに役に立つ"**対数計算の公式**"を次に示そう。ここでは，証明は省く。公式は"**便利な道具**"と考えて，うまく使いこなしていくことに専念しよう。

対数計算の公式

(1) $\log_a 1 = 0$　(2) $\log_a a = 1$

(3) $\log_a xy = \log_a x + \log_a y$　(4) $\log_a \frac{x}{y} = \log_a x - \log_a y$

(5) $\log_a x^p = p \cdot \log_a x$　(6) $\log_a x = \frac{\log_b x}{\log_b a}$

(ここで，$x>0$，$y>0$，$a>0$ かつ $a \neq 1$，$b>0$ かつ $b \neq 1$，p：実数)

真数条件（$x>0$，$y>0$）　底の条件（$a>0$ かつ $a \neq 1$，$b>0$ かつ $b \neq 1$）

(1) と (2) は，指数法則 $a^0 = 1$，$a^1 = a$ を対数で表現し直したものにすぎないね。これから，$\log_5 1 = 0$，$\log_3 1 = 0$，また $\log_2 2 = 1$，$\log_{10} 10 = 1$ などとなるんだね。

（$a^0 = 1$ → $\log_a 1 = 0$，$a^1 = a$ → $\log_a a = 1$）

(3) については，$a = 2$，$x = 8$，$y = 4$ とおくと

・$\log_a xy = \log_2 (8 \times 4) = \log_2 32 = 5$ $(\because 2^5 = 32)$

・$\log_a x = \log_2 8 = 3$ $(\because 2^3 = 8)$

・$\log_a y = \log_2 4 = 2$ $(\because 2^2 = 4)$ より

（$\because$ これは“なぜなら”を表す記号）

$5 = 3 + 2$ だから，$\log_a xy = \log_a x + \log_a y$ が成り立っているのが分かるね。これから，キレイな値にはならないと言った対数 $\log_2 10$ も，

$\log_2 10 = \log_2 (2 \times 5) = \log_2 2 + \log_2 5 = 1 + \log_2 5$ と表せるんだね。（$\log_2 2 = 1$）

$[\ \log_a xy = \log_a x + \log_a y\ ]$

(4) についても，$a = 2$，$x = 8$，$y = 4$ とおくと，

・$\log_a \frac{x}{y} = \log_2 \frac{8}{4} = \log_2 2 = 1$ $(\because 2^1 = 2)$

（これは“なぜなら”を表す記号）

・$\log_a x = \log_2 8 = 3$ $(\because 2^3 = 8)$

・$\log_a y = \log_2 4 = 2$ $(\because 2^2 = 4)$ より

$1 = 3 - 2$ だから，$\log_a \frac{x}{y} = \log_a x - \log_a y$ が成り立つのも分かるね。

よって，$\log_3 \frac{5}{3}$ も，

$\log_3\frac{5}{3}=\log_3 5-\log_3 3=\log_3 5-1$ と表現し直すことができるんだね。（$\log_3 3$ → 1）

$\left[\log_a\frac{x}{y}=\log_a x-\log_a y\right]$

(5) $\log_a x^p=p\cdot\log_a x$ の公式は，「真数が x^p のような形の場合，指数部 p は表に出せる」と，覚えておけばいい。これも，具体的に確認しよう。

（表に出せる！）（a：底）（x^p：真数）

$a=2$，$x=4$，$p=3$ のとき，

・$\log_a x^p=\log_2 4^3=\log_2 64=6$ $(\because 2^6=64)$

（4^3：$4\times4\times4=64$）（これは"なぜなら"を表す記号）

・$\log_a x=\log_2 4=2$ $(\because 2^2=4)$ より

$6=3\cdot2$ だから，$\log_a x^p=p\cdot\log_a x$ も成り立ってるね。

よって，$\log_5 16$ も，

$\log_5 16=\log_5 2^4=4\cdot\log_5 2$ と表すことができる。

さらに $2=\frac{10}{5}$ とおくと，これは

$\log_5 16=4\cdot\log_5 2=4\cdot\log_5\frac{10}{5}=4(\log_5 10-\log_5 5)$

（2 → $\frac{10}{5}$）（公式 (4)）（$\log_5 5$ → 1）

$=4(\log_5 10-1)$ とまで，変形することができる。面白い？

(6) $\log_a x=\frac{\log_b x}{\log_b a}$ は，底 a の対数を，底 b の対数にするのに使う公式だよ。

これも，$a=4$，$x=64$，$b=2$ とおいて，具体的に調べてみよう。

・$\log_a x=\log_4 64=3$ $(\because 4^3=64)$

・$\log_b x=\log_2 64=6$ $(\because 2^6=64)$

・$\log_b a=\log_2 4=2$ $(\because 2^2=4)$ より

$3=\frac{6}{2}$ だから，$\log_a x=\frac{\log_b x}{\log_b a}$ が成り立っているのも大丈夫だね。これは，例えば $\log_{\frac{1}{2}}8$ のような対数でも，この公式を使って底 2 の対数に書き変えると，

$$\log_{\frac{1}{2}}8 = \frac{\log_2 8}{\log_2 \frac{1}{2}} = \frac{3}{-1} = -3$$ と，スッキリ計算できるだろう。

（$\log_2 8$：$3\ (\because 2^3 = 8)$，$\log_2 \frac{1}{2}$：$-1\ \left(\because 2^{-1} = \frac{1}{2}\right)$）

ここで，一般に $\log_a b = \dfrac{1}{\log_b a}$ も，公式として覚えておくといいよ。

底 a の対数 $\log_a b$ の底を b に切り替えると，公式 (6) より

$\log_a b = \dfrac{\log_b b}{\log_b a} = \dfrac{1}{\log_b a}$ が導けるんだね。この公式は，「対数の底と真数を入れ替えると，逆数になる！」と覚えておけばいい。

（a：底，b：真数，$\log_b b = 1$）

だから，$\log_3 2 = \dfrac{1}{\log_2 3}$，$\log_5 7 = \dfrac{1}{\log_7 5}$ などと機械的に変形できる。

ここで，$\log_a x = b$ とは，$a^b = x$ のことだから，指数関数のところで，

（a：底，x：真数）

底 a が，“**底の条件**”として，“$a > 0$ かつ $a \neq 1$” をもつことは，既に知ってるね。また，$x = a^b$ を右図のように指数関数とみると，$\log_a x$ の真数 x が，$x > 0$ となることも分かるはずだ。この $x > 0$ を，“**真数条件**（しんすうじょうけん）” という。だから，$\log_2(-3)$ などという対数は存在しない。

（-3：⊖ ← 真数条件をみたさない！）

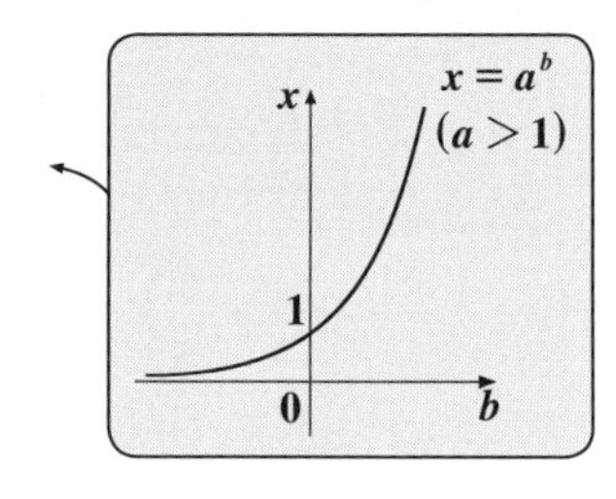

それでは，練習問題で，対数計算の練習をやってみよう！

練習問題 48　対数計算（Ⅰ）　CHECK 1　CHECK 2　CHECK 3

次の式を計算せよ。

(1) $\log_2 45$　(2) $\log_3 \dfrac{16}{3}$　(3) $\log_{\sqrt{5}} 125$

(4) $\log_8 \dfrac{1}{2}$　(5) $\log_2 3 \cdot \log_3 2$　(6) $\log_3 25 \cdot \log_{\sqrt{5}} 3$

対数計算の 6 つの公式を使いこなして，解いていくんだね。頑張れ！

(1) $\log_2 \underset{3^2\times 5}{\boxed{45}} = \log_2 3^2\cdot 5 = \log_2 3^{②} + \log_2 5$

$= 2\cdot\log_2 3 + \log_2 5$ となる。

公式：
$\log_a xy = \log_a x + \log_a y$
$\log_a x^p = p\cdot\log_a x$ を使った！

(2) $\log_3 \dfrac{16}{3} = \log_3 \underset{2^4}{\boxed{16}} - \underset{1}{\boxed{\log_3 3}} = \log_3 2^{④} - 1$

$= 4\cdot\log_3 2 - 1$ だね。

公式：
$\log_a \dfrac{x}{y} = \log_a x - \log_a y$
$\log_a x^p = p\cdot\log_a x$ を使った！

(3) $\log_{\sqrt{5}} \underset{5^3}{\boxed{125}} = \dfrac{\underset{3}{\boxed{\log_5 5^3}}}{\underset{\frac{1}{2}\ (\because 5^{\frac{1}{2}}=\sqrt{5})}{\boxed{\log_5\sqrt{5}}}}$

公式：$\log_a x = \dfrac{\log_b x}{\log_b a}$ を使って，底を 5 にそろえた！

$= \dfrac{3}{\dfrac{1}{②}} = 6$ となって答えだ。

分母の分母は上へ

(4) $\log_8 \dfrac{1}{2} = \dfrac{\underset{-1\ \left(\because 2^{-1}=\frac{1}{2}\right)}{\boxed{\log_2\frac{1}{2}}}}{\underset{3}{\boxed{\log_2 8}}} = \dfrac{-1}{3} = -\dfrac{1}{3}$ となるね。

底を 2 にそろえた

(5) $\log_2 3\cdot\log_3 2 = \cancel{\log_2 3}\times\dfrac{1}{\cancel{\log_2 3}} = 1$ と，シンプルになった。

公式：$\log_a b = \dfrac{1}{\log_b a}$ を使った。

「対数の底と真数を入れ替えると，逆数になる！」

(6) $\log_3 \underset{5^2}{\boxed{25}}\cdot\log_{\sqrt{5}} 3 = \log_3 5^{②}\cdot\dfrac{1}{\log_3\sqrt{5}} = 2\cdot\log_3 5\cdot\dfrac{1}{\log_3 5^{\boxed{\frac{1}{2}}}}$

公式：$\log_a b = \dfrac{1}{\log_b a}$ を使った。

$= \dfrac{2\cdot\cancel{\log_3 5}}{\dfrac{1}{2}\cdot\cancel{\log_3 5}} = \dfrac{2}{\dfrac{1}{②}} = 4$ となる。大丈夫だった？

分母の分母は上へ

練習問題 49　対数計算（Ⅱ）　CHECK 1　CHECK 2　CHECK 3

次の式の値を求めよ。

(1) $(\log_3 2+1)\cdot\log_6 3$　　　(2) $(\log_2 20-2)\cdot\log_{\sqrt{5}} 8$

(1) では $1=\log_3 3$ とおき，(2) では $2=\log_2 4$ とおくと，話が見えてくるはずだ。

(1) $(\log_3 2+\underset{\log_3 3}{1})\cdot\log_6 3=(\log_3 2+\log_3 3)\cdot\log_6 3$

公式：
$\log_a x+\log_a y=\log_a xy$
$\log_a b=\dfrac{1}{\log_b a}$ を使った。

$=\log_3(2\times 3)\cdot\log_6 3=\log_3 6\cdot\dfrac{1}{\log_3 6}=1$ となる。

(2) $(\log_2 20-\underset{\log_2 4}{2})\cdot\log_{\sqrt{5}} 8=(\log_2 20-\log_2 4)\cdot\log_{\sqrt{5}} 8$

公式：
$\log_a x-\log_a y=\log_a \dfrac{x}{y}$
$\log_a x=\dfrac{\log_b x}{\log_b a}$
$\log_a x^p=p\cdot\log_a x$ を使った。

底を2にそろえた

$=\log_2\dfrac{20}{4}\cdot\log_{\sqrt{5}} 8=\log_2 5\cdot\dfrac{\log_2 8}{\log_2\sqrt{5}}$

$\log_2 8=3$

$\log_2 5^{\frac{1}{2}}=\dfrac{1}{2}\cdot\log_2 5$

$=\dfrac{3\cdot\log_2 5}{\frac{1}{2}\cdot\log_2 5}=\dfrac{3}{\frac{1}{2}}=6$ となって答えだ！

分母の分母は上へ

● 対数関数のグラフにも，2タイプがある！

さァ，**対数関数** $y=\log_a x$ （$a>0$ かつ $a\neq 1$，$x>0$）の解説に入ろう。

（底の条件：$a>0$ かつ $a\neq 1$，真数条件：$x>0$）

ここで，底 a は，$a>0$ かつ $a\neq 1$ をみたす定数だから，文字通り，y は変数 x の関数の形，つまり，$y=f(x)=\log_a x$ になってるんだね。

この対数関数 $y=\log_a x$ は，これを書き替えて $x=a^y$ と表すこともできる。この $x=a^y$，すなわち $y=\log_a x$ は，指数関数 $y=a^x$ （$a>0$ かつ $a\neq 1$）の x と y を入れ替えたものだったんだね。

一般にある関数 $y=g(x)$ の x と y を入れ替えて出来る $x=g(y)$ の描くグラフは，元の $y=g(x)$ のグラフと，直線 $y=x$ に関して線対称な形になることも覚えておこう。

指数関数 $y=a^x$ について，

$\begin{cases} (\text{i})\ a>1 \text{ のときは，単調増加型のグラフになり，} \\ (\text{ii})\ 0<a<1 \text{ のときは，単調減少型のグラフになるんだったね。} \end{cases}$

よって，これらを直線 $y=x$ に関して対称移動した対数関数 $y=\log_a x$ のグラフも同様に，**2** 通り存在することになる。

対数関数のグラフ

対数関数 $y=\log_a x$ $(a>0$ かつ $a\neq 1$，$x>0)$ について，

(i) $a>1$ のとき

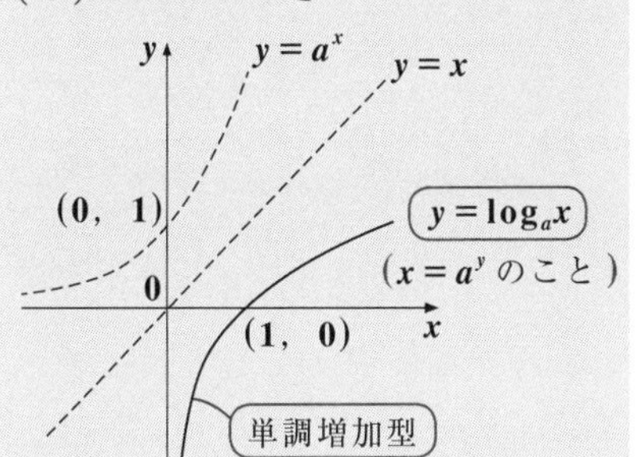

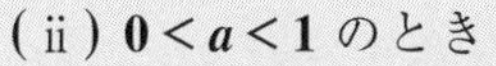

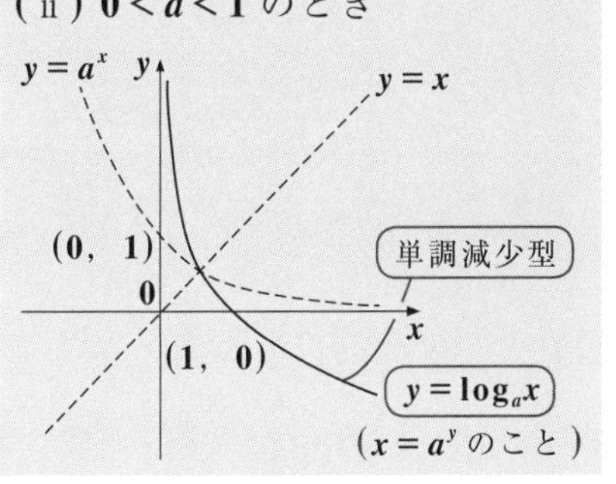

対数関数 $y=\log_a x$ は，必ず点 $(1,\ 0)$ を通り，定義域（ていぎいき）は $x>0$ で，底 a の値の属する範囲によって，図 **1** に示すように，

（定義域：x のとり得る値の範囲）

$\begin{cases} (\text{i})\ a>1 \text{ のとき，単調増加型のグラフに，また，} \\ (\text{ii})\ 0<a<1 \text{ のとき，単調減少型のグラフになる。} \end{cases}$

図 1 対数関数 $y=\log_a x$

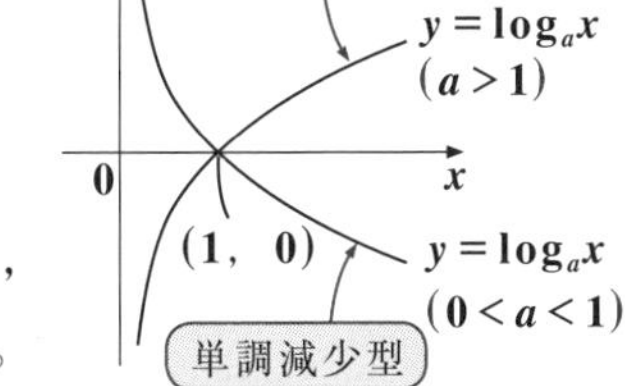

前に指数関数のところで，"関数 $y=f(x)$ を，y 軸に関して対称移動させたかったならば，x の代わりに $-x$ を代入すればいい" と言ったね。つまり

$$y=f(x) \xrightarrow[\text{対称移動}]{y\text{ 軸に関して}} y=f(-x)$$ と解説した。

これと同様に "関数 $y=f(x)$ を，x 軸に関して対称移動させたかったならば，y の代わりに $-y$ を代入すればいい" ことも覚えておこう。つまり，

$$y=f(x) \xrightarrow[\text{対称移動}]{x\text{ 軸に関して}} -y=f(x)$$ となるんだよ。

ここで，2つの対数関数 $y=\log_2 x$ と $y=\log_{\frac{1}{2}} x$ が，x 軸に関して線対称なグラフになることを示そう。

底が2で，1より大なので単調増加型のグラフになる。

底が $\frac{1}{2}$ で，0と1の間の数なので単調減少型のグラフになる。

$$y=\log_{\frac{1}{2}} x=\frac{\log_2 x}{\log_2 \frac{1}{2}}$$

底を2にそろえた。

$\log_2 \frac{1}{2}=-1 \left(\because 2^{-1}=\frac{1}{2}\right)$

$$=\frac{\log_2 x}{-1}=-\log_2 x$$

よって，$y=-\log_2 x$ の両辺に -1 をかけて，

$-y=\log_2 x$ ← これは，$y=\log_{\frac{1}{2}} x$ のこと となる。

よって，$y=\log_{\frac{1}{2}} x$，すなわち $-y=\log_2 x$ は

$y=\log_2 x$ の y の代わりに $-y$ がきているので，

図2に示すように，

図2 $y=\log_2 x$ と $y=\log_{\frac{1}{2}} x$ は x 軸に関して対称なグラフ

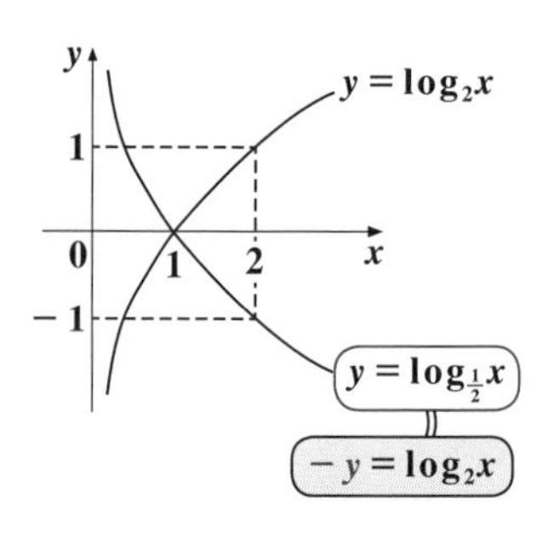

$y=\log_2 x$ と $y=\log_{\frac{1}{2}} x$ は，x 軸に関して線対称なグラフになる。同様に，$y=\log_3 x$ と $y=\log_{\frac{1}{3}} x$ や，$y=\log_5 x$ と $y=\log_{\frac{1}{5}} x$ などもそれぞれ x 軸に関して線対称なグラフになるんだね。納得いった？

● 対数方程式に挑戦しよう！

“**対数方程式**”とは，対数関数 ($\log_2 x$ や $\log_3 x$ など) の入った方程式のことで，それをみたす x の値を“**解**(かい)”という。そして，この解を求めることを，“**対数方程式を解く**”という。ここまではいいね。

そして，指数方程式のときと同様に，対数方程式でも，(Ⅰ)見比べ型と，(Ⅱ)置換型の2つの解法パターンがあることを，まず頭に入れておいてくれ。

対数方程式の解法

(Ⅰ) 見比べ型：$\log_a x_1=\log_a x_2$ ならば，$x_1=x_2$ となる。

(Ⅱ) 置換型　：$\log_a x=t$ などと置換する。

ただし，対数方程式では，要注意のポイントが1つある。それは，
“まず，必ず真数条件をチェックせよ！”ってことだ。

たとえば，対数方程式：$2\cdot\log_2 x=\log_2(x+6)$ …… ㋐が与えられたら，

㋐を変形して，$\log_2 x^2 = \log_2(x+6)$

（見比べ）

この両辺は底 **2** でそろっているから，両辺の真数同士を比較して，

$x^2 = x+6 \qquad x^2 - x - 6 = 0 \qquad (x+2)(x-3) = 0$

$\therefore\ x = -2,\ 3$ が答えになるって？

う～ん，残念ながらこれではダメだ。何故って？ ㋐の方程式が与えられた時点で，対数 $\log_2 x$，$\log_2(x+6)$ の真数条件をチェックしないといけない。（⊕，⊕）

つまり，$x>0$ かつ $x>-6$ だから，この **2** つの条件を共にみたす $x>0$ が（$x+6>0$）

㋐の方程式を解く上での前提条件になっているんだね。よって，さっき求めた解の内，$x=-2$ は真数条件 $x>0$ をみたさないので，除かないといけない。これから，㋐の解は $x=3$ のみになるんだね。納得いった？では，本格的な対数方程式を解いてみよう。

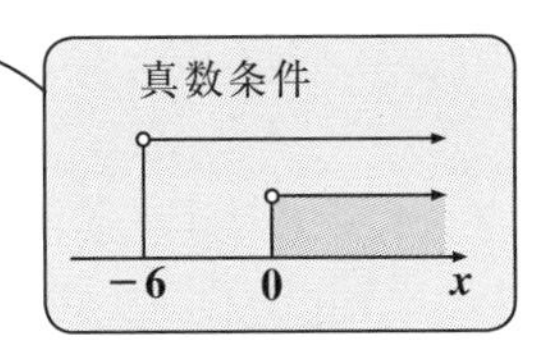

練習問題 50　対数方程式（見比べ型）　CHECK 1　CHECK 2　CHECK 3

対数方程式 $2\cdot\log_2(x-5) = 3\cdot\log_8(x-3)$ ……①を解け。

①の両辺の底を **2** にそろえて…，とか考える前に必ず，真数条件：$x-5>0$ かつ $x-3>0$ を押さえるんだよ。"何はともあれ，真数条件！"だね！

方程式：$2\cdot\log_2(x-5) = 3\cdot\log_8(x-3)$ ……①について，（⊕，⊕）

真数条件：$x>5$ かつ $x>3$ より，$x>5$ となる。（$x-5>0$）（$x-3>0$）

真数条件
3　5　x
$x>5$ かつ $x>3$ より，いずれもみたす $x>5$ が，①の真数条件になる。

①を変形して，

$$\log_2(x-5)^2 = 3\cdot\frac{\log_2(x-3)}{\log_2 8}$$

（底を **2** にそろえた！）（$\log_2 8 = 3\ (\because 2^3=8)$）

$$\log_2(x-5)^2 = \frac{\cancel{3}\cdot\log_2(x-3)}{\cancel{3}},\quad \log_2(x-5)^2 = \log_2(x-3)$$

（見比べ！）

両辺は同じ底 2 の対数なので，両辺の真数を比較して，

$(x-5)^2 = x-3$，$x^2-10x+25 = x-3$，$x^2-11x+28=0$

$(x-4)(x-7)=0$　　$\therefore x = \cancel{4}$ または 7 となる。

ここで，真数条件：$\underline{\underline{x>5}}$ より，①の解は，$x=7$ となる。納得いった？

それでは，(Ⅱ) 置換型の対数方程式も解いてみよう。

練習問題 51	対数方程式 (置換型)	CHECK 1	CHECK 2	CHECK 3

次の対数方程式を解け。

(1) $3\cdot(\log_3 x)^2 - 10\cdot\log_3 x + 3 = 0$

(2) $\log_2 x - \log_x 16 = 3$

(1)(2) の真数条件は，共に $x>0$ だね。そして，(1) では $\log_3 x = t$ とおき，(2) では $\log_2 x = u$ と置換すれば，t や u の 2 次方程式が出てくるはずだ。頑張れ！

(1) $3\cdot(\underbrace{\log_3 x}_{\oplus})^2 - 10\cdot\underbrace{\log_3 x}_{\oplus} + 3 = 0$ ……①について，（$\log_3 x = t$）

この真数条件は，$\underline{\underline{x>0}}$ だね。

ここで，$t = \log_3 x$ とおくと，①は

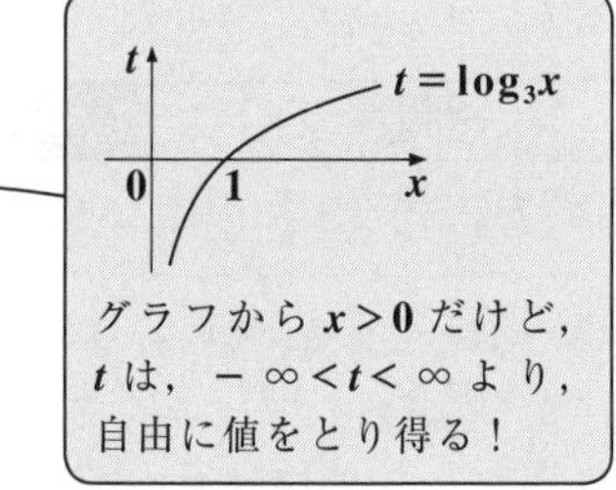

グラフから $x>0$ だけど，t は，$-\infty<t<\infty$ より，自由に値をとり得る！

$3t^2-10t+3=0$

3 ╲╱ −1
1 ╱╲ −3　← "たすきがけ"

$(3t-1)(t-3)=0$ より，$t=\dfrac{1}{3}$ または 3 となる。

(ⅰ) $t = \boxed{\log_3 x = \dfrac{1}{3}}$ より，$x = 3^{\frac{1}{3}} = \sqrt[3]{3}$　← 3 の 3 乗根

(ⅱ) $t = \boxed{\log_3 x = 3}$ より，$x = 3^3 = 27$ となる。

以上 (ⅰ)(ⅱ) より，①の解は，$x = \sqrt[3]{3}$，27 となる。

(これらは共に，真数条件：$\underline{\underline{x>0}}$ をみたす。)

(2) $\log_2 x - \log_x 16 = 3$ ……②について，

$\oplus$　底の条件：$x>0$ かつ $x \neq 1$

真数条件：$x>0$，かつ底の条件：$x>0$ かつ $x \neq 1$ より，この 2 つを共にみたす $x>0$ かつ $x \neq 1$ が，②の方程式の前提条件になる。②より，

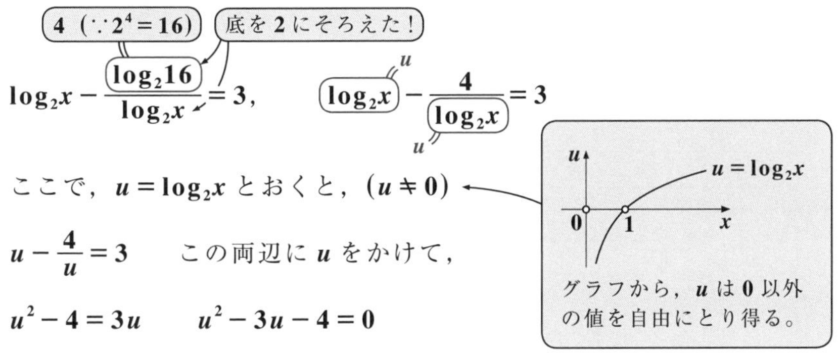

$\log_2 x - \dfrac{\log_2 16}{\log_2 x} = 3$，　$\log_2 x - \dfrac{4}{\log_2 x} = 3$

ここで，$u = \log_2 x$ とおくと，$(u \neq 0)$

$u - \dfrac{4}{u} = 3$　　この両辺に u をかけて，

$u^2 - 4 = 3u$　　$u^2 - 3u - 4 = 0$

$(u+1)(u-4) = 0$ より，$u = -1$ または 4 となる。

$$\begin{cases} \text{(i)}\ u = \boxed{\log_2 x = -1} \text{ より，} x = 2^{-1} = \dfrac{1}{2} \\ \text{(ii)}\ u = \boxed{\log_2 x = 4} \text{ より，} x = 2^4 = 16 \text{ となる。} \end{cases}$$

以上 (i)(ii) より，②の解は，$x = \dfrac{1}{2}$，16 である。

(これは，条件 $x>0$ かつ $x \neq 1$ をみたす。)

● 対数不等式では，底の値に着目しよう！

これから，“**対数不等式**”についても解説しよう。“**対数不等式**”とは，対数関数 ($\log_2 x$ や $\log_3 x$ など) の入った不等式のことで，一般にその解は x の値ではなく，x の値の範囲で与えられるんだ。

この対数不等式の解法パターンも，対数方程式のとき同様に，(Ⅰ) 見比べ型と，(Ⅱ) 置換型の 2 つがあるんだよ。でも，この (Ⅰ) 見比べ型の不等式：$\log_a x_1 > \log_a x_2$ が与えられた場合，真数部分の大小を比較する際に，

真数部分を見比べる！

両辺の対数の底 a の値に着目しなければならないよ。何故なら，指数関数のときと同様に，対数関数 $y=\log_a x$ も，(i) $a>1$ のときと (ii) $0<a<1$ のときとで，タイプの異なる 2 通りのグラフが存在するからなんだね。

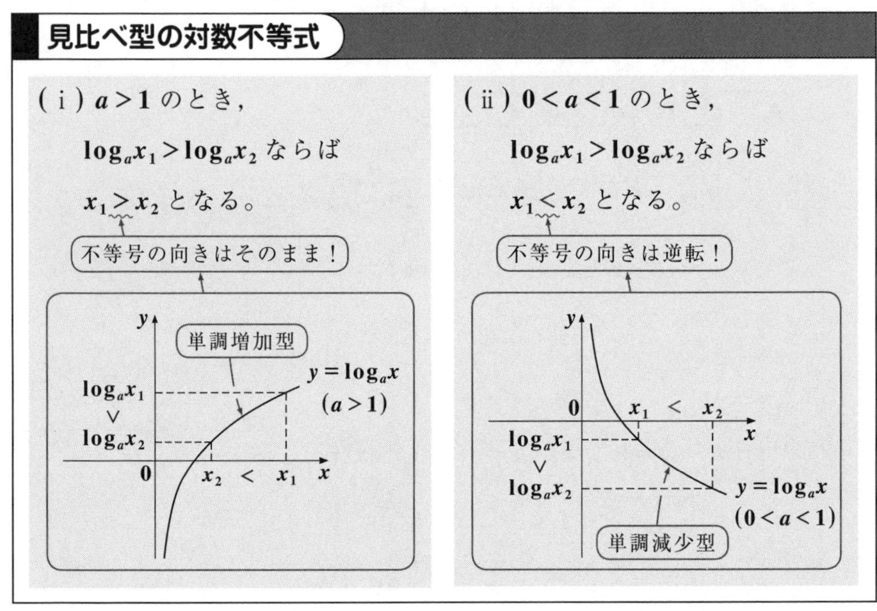

どう？ グラフから，上の基本事項の意味がよく分かるだろう。

(b) 次の対数不等式を解いてみよう。

(1) $\log_2(2x-4) \geqq \log_2(x+1)$　　(2) $\log_{\frac{1}{2}}(2x-4) \geqq \log_{\frac{1}{2}}(x+1)$

この 2 つの不等式は，底が 2 と $\frac{1}{2}$ で違うだけで，ほとんど同じ不等式のように見えるけれど，まったく違った結果が導けるんだよ。

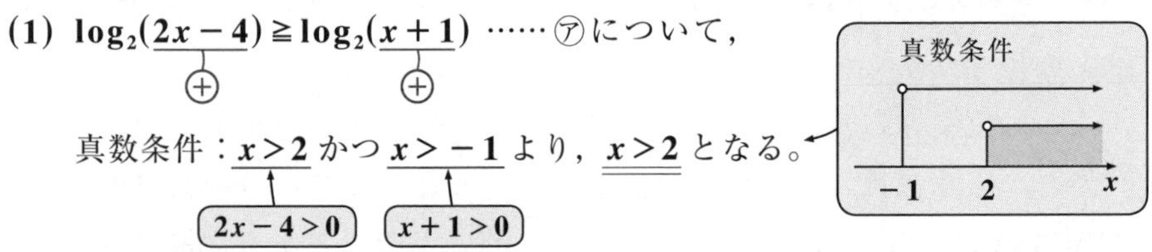

㋐の不等式の両辺の対数の底は共に 2 で，1 より大きいので，真数同士を比較すると，

$2x-4 \geqq x+1$ となる。よって，$2x-x \geqq 1+4$　　$\therefore x \geqq 5$

不等号の向きはそのまま

これと真数条件 $x>2$ より，㋐の解は，$x \geqq 5$ となる。

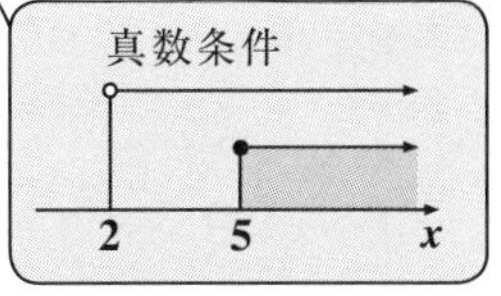

(2) $\log_{\frac{1}{2}}(2x-4) \geqq \log_{\frac{1}{2}}(x+1)$ ……㋑について，

真数条件は，(1) の㋐と同様に，$x>2$ となる。

㋑の不等式の両辺の対数の底は共に $\frac{1}{2}$ で，0 と 1 の間の数なので，

真数同士を比較すると，

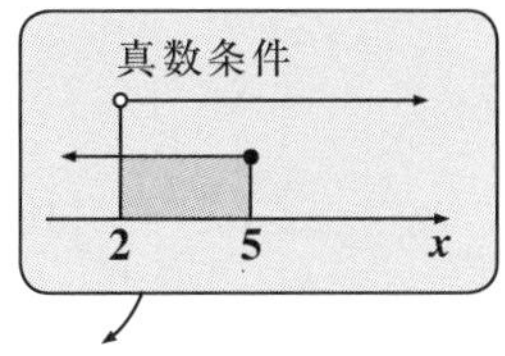

$2x-4 \leqq x+1 \quad 2x-x \leqq 1+4 \quad \therefore x \leqq 5$

不等号の向きは逆転！

これと真数条件 $x>2$ より，㋑の解は，$2<x \leqq 5$ となる。大丈夫？

さァ，それでは，練習問題で，本格的な対数不等式の問題を解いてみよう。

練習問題 52	対数不等式	CHECK 1	CHECK 2	CHECK 3

次の対数不等式を解け。

(1) $(\log_2 x)^2 - \log_2 x - 2 \leqq 0$　　(2) $\log_{\frac{1}{3}}(x-1) > \log_3(x+1)$

まず真数条件をチェックし，(1) は $\log_2 x = t$ と置換し，(2) は底を 3 にそろえる。

(1) $((\log_2 x))^2 - (\log_2 x) - 2 \leqq 0$ ……①について，

真数条件より，$x>0$ だね。

ここで，$t=\log_2 x$ とおくと，①は

$t^2-t-2 \leqq 0$ となる。

$t=\log_2 x$
0　1　x
グラフより，t は自由に値をとれる！

$(t+1)(t-2) \leqq 0$ より，

$-1 \leqq t \leqq 2$ となる。

$y=t^2-t-2$
−1　2　t

$\log_2\frac{1}{2}$　$\log_2 x$　$\log_2 4$

すべて，底 2 の対数に統一する！

よって，$\log_2 \boxed{\frac{1}{2}} \leqq \log_2 \boxed{x} \leqq \log_2 \boxed{4}$ より，各辺の底は 2 で，1 より大きいので，$\frac{1}{2} \leqq x \leqq 4$ が①の解となる。(これは,真数条件：$x>0$ をみたす。)

真数部分の見比べ

不等号の向きはそのまま

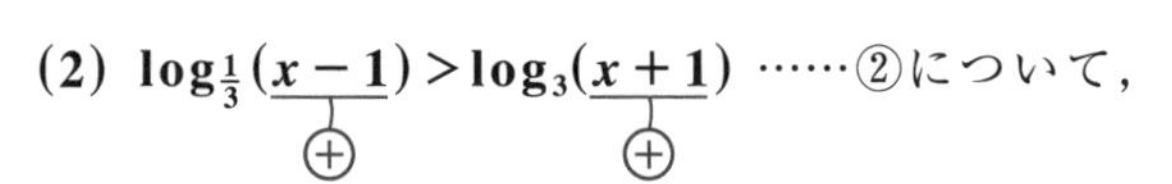

(2) $\log_{\frac{1}{3}}(x-1) > \log_3(x+1)$ ……②について，

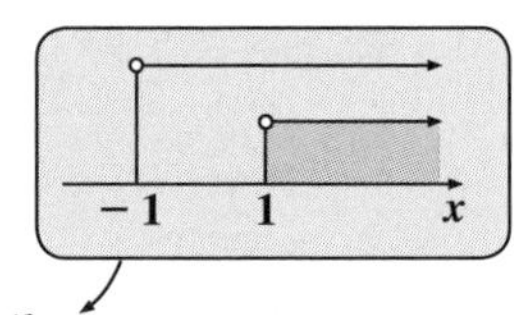

真数条件：$x>1$ かつ $x>-1$ より，$x>1$ となる。

（$x-1>0$）（$x+1>0$）

②を変形して，

（底を3にそろえた！）

$$\frac{\log_3(x-1)}{\log_3\frac{1}{3}} > \log_3(x+1), \qquad \frac{\log_3(x-1)}{-1} > \log_3(x+1)$$

（$\log_3\frac{1}{3} = -1 \ \left(\because 3^{-1}=\frac{1}{3}\right)$）

両辺に -1 をかけて，（不等号の向きが逆転）

$$\log_3(x-1) < -\log_3(x+1), \qquad \log_3(x-1)+\log_3(x+1)<0$$

$$\log_3(x-1)(x+1) < 0, \qquad \log_3(x^2-1) < \log_3 1$$

（$0 = \log_3 1$）（真数部分の見比べ）

両辺の対数の底は共に3で，1より大きいので，両辺の真数部分同士を比較すると，（不等号の向きはそのまま）

$$x^2-1<1, \qquad x^2-2<0, \qquad (x+\sqrt{2})(x-\sqrt{2})<0$$

$$\therefore -\sqrt{2}<x<\sqrt{2}$$

これと真数条件：$x>1$ より，

②の不等式の解は，$1<x<\sqrt{2}$ となる。

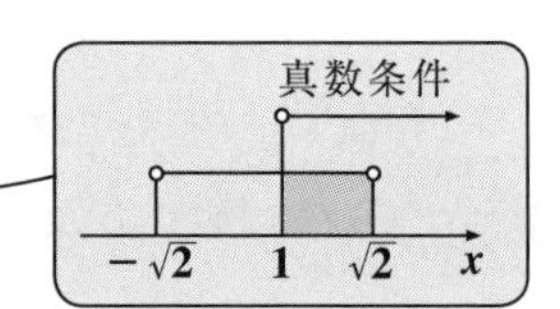

● 常用対数の利用法もマスターしよう！

$\log_{10}x$ $(x>0)$ のように，底が10の対数のことを特に“常用対数(じょうようたいすう)”と呼ぶんだね。ン？何で，底が10の対数にだけ名前が付いているのかって？それは，この常用対数を使えば，大きな数の桁数(けたすう)が簡単に求められるからなんだ。具体的に解説しよう。

$10^0=1$，$10^1=10$，$10^2=100$，$10^3=1000$，$10^4=10000$，…より，$\log_{10}1=0$，$\log_{10}10=1$，$\log_{10}100=2$，$\log_{10}1000=3$，$\log_{10}10000=4$，…となるのはいいね。では，これらを次のように並べてみよう。

$\log_{10}1 = 0$

——————< $\log_{10}5 = 0.\cdots$

$\log_{10}10 = 1$

——————< $\log_{10}74 = 1.\cdots$

$\log_{10}100 = 2$

——————< $\log_{10}438 = 2.\cdots$

$\log_{10}1000 = 3$

——————< $\log_{10}6912 = 3.\cdots$

$\log_{10}10000 = 4$

…………………

すると，上に示したように，たとえば，真数が **74** のとき，$10 \leqq 74 < 100$ より，これらの常用対数（底が **10** の対数）をとってもその大小関係に変化はないので

$\underbrace{\log_{10}10}_{1} \leqq \underbrace{\log_{10}74}_{1.\cdots\text{の数}} < \underbrace{\log_{10}100}_{2}$ より，**2** 桁の数 **74** の常用対数は

$\log_{10}74 = 1.\cdots$　となるんだね。

（2 桁の数）

同様に，**3** 桁の数 **438** の常用対数は，$100 \leqq 438 < 1000$ から

$\underbrace{\log_{10}100}_{2} \leqq \underbrace{\log_{10}438}_{2.\cdots\text{の数}} < \underbrace{\log_{10}1000}_{3}$ より，この常用対数は，

$\log_{10}438 = 2.\cdots$　となるし，また，

（3 桁の数）

4 桁の数 **6912** の常用対数は，$1000 \leqq 6912 < 10000$ から

$\underbrace{\log_{10}1000}_{3} \leqq \underbrace{\log_{10}6912}_{3.\cdots\text{の数}} < \underbrace{\log_{10}10000}_{4}$ より，この常用対数は，

$\log_{10}6912 = 3.\cdots$　となる。

（4 桁の数）

どう？法則性に気付いた？そうだね，つまり，常用対数 $\log_{10}x$ が $1.\cdots$ のときは x は **2** 桁の数であり，$2.\cdots$ のときは **3** 桁の数であり，そして，$3.\cdots$ のときは **4** 桁の数であることが分かるんだね。これを一般化すると次のようになる。

常用対数と桁数

1 以上の数 X の常用対数が，$\log_{10} X = \underset{\sim}{n}.\cdots$ のとき，
X は，$n+1$ 桁の数になる。（ただし，n は，0 以上の整数）

そして，この常用対数の具体的な値は，数表から求められるんだけれど，実際の問題でよく使われるのは，$\log_{10}2 = 0.3010$ と $\log_{10}3 = 0.4771$ の 2 つのみなんだね。これらの値は問題文で与えられるから，特に覚えなくても大丈夫だと思う。では，例題を解いてみよう。

(a) $\log_{10}2 = 0.3010$ として，$X = 2^{60}$ の桁数を求めてみよう。

$X = 2^{60}$ の常用対数を計算すると，

$\log_{10}X = \log_{10}2^{60} = 60 \cdot \log_{10}2$ ← 公式：$\log_a x^n = n \cdot \log_a x$

（$\log_{10}2$：これは，0.3010 と与えられている。）

$= 60 \times 0.3010 = 18.06$ となる。

これから，$X = 2^{60}$ は 19 桁の数であることが分かるんだね。

大丈夫？（$\log_{10}X = n.\cdots$ のとき，X は $n+1$ 桁の数になるからね。）

では次に，この常用対数を小さな数についても利用してみよう。

$10^{-1} = 0.1$, $10^{-2} = 0.01$, $10^{-3} = 0.001$, $10^{-4} = 0.0001$, …より

$\log_{10}0.1 = -1$, $\log_{10}0.01 = -2$, $\log_{10}0.001 = -3$, $\log_{10}0.0001 = -4$, …

となるのも大丈夫だね。これらも並べて書いてみよう。

$\log_{10}0.1 = -1$

　　$\log_{10}0.041 = -1.\cdots$

$\log_{10}0.01 = -2$

　　$\log_{10}0.0085 = -2.\cdots$

$\log_{10}0.001 = -3$

　　$\log_{10}0.000711 = -3.\cdots$

$\log_{10}0.0001 = -4$

…………………

すると，たとえば，小数第 2 位に初めて 0 でない数が現われる 0.041 の常用対数は $\log_{10}0.041 = -1.\cdots$ となることが分かるね。

（$0.01 < 0.041 < 0.1$ より，$\underbrace{\log_{10}0.01}_{-2} < \underbrace{\log_{10}0.041}_{-1.\cdots の数} < \underbrace{\log_{10}0.1}_{-1}$ となるからね。）

同様に，小数第 **3** 位に初めて **0** でない数が現われる **0.0085** の常用対数は
$\log_{10}0.0085 = -2.\cdots$ となるし，

$0.001 < 0.0085 < 0.01$ より，$\underbrace{\log_{10}0.001}_{-3} < \underbrace{\log_{10}0.0085}_{-2.\cdots\text{の数}} < \underbrace{\log_{10}0.01}_{-2}$ となるからね。

また，小数第 **4** 位に初めて **0** でない数が現われる **0.000711** の常用対数は
$\log_{10}0.000711 = -3.\cdots$ となるんだね。

$0.0001 < 0.000711 < 0.001$ より，$\underbrace{\log_{10}0.0001}_{-4} < \underbrace{\log_{10}0.000711}_{-3.\cdots\text{の数}} < \underbrace{\log_{10}0.001}_{-3}$
となるからね。

以上から，次のような常用対数と小数の関係が導ける。

常用対数と小数

1 より小さいある正の数 x の常用対数が，$\log_{10}x = -n.\cdots$ のとき，
x は，小数第 $n+1$ 位に初めて **0** でない数が現われる。
(ただし，n は，**0** 以上の整数)

では，この例題も **1** 題解いておこう。

(b) $\log_{10}3 = 0.4771$ **として，**$x = \left(\dfrac{1}{3}\right)^{20}$ **は，小数第何位に初めて 0 でない数が現われるか調べてみよう。**

$x = \left(\dfrac{1}{3}\right)^{20} = (3^{-1})^{20} = 3^{-1\times20} = 3^{-20}$ の常用対数を計算すると，

$\log_{10}x = \log_{10}3^{-20} = -20\cdot\log_{10}3$

これは，**0.4771** と与えられている。

公式：$\log_a x^n = n\cdot\log_a x$

$= -20\times0.4771 = -9.542$ となる。

これから，$x = 3^{-20}$ は，小数第 **10** 位に初めて **0** でない数が現われるんだね。

$\log_{10}x = -n.\cdots$ のとき，x は，小数第 $n+1$ 位に初めて **0** でない数が現われるからね。

以上で，対数関数についての講義も全部終了です。盛り沢山の内容だったけれど，ヨ～ク復習してマスターすることだね。

では，次回の講義まで，みんな元気でね…，バイバイ。

第4章 ● 指数関数・対数関数 公式エッセンス

1. 指数法則

(1) $a^0=1$　(2) $a^1=a$　(3) $a^p\times a^q=a^{p+q}$

(4) $(a^p)^q=a^{pq}$　(5) $\dfrac{a^p}{a^q}=a^{p-q}$　(6) $a^{\frac{1}{n}}=\sqrt[n]{a}$

(7) $a^{\frac{m}{n}}=\sqrt[n]{a^m}=(\sqrt[n]{a})^m$　(8) $(ab)^p=a^pb^p$　(9) $\left(\dfrac{b}{a}\right)^p=\dfrac{b^p}{a^p}$

(p, q：有理数，m, n：自然数，$n\geqq 2$)

2. 指数方程式

(i) 見比べ型：$a^{x_1}=a^{x_2} \rightleftarrows x_1=x_2$ ← 指数部の見比べ

(ii) 置換型　：$a^x=t$ などと置き換える。$(t>0)$

3. 指数不等式

(i) $a>1$ のとき，　$a^{x_1}>a^{x_2} \rightleftarrows x_1>x_2$ ← 不等号の向きは変化しない！

(ii) $0<a<1$ のとき，$a^{x_1}>a^{x_2} \rightleftarrows x_1<x_2$ ← 不等号の向きが逆転！

4. 対数の定義

$a^b=c \rightleftarrows b=\log_a c$ ← 対数 $\log_a c$ は，$a^b=c$ の指数部 b のこと

5. 対数計算の公式

(1) $\log_a xy=\log_a x+\log_a y$　(2) $\log_a \dfrac{x}{y}=\log_a x-\log_a y$

(3) $\log_a x^p=p\log_a x$　(4) $\log_a x=\dfrac{\log_b x}{\log_b a}$

($x>0$, $y>0$, $a>0$ かつ $a\neq 1$, $b>0$ かつ $b\neq 1$, p：実数)

（$x>0$, $y>0$：真数条件　$a>0$ かつ $a\neq1$, $b>0$ かつ $b\neq1$：底の条件）

6. 対数方程式（まず，真数条件を押さえる！）

(i) 見比べ型：$\log_a x_1=\log_a x_2 \rightleftarrows x_1=x_2$ ← 真数同士の見比べ

(ii) 置換型　：$\log_a x=t$ などと置き換える。

7. 対数不等式（まず，真数条件を押さえる！）

(i) $a>1$ のとき，　$\log_a x_1>\log_a x_2 \rightleftarrows x_1>x_2$

(ii) $0<a<1$ のとき，$\log_a x_1>\log_a x_2 \rightleftarrows x_1<x_2$ ← 不等号の向きが逆転！

第５章
CHAPTER
5

微分法と積分法

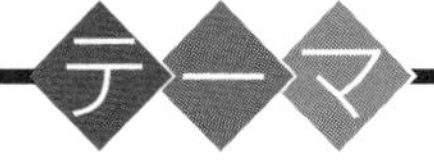

- 微分係数と導関数
- 微分計算，接線と法線の方程式
- 3 次関数のグラフとその応用
- 不定積分の計算
- 定積分の計算，定積分で表された関数
- 面積計算，面積公式

16th day　関数の極限，微分係数，導関数

みんな，おはよう！ これから，気分も新たに“**微分法と積分法**”の内の“**微分法**”の講義に入ろう。この微分法をマスターすれば，これまでやったことのない**3**次関数のグラフもラクラク描けるようになるんだよ。

ただし，初学者にとって，最初に出てくる“**関数の極限**”はなかなか理解しづらいところかも知れない。エッ，不安になったって？ 大丈夫！ また分かりやすく教えるからね。この講義ではさらに，“**微分係数の定義式**”や“**導関数の定義式**”まで教えるつもりだ。それでは，今日も元気よく講義を始めよう！

● 極限記号 lim って，何だろう？

“**微分法**”の基本として，まず，“**極限**”の考え方について解説しよう。**0.9**，**0.99**，**0.999**，……と数を並べていくと，だんだん**1**に近づいていくのが分かるね。でも，これらの数は**1**とは異なる。だけど，この操作を無限に続けていったとしたら，これは，**0.999999**……となって，限りなく**1**に近づいていくことが分かるね。この場合，極限の考え方によると，次の等式：

$\underline{0.999999\cdots\cdots} = \underline{1}$ ……①　が成り立つんだね。

（**1**に限りなく近づく動作を表す。）（目的地）

エッ，①の左辺は確かに**1**に近い数だろうけど，明らかに**1**とは違うから，①の等式が成り立つなんて，納得できないって？ キミの疑問はよく分かるよ。初めて極限の問題に触れた人なら，誰でも感じる疑問だからね。これから，①式の意味を話そう。

まず，①の左辺の**0.999999**……は，“……”で，**1**に限りなく近づける動作を表してるんだ。そして，この動作の最終的な目的地が①の右辺の**1**になると言ってるんだね。極限の式では，この(極限値に近づく動作)＝(目的地の値)という形で表される場合が多いんだよ。そして，極限がこの目

的地の値に限りなく近づくとき，“収束する”と言い，その目的地のことを“極限値”と呼ぶ。もし，$+\infty$や$-\infty$，または値が変動してある値に近づかないときは，“発散する”という。これも，覚えておいてくれ。

それでは，話をもう1度，①式に戻そう。これを数学的にキチンと表現すると，

関数の x

$\lim_{x \to 1} x = 1$ ……②　となる。これは，①と同じことを表してるんだ。

変数 x を限りなく1に近づける動作を表す。

関数 x が収束する目的地(極限値)

まず，②の左辺の lim は，英語の“limit (極限)”の略で，“リミット”と読む。②の左辺そのものは，「リミット，x 矢印1の，x」とでも読めばいい。そして，その意味は，「変数 x を限りなく1に近づけていったときの，関数 x の極限値を調べなさい。」ってことなんだ。今回，変数 x を1に近付ければ，当然，関数の x も1に近づくので，その極限値(目的地)の1を右辺に示したんだね。

ここで，②の $x \to 1$ の極限について

(i) $x = 0.9999\cdots$ のように，1より小さい側から1に近づく場合と，

(ii) $x = 1.000\cdots01$ のように，1より大きい側から1に近づく場合の

2通りの意味があることも頭に入れておこう。

では次，一般論としての極限の式についても示しておくね。ある x の関数 $f(x)$ について，変数 x を限りなくある値 a に近づけていったときの極限は，$\lim_{x \to a} f(x)$ で表すことができる。これを“関数の極限”という。では早速，具体例で，この関数の極限を求めてみようか？

(a) 次の関数の極限値を求めよ。

(i) $\lim_{x \to 2}(2x-1)$　　(ii) $\lim_{x \to 3}(x^2-x)$

(i) $x \to 2$ で，x を2に限りなく近づけたとき，関数 $2x-1$ がどのよう

これは，x が，$1.9999\cdots$，または $2.00\cdots01$ のいずれから近づいてもいいと言っているんだね。

な値に近づくかを調べよと言ってるんだね。よって，

$\lim_{x \to 2}(2 \cdot \boxed{x} - 1) = 2 \cdot 2 - 1 = 3$ となって，極限値 3 に収束する。（x：2に近づく）

これでみると，関数 $2x-1$ の x に 2 を代入して，ただ 3 を算出しただけじゃないかって思ってるだろうね。でも，極限の本当の意味は，「x を限りなく 2 に近づけていったとき，関数 $2x-1$ は，2.9999…かまたは 3.000…01 のいずれかで 3 に近づく。」ことを示している。

(ii) $x \to 3$ で，x を 3 に限りなく近づけたとき，関数 $x^2 - x$ がどのような値に近づくかを調べてみよう。

$\lim_{x \to 3}(\boxed{x^2} - \boxed{x}) = 3^2 - 3 = 9 - 3 = 6$ となって，極限値 6 に収束する。（$x^2 \to 3^2$，$x \to 3$）

極限の考え方にも徐々に慣れてきただろう？でも，何でこんなことをするんだろう，って思っているだろうね。実は，この極限の考え方から，"**微分係数**（びぶんけいすう）" や "**導関数**（どうかんすう）" の定義式が導かれることになるからなんだ。

● $\frac{0}{0}$ の極限についても調べてみよう！

では次，分数の形の関数の極限で，分子も分母も 0 に近づく，いわゆる $\frac{0}{0}$ の形の関数の極限についても教えよう。何のことかよく分からんって!? 当然だ。これから，具体例で解説するね。

(ex1) 関数の極限 $\lim_{x \to 2}\frac{x^2-4}{x-2}$ について考えてみよう。

$x \to 2$ のとき，$\begin{cases} \text{分子}：x^2 - 4 \to 2^2 - 4 = 0 \\ \text{分母}：x - 2 \to 2 - 2 = 0 \end{cases}$ となって，分子も分母も 0 に近づくので，形式的に，

$\lim_{x \to 2}\frac{\boxed{x^2} - 4}{\boxed{x} - 2} = \frac{0}{0}$ と表せるので，これを $\frac{0}{0}$ の形の極限と呼ぶんだね。（$x^2 \to 2^2$，$x \to 2$）

> 形式的に，$\frac{0}{0}$ と書いたけれど，この分子・分母の 0 は，0 に近づく，すなわち ±0.000…01 の意味なんだね。だから，分母に 0 があっても問題ないんだ。

一般に，この $\frac{0}{0}$ の形の極限は，ある値に近づく場合と，そうでない場合

（これを，ある値に“収束（しゅうそく）”するという。）（これは，“発散（はっさん）”するという。）

があるんだけれど，数学Ⅱでは，ある値に収束する形のものが中心になるので，これにしぼって解説しておこう。

実際に，$(ex1)$ の極限も，分子を因数分解して，変形すると，

$$\lim_{x\to2}\frac{x^2-4}{x-2}=\lim_{x\to2}\frac{(x+2)(x-2)}{x-2}=\lim_{x\to2}(x+2)=2+2=4$$ となって，

4 という値に収束することが分かるんだね。この場合の計算のポイントは「$\frac{0}{0}$ の要素を消去する」ということだ。$(ex1)$ では，$x\to2$ のとき，

$\frac{x-2}{x-2}=\frac{0}{0}$ より，分子・分母の **0** となる要素 $\frac{x-2}{x-2}$ を消去して，極限値が **4** となることが分かったんだね。

そして，$\frac{0}{0}$ の極限が極限値 **4** に収束するということは，分子も分母も共に **0** に近づいていく動きがあるものなので，これを正確に紙面に表現することはできないんだけれど，その動作の途中をパチリと撮ったスナップ写真の形で表すとすれば，$\frac{0.00004}{0.00001}=4$ のような形になっていると考えてくれたらいいんだね。

では，この手の極限の問題をもう **2** 題練習しておこう。

$(ex2)$ $\lim_{x\to0}\frac{2x^2-x}{x^2+x}$ **を求めよう。**

（分子：$2x^2-x\to2\times0^2-0=0$
分母：$x^2+x\to0^2+0=0$ より
$\frac{0}{0}$ の形の極限だ。）

分子・分母から x をくくり出して

$$\lim_{x\to0}\frac{x(2x-1)}{x(x+1)}=\lim_{x\to0}\frac{2x-1}{x+1}=\frac{-1}{1}=-1$$ に収束する。

（$\frac{0}{0}$ の要素を消去！）（極限値）

$(ex3)\ \lim_{h \to 0} \dfrac{(3+h)^2-9}{h}$ を求めよう。

$\begin{cases} \text{分子}: (3+h)^2-9 \to (3+0)^2-9=0 \\ \text{分母}: h \to 0 \end{cases}$

よって，$\dfrac{0}{0}$ の形の極限だ。

分子を変形して，$\dfrac{0}{0}$ の要素を消去して，

$$\lim_{h \to 0} \frac{9+6h+h^2-9}{h} = \lim_{h \to 0} \frac{h(6+h)}{h}$$

$\dfrac{h}{h} \to \dfrac{0}{0}$ より，$\dfrac{0}{0}$ の要素を消去した。

$$= \lim_{h \to 0}(6+h) = 6$$ に収束する。大丈夫だった？

● 微分係数 $f'(a)$ の定義式はこれだ！

微分係数 $f'(a)$ を解説しよう。図 1(ⅰ) のような滑らかなグラフの関数 $y=f(x)$ 上に，異なる 2 点 A，B をとる。それぞれの x 座標を a，$a+h$ とおくと，A，B の座標は当然，$A(a,\ f(a))$，$B(a+h,\ f(a+h))$ となるのはいいね。A，B は，$y=f(x)$ 上の点だからね。

次，図 1(ⅱ) に示すように，2 点 A，B を結ぶ直線の傾きを求めると，

$$\frac{f(a+h)-f(a)}{h}$$

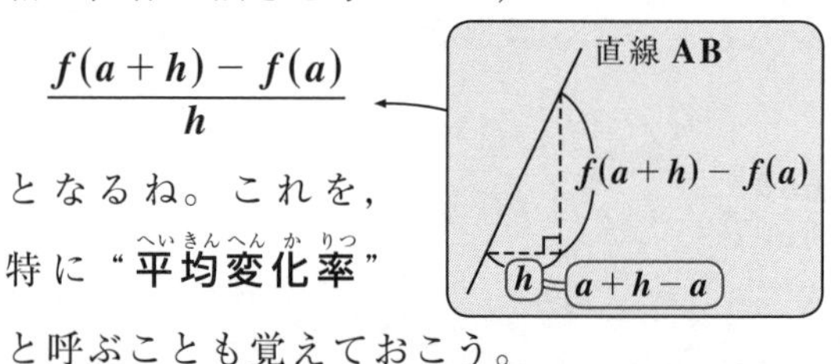

となるね。これを，特に "平均変化率（へいきんへんかりつ）" と呼ぶことも覚えておこう。

ここで，この平均変化率の h を，$h \to 0$ と限りなく 0 に近づけると，点 A(●) の方は，h とは無関係な定点だからそのままだけど，点 $B(a+h,\ f(a+h))$(○) の方は，図 1(ⅲ) に示すように点 A に限りなく近づいていく。よって，直線 AB の傾きである平均変化率：

図 1 微分係数 $f'(a)$

(ⅰ) $y=f(x)$ 上の 2 点 A，B

$y=f(x)$
$B(a+h,\ f(a+h))$
$A(a,\ f(a))$
a　$a+h$　x

(ⅱ) 平均変化率：直線 AB の傾き

$y=f(x)$
B　直線 AB
$f(a+h)-f(a)$
A　h
a　$a+h$　x

(ⅲ) $h \to 0$ のとき

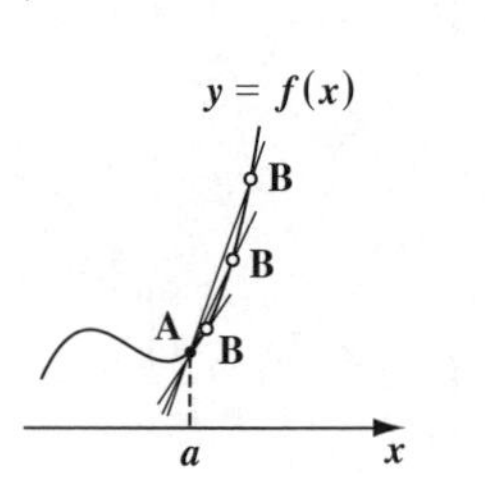

$\dfrac{f(a+h)-f(a)}{h}$ は，図 **2** に示すように，最終的には点 **B** がほぼ点 **A** と同じ位置になるまで限りなく近づいていくので，点 **A** における接線の傾きになるはずだね。この点 **A** における接線の傾きのことを "**微分係数**(びぶんけいすう)" $f'(a)$ とおくんだよ。以上より，微分係数 $f'(a)$ の定義式を次に示すね。

図 2 微分係数 $f'(a)$

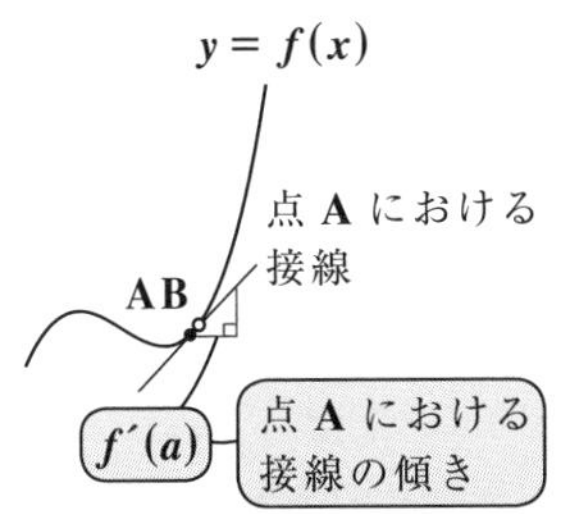

微分係数 $f'(a)$ の定義式

関数 $y=f(x)$ の微分係数 $f'(a)$ の定義式は，

$f'(a)=\displaystyle\lim_{h\to0}\frac{f(a+h)-f(a)}{h}$ ……① である。(a：ある定数)

($f'(a)$ は，$y=f(x)$ 上の点 $\mathrm{A}\bigl(a,\ f(a)\bigr)$ における接線の傾きになる。)

①の右辺は，平均変化率 $\dfrac{f(a+h)-f(a)}{h}$ の h を $h\to0$ として限りなく 0 に近づけたものだね。そして，この極限は，実は

$\displaystyle\lim_{h\to0}\frac{f(a+h)-f(a)}{h}=\frac{f(a)-f(a)}{0}=\frac{0}{0}$ となって，$\dfrac{0}{0}$ の形の極限だから，この極限値が存在するかどうか，本当は分からないんだね。

だから，①の $f'(a)$ の定義式は，「①の右辺の極限値が存在するとしたら，それを微分係数 $f'(a)$ とおく」と読むのが正しい読み方なんだ。つまり，

$f'(a)=\displaystyle\lim_{h\to0}\frac{f(a+h)-f(a)}{h}$ ってことなんだね。分かった？

(それを $f'(a)$ とおく ← この極限値が存在するとしたら)

でも，数学Ⅱの "**微分法**" で扱う関数は，**2** 次関数や **3** 次関数なので，必ず①の右辺の極限は収束して極限値は存在するので，このことはあまり心配しなくてもいいよ。

それでは，練習問題で，実際にこの微分係数を求めてみようか。

練習問題 53	微分係数	CHECK 1	CHECK 2	CHECK 3

次の微分係数を求めよ。

(1) $f(x)=x^2$ のとき，微分係数 $f'(1)$ を求めよ。

(2) $g(x)=x^3$ のとき，微分係数 $g'(-1)$ を求めよ。

(1) では，$f'(a)$ の a が 1 のときなので，定義式 $f'(1)=\lim_{h\to 0}\frac{f(1+h)-f(1)}{h}$ を求め，同様に (2) では，$\lim_{h\to 0}\frac{g(-1+h)-g(-1)}{h}$ を求めるんだよ。

(1) $f(x)=x^2$ の，$x=1$ における微分係数 $f'(1)$ を求めよう。

$f(1+h)=(1+h)^2$，$f(1)=1^2=1$ より，$f'(1)$ を定義式から計算すると，

$$f'(1)=\lim_{h\to 0}\frac{f(1+h)-f(1)}{h}=\lim_{h\to 0}\frac{(1+h)^2-1}{h}$$

（$f(1+h)=(1+h)^2$，$f(1)=1$，$(1+h)^2=1+2h+h^2$）←$\frac{0}{0}$ の不定形

$$=\lim_{h\to 0}\frac{\cancel{1}+2h+h^2-\cancel{1}}{h}=\lim_{h\to 0}\frac{\cancel{h}(2+h)}{\cancel{h}}$$

← 分子・分母を h で割って，$\frac{0}{0}$ の要素を消去した！

$$=\lim_{h\to 0}(2+h)=2$$ となる。（$h\to 0$）

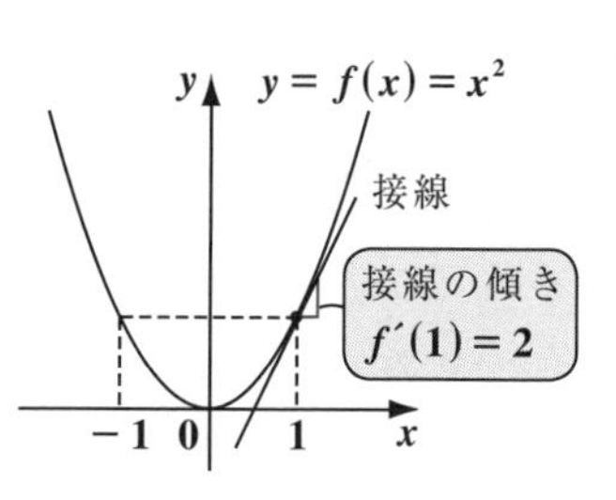

よって，右図に示すように，$y=f(x)=x^2$ 上の $x=1$ の点における接線の傾きが $f'(1)=2$ と分かったんだね。

(2) $g(x)=x^3$ の，$x=-1$ における微分係数 $g'(-1)$ を求めよう。

$g(-1+h)=(-1+h)^3$，$g(-1)=(-1)^3=-1$ より，$g'(-1)$ を定義式から計算すると，

$(-1)^3+3\cdot(-1)^2\cdot h+3\cdot(-1)\cdot h^2+h^3=-1+3h-3h^2+h^3$

$$g'(-1)=\lim_{h\to 0}\frac{g(-1+h)-g(-1)}{h}=\lim_{h\to 0}\frac{(-1+h)^3-(-1)}{h}$$

←$\frac{0}{0}$ の不定形

$$g'(-1)=\lim_{h\to 0}\frac{\cancel{-1}+3h-3h^2+h^3\cancel{+1}}{h}=\lim_{h\to 0}\frac{\cancel{h}(3-3h+h^2)}{\cancel{h}}$$

$$=\lim_{h\to 0}(3-3h+h^2)=3$$ となって，答えだ。（$h\to 0$，$h^2\to 0$）

$y = g(x) = x^3$ のグラフは，実は右図のようになる。(このグラフの描き方は，後で P229 で教えるよ。) このグラフから，$y = g(x)$ 上の $x = -1$ の点における接線の傾きが $g'(-1) = 3$ となることが分かるんだね。

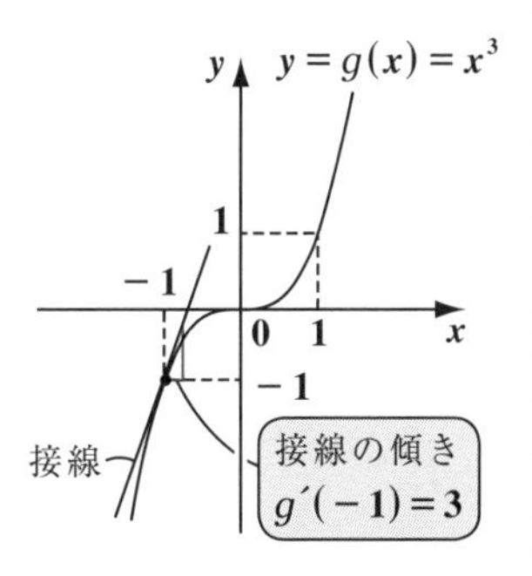

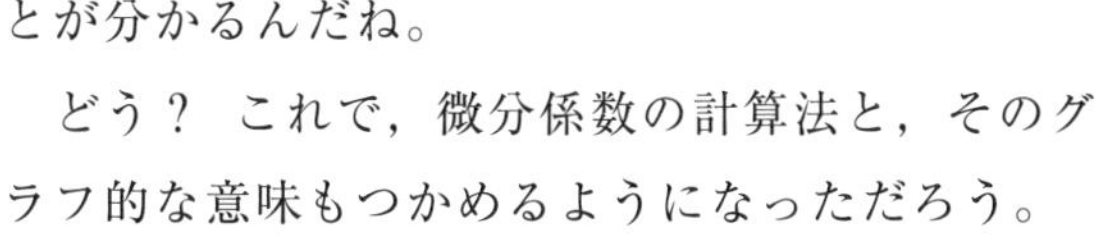

どう？ これで，微分係数の計算法と，そのグラフ的な意味もつかめるようになっただろう。

● 導関数の定義式も押さえよう！

ある関数 $f(x)$ を“**微分**(びぶん)**する**”ということは，実は，“**導関数**(どうかんすう) $f'(x)$ **を求める**”ということなんだよ。そして，導関数 $f'(x)$ を求める定義式は次の通りだ。

“f・ダッシュ・x”と読む

導関数 $f'(x)$ の定義式

関数 $y = f(x)$ の導関数 $f'(x)$ の定義式は，

$$f'(x) = \lim_{h \to 0} \frac{f(x+h) - f(x)}{h} \quad \cdots\cdots ② \text{ である。}(x：\text{変数})$$

エッ，微分係数 $f'(a)$ と導関数 $f'(x)$ は，a と x が違うだけで，まったく同じだって？ 形式的には，その通りだね。でも，a は 1 や -1 などある定数を表すのに対して，x は変数を表すので，これらの定義式のもつ意味はまったく違うんだよ。

②の $f'(x)$ の定義式の右辺の極限の式も $\frac{0}{0}$ の不定形の形をしているけれど，これが，ある値ではなくて，「ある x の関数に収束するとしたら，それを導関数 $f'(x)$ とおく」という意味なんだよ。つまり，

$$f'(x) = \lim_{h \to 0} \frac{f(x+h) - f(x)}{h} \quad \text{ってことなんだね。}$$

それを $f'(x)$ とおく ← これが，ある x の関数に収束するとしたら

だから，$f'(x)$ は x の関数となるので，導関数と呼ぶんだよ。そして，$f'(x)$ が求まったならば，$x = a$ と，何か定数 a を x に代入してやれば，$x = a$ に

おける $y=f(x)$ の接線の傾き，すなわち，微分係数 $f'(a)$ が計算できるんだね。つまり，$f'(x)$ は $y=f(x)$ の接線の傾きを表す関数なんだね。

それでは，次の練習問題で，実際に導関数を求めてみよう。

練習問題 54　導関数　CHECK 1　CHECK 2　CHECK 3

次の関数の導関数を求めよ。

(1) $f(x)=x^2$ のとき，導関数 $f'(x)$ を求めよ。

(2) $g(x)=x^3$ のとき，導関数 $g'(x)$ を求めよ。

いずれも，導関数の定義式に従って，$f'(x)$ と $g'(x)$ を求めればいいんだよ。

(1) $y=f(x)=x^2$ より，$f(x+h)=(x+h)^2$ となる。

よって，求める導関数 $f'(x)$ は，

$$f'(x)=\lim_{h\to 0}\frac{f(x+h)-f(x)}{h}=\lim_{h\to 0}\frac{(x+h)^2-x^2}{h}$$

（$(x+h)^2 = x^2+2xh+h^2$）（$\frac{0}{0}$ の不定形）

$$=\lim_{h\to 0}\frac{x^2+2xh+h^2-x^2}{h}=\lim_{h\to 0}\frac{h(2x+h)}{h}$$

（$\frac{0}{0}$ の要素を消去！）

$$=\lim_{h\to 0}(2x+h)=2x$$ となる。（$h\to 0$）（x の関数）

∴導関数 $f'(x)=2x$ が分かった！

よって，$x=-2,\ -1,\ 0,\ 1,\ 2$ をそれぞれ代入すると，各微分係数の値は，

$f'(-2)=-4,\ f'(-1)=-2,\ f'(0)=0,$

$f'(1)=2,\ f'(2)=4$ となるので，右図の各接線の傾きがすべて分かってしまうんだね。

$f'(-2)=-4$
y
$y=f(x)=x^2$
$f'(2)=4$
$f'(1)=2$
-2　-1　0　1　2　x
$f'(-1)=-2$
$f'(0)=0$

これで，導関数 $f'(x)$ の威力が分かっただろう。

(2) $g(x)=x^3$ より，$g(x+h)=(x+h)^3$ となる。

よって，求める導関数 $g'(x)$ は，

$$g'(x)=\lim_{h\to 0}\frac{g(x+h)-g(x)}{h}=\lim_{h\to 0}\frac{(x+h)^3-x^3}{h}$$

（$(x+h)^3 = x^3+3x^2h+3xh^2+h^3$）（$\frac{0}{0}$ の不定形）

$$= \lim_{h \to 0} \frac{\cancel{x^3} + 3x^2h + 3xh^2 + h^3 - \cancel{x^3}}{h} = \lim_{h \to 0} \frac{\cancel{h}(3x^2 + 3xh + h^2)}{\cancel{h}}$$

$\frac{0}{0}$ の要素を消去！

$$= \lim_{h \to 0} (3x^2 + 3x\underset{\to 0}{h} + \underset{\to 0}{h^2}) = 3x^2$$ となって，答えだ。

これから，$x = -1$，0，1 のときの微分係数は，

$g'(-1) = 3 \cdot (-1)^2 = 3$，$g'(0) = 3 \cdot 0^2 = 0$，$g'(1) = 3 \cdot 1^2 = 3$ などと

これは，練習問題 **53(2)** の結果と同じだ！

簡単に計算できるんだね。

以上で，“**微分法**”の **1** 回目の講義は終了です。最初に勉強した“**関数の極限**”の考え方が，なかなかピンとこない人も多いと思う。でも，極限の考え方について必要なことはキチンと解説しているので，シッカリ復習すれば，必ず理解できるはずだよ。難しい概念だから，**1** 回でマスターしようとする必要はないよ。何回か反復練習して，本当に自分のものにしてくれたらいいんだね。

そしてさらに，この授業では，この関数の極限を利用して，“**微分係数** $f'(a)$”や“**導関数** $f'(x)$”を導いたんだね。この微分係数と導関数の違いもハッキリつけられるように練習してくれ。

それでは，次回はこれらの内容を基にして，微分法をさらに深めていくつもりだ。面白くなっていくから，期待していいよ。

それでは，みんな，次回の講義まで元気で。…，さようなら。

17th day 微分計算，接線と法線の方程式

みんな，おはよう！ 今日で，“**微分法**”も **2** 回目の講義になる。前回の関数の極限の考え方は，みんなマスターできた？ 前回は，極限の定義式を使って微分係数や導関数を求めたんだね。でも，今日の講義では，より複雑な関数 $f(x)$ の“**導関数** $f'(x)$”をもっと簡単に，テクニカルに求める方法を教えるつもりだ。また，微分法の応用として，“**接線**（せっせん）**の方程式**”や“**法線**（ほうせん）**の方程式**”についても解説するよ。では，早速講義を始めよう！

● 導関数をテクニカルに求めよう！

前回，導関数 $f'(x)$ を，極限の定義式：$f'(x)=\lim_{h\to 0}\frac{f(x+h)-f(x)}{h}$ を使って求めたんだね。復習にもなるので，$f(x)=x$ と $f(x)=x^2$ と $f(x)=x^3$ のとき，それぞれの導関数 $f'(x)$ を，この定義式に従って求めてみよう。

(i) $f(x)=x$ のとき，

$$f'(x)=\lim_{h\to 0}\frac{\overbrace{(x+h)}^{f(x+h)}-\overbrace{x}^{f(x)}}{h}=\lim_{h\to 0}\frac{h}{h}=\lim_{h\to 0}1=1$$

これは，$h\to 0$ とは無関係に **1** となる。

(ii) $f(x)=x^2$ のとき，

$$f'(x)=\lim_{h\to 0}\frac{\overbrace{(x+h)^2}^{f(x+h)}-\overbrace{x^2}^{f(x)}}{h}=\lim_{h\to 0}\frac{x^2+2xh+h^2-x^2}{h}$$

$$=\lim_{h\to 0}\frac{h(2x+h)}{h}=\lim_{h\to 0}(2x+\underbrace{h}_{\to 0})=2x$$

(iii) $f(x)=x^3$ のとき，

$$f'(x)=\lim_{h\to 0}\frac{\overbrace{(x+h)^3}^{f(x+h)}-\overbrace{x^3}^{f(x)}}{h}=\lim_{h\to 0}\frac{x^3+3x^2h+3xh^2+h^3-x^3}{h}$$

$$=\lim_{h\to 0}\frac{h(3x^2+3xh+h^2)}{h}=\lim_{h\to 0}(3x^2+3x\underbrace{h}_{\to 0}+\underbrace{h^2}_{\to 0})=3x^2$$

もう，時間をかけずに $f'(x)$ を求められるようになったみたいだね。ところで，これらの結果を見て，なにか気付かない？ …，そうだね。

(ⅰ) $f(x)=x$ のとき，$f'(x)=1$ より，$x'=1\ (=1\cdot x^0)\ (\because x^0=1)$

(ⅱ) $f(x)=x^2$ のとき，$f'(x)=2x$ より，$(x^2)'=2x\ (=2\cdot x^1)$

(ⅲ) $f(x)=x^3$ のとき，$f'(x)=3x^2$ より，$(x^3)'=3x^2$　となってるので，この後も同様に，x^4 を x で微分したら，指数部の 4 が表に出て，x の指数部は 4 より 1 つ小さい 3 乗になるので，$(x^4)'=4x^3$ となるはずだ。同様に，x^5 を x で微分すると，$(x^5)'=5x^4$ となることも推測できるね。実は，これらの予想は正しくて，これを，微分計算の基本公式として，次のようにまとめることができるんだよ。

微分計算の基本公式

$(x^n)'=n\cdot x^{n-1}$

$(n=1,\ 2,\ 3,\ \cdots)$

（x^n を x で微分したら，$n\cdot x^{n-1}$ になることを示している。もう，極限の定義式で求めなくていい。）

この公式は，x，x^2，x^3，x^4，…の微分公式で，$x'=1$，$(x^2)'=2x$，$(x^3)'=3x^2$，$(x^4)'=4x^3$，…を表しているんだね。これに加えて，定数 c の微分が，$c'=0$ となることも覚えておいてくれ。これから，2 であれ，3 であれ，定数を x で微分すると，$(2)'=0$，$(3)'=0$ となるんだよ。大丈夫だね。

次，導関数の定義式から，以下に示す微分計算の公式も導ける。

微分計算の公式

(Ⅰ) $\{f(x)+g(x)\}'=f'(x)+g'(x)$

$\{f(x)-g(x)\}'=f'(x)-g'(x)$

（関数が“たし算”や“引き算”されたものは，項別に微分できる！）

(Ⅱ) $\{kf(x)\}'=kf'(x)$　(k：実数定数)

（関数を定数倍したものの微分では，関数を微分して，その後で定数をかければいい。）

これをどう使うのかって？ (Ⅰ) で，関数を“たし算”や“引き算”したものの微分は，項別に微分できると言っているので，たとえば，

$(ex1)$ x^2+x を微分したかったら，

$(x^2+x)'=(x^2)'+x'=2x+1$ と計算できる。

（$(x^2)'=2x$，$x'=1$ だったね。）

（たし算は項別に微分できる。）

$(ex2)$ 次，x^3+x^2-x を微分したかったら，これも項別に微分できる。

この場合，まず，$f(x)=x^3+x^2$，$g(x)=x$ とみると，公式より，

$\{f(x)-g(x)\}'=f'(x)-g'(x)$ だから，まず，

$\{(x^3+x^2)-x\}'=\underline{(x^3+x^2)'}-x'$ ……㋐となるね。

ここで，さらに，$f(x)=x^3$，$g(x)=x^2$ とおくと，公式より，

$\{f(x)+g(x)\}'=f'(x)+g'(x)$ だから，

$\underline{(x^3+x^2)'}=\underline{(x^3)'+(x^2)'}$ ……㋑となるのもいいね。

この㋑を㋐に代入すると，結局，

$(x^3+x^2-x)'=(x^3)'+(x^2)'-x'=3x^2+2x-1$

となって，3項のたし算や引き算の微分だって，項別に微分できるんだね。これは，4項，5項，…になっても，同様だよ。大丈夫？

次，(Ⅱ)の公式では，定数倍された関数 $kf(x)$ を微分する場合，まず $f(x)$ のみを微分して $f'(x)$ を求め，これに定数 k をかければいいと言っているんだね。たとえば，

$(ex3)$ $5x^3$ を微分したかったら，この公式を使って，

$(5x^3)'=5\cdot(x^3)'=5\cdot3x^2=15x^2$ となるんだね。

まず，x^3 のみを微分して，5は後でかければいい。

$(ex4)$ 同様に，$2x^2$ を微分したかったら，

$(2x^2)'=2\cdot(x^2)'=2\cdot2x=4x$ となる。納得いった？

まず，x^2 のみを微分して，2は後でかければいい。

この(Ⅰ)(Ⅱ)の微分計算の公式を組み合わせると，複雑なさまざまな n 次関数の微分が可能になるんだよ。次の例をみてくれ。

$(ex5)$ $3x^2-2x+4$ を x で微分すると，

$(3x^2-2x+4)'=(3x^2)'-(2x)'+\underset{0}{4'}$ ← たし算や引き算は項別に微分できる。

$=3\cdot\underset{2x}{(x^2)'}-2\cdot\underset{1}{(x)'}$ ← まず x^2 や x を微分して，それにそれぞれの係数をかける。

$=3\cdot2x-2\cdot1$

$=6x-2$ 　と微分できる。納得いった？

それでは，次の練習問題で，さまざまな関数を微分してみよう。

練習問題 55　微分計算　CHECK 1　CHECK 2　CHECK 3

次の各関数を x で微分せよ。

(1) $y=2x^2+4x$　　(2) $y=-x^2+x+3$

(3) $y=4x^3-2x^2+3x-5$　　(4) $y=-2x^4+3x^3-4x^2+x+2$

$(x^n)'=n\cdot x^{n-1}$, $c'=0$, $\{f(x)\pm g(x)\}'=f'(x)\pm g'(x)$, $\{kf(x)\}'=kf'(x)$ の各公式をすべて使って，計算していけばいいんだね。頑張れ！

(1) $y'=(2x^2+4x)'=(2x^2)'+(4x)'=2(x^2)'+4\cdot x'=2\cdot 2x+4\cdot 1$

$=4x+4$　となる。

(2) $y'=(-x^2+x+3)'=(-x^2)'+x'+\underbrace{3'}_{0}=-(x^2)'+x'$

$=-2x+1$　が答えだ。

(3) $y'=(4x^3-2x^2+3x-5)'=(4x^3)'-(2x^2)'+(3x)'-\underbrace{5'}_{0}$

$=4(x^3)'-2(x^2)'+3x'=4\cdot 3x^2-2\cdot 2x+3\cdot 1$

$=12x^2-4x+3$　が答えだね。

(4) $y'=(-2x^4+3x^3-4x^2+x+2)'$

$=-2\cdot 4x^3+3\cdot 3x^2-4\cdot 2x+1=-8x^3+9x^2-8x+1$　となる。

どう？ 計算の仕方がだんだん早くなっているのに気付いた？ 慣れると，アッという間に微分ができるようになるんだよ。調子出てきた？

ここで最後に，もう **1** 度，極限の定義式による導関数の求め方についても再確認しておこう。練習問題 **55(1)** を使って，示そう。

(1) $y=f(x)=2x^2+4x$ とおく。$f'(x)$ の定義式から，

$$f'(x)=\lim_{h\to 0}\frac{\overbrace{2(x+h)^2+4(x+h)}^{f(x+h)}-(\overbrace{2x^2+4x}^{f(x)})}{h}$$

$$=\lim_{h\to 0}\frac{2(x^2+2xh+h^2)+4x+4h-2x^2-4x}{h}$$

$$=\lim_{h\to 0}\frac{4xh+2h^2+4h}{h}=\lim_{h\to 0}\frac{h(4x+2h+4)}{h}$$

$\dfrac{0}{0}$ の要素を消去

$=\lim_{h\to 0}(4x+2\underbrace{h}_{\to 0}+4)=4x+4$ となり，上と同じ結果が導けた。

数学って，知識が増えると，様々な解き方ができるんだね。面白かった？

● 接線と法線の方程式も求めてみよう！

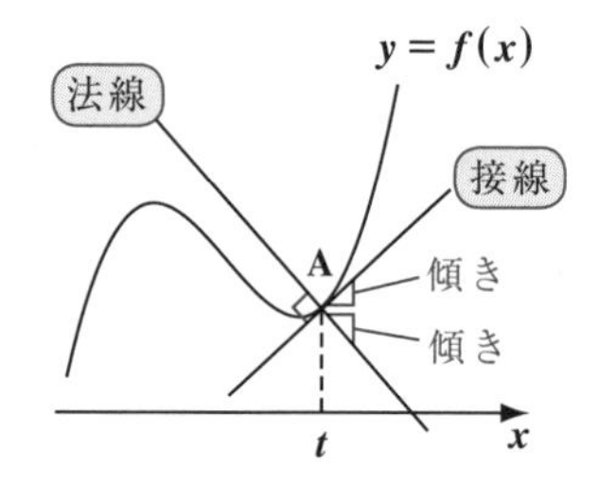

図1 接線と法線

微分計算もできるようになったので，微分の最初の応用として，曲線 $y=f(x)$ 上の点における"**接線**(せっせん)"と"**法線**(ほうせん)"を求めてみることにしよう。エッ，接線と法線って何って!? いいよ。イメージを図1に示しておいた。曲線 $y=f(x)$ 上の点で，x 座標が t となる点Aで，

（ここでは2次関数や3次関数のこと）

$y=f(x)$ と接する直線のことを"**接線**"といい，また，この点Aを通り，この接線と直交する直線のことを"**法線**"というんだよ。大丈夫？

ここで，接線や法線といっても，単なる直線のことだから，通る点と傾きさえ分かれば，その方程式を求められるんだね。図2に，"図形と方程式"で勉強した知識を簡単に示しておいた。点 $A(x_1,\ y_1)$ を通る傾き m の直線の方程式は，$y=m(x-x_1)+y_1$ となるんだったね。大丈夫だね。

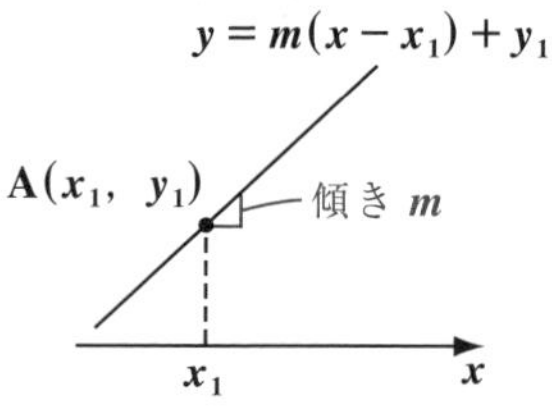

図2 直線の方程式

それじゃ，準備も整ったので，早速，接線と法線の方程式を導いてみよう。

(Ⅰ) まず，接線の方程式を求めよう。図3に示すように，ある曲線 $y=f(x)$ が与えられているものとするよ。ここで，この曲線上の点で，x 座標が t のとき，その y 座標は $f(t)$ となる。よって，点 $A(t,\ f(t))$ における接線は当然この点を通るので，

（これはある定数のことだよ。）

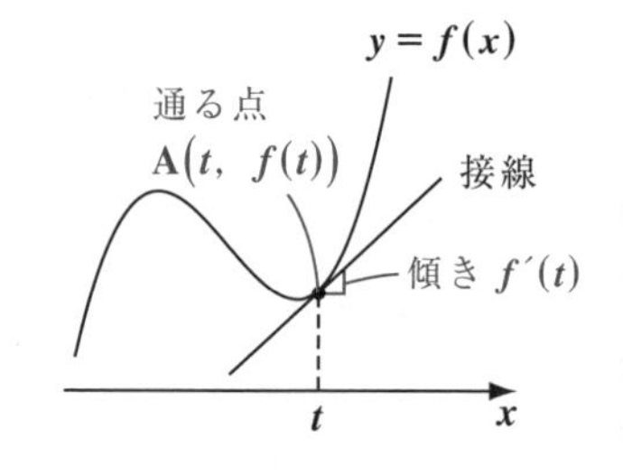

図3 接線の方程式

点 $A(t,\ f(t))$ が接線の通る点となる。次に，この接線の傾きが微分係数 $f'(t)$ となるのも大丈夫だね。

よって，$y=f(x)$ 上の点 $A(t,\ f(t))$ における接線の方程式は，

$y=f'(t)\cdot(x-t)+f(t)$ 　となるんだね。納得いった？

[$y=\quad m\quad (x-x_1)+y_1$ の公式を使った！]

(Ⅱ) 次，法線の方程式も求めよう。曲線 $y=f(x)$ 上の点 $\mathbf{A}\big(t,\ f(t)\big)$ における法線も，当然この点を通るので，点 $\mathbf{A}\big(t,\ f(t)\big)$ が法線の通る点となる。そして，この法線は接線と直交するので，この **2** つの直線の傾きの積は必ず -1 となるんだったね。よって，法線の傾きを m' とおき，接線の傾きを $m=f'(t)$ とおくと，

図 4 法線の方程式

$m\cdot m'=f'(t)\cdot m'=-1$ より，$m'=-\dfrac{1}{f'(t)}$ （ただし，$f'(t)\neq 0$）

0 は分母にこない！

となるんだね。これが，法線の傾きだ。

以上より，$y=f(x)$ 上の点 $\mathbf{A}\big(t,\ f(t)\big)$ における法線の方程式は，

$$y=-\frac{1}{f'(t)}(x-t)+f(t)$$

となる。これも，大丈夫だね。

[$y=\quad m'(x-x_1)+\quad y_1$ の公式を使った！]

ただし，法線の傾き $-\dfrac{1}{f'(t)}$ の場合，$f'(t)\neq 0$ の条件が付く。

$f'(t)=0$ のとき接線の傾きが 0 だから，接線は x 軸と平行な直線になる。よって，法線はこれと直交するので，点 $\mathbf{A}$ を通る x 軸に垂直な直線 $x=t$ になるんだね。

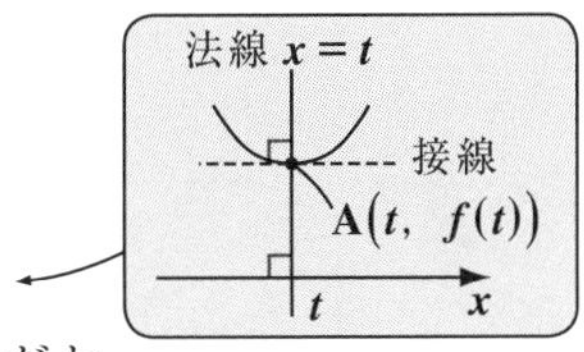

以上を，公式として下にまとめて示すので，シッカリ頭に入れてくれ。

接線と法線の公式

(Ⅰ) 曲線 $y=f(x)$ 上の点 $\mathbf{A}(t,\ f(t))$ における接線の方程式は，

$$y=f'(t)(x-t)+f(t)$$

(Ⅱ) 曲線 $y=f(x)$ 上の点 $\mathbf{A}(t,\ f(t))$ における法線の方程式は，

$$y=-\frac{1}{f'(t)}(x-t)+f(t)$$

（ただし，$f'(t)\neq 0$）

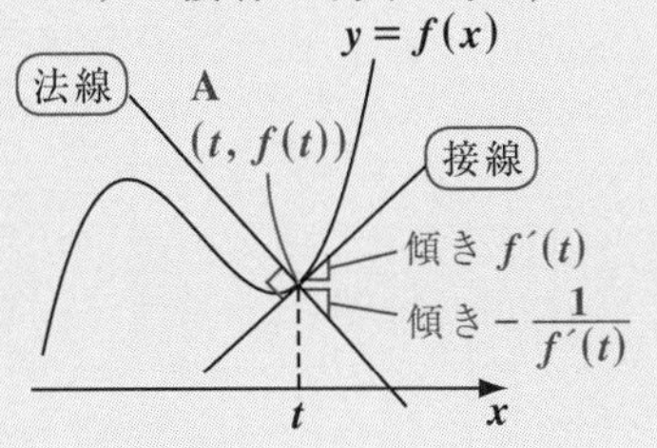

では，これらの公式を使って，実際に接線や法線の方程式を求めてみよう。

練習問題 56 接線と法線（Ⅰ） CHECK 1 CHECK 2 CHECK 3

曲線 $y = f(x) = 2x^2 - 4x + 3$ 上の点 $A(2,\ 3)$ における（ⅰ）接線，および（ⅱ）法線の方程式を求めよ。

接線の公式 $y = f'(t)(x - t) + f(t)$ と法線の公式 $y = -\dfrac{1}{f'(t)}(x - t) + f(t)$ を使って，それぞれの方程式を導けばいいんだね。今回は $t = 2$ だね。

$y = f(x) = 2x^2 - 4x + 3$ に，$x = 2$ を代入すると，

$f(2) = 2 \cdot 2^2 - 4 \cdot 2 + 3 = 8 - 8 + 3 = 3$ となるので，間違いなく

点 $A(2,\ 3)$ は，$y = f(x)$ 上の点だね。←（これが通る点）

次，$y = f(x) = 2x^2 - 4x + 3$ を x で微分すると，

$f'(x) = (2x^2 - 4x + 3)' = 2(x^2)' - 4 \cdot x' + \overset{0}{3'}$

$= 2 \cdot 2x - 4 \cdot 1 = 4x - 4$ となる。

（導関数 $f'(x)$ を求めた後，接線の傾き $f'(t)$ と 法線の傾き $-\dfrac{1}{f'(t)}$ を求める。）

（ⅰ）まず，曲線 $y = f(x)$ 上の点 $A(2,\ 3)$ における接線の方程式を求める。

$f'(x) = 4x - 4$ に $x = 2$ を代入して，

$f'(2) = 4 \cdot 2 - 4 = 4$ ←（接線の傾き）

以上より，求める接線は，点 $A(2,\ 3)$ を通る傾き 4 の直線なので，

$y = 4 \cdot (x - 2) + 3 = 4x - 8 + 3$

$[y = f'(2) \cdot (x - 2) + f(2)]$ ←（接線の公式）

$\therefore\ y = 4x - 5$ となる。大丈夫？

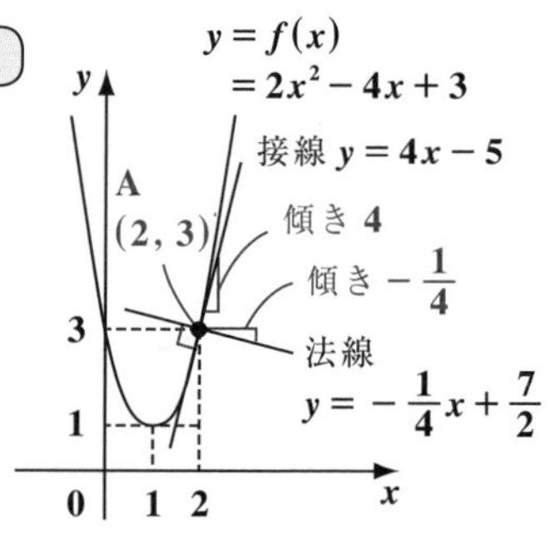

（ⅱ）次，$y = f(x)$ 上の点 $A(2,\ 3)$ における法線の方程式も求めてみよう。

$f'(2) = 4$ より，$-\dfrac{1}{f'(2)} = -\dfrac{1}{4}$ だね。

以上より，求める法線は，点 $A(2,\ 3)$ を通る傾き $-\dfrac{1}{4}$ の直線なので，

$$y = -\frac{1}{4}(x-2)+3 = -\frac{1}{4}x + \boxed{\frac{1}{2}+3} \quad \therefore y = -\frac{1}{4}x + \frac{7}{2} \text{ となる。}$$

（$\frac{1}{2}+3$ ＝ $\frac{1+6}{2}$）

$$\left[y = -\frac{1}{f'(2)}(x-2)+f(2)\right]$$ ←法線の公式

それでは，もう **1** 題解いて，練習しておこう。

練習問題 57	接線と法線（Ⅱ）	CHECK 1	CHECK 2	CHECK 3

曲線 $y = g(x) = x^3 - 3x^2$ 上の点 $A(1, -2)$ における接線の方程式を求めよ。

今回は，**3** 次関数 $y = g(x)$ の接線の問題だね。使う公式は **2** 次関数でも **3** 次関数でもまったく同じだから，頑張って解いてみよう。

$y = g(x) = x^3 - 3x^2$ に $x = 1$ を代入すると，
$g(1) = 1^3 - 3 \cdot 1^2 = 1 - 3 = -2$ となるので，間違いなく点 $A(1, -2)$ は，曲線 $y = g(x)$ 上の点だね。次に，$y = g(x) = x^3 - 3x^2$ を x で微分すると，
$g'(x) = (x^3 - 3x^2)' = (x^3)' - 3 \cdot (x^2)' = 3x^2 - 3 \cdot 2x$
$\therefore g'(x) = 3x^2 - 6x$ となる。

（導関数 $g'(x)$ を求めた後，接線の傾き $g'(t)$ を求める。）

ここで，$y = g(x)$ 上の点 $A(1, -2)$ における接線の方程式を求めよう。
導関数 $g'(x) = 3x^2 - 6x$ に $x = 1$ を代入して，
$g'(1) = 3 \cdot 1^2 - 6 \cdot 1 = 3 - 6 = -3$ ←接線の傾き
以上より，求める接線は，点 $A(1, -2)$ を通る傾き -3 の直線なので，

$y = -3 \cdot (x-1) - 2 = -3x + 3 - 2$

$[\ y = g'(1) \cdot (x-1) + g(1)\ ]$ ←接線の公式　$\therefore y = -3x + 1$ となる。

今日の講義では，まず，$f(x)$ の導関数を極限の定義式を使わずに，テクニカルに，簡単に求める方法を教えた。その最初の応用として，**2** 次関数や **3** 次関数などの曲線上の点における接線や法線の方程式を求めたんだ。

では，次に **2** 次関数，つまり放物線上にない点から，放物線に引かれる接線の方程式の求め方についても解説しよう。ン？難しそうだって？大丈夫！また分かりやすく教えるからね。

次の例題で，放物線上にない点から，放物線に引かれる**2**本の接線の方程式を求める問題にもチャレンジしてみよう。

練習問題 58 接線の応用 CHECK 1 CHECK 2 CHECK 3

放物線 $y=f(x)=\frac{1}{2}x^2-2x+3$ と点 A(3, −3) がある。点 A を通り，放物線 $y=f(x)$ に接する接線の方程式をすべて求めよ。

$x=3$ のとき，$y=f(3)=\frac{9}{2}-6+3=\frac{9-6}{2}=\frac{3}{2}$ より，点 A(3, −3) は放物線 $y=f(x)$ 上の点ではない。放物線 $y=f(x)$ 上にない点 A から，この放物線に引く接線の方程式を求める手順は，次の **3** ステップなんだね。

step(ⅰ) 放物線 $y=f(x)$ 上の点 $(t,\ f(t))$ における接線の方程式
$y=f'(t)(x-t)+f(t)$ ……ⓐ を立てる。

step(ⅱ) ⓐは，点 A(3, −3) を通るので，ⓐの x，y に $x=3$，$y=-3$ を代入して，t の **2** 次方程式ⓑを作る。

step(ⅲ) t の **2** 次方程式ⓑを解いて，t の値を求める。そして，この t の値をⓐに代入して，接線の方程式を決定する。

以上の手順に従って，接線の方程式を求めればいいんだね。頑張ろう！

放物線 $y=f(x)=\frac{1}{2}x^2-2x+3$ ……① に対して，この曲線外の点 A(3, −3) から引ける接線の方程式を求める。

①を x で微分して，

$f'(x)=x-2$

よって，①の放物線上の点 $(t,\ f(t))$ における接線の方程式は，

$y=(t-2)(x-t)+\frac{1}{2}t^2-2t+3$ ……② となる。← step(ⅰ)

$[y=f'(t)\cdot(x-t)+f(t)]$

②は，点 A(3, −3) を通るので，$x=3$，$y=-3$ を②に代入して，

$-3=(t-2)\cdot(3-t)+\frac{1}{2}t^2-2t+3$ より，

$(t-2)\cdot(3-t)=3t-t^2-6+2t=-t^2+5t-6$

$-3=-t^2+5t-6+\frac{1}{2}t^2-2t+3$

$\cancel{-3} = -\dfrac{1}{2}t^2 + 3t \cancel{-3}$　　$\dfrac{1}{2}t^2 - 3t = 0$　この両辺に **2** をかけて，

t の **2** 次方程式　$t(t-6) = 0$ ……③ が導ける。←step(ⅱ)

③を解いて，$t = 0$，6

(ⅰ) $t = 0$ のとき，これを②に代入して，

$$y = (0-2)(x-0) + \cancel{\frac{1}{2}\cdot 0^2} - \cancel{2\cdot 0} + 3$$

$\therefore\ y = -2x + 3$ ……④　となる。

(ⅱ) $t = 6$ のとき，これを②に代入して，

$$y = (6-2)(x-6) + 18 - 12 + 3 = 4(x-6) + 9$$

$\therefore\ y = 4x - 15$ ……⑤　となる。

以上 (ⅰ)(ⅱ) の④，⑤より，点 **A** を通り，放物線 $y = f(x)$ に接する接線は **2** 本存在し，その方程式を列記すると，

$$\begin{cases} y = -2x + 3 & \cdots\cdots ④ \\ y = 4x - 15 & \cdots\cdots ⑤ \end{cases}$$ である。step(ⅲ)

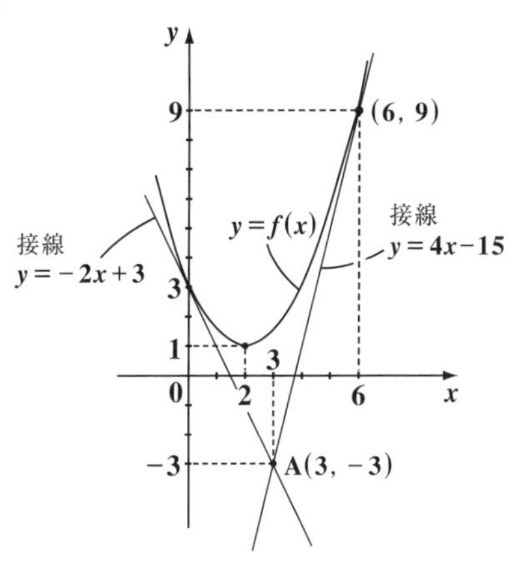

$y = f(x) = \dfrac{1}{2}(x^2 \underline{-4x} + \underline{\underline{4}}) + 3 \underline{\underline{-2}}$

（2で割って2乗）

$= \dfrac{1}{2}(x-2)^2 + 1$ より，

この放物線 $y = f(x)$ と点 $A(3, -3)$ と，この点を通る **2** 本の接線のグラフを右に示しておくね。

これで今日の授業はすべて終了です。みんなよく頑張ったね！

おはよう！ 今日の講義で，“**微分法と積分法**”の“**微分法**”の講義の最終回になる。最後のテーマは，“**3次関数のグラフ**”と“**3次方程式の実数解の個数**”だ。では，早速講義を始めよう！

● $f(x)$ と $f'(x)$ には，深〜い関係がある!?

ある関数 $y=f(x)$ の導関数 $f'(x)$ は，$y=f(x)$ 上の点における接線の傾きを表す関数だったので，当然 $y=f(x)$ と $f'(x)$ の間には深〜い関係があるんだね。エッ，どんな関係か知りたいって？ いいよ。簡単な2次関数の例で解説しよう。たとえば，2次関数 $y=f(x)=x^2-2x+2$ が与えられたとき，この導関数 $f'(x)$ は，

$$f'(x)=(x^2-2x+2)'=(x^2)'-2\cdot x'+\underbrace{2'}_{0}$$
$$=2x-2 \text{ となるね。}$$

ここで，図1(i)に $y=f(x)=x^2-2x+2$ のグラフを，そして図1(ii)に $f'(x)=2x-2$ のグラフを並べて示す。

- $x<1$ のとき $f'(x)<0$ となって，このとき $y=f(x)$ は減少し，
- $x=1$ のとき $f'(x)=0$ となって，このとき $y=f(x)$ は谷を打ち，そして，
- $x>1$ のとき $f'(x)>0$ となって，このとき $y=f(x)$ は増加している。

図1 $y=f(x)$ と $f'(x)$ の関係

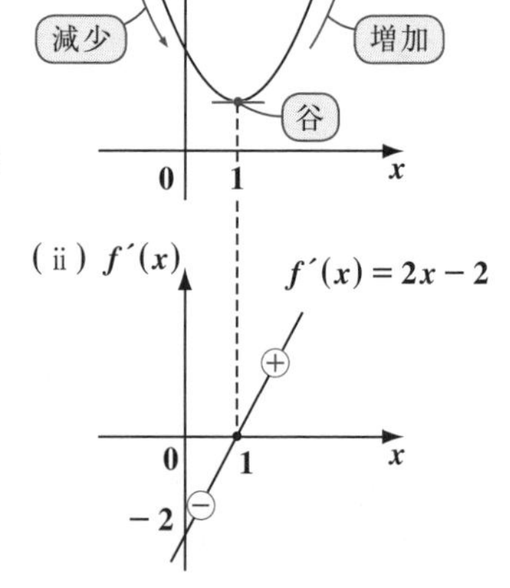

このことは，図2に示すように，$f'(x)$ が，元の曲線 $y=f(x)$ の接線の傾きを表す関数だから，当然と言えば当然なんだね。つまり，

- $f'(x)<0$ のとき，$y=f(x)$ の接線の傾きが ⊖ となるので，$y=f(x)$ は減少し，
- $f'(x)>0$ のとき，$y=f(x)$ の接線の傾きが ⊕ となるので，$y=f(x)$ は増加するんだね。

図2 $y=f(x)$ と $f'(x)$ の関係

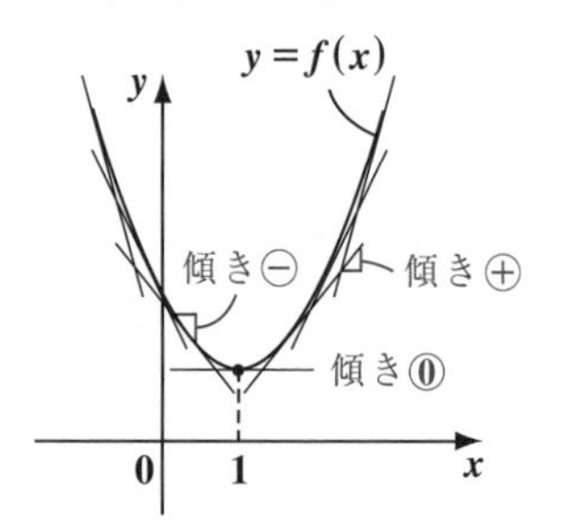

以上をまとめて，下に示すよ。シッカリ頭にたたき込んでおこう！

$y=f(x)$ と $f'(x)$ の関係

(i) $f'(x)>0$ のとき，$y=f(x)$ は増加する。

(ii) $f'(x)<0$ のとき，$y=f(x)$ は減少する。

そして，この $f(x)$ と $f'(x)$ との関係を表にしたものを，“**増減表**(ぞうげんひょう)”という。今回の例

$$\begin{cases} y=f(x)=x^2-2x+2 \\ f'(x)=2x-2 \end{cases}$$

の増減表を表1に示した。$y=f(x)$ が減少するときは“↘”で表し，増加するときは“↗”で表している。

表1 増減表

x		1	
$f'(x)$	$-$	0	$+$
$f(x)$	↘	極小	↗

図3 極小と極大

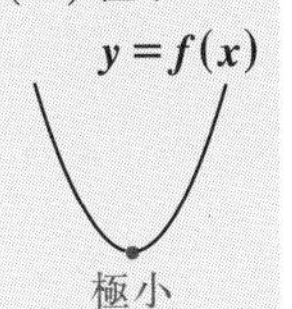

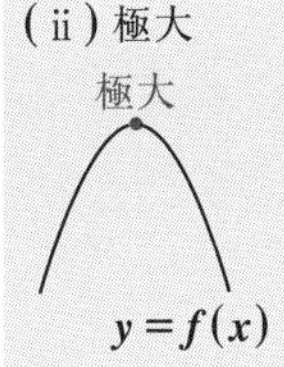

(i) $y=f(x)$ が減少から増加に変わるところに谷の部分ができるね。これを“**極小**(きょくしょう)”と呼び，この点の y 座標を“**極小値**(きょくしょうち)”という。また，

(ii) $y=f(x)$ が増加から減少に変わるところに山の部分ができるね。これを“**極大**(きょくだい)”と呼び，この点の y 座標を“**極大値**(きょくだいち)”という。覚えておこう！

では，増減表から $y=f(x)$ のグラフの概形を描く練習をやってみよう。

練習問題 59　2次関数のグラフ　CHECK 1　CHECK 2　CHECK 3

増減表を用いて，$y=f(x)=-x^2-4x-1$ のグラフの概形を描け。

$y=f(x)$ は2次関数なので，$y=f(x)=-(x^2+4x+4)-1+4=-(x+2)^2+3$ と変形すれ（2で割って2乗）ば，点 $(-2,\ 3)$ を頂点にもつ上に凸の放物線であることはすぐ分かってしまうんだね。でも，今回は，導関数 $f'(x)$ を求めて，それから増減表を作り，$y=f(x)$ のグラフの概形を書く練習をしよう。

$y=f(x)=-x^2-4x-1$ ……①を x で微分して，

$$f'(x)=(-x^2-4x-1)'=-\underbrace{(x^2)'}_{2x}-4\cdot\underbrace{x'}_{1}-\underbrace{1'}_{0}=-2x-4$$

（下り勾配の直線）

（2次関数 $f(x)$ の導関数 $f'(x)$ は，1次関数となる。）

よって，$f'(x)=0$ のとき，
$-2x-4=0$ より，$2x=-4$　$\therefore x=-2$
これから，$x=-2$ を境に，$f'(x)$ は正 (⊕) から負 (⊖) に転ずるので，$y=f(x)$ は，
(ⅰ) $x<-2$ のとき，増加し，
(ⅱ) $x=-2$ で，極大となり，そして，
(ⅲ) $-2<x$ のとき，減少することが分かる。
これを増減表で表すと，右下のようになる。
ここで，$x=-2$ のときの極大値は，
極大値 $f(-2)=-(-2)^2-4\cdot(-2)-1$
$=-4+8-1=3$ となるので，
これも増減表に書き込んでおくと，$y=f(x)$ のグラフの概形が，より描きやすくなる。

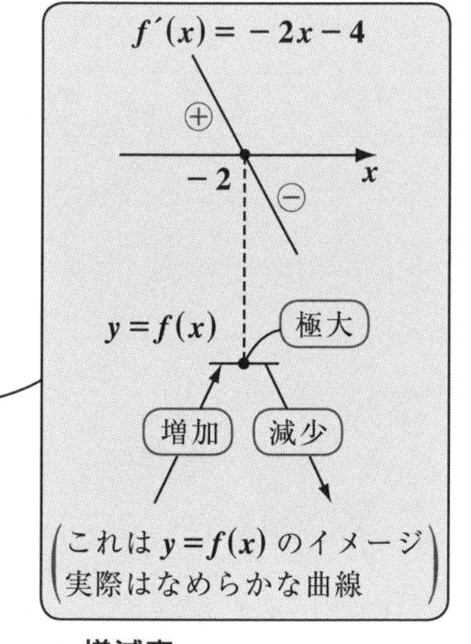

増減表

x		-2	
$f'(x)$	$+$	0	$-$
$f(x)$	↗	3	↘

極大値

以上より，$y=f(x)=-x^2-4x-1$ のグラフは，右図のようになる。(このグラフを描くのに，たとえば，$x=0$ のときの $f(0)=-1$ の値など，適宜必要な座標は求めておくといいよ。)

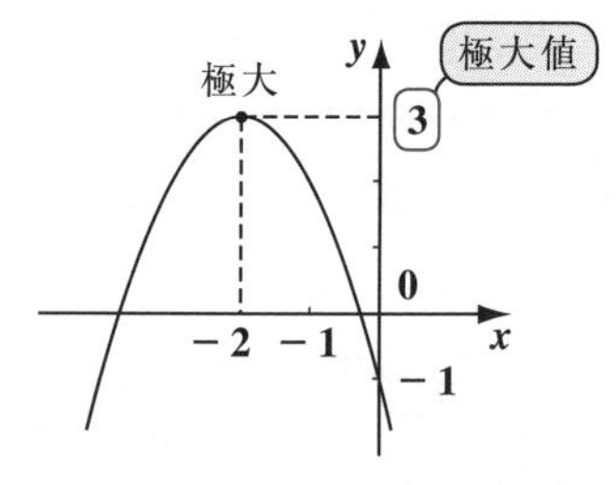

以上で，導関数，増減表を使った，$y=f(x)$ のグラフの描き方も，その要領がつかめてきたと思う。それでは，さらに練習していこう！

● 3 次関数のグラフの概形も求めよう！

この導関数と増減表を使うことにより，3 次関数のグラフの概形だって描けるようになるんだよ。基本的な解説はすべて終わっているので，早速，次の例を使って，3 次関数のグラフを描いてみよう。

それじゃ，3 次関数 $y=f(x)=x^3-3x^2+4$ ……①のグラフを描いてみよう。エッ，どうやっていいか分からないって？ 大丈夫。これまでと同じように，まず，この導関数 $f'(x)$ を求め，この正・負の符号から，3 次関数 $y=f(x)$ の増減を調べていけばいいんだよ。

それでは，$y=f(x)$ ……①を微分して，導関数を求めるよ。

$$f'(x) = (x^3 - 3x^2 + 4)' = \underbrace{(x^3)'}_{3x^2} - 3\cdot\underbrace{(x^2)'}_{2x} + \cancel{4'}^{\,0}$$

$$= 3x^2 - 6x$$

$$= 3x\cdot(x-2) \longleftarrow \boxed{\text{下に凸の 2 次関数}}$$

$f'(x) = 3x(x-2)$
⊕　⊕
0　⊖　2　x
極大
増加
減少
増加
極小
($y = f(x)$ のイメージ
実際はなめらかな曲線)

3 次関数を微分した導関数は 2 次関数になるんだね。ここで $f'(x) = 0$ とおくと，

$3x(x-2) = 0$ より，$x = 0$ または 2 となる。

よって，$f'(x)$ は x 軸と $x = 0$，2 で交わる，下に凸の放物線なので，

$x = 0$ を境に正 (⊕) から負 (⊖) に，また，

$x = 2$ を境に負 (⊖) から正 (⊕) に転ずるので，$y = f(x)$ は，

(i) $x < 0$ のとき，増加し，

(ii) $x = 0$ で，極大となり，

(iii) $0 < x < 2$ のとき，減少し，

(iv) $x = 2$ で，極小となり，

(v) $2 < x$ のとき，増加することが分かるね。

増減表

x		0		2	
$f'(x)$	+	0	−	0	+
$f(x)$	↗	4	↘	0	↗
		極大値		極小値	

次に，$y = f(x) = x^3 - 3x^2 + 4$ に $x = 0$ と 2 を代入して，

$$\begin{cases} \text{極大値 } f(0) = \cancel{0^3} - \cancel{3\cdot 0^2} + 4 = 4 \\ \text{極小値 } f(2) = 2^3 - 3\cdot 2^2 + 4 = 8 - 12 + 4 = 0 \end{cases}$$ となる。

これらも，増減表に書き込んでおこう。

それでは，準備が整ったので，3 次関数 $y = f(x) = x^3 - 3x^2 + 4$ のグラフの概形を右図に示す。エッ，3 次関数のグラフも意外に簡単に描けたって？ いいね。その調子だ！

さらに，次の練習問題を解いてみよう！自信が付くはずだ。

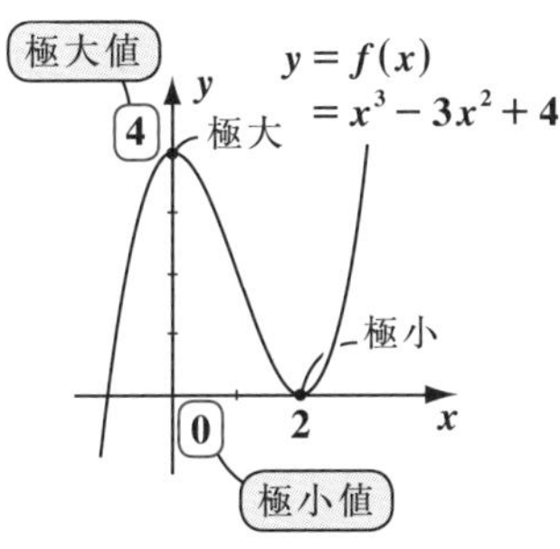

練習問題 60　3 次関数のグラフ (I)　CHECK 1　CHECK 2　CHECK 3

3 次関数 $y = g(x) = -x^3 + 3x + 3$ の増減を調べ，そのグラフの概形を描け。

$y = g(x)$ の導関数 $g'(x)$ は，上に凸の放物線になることに気を付けよう。後は，$g'(x)$ の正・負から $y = g(x)$ の増減を調べて，グラフの概形を描けばいいんだね。頑張れ！

$y = g(x) = -x^3 + 3x + 3$ ……①とおく。

$g'(x)$ は
上に凸の **2** 次関数

$y = g(x)$ を x で微分して，

$g'(x) = (-x^3 + 3x + 3)' = -(x^3)' + 3 \cdot (x)' + \underbrace{3'}_{=0} = -3x^2 + 3$

$\qquad = -3(x^2 - 1) = -3(x+1)(x-1)$

ここで，$g'(x) = 0$ のとき

$-3(x+1)(x-1) = 0$ より，$x = -1$ または 1 となる。よって，$g'(x)$ は x 軸と -1，1 で交わる，上に凸の放物線なので，

$x = -1$ を境に負 (⊖) から正 (⊕) に，また，

$x = 1$ を境に正 (⊕) から負 (⊖) に転ずる。

ゆえに，$y = g(x)$ は，

(i) $x < -1$ のとき，減少し，

(ii) $x = -1$ で，極小となり，

(iii) $-1 < x < 1$ のとき，増加し，

(iv) $x = 1$ で，極大となり，そして，

(v) $1 < x$ のとき，減少することが分かるね。

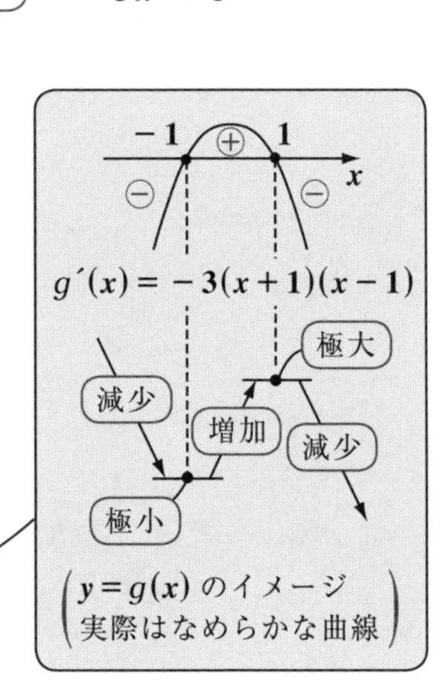

また，$y = g(x) = -x^3 + 3x + 3$ に，

$x = -1$，1 を代入して，

$$\begin{cases} \text{極小値 } g(-1) = -(-1)^3 + 3 \cdot (-1) + 3 \\ \qquad\qquad = 1 - 3 + 3 = 1 \\ \text{極大値 } g(1) = -1^3 + 3 \cdot 1 + 3 \\ \qquad\qquad = -1 + 3 + 3 = 5 \end{cases}$$ となる。

増減表

x		-1		1	
$g'(x)$	$-$	0	$+$	0	$-$
$g(x)$	↘	①	↗	⑤	↘

極小値　極大値

$y = g(x)$ の増減表を右に示す。

以上より，$y = g(x)$ のグラフは右のようになるんだね。

どう？ これで，**3** 次関数のグラフの描き方にも，慣れてきただろう。

実は，**3** 次関数のグラフは，x^3 の係数の符号によって，大体の概形は決まってしまうんだよ。このことも，これから解説しよう。

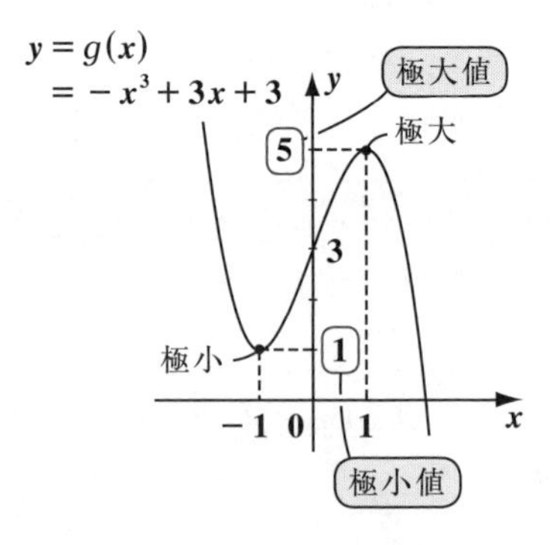

● 3 次関数は，x^3 の係数に着目しよう！

みんな，数学Iで，2次関数：$y = ax^2 + bx + c \ (a \neq 0)$ のグラフの概形は，x^2 の係数 a に着目して，

$\begin{cases} \text{(i) } a > 0 \text{ のときは，下に凸の，そして，} \\ \text{(ii) } a < 0 \text{ のときは，上に凸の放物線} \end{cases}$

になる（図4）ことを習ったはずだ。

図4　2次関数のグラフ

$y = ax^2 + bx + c$ について

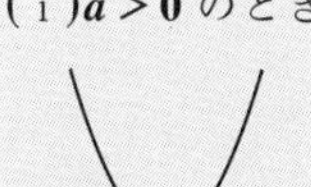

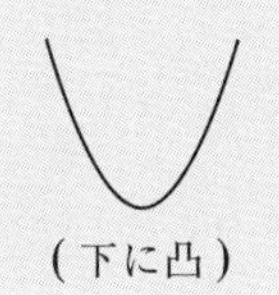

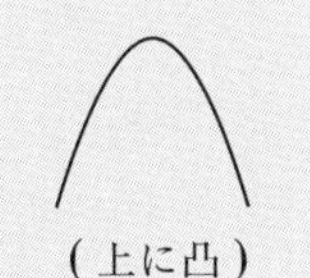

実は，これと同様のことが，3次関数：$y = ax^3 + bx^2 + cx + d \ (a \neq 0)$ についても，言えるんだ。x^3 の係数 a に着目して，(i) $a > 0$ のときと，(ii) $a < 0$ のとき，それぞれ大体図5のようなグラフになることを知っておくといいと思う。

図5　3次関数のグラフ

$y = ax^3 + bx^2 + cx + d$ について

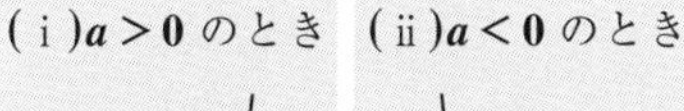

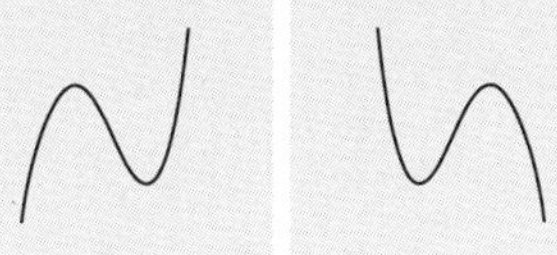

ただし，3次関数のグラフの場合，このように，常に“**極値**（きょくち）”をもつとは限らないので，注意しよう。図5(i)，(ii)のように極値（極大値と極小値の総称）をもつ場合もあるけど，もたない場合もあり得ることを，必ず頭に入れておいてくれ。

● さまざまな3次関数のグラフに挑戦しよう！

それでは，実際に極値をもたない3次関数のグラフについても練習してみよう。3次関数 $y = f(x) = x^3$ について，

$f'(x) = (x^3)' = 3x^2$

よって，$f'(x) = 0$ のとき，$\cancel{3}x^2 = 0$

$\therefore x = 0$ （重解）

$f'(x) = 0$ が重解をもつとき，$f'(x)$ のグラフは x 軸と接することにも気を付けよう。

$x = 0$ で，$f'(x)$ は一旦 0 にはなるが，その前後は，共に正(⊕)で符号が変わることはないね。

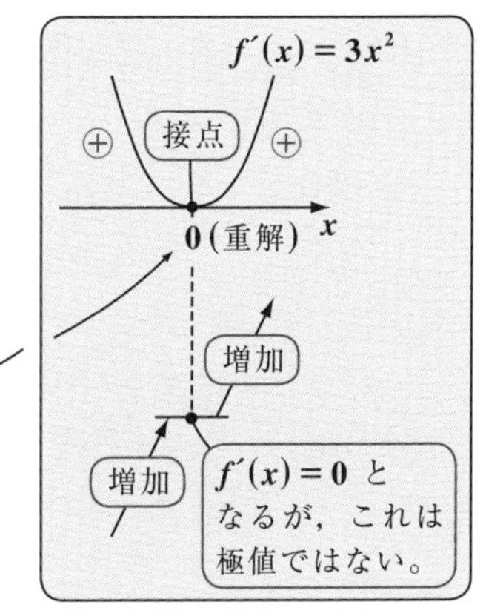

よって，$y=f(x)$ は，

(ⅰ) $x<0$ のとき，増加し，

(ⅱ) $x=0$ で，一旦その接線の傾きが 0 となるが，

(ⅲ) $0<x$ のとき，再び増加する。

ここで，$f'(x)=0$ となる $x=0$ の値を，$f(x)$ に代入すると，

$f(0)=0^3=0$ となる。← これは極値ではない。山でも，谷でもないからだ！

以上より，

$y=f(x)=x^3$ の増減表と，グラフの概形を右に示す。

増減表

x		0	
$f'(x)$	$+$	0	$+$
$f(x)$	↗	0	↗

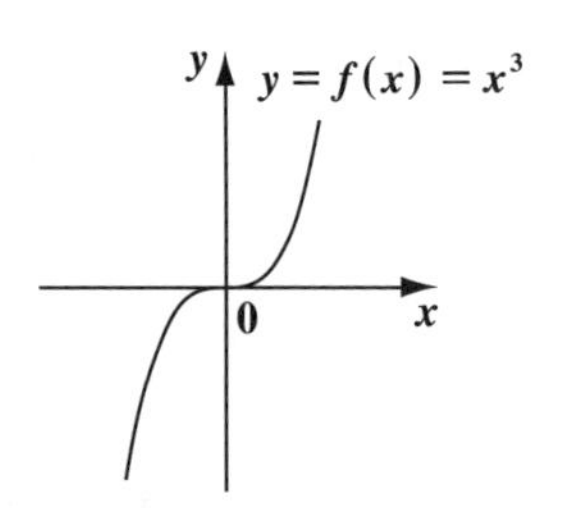

どう？ $y=f(x)=1\cdot x^3$ とおくと，$a=1>0$ のパターンなんだけど，図 5(ⅰ) のようなグラフではなくて，座り心地の良さそうな，リクライニング・シートみたいな形の曲線が，$y=f(x)=x^3$ のグラフの概形だったんだね。

では，さらに練習問題で，この手のグラフの描き方を練習しておこう。

練習問題 61 3次関数のグラフ (Ⅱ) CHECK 1 CHECK 2 CHECK 3

3次関数 $y=g(x)=-x^3+3x^2-3x+2$ の増減を調べ，そのグラフの概形を描け。

$y=g(x)$ は x^3 の係数が -1 で負なので，初めは，図 5(ⅱ) のようなグラフのイメージを考えるかも知れないね。でも，これも極値をもたない，リクライニング・シート型の曲線になるんだよ。だから，3次関数の場合，余り強い先入観はもたずに，キチンと，$g'(x)$ の符号を押さえる必要があるんだね。

$y=g(x)=-x^3+3x^2-3x+2$ を，x で微分して，

$$g'(x)=(-x^3+3x^2-3x+2)'=-\underbrace{(x^3)'}_{3x^2}+3\underbrace{(x^2)'}_{2x}-3\cdot\underbrace{x'}_{1}+\underbrace{2'}_{0}$$

$$=-3x^2+6x-3=-3(x^2-2x+1)$$

$\therefore g'(x)=-3(x-1)^2$ となる。← $x=1$ で，x 軸と接する上に凸の放物線

ここで，$g'(x)=0$ とおくと，

$-3(x-1)^2=0$，$(x-1)^2=0$　$\therefore x=1$ (重解) をもつ。

これから，$x=1$ で，$g'(x)$ は 0 になるが，その前後は共に負 (⊖) で，

符号が変わることはない。

よって，$y=g(x)$ は，

(ⅰ) $x<1$ のとき，減少し，

(ⅱ) $x=1$ で，一旦その接線の傾きが 0 となるが，

(ⅲ) $1<x$ のとき，再び減少する。

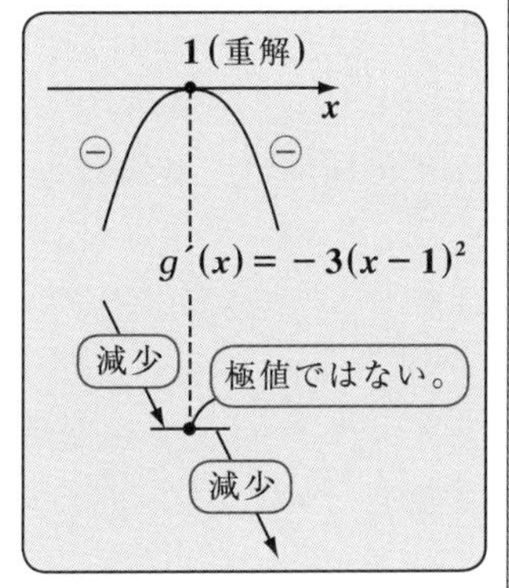

ここで，$x=1$ を $g(x)$ に代入すると，

$g(1)=-1^3+3\cdot1^2-3\cdot1+2$

$\quad=-1+\cancel{3}-\cancel{3}+2=1$ となる。

以上より，　　　　（これは極値ではない。）

$y=g(x)=-x^3+3x^2-3x+2$ の増減表と，グラフの概形を右に示す。

$y=g(x)$ の x^3 の係数が -1 で負なので，大体のグラフのイメージとして，図5(ⅱ)の形を頭の中に連想してくれてもいいのだけれど，今回のように，極値をもたないリクライニング・シート型のグラフになる場合もあるので，強い思い込みは要注意なんだね。

増減表

x		1	
$g'(x)$	$-$	0	$-$
$g(x)$	↘	1	↘

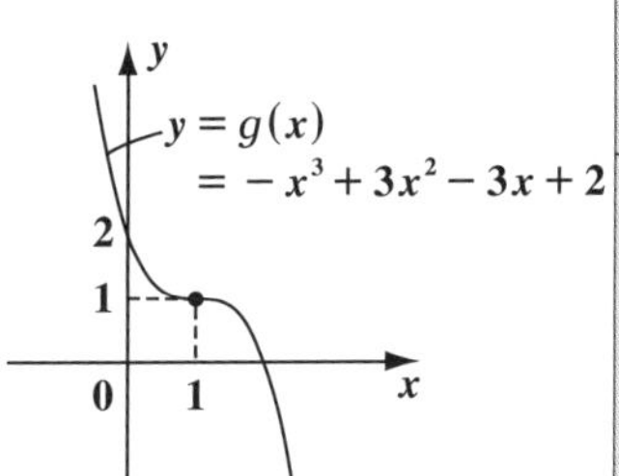

では，次の練習問題にチャレンジしよう。

練習問題 62　3次関数のグラフ(Ⅲ)　CHECK 1　CHECK 2　CHECK 3

3次関数 $y=f(x)=x^3+3x^2+4x+5$ の増減を調べ，そのグラフの概形を描け。

$y=f(x)$ の x^3 の係数が 1 で正より，図5(ⅰ)のグラフのイメージを思い浮かべるだろうけれど，今回も極値なしの，しかもリクライニング・シートにさえならない形のグラフになる。

$y=f(x)=x^3+3x^2+4x+5$ を x で微分して，

$f'(x)=(x^3+3x^2+4x+5)'=\underbrace{(x^3)'}_{3x^2}+3\cdot\underbrace{(x^2)'}_{2x}+4\cdot\underbrace{x'}_{1}+\underbrace{5'}_{0}$

$\quad=3x^2+6x+4=3(x^2+2x+1)+4-3$　←（3 をたした分，引く）（2 で割って 2 乗）

$\quad=3\underbrace{(x+1)^2}_{0\text{以上}}+\underbrace{1}_{\oplus}$　←（頂点 $(-1,\ 1)$ の下に凸の放物線）

よって，$f'(x)$ は，点 $(-1,\ 1)$ を頂点にもつ下に凸の放物線なので，すべての x に対して常に $f'(x)>0$ となる。よって，$y=f(x)$ は，すべての x の値の範囲で，単調に増加する。← 今回は単純すぎるので，これだけで，増減表を書く必要もないんだよ。

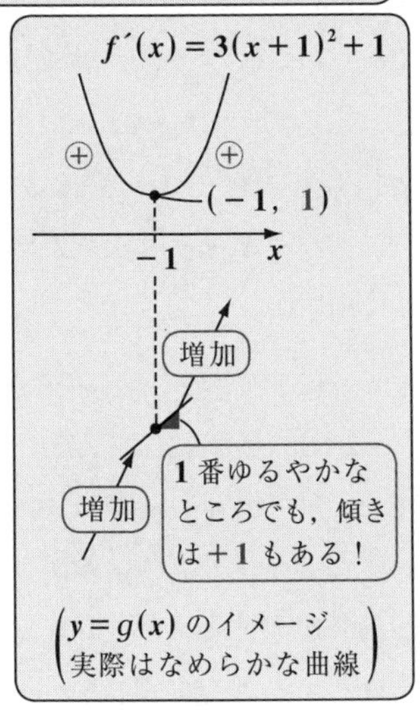

$f'(x)$ は，$x=-1$ のとき最小値 $\underline{1}$ をとるが，このことは，$y=f(x)$ の接線は，$x=-1$ のときに最もゆるやかになるけれど，それでも接線の傾きは $\underline{+1}$ あることを意味している。つまり，これはリクライニングではなくて，座りたくても，スルリとすべり落ちてしまう，座りにくいシート(いす)になってしまったんだね。

ここで，$x=-1$ を $y=f(x)=x^3+3x^2+4x+5$ に代入すると，

$f(-1)=(-1)^3+3\cdot(-1)^2+4\cdot(-1)+5$

$=-1+3-4+5=3$ となるので，

この $y=f(x)$ は，点 $(-1,\ 3)$ を通り，このとき，接線の傾きは最小値 1 をとる。

以上より，$y=f(x)$ のグラフを右に示す。これで，ほとんどすべての3次関数のグラフのパターンを勉強したんだよ。面白かった？

それでは，これら3次関数のグラフの知識を活かして，3次方程式の実数解の個数についても解き明かしていこう。

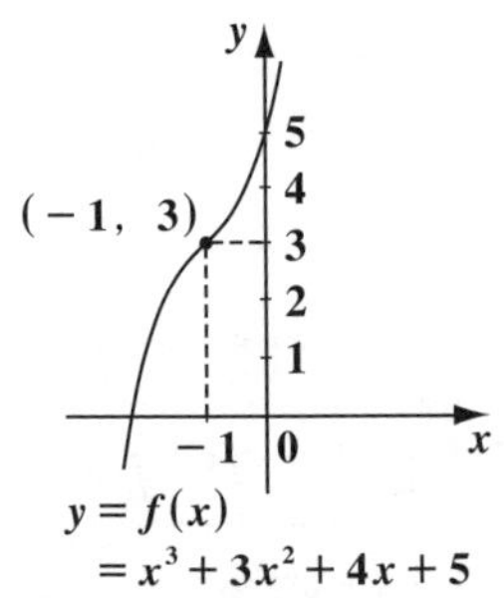

● 3次方程式の実数解の個数は，グラフから分かる!?

2次方程式と2次関数が密接に関係しているように，3次方程式と3次関数も切っても切れない関係になっているんだよ。特に，3次方程式の場合，実数解の値そのものは分からなくても，異なる実数解の個数は3次関数と x 軸との位置関係から簡単に分かってしまうんだよ。ン？ 興味が湧いてきたって？ いいね。これも具体的な例を使って，解説していこう。

3次方程式 $x^3+3x^2-1=0$ ……①の相異なる実数解の個数を求めよって言われたらどうする？ これは，実数解の値を求めよと言ってるわけでは

ないので，①の左右両辺をそれぞれ y とおいて，

$$\begin{cases} y = f(x) = x^3 + 3x^2 - 1 \quad \cdots\cdots ② \text{ と} \\ y = 0 \ [x \text{ 軸}] \end{cases}$$

← x の 3 次関数

とに分解して，グラフを調べていけばいいんだね。

つまり，3 次関数 $y = f(x)$ のグラフと x 軸との共有点の x 座標が，①の方程式の実数解になるので，①の実数解の個数は，この共有点の個数で決まる。

それじゃ，②の 3 次関数のグラフの概形が分かればいいので，まず，②を微分して，導関数 $f'(x)$ を求めてみるよ。

$f'(x) = (x^3 + 3x^2 - 1)' = 3x^2 + 6x = 3x(x+2)$

下に凸の放物線

ここで，$f'(x) = 0$ のとき，

$3x \cdot (x+2) = 0$ より，$x = -2$ または 0 となる。

$f'(x)$ は，下に凸の放物線なので，$f'(x)$ は

$x = -2$ を境に正 (⊕) から負 (⊖) に，また，

$x = 0$ を境に負 (⊖) から正 (⊕) に転ずる。

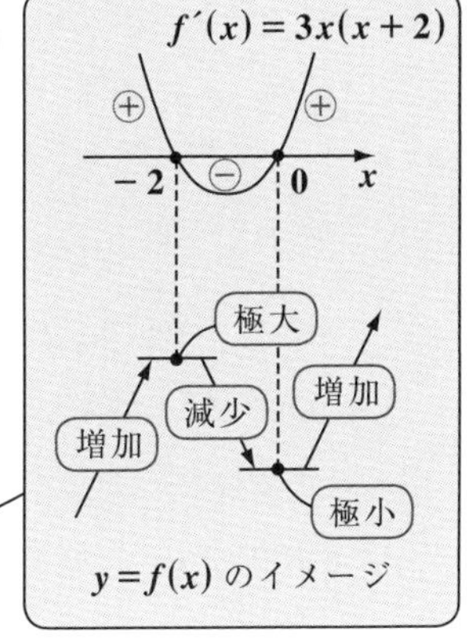

よって，$y = f(x)$ は，

(i) $x < -2$ のとき，増加し，

(ii) $x = -2$ で，極大となり，

(iii) $-2 < x < 0$ のとき，減少し，

(iv) $x = 0$ で，極小となり，そして，

(v) $0 < x$ のとき，増加することが分かる。

増減表

x		-2		0	
$f'(x)$	$+$	0	$-$	0	$+$
$f(x)$	↗	3	↘	-1	↗

極大値 ⊕の数　極小値 ⊖の数

また，$y = f(x) = x^3 + 3x^2 - 1$ に，$x = -2$，0 を代入して，

$$\begin{cases} \text{極大値 } f(-2) = (-2)^3 + 3 \cdot (-2)^2 - 1 \\ \qquad\qquad\qquad = -8 + 12 - 1 = 3 > 0 \\ \text{極小値 } f(0) = -1 < 0 \quad \text{となる。} \end{cases}$$

極大値が 3 で正の数，極小値が -1 で負の数なので，3 次方程式 $f(x) = 0$ ……①は，相異なる 3 実数解をもつことが分かったんだね。右図の $y = f(x)$ のグラフを見てくれ。$y = f(x)$ のグラフは，$x < -2$ のとき，⊖ 側から増加して，正の極大値 3 に向かうまでに，1 回 x 軸を

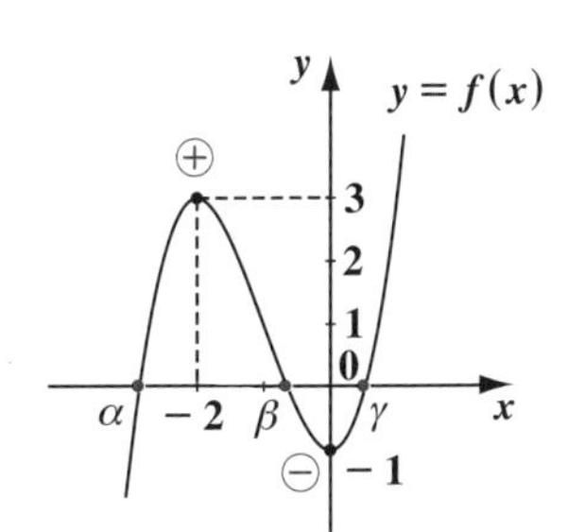

よぎる。次，極大値 **3** から極小値 -1 に向かう途中で，x 軸をもう **1** 回よぎり，最後に㊀の極小値から増加して，さらに x 軸をもう **1** 回よぎっていくね。つまり，$y=f(x)$ と x 軸は異なる **3** つの共有点をもち，その交点の x 座標 $\alpha,\ \beta,\ \gamma$ が方程式 $f(x)=0$ ……①の解だから，この **3** 次方程式は相

（今回，この実数解の値は分からなくていい。）

異なる **3** 実数解をもつことが分かるんだね。納得いった？

このように，**3** 次方程式 $f(x)=0$ が与えられたら，これを分解して，

$$\begin{cases} y=f(x) & \text{と} \\ y=0\ [x\text{軸}] \end{cases}$$

とおき，$y=f(x)$ のグラフを調べて x 軸との共有点の個数を求めれば，それが，方程式 $f(x)=0$ の異なる実数解の個数になる。

$(ex1)$ **3** 次方程式 $-x^3+3x+3=0$ ……㋐

が与えられたとき，これを分解して，

$$\begin{cases} y=g(x)=-x^3+3x+3 \\ y=0\ [x\text{軸}] \end{cases}$$

とおくと，

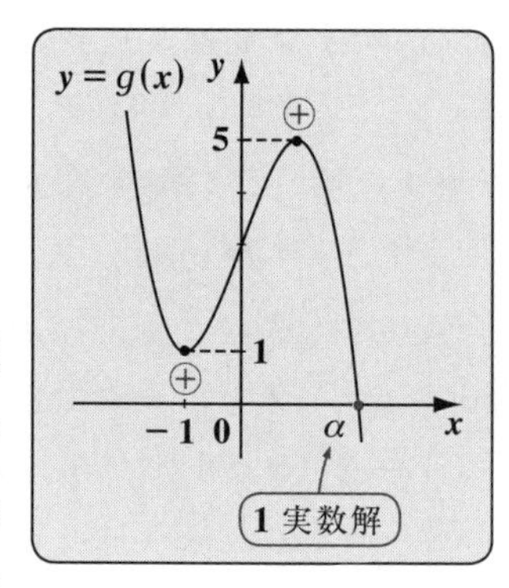

$y=g(x)$ のグラフは，既に練習問題 **60(P227)** で求めているので，x 軸との共有点は **1** 個だけだね。よって，㋐ の **3** 次方程式の実数解の個数は，ただ **1** つであることが分かる。

$(ex2)$ **3** 次方程式 $x^3+3x^2+4x+5=0$ ……㋑

が与えられたとき，これを分解して，

$$\begin{cases} y=f(x)=x^3+3x^2+4x+5 \\ y=0\ [x\text{軸}] \end{cases}$$

とおくと，

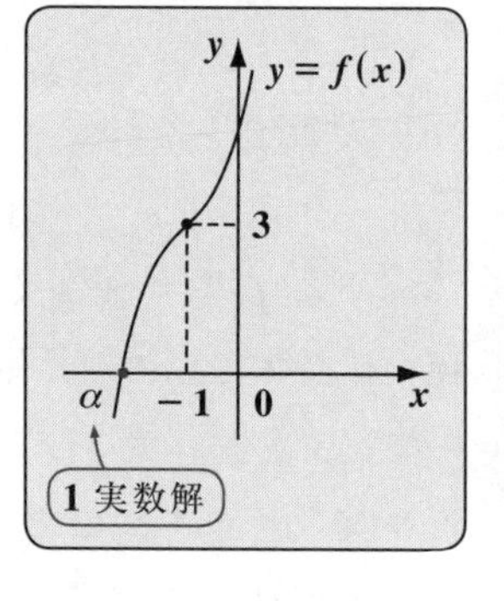

$y=f(x)$ のグラフは，既に練習問題 **62 (P231)** で求めているので，これも x 軸との共有点は **1** 個だけだ。よって，㋑の **3** 次方程式の実数解の個数は，ただ**1**つであることが分かる。大丈夫だね。

どう？ これで，要領がつかめただろう。

● 3 次方程式の実数解の個数は，グラフから分かる!?

試験では，文字定数 k を含む 3 次方程式もよく出題されるんだよ。この場合，「文字定数 k は分離する!」と覚えておくんだよ。そして，定数 k の値の範囲によって，実数解の個数は分類されることになるんだよ。これも，例を使って解説しよう。

3 次方程式 $x^3-3x-k=0$ …… ㋐が与えられたとしよう。この場合，まず，

（文字定数 k を含む，3 次方程式だね。）

文字定数 k を分離するために㋐を変形して，

$x^3-3x=k$ ……㋑ とし，これを分解して，

$$\begin{cases} y=g(x)=x^3-3x & \cdots\cdots ㋒ \\ y=k\ [x \text{軸と平行な直線}] & \cdots\cdots ㋓ \end{cases}$$ とおく。

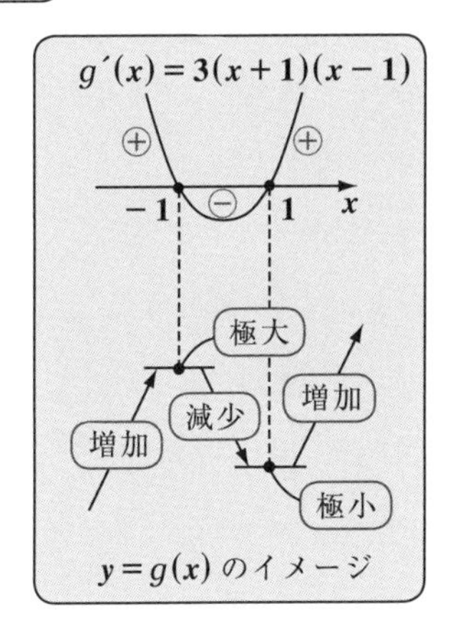

$y=g(x)$ のイメージ

ここで，$y=g(x)$ のグラフを調べるために $g(x)$ を x で微分すると，

$g'(x)=3x^2-3=3(x^2-1)=3(x+1)(x-1)$

ここで，$g'(x)=3(x+1)(x-1)=0$ のとき，

$x=-1$ または 1 となる。

$$\begin{cases} \text{極大値 } g(-1)=(-1)^3-3\cdot(-1) \\ \qquad\qquad =-1+3=2 \\ \text{極小値 } g(1)=1^3-3\cdot1=1-3=-2 \end{cases}$$

$y=g(x)$ の増減表

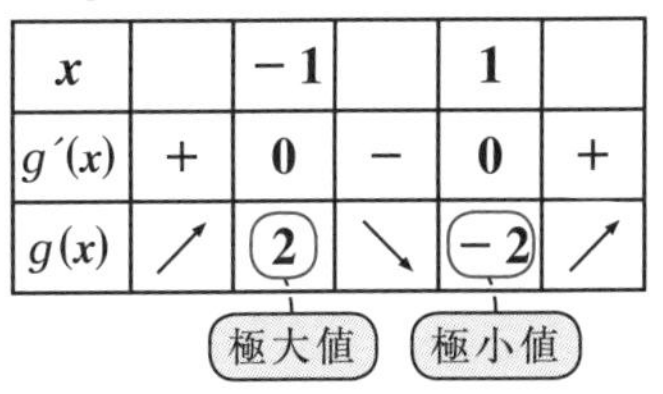

x		-1		1	
$g'(x)$	$+$	0	$-$	0	$+$
$g(x)$	↗	2	↘	-2	↗

これから，$y=g(x)$ の増減表とグラフの概形を右に示す。

ここで，㋐，すなわち㋑の 3 次方程式の異なる実数解の個数は，㋒と㋓のグラフの異なる共有点の個数に等しいので，右のグラフから，明らかに，

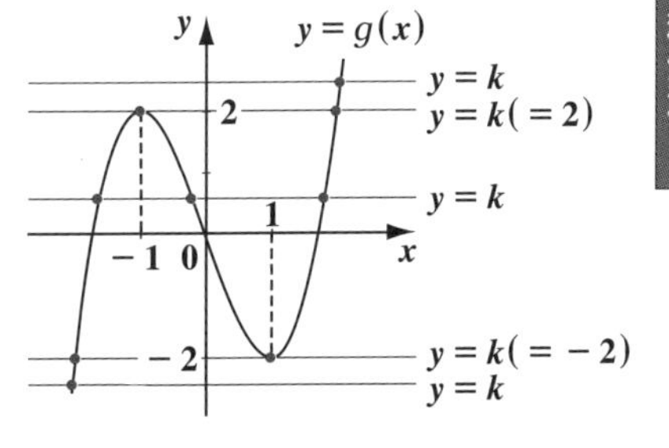

(ⅰ) $k<-2$，または $2<k$ のとき，　　1 個

(ⅱ) $k=-2$，または 2 のとき，　　2 個

(ⅲ) $-2<k<2$ のとき，　　3 個

ということが分かるんだね。

以上で，微分法の講義はすべて終了です。面白かっただろう？

19th day　不定積分，定積分

みんな，おはよう！　“**微分法**”と“**積分法**”の後半のテーマ“**積分法**”の講義を始めよう。実は，この積分法とは，これまで学習してきた微分法とは逆の操作のことなんだ。そして，微分法が様々なテーマに応用できたのと同様に，この積分法もいろいろな分野に応用することが出来るんだね。興味が湧いてきた？

● まず，不定積分から始めよう！

図1　微分と積分

(ⅰ) $f(x)$ $\underset{\text{積分}}{\overset{\text{微分}}{\rightleftarrows}}$ $f'(x)$

(ⅱ) $F(x)$ $\underset{\text{積分}}{\overset{\text{微分}}{\rightleftarrows}}$ $f(x)$

まず“**積分**”とは大ざっぱに言って“**微分**”と逆の操作だと覚えてくれたらいいんだよ。図1(ⅰ)に示すように，$f(x)$を微分して，$f'(x)$になったとすると，この$f'(x)$を積分すればほぼ$f(x)$になるんだね。でも，ここでは$f(x)$と$f'(x)$の関係ではなくて，図1(ⅱ)に示すように，$F(x)$と$f(x)$の関係として，示すことにしよう。すなわち，$F(x)$をxで微分して$f(x)$になるので，$F'(x)=f(x)$ ……①　の関係が成り立つんだね。

そして，この①が成り立つとき，$F(x)$を$f(x)$の“**原始関数**”と呼ぶんだよ。例で解説する。たとえば，$F(x)=x^3$だったとすると，これをxで微分した$F'(x)=(x^3)'=3x^2$が$f(x)$となるので，$f(x)=3x^2$となるんだね。

それじゃ，この$f(x)$を積分したものはどうなる？　ほぼ$F(x)=x^3$というのが答えなんだ。

一般に定数Cを微分すると$C'=0$となるのは覚えているね。だから$f(x)=3x^2$の原始関数$F(x)$は$F(x)=x^3$だけでなく，$F(x)=x^3+1$でも$F(x)=x^3-\sqrt{5}$でも何でもかまわない。どれも

$$F'(x)=(x^3)'=3x^2=f(x)$$

$$F'(x)=(x^3+1)'=(x^3)'+\underbrace{1'}_{0}=3x^2=f(x)$$

$$F(x)=(x^3-\sqrt{5})'=(x^3)'-\underbrace{(\sqrt{5})'}_{0}=3x^2=f(x)$$

………………

となって，$F'(x)=f(x)$ をみたすからだ。だから，$f(x)=3x^2$ の原始関数 $F(x)$ は無数に存在する。でも，無数に存在するといっても，たかだか定数項の部分が異なるだけだから，これを**積分定数 C** を使ってまとめて表すことができる。これを“**不定積分**(ふていせきぶん)”というんだよ。模式図で説明しよう。

$f(x)=3x^2$ の
原始関数 $F(x)=x^3$
原始関数 $F(x)=x^3+1$
原始関数 $F(x)=x^3-\sqrt{5}$
………………
と無数に存在する。

これをまとめて → 不定積分 $F(x)+C$ と表す。

$F(x)$：どれかある原始関数（一般には定数項のないものを用いる）
C：積分定数

どう？ スッキリまとまっただろう。不定積分 $F(x)+C$ に用いる原始関数 $F(x)$ は，x^3+1（$+1$：定数項）や $x^3-\sqrt{5}$（$-\sqrt{5}$：定数項）など，何でもかまわないんだけど，一般には定数項をもっていない x^3 を用いる。よって，$f(x)=3x^2$ の不定積分は，x^3+C ということになるんだね。そして，この積分定数 C の値は **1** でも **5** でも $-\sqrt{3}$ でもなんでもかまわない。つまり，定まってないので，不定積分というと覚えておけばいいんだよ，大丈夫？

それじゃ，$f(x)$ の不定積分を数学的にどのように表すか，その記号法についても教えておこう。$f(x)$ を x で不定積分したものを，

$\int f(x)\,dx$ と表し，これは“インテグラル・$f(x)$・ディー・x”とでも読めばいいよ。そして，これが，$F(x)+C$ となるんだね。

（$\int$：“インテグラル”と読む，dx：“ディー・x”と読む）

不定積分

$f(x)$ を x で不定積分すると，

$$\int f(x)\,dx=F(x)+C \quad \text{となる。}$$

($F(x)$：一般には定数項をもたない原始関数，C：積分定数)

ここで，$f(x)$ は積分される関数なので，“**被積分関数**(ひせきぶんかんすう)”という。それでは，$f(x)$ と $F(x)$ の関係を具体的にみていこうか。

(ⅰ) $\left(\frac{1}{2}x^2\right)' = \frac{1}{2}\cdot(x^2)' = \frac{1}{2}\cdot 2x = x$ より，$\frac{1}{2}x^2$ を微分したら x になるので，逆に x を積分したら $\frac{1}{2}x^2+C$ となる。よって，

$\int x\,dx = \frac{1}{2}x^2+C$ だね。← $F(x)=\frac{1}{2}x^2$, $f(x)=x$

(ⅱ) $\left(\frac{1}{3}x^3\right)' = \frac{1}{3}\cdot(x^3)' = \frac{1}{3}\cdot 3x^2 = x^2$ より，同様に

$\int x^2\,dx = \frac{1}{3}x^3+C$ となる。← $F(x)=\frac{1}{3}x^3$, $f(x)=x^2$

(ⅲ) $\left(\frac{1}{4}x^4\right)' = \frac{1}{4}(x^4)' = \frac{1}{4}\cdot 4x^3 = x^3$ より，これも同様に，

$\int x^3\,dx = \frac{1}{4}x^4+C$ となる。← $F(x)=\frac{1}{4}x^4$, $f(x)=x^3$

……………………………

どう？　これから被積分関数 x^n $(n=1,\ 2,\ 3,\ \cdots)$ の不定積分の公式が次のように導けることが分かるだろう。

$$\int \underset{f(x)}{\underline{x^n}}\,dx = \underset{F(x)}{\underline{\frac{1}{n+1}x^{n+1}}}+C \quad \cdots\cdots ① \quad (n=1,\ 2,\ 3,\ 4,\ \cdots)$$

これは，$F(x)=\frac{1}{n+1}x^{n+1}$，$f(x)=x^n$ だから，$F'(x)=f(x)$ が成り立てばいいんだね。実際に $F(x)$ を x で微分してごらん。…，そうだね。

$$F'(x) = \left(\underset{\text{定数}}{\boxed{\frac{1}{n+1}}}x^{n+1}\right)' = \frac{1}{n+1}(x^{n+1})' = \frac{1}{\cancel{n+1}}\cdot(\cancel{n+1})x^n = x^n = f(x)$$

となって，成り立つね。①は $n=0$ のときも成り立つのもいい？

そう，$n=0$ のとき $x^n=x^0=1$，$\frac{1}{n+1}x^{n+1}=\frac{1}{0+1}x^{0+1}=x$ より，①は

$\int 1dx = x+C$ となる。これは $x'=1$ だから，成り立つんだね。

以上より，次の積分計算の基本公式が成り立つ。

積分計算の基本公式

$$\int x^n\,dx = \frac{1}{n+1}x^{n+1} + C \quad (n=0,\ 1,\ 2,\ 3,\ \cdots,\ C\text{：積分定数})$$

この公式の具体例をもう **1** 度書いておくね。

(ⅰ) $n=0$ のとき，$\int 1\,dx = x + C$，

(ⅱ) $n=1$ のとき，$\int x\,dx = \frac{1}{2}x^2 + C$，

(ⅲ) $n=2$ のとき，$\int x^2\,dx = \frac{1}{3}x^3 + C$　…　ってことだね。大丈夫？

微分と積分は逆の操作なので，微分のときの公式と同様の次の積分公式が成り立つことも分かるはずだ。

積分計算の公式

(Ⅰ) $\int \{f(x)+g(x)\}\,dx = \int f(x)\,dx + \int g(x)\,dx$

$\int \{f(x)-g(x)\}\,dx = \int f(x)\,dx - \int g(x)\,dx$

関数が“たし算”や“引き算”されたものの積分は，項別に積分できる。

(Ⅱ) $\int kf(x)\,dx = k\int f(x)\,dx$　(k：実数定数)

関数を定数倍したものの積分では，関数を積分して，その後で定数をかければいい。

微分のところでも解説したように，(Ⅰ)の公式は，これを発展させて使っていけば，**2** 項だけでなく **3** 項，**4** 項…の関数の和や差の積分にも応用できるんだね。

$(ex1)$　$\int (x^3+x^2-x)\,dx = \underbrace{\int x^3\,dx}_{\frac{1}{4}x^4+C_1} + \underbrace{\int x^2\,dx}_{\frac{1}{3}x^3+C_2} - \underbrace{\int x\,dx}_{\frac{1}{2}x^2+C_3}$

$$= \frac{1}{4}x^4 + \frac{1}{3}x^3 - \frac{1}{2}x^2 + C$$

各項別の積分で出てくる積分定数 $C_1+C_2-C_3$ をまとめて C で表せばいい。

となる。

次，(Ⅱ)の公式は，関数に実数 k がかかったものの積分では，まず k を無視して関数を不定積分し，その後で k をかければいいと言っているんだね。だから，次の例のように積分計算することができるんだ。

$$(ex2)\int 5x^3\,dx = 5\underbrace{\int x^3\,dx}_{\frac{1}{4}x^4+C_1} = 5\cdot\frac{1}{4}x^4+\underbrace{C}_{5C_1\text{のこと}}$$

←積分定数は最後にまとめてポンとおく。

$$= \frac{5}{4}x^4+C$$ となる。大丈夫？

さァ，これで不定積分について基本事項の解説が終わったので，早速，練習問題で実際に不定積分を求めてみよう。

練習問題 63　不定積分(Ⅰ)　CHECK 1　CHECK 2　CHECK 3

次の不定積分を計算せよ。

(1) $\int (2x^2+4x)\,dx$　　(2) $\int (-x^2+x+3)\,dx$

(3) $\int (4x^3-2x^2+3x-5)\,dx$　　(4) $\int (t^4+3t^2+4)\,dt$

積分計算の公式 $\int x^n\,dx = \frac{1}{n+1}x^{n+1}+C$，や $\int\{f(x)\pm g(x)\}\,dx = \int f(x)\,dx \pm \int g(x)\,dx$ や $\int kf(x)\,dx = k\int f(x)\,dx$ を駆使して，計算していけばいいんだよ。積分定数 C は最後にまとめて1つ，ポンとおけばいいんだよ。(4) は t での積分であることに気を付けよう。

$$(1)\int (2x^2+4x)\,dx = \int 2x^2\,dx + \int 4x\,dx$$

←関数の“たし算”は項別に積分できる！

$$= 2\underbrace{\int x^2\,dx}_{\frac{1}{3}x^3} + 4\underbrace{\int x\,dx}_{\frac{1}{2}x^2}$$

←積分後に定数をかければいい！

←積分定数は最後に“まとめてポン”でいいので，この時点では，積分定数 C_1，C_2 は示していない。

$$= \frac{2}{3}x^3+2x^2+C$$ となる。

(2) $\int(-x^2+x+3)\,dx = -\int x^2\,dx + \int x\,dx + 3\int 1\,dx$ ← "たし算", "引き算" は項別に積分し, 積分後に定数をかければいい。

($\int x^2\,dx$ → $\frac{1}{3}x^3$, $\int x\,dx$ → $\frac{1}{2}x^2$, $\int 1\,dx$ → x)

$= -\frac{1}{3}x^3 + \frac{1}{2}x^2 + 3x + C$ となる。← 積分定数 C は最後にまとめてポン！でいい。

(3) $\int(4x^3-2x^2+3x-5)\,dx = 4\int x^3\,dx - 2\int x^2\,dx + 3\int x\,dx - 5\int 1\,dx$

($\int x^3\,dx$ → $\frac{1}{4}x^4$, $\int x^2\,dx$ → $\frac{1}{3}x^3$, $\int x\,dx$ → $\frac{1}{2}x^2$, $\int 1\,dx$ → x)

$= 4\cdot\frac{1}{4}x^4 - 2\cdot\frac{1}{3}x^3 + 3\cdot\frac{1}{2}x^2 - 5x + C$

$= x^4 - \frac{2}{3}x^3 + \frac{3}{2}x^2 - 5x + C$ が答えだ！

一般に, $\int f(x)\,dx$ というのは, "$f(x)$ を x で積分せよ" って意味なんだ。

(dx：これがあるので, x での積分になる。)

だから, $\int g(t)\,dt$ ときたら, "$g(t)$ を t で積分せよ" ってことなんだね。

(dt：これがあるので, t での積分になる。)

(4) $\int(t^4+3t^2+4)\,dt = \int t^4\,dt + 3\int t^2\,dt + 4\int 1\,dt$ ← t の関数を t で積分する！

($\int t^4\,dt$ → $\frac{1}{5}t^5$, $\int t^2\,dt$ → $\frac{1}{3}t^3$, $\int 1\,dt$ → t)

$= \frac{1}{5}t^5 + 3\cdot\frac{1}{3}t^3 + 4t + C = \frac{1}{5}t^5 + t^3 + 4t + C$ となって答えだ。

では, 次の練習問題で, 2 変数関数の不定積分にも挑戦してみよう。

練習問題 64　不定積分 (Ⅱ)　CHECK 1　CHECK 2　CHECK 3

次の不定積分を計算せよ。

(1) $\int(3x^2-6t^2x+4t^3)\,dx$　　(2) $\int(3x^2-6t^2x+4t^3)\,dt$

被積分関数が, x と t の 2 つの変数で出来てる場合の積分計算だ。(1) は, dx があるので, x での積分, (2) は, dt があるので, t での積分なんだね。

(1) もし，$\int (3x^2 - 6x + 4)\, dx$ の積分であれば，
定数　定数　定数　x で積分

$$\int (3x^2 - 6x + 4)\, dx = 3\int x^2\, dx - 6\int x\, dx + 4\int 1\, dx$$
$$= 3 \cdot \frac{1}{3}x^3 - 6 \cdot \frac{1}{2}x^2 + 4 \cdot x + C$$
$$= x^3 - 3x^2 + 4x + C$$ と計算するだろう。

2変数関数の場合でも，これと同様で，x で積分する場合は，x は変数，t は定数と考えて計算すればいいんだよ。よって，

$$\int (3x^2 - 6t^2x + 4t^3)\, dx$$
定数　定数扱い

$$= 3\int x^2\, dx - 6t^2\int x\, dx + 4t^3\int 1\, dx$$
$\frac{1}{3}x^3$　$\frac{1}{2}x^2$　x

$$= 3 \cdot \frac{1}{3}x^3 - 6t^2 \cdot \frac{1}{2}x^2 + 4t^3 \cdot x + C$$
$$= x^3 - 3t^2x^2 + 4t^3x + C$$ となる。大丈夫？

(2) $\int (3x^2 - 6xt^2 + 4t^3)\, dt$ は t で積分するので，t を変数，x を定数と考えて解くんだよ。よって，
定数扱い　定数　t で積分

$$\int (4 \cdot t^3 - 6x \cdot t^2 + 3x^2)\, dt$$
定数　定数扱い

$$= 4\int t^3\, dt - 6x\int t^2\, dt + 3x^2\int 1\, dt$$
$\frac{1}{4}t^4$　$\frac{1}{3}t^3$　t

$$= 4 \cdot \frac{1}{4}t^4 - 6x \cdot \frac{1}{3}t^3 + 3x^2 \cdot t + C$$

$$= t^4 - 2xt^3 + 3x^2t + C$$ となって答えだ！面白かった？

● 定積分の結果は数値になる！

それでは次，"**定積分**"（ていせきぶん）について解説しよう。関数 $f(x)$ に対して $F'(x)=f(x)$ をみたす関数 $F(x)$ のことを原始関数と言ったんだね。これから解説する定積分は，この $F(x)$ と定数 a，b $(a \leqq b)$ を使って $F(b)-F(a)$ で定義するんだよ。この定積分の表記法と併せて下に示しておこう。

定積分の定義

関数 $f(x)$ が，積分区間 $a \leqq x \leqq b$ において，原始関数 $F(x)$ をもつとき，その定積分を次のように定義する。

$$\int_a^b f(x)dx = \left[F(x)\right]_a^b = F(b) - F(a)$$

$F(x)$：一般に定数項（積分定数 C）をもたない原始関数を用いる。

定積分の場合，図 2 に示すように，"被積分関数 $f(x)$ を $a \leqq x \leqq b$ の区間で積分する" といい，これを

（$\int$ の右下，右上に小さく a と b の数値を示す。）

$\int_a^b f(x)dx = \left[F(x)\right]_a^b = F(b) - F(a)$ で計算する。

（"インテグラル・a から b までの・$f(x)$・ディー x" とでも読めばいい。）

図 2 定積分のイメージ

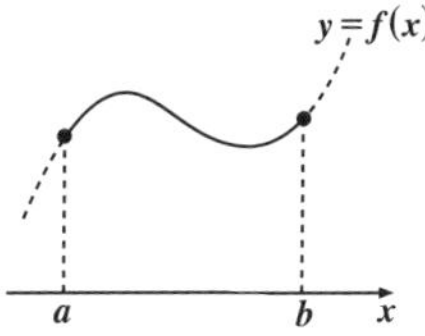

$F(b)$ や $F(a)$ は共にある数値なので，定積分の結果である $F(b)-F(a)$ も当然数値になる。それでは例題で少し練習してみよう。

$(ex3)$ x^2 を，積分区間 $0 \leqq x \leqq 3$ の範囲で定積分すると，

$$\int_0^3 \underbrace{x^2}_{f(x)} dx = \Big[\underbrace{\frac{1}{3}x^3}_{F(x)}\Big]_0^3 = \underbrace{\frac{1}{3}\cdot 3^3}_{F(3)} - \underbrace{\frac{1}{3}\cdot 0^3}_{F(0)} = \frac{27}{3} = 9$$ となるね。

この原始関数 $F(x)$ を $F(x)=\frac{1}{3}x^3+C_1$ （C_1：定数）としたとしても，

$$\int_0^3 f(x)dx = \int_0^3 x^2\,dx = \Big[\underbrace{\frac{1}{3}x^3+C_1}_{F(x)}\Big]_0^3 = \underbrace{\frac{1}{3}\cdot 3^3+C_1}_{F(3)} - \Big(\underbrace{\frac{1}{3}\cdot 0^3+C_1}_{F(0)}\Big)$$

$$= \frac{27}{3} + C_1 - C_1 = 9$$ となって，前と同じ結果になるだろう。

よって，原始関数は $F(x)=\frac{1}{3}x^3$ として，積分定数 C_1 の付いていないものを使う方が，計算が複雑にならなくていいんだね。どうせ，定数項の C_1 は引き算で打ち消し合うから，付ける必要がないんだね。納得いった？

定積分においても，不定積分のときと同様に次の公式が成り立つ。

定積分の公式（Ⅰ）

（Ⅰ）$\int_a^b \{f(x)+g(x)\}\,dx=\int_a^b f(x)\,dx+\int_a^b g(x)\,dx$

$\int_a^b \{f(x)-g(x)\}\,dx=\int_a^b f(x)\,dx-\int_a^b g(x)\,dx$

（Ⅱ）$\int_a^b kf(x)\,dx=k\int_a^b f(x)\,dx$ （k：実数定数）

これらの公式を使うことにより，（Ⅰ）関数同士の“たし算”や“引き算”の積分について項別に定積分できるし，（Ⅱ）定数 k 倍された関数の定積分では，まず関数を定積分した後に定数 k をかければいいんだね。

でも実際の定積分では，$f(x)$ は複数の項の多項式になってる場合，項別に計算するのではなくて，いっぺんに不定積分の計算をして，原始関数 $F(x)$ を求め，それに積分区間の値 b と a を代入した差 $F(b)-F(a)$ を求める方が速いと思う。つまり定積分の計算を速くしたかったら，不定積分の計算に慣れることが一番なんだ。次に，実際の定積分の計算例を示そう。

$(ex4)\int_0^1 (2x^2-3x+1)\,dx=\left[\frac{2}{3}x^3-\frac{3}{2}x^2+x\right]_0^1$

（$2x^2-3x+1$ が $f(x)$，$\frac{2}{3}x^3-\frac{3}{2}x^2+x$ が $F(x)$）

$\int f(x)\,dx=\int(2x^2-3x+1)\,dx=2\int x^2dx-3\int x\,dx+\int 1\,dx=2\cdot\frac{1}{3}x^3-3\cdot\frac{1}{2}x^2+x+C$

の計算をいっぺんに頭の中でさっとやれるように練習しよう。慣れれば誰でもできるよ。

$=\frac{2}{3}\cdot1^3-\frac{3}{2}\cdot1^2+1-\left(\frac{2}{3}\cdot0^3-\frac{3}{2}\cdot0^2+0\right)=\frac{2}{3}-\frac{3}{2}+1$

（前半が $F(1)$，括弧内が $F(0)$）

$=\frac{4-9+6}{6}=\frac{1}{6}$ と求める。大丈夫だった？

それでは次の練習問題で，さらに定積分の計算に慣れるといいよ。

練習問題 65　定積分の計算(Ⅰ)　CHECK 1　CHECK 2　CHECK 3

次の定積分の値を求めよ。

(1) $\int_0^2 (6x-2)dx$　　(2) $\int_1^3 (x^2-3x+2)dx$

(3) $\int_{-2}^1 (x^3+3x^2-4)dx$

すべて定積分の問題だね。ポイントは，各被積分関数 $f(x)$ の原始関数 $F(x)$ をいっぺんに求めて，$F(b)-F(a)$ の値を求めることだ。

(1) $\int_0^2 (\underbrace{6x-2}_{f(x)})\,dx = \left[\underbrace{3x^2-2x}_{F(x)}\right]_0^2 = \underbrace{3\cdot 2^2-2\cdot 2}_{F(2)} - (\underbrace{3\cdot 0^2-2\cdot 0}_{F(0)})$

$F'(x)=(3x^2-2x)'=6x-2=f(x)$ となって OK だね。

$=12-4=8$　が答えだね。

(2) $\int_1^3 (\underbrace{x^2-3x+2}_{f(x)})\,dx = \left[\underbrace{\frac{1}{3}x^3-\frac{3}{2}x^2+2x}_{F(x)}\right]_1^3$

$F'(x)=\left(\frac{1}{3}x^3-\frac{3}{2}x^2+2x\right)'=\frac{1}{3}\cdot 3x^2-\frac{3}{2}\cdot 2x+2\cdot 1=x^2-3x+2=f(x)$ となって，OK!

$=\underbrace{\frac{1}{3}\cdot 3^3-\frac{3}{2}\cdot 3^2+2\cdot 3}_{F(3)}-\left(\underbrace{\frac{1}{3}\cdot 1^3-\frac{3}{2}\cdot 1^2+2\cdot 1}_{F(1)}\right)$

$=\underbrace{9-\frac{27}{2}+6}-\left(\frac{1}{3}-\frac{3}{2}+2\right)=\frac{3}{2}-\frac{1}{3}+\frac{3}{2}-2=1-\frac{1}{3}=\frac{2}{3}$ となる。

$15-\frac{27}{2}=\frac{30-27}{2}=\frac{3}{2}$

(3) $\int_{-2}^1 (\underbrace{x^3+3x^2-4}_{f(x)})\,dx = \left[\underbrace{\frac{1}{4}x^4+x^3-4x}_{F(x)}\right]_{-2}^1$

$F'(x)=\left(\frac{1}{4}x^4+x^3-4x\right)'=\frac{1}{4}\cdot 4x^3+3x^2-4\cdot 1=x^3+3x^2-4=f(x)$ となって OK!

$$与式 = \underbrace{\frac{1}{4}\cdot 1^4 + 1^3 - 4\cdot 1}_{F(1)} - \{\underbrace{\frac{1}{4}\cdot(-2)^4 + (-2)^3 - 4\cdot(-2)}_{F(-2)}\}$$

$$= \frac{1}{4} - 3 - (4 - 8 + 8) = \frac{1}{4} - 7 = \frac{1-28}{4} = -\frac{27}{4}$$ が答えだ。

フ～，疲れたって？　そうだね。定積分の計算って，意外とメンドウなんだね。でも，計算にはリズム感が必要なので，ある程度のスピードでサクサク計算できるようになるまで練習しておこう。

定積分の計算には，さらに次のような公式もあるんだよ。

定積分の公式（Ⅱ）

(1) $\int_a^a f(x)dx = 0$

(2) $\int_a^b f(x)dx = -\int_b^a f(x)dx$

(3) $\int_a^b f(x)dx = \int_a^c f(x)dx + \int_c^b f(x)dx$

$f(x)$ の原始関数を $F(x)$ とおくと，この3つの公式は次のように証明できる。

(1) $\int_a^a f(x)\,dx = \left[F(x)\right]_a^a = F(a) - F(a) = 0$ となって，成り立つ。

(2) 左辺 $= \int_a^b f(x)\,dx = \left[F(x)\right]_a^b = F(b) - F(a)$

右辺 $= -\int_b^a f(x)\,dx = -\left[F(x)\right]_b^a = -\{F(a) - F(b)\} = F(b) - F(a)$

∴左辺＝右辺となって，この公式も成り立つ。

(3) 左辺 $= \int_a^b f(x)\,dx = \left[F(x)\right]_a^b = F(b) - F(a)$

右辺 $= \int_a^c f(x)\,dx + \int_c^b f(x)\,dx = \left[F(x)\right]_a^c + \left[F(x)\right]_c^b$

$= F(c) - F(a) + F(b) - F(c) = F(b) - F(a)$

∴左辺＝右辺となるので，この公式も成り立つ。

これらの公式の利用法については，次の練習問題で練習しよう。

練習問題 66	定積分の計算(Ⅱ)	CHECK 1	CHECK 2	CHECK 3

次の定積分の値を求めよ。

(1) $\int_2^2 (x^3 - x^2 + x - 1)dx$　　(2) $\int_{-\sqrt{2}}^0 (2x^3 - 3x)dx - \int_2^0 (2x^3 - 3x)dx$

(1) は積分区間に注目してくれ。2 から 2 までの定積分なので，計算するまでもないね。(2) は，うまく積分区間をまとめると，計算が簡単になるよ。頑張ろうな！

(1) $\int_2^2 f(x)dx = 0$ より，$\int_2^2 (x^3 - x^2 + x - 1)dx = 0$ となる。超簡単だね！

(2) $\int_{-\sqrt{2}}^0 (2x^3 - 3x)dx - \underline{\int_2^0 (2x^3 - 3x)dx}$

$\underline{\qquad} = -\int_0^2 (2x^3 - 3x)dx \quad \left(\because \int_a^b f(x)dx = -\int_b^a f(x)dx\right)$

積分区間を入れ替えると符号が変わる。

$= \int_{-\sqrt{2}}^0 (2x^3 - 3x)dx + \int_0^2 (2x^3 - 3x)dx$

$= \int_{-\sqrt{2}}^2 \underline{(2x^3 - 3x)}_{f(x)} dx$

公式：
$\int_a^c f(x)dx + \int_c^b f(x)dx = \int_a^b f(x)dx$
を使った！ $(a = -\sqrt{2},\ b = 2,\ c = 0)$

$= \left[2 \cdot \frac{1}{4}x^4 - 3 \cdot \frac{1}{2}x^2\right]_{-\sqrt{2}}^2$

$= \left[\underbrace{\frac{1}{2}x^4 - \frac{3}{2}x^2}_{F(x)}\right]_{-\sqrt{2}}^2 = \underbrace{\frac{1}{2} \cdot 2^4 - \frac{3}{2} \cdot 2^2}_{F(2)} - \underbrace{\left\{\frac{1}{2}(-\sqrt{2})^4 - \frac{3}{2}(-\sqrt{2})^2\right\}}_{F(-\sqrt{2})}$

$(\sqrt{2})^4 = 2^2 = 4$，$(\sqrt{2})^2 = 2$

$= 8 - 6 - (2 - 3) = 8 - 6 - 2 + 3 = 3$ となって，答えだね。

それでは，最後にもう 1 題，絶対値の付いた被積分関数の定積分の問題を解いてみようか。絶対値が付いているので，当然絶対値内の⊕，⊖(正・負)によって，被積分関数を場合分けして積分計算することになるんだね。

練習問題 67	定積分の計算(Ⅲ)	CHECK 1	CHECK 2	CHECK 3

次の定積分の値を求めよ。

(1) $\displaystyle\int_{-1}^{2}\left(\frac{1}{2}|x|+1\right)dx$　　　(2) $\displaystyle\int_{0}^{2}|x(x-1)|\,dx$

絶対値の付いた被積分関数なので，積分区間による場合分けが必要となるんだね。今日最後の問題だ。頑張ろう！

(1) $|x|=\begin{cases} x & (x\geqq 0) \\ -x & (x\leqq 0)\end{cases}$　← 等号は，どちらにも付けても構わない。

$$\frac{1}{2}|x|+1=\begin{cases}\dfrac{1}{2}x+1 & (x\geqq 0\text{ のとき}) \\ -\dfrac{1}{2}x+1 & (x\leqq 0\text{ のとき})\end{cases}$$ となる。

よって，求める定積分は，右図に示すように，積分区間を(i) $-1\leqq x\leqq 0$ と(ii) $0\leqq x\leqq 2$ に分けて計算する。

$$\int_{-1}^{2}\left(\frac{1}{2}|x|+1\right)dx=\underbrace{\int_{-1}^{0}\left(-\frac{1}{2}x+1\right)dx}_{(\text{i})}+\underbrace{\int_{0}^{2}\left(\frac{1}{2}x+1\right)dx}_{(\text{ii})}$$

$$=\left[-\frac{1}{4}x^2+x\right]_{-1}^{0}+\left[\frac{1}{4}x^2+x\right]_{0}^{2}$$

$$=0-\left\{-\frac{1}{4}(-1)^2+(-1)\right\}+\left(\frac{1}{4}\cdot 2^2+2\right)-0=-\left(-\frac{1}{4}-1\right)+(1+2)$$

（x に 0 を代入したものは 0）

$$=\frac{1}{4}+1+1+2=4+\frac{1}{4}=\frac{16+1}{4}=\frac{17}{4}$$ となって答えだ。大丈夫？

(2) $y=g(x)=x(x-1)$ とおくと，このグラフは右図のようになる。よって，$y=g(x)$ は，

(i) $x\leqq 0,\ 1\leqq x$ のとき，$g(x)\geqq 0$

(ii) $0\leqq x\leqq 1$ のとき，$g(x)\leqq 0$　となる。

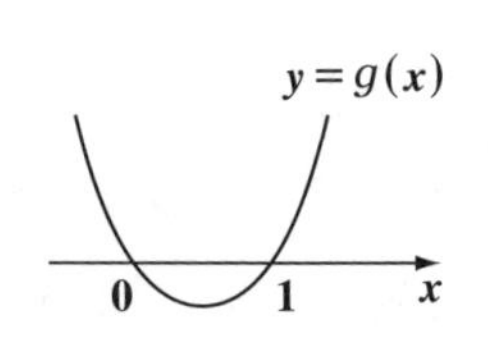

よって，$y=|g(x)|$ は次のようになる。

$$y=|g(x)|=\begin{cases} x(x-1) & (x\leqq 0,\ 1\leqq x \text{ のとき}) \\ -x(x-1) & (0\leqq x\leqq 1 \text{ のとき}) \end{cases}$$

$y=|g(x)|$ のグラフ

$y=|g(x)|$ のグラフは，$y=g(x)$ の x 軸より下側の部分を上に折り返した形になる。

これから，求める定積分は積分区間を（ⅰ）$0\leqq x\leqq 1$ と（ⅱ）$1\leqq x\leqq 2$ の2通りに場合分けして計算すればいい。

$$\int_0^2 |x(x-1)|dx = \underbrace{-\int_0^1 x(x-1)dx}_{(\text{i})} + \underbrace{\int_1^2 x(x-1)dx}_{(\text{ii})}$$

$$= -\int_0^1 (x^2-x)dx + \int_1^2 (x^2-x)dx$$

$$= -\left[\frac{1}{3}x^3 - \frac{1}{2}x^2\right]_0^1 + \left[\frac{1}{3}x^3 - \frac{1}{2}x^2\right]_1^2$$

$$= \underbrace{-\left\{\left(\frac{1}{3}-\frac{1}{2}\right)-0\right\}}_{\frac{1}{2}-\frac{1}{3}=\frac{3-2}{6}=\frac{1}{6}} + \left(\frac{8}{3}-2\right) \underbrace{-\left(\frac{1}{3}-\frac{1}{2}\right)}_{\frac{1}{2}-\frac{1}{3}=\frac{1}{6}}$$

$$= \frac{1}{6} + \frac{8}{3} - 2 + \frac{1}{6}$$

$$= \frac{1}{3} + \frac{8}{3} - 2 = \frac{9}{3} - 2$$

$= 3 - 2 = 1$ となって，結果が出せたんだね。

これで，絶対値の付いた被積分関数の定積分の問題にも自信がついたでしょう？

以上で“**積分**”の1回目の講義は終了です。計算練習が中心だったから，結構疲れただろうね。いいよ，疲れたときはゆっくり休むのが一番だ。そして，元気とやる気が回復したら，よ～く復習しておくんだよ。今日解説した内容が，これから勉強していく，さまざまな積分操作の基礎となるものだからだ。それじゃ，次回また元気で会おうな。さようなら…。

20th day　定積分で表された関数

おはよう！ みんな，調子はいい？ 前回は，**"不定積分"** と **"定積分"** について，計算練習を中心に勉強したんだね。今回は，**"定積分"** の応用として，**"定積分で表された関数"** について教えようと思う。名前が長くて難しそうだけれど，受験の頻出テーマの **1** つだからね。スバラシク親切に教えるから，すべてマスターできるはずだ。では，早速講義を始めよう！

● 定積分で表された関数には，2 つのタイプがある！

まず，**"定積分で表された関数"** の典型的な例を，下に **2** つ示そう。

$(ex1)\ f(x) = 2x + \int_0^2 f(t)dt$　　　　$(ex2)\ \int_a^x g(t)dt = x^3 - x$

これらから，関数 $f(x)$ や $g(x)$ を求めることができる。エッ，何のことか，よく分からんって !? 大丈夫。これから，すべて分かるように解説するからね。実は，**"定積分で表された関数"** は大きく **2** つに分類できて $(ex1)$，$(ex2)$ は，それぞれ，この **2** つのタイプの代表例だったと言ってもいい。

ポイントは，定積分の積分区間だ。(ⅰ) の積分区間は，**0** から **2** までと，定数から定数までになっているけれど，(ⅱ) の積分区間は，a から x までと，定数から変数までになっている。この **2** 通りの解法をまず示そう。

(Ⅰ) $\int_a^b f(t)dt$ の場合，(a，b：ともに定数)

$\int_a^b f(t)dt = A$ (定数) とおく。

(Ⅱ) $\int_a^x f(t)dt$ の場合，(a：定数，x：変数)

(ⅰ) $x = a$ を代入して，$\int_a^a f(t)dt = 0$ とする。

(ⅱ) x で微分して，$\left\{\int_a^x f(t)dt\right\}' = f(x)$ とする。

関数 $f(t)$ の原始関数を $F(t)$ とおくよ。すると，

(Ⅰ) $\int_a^b f(t)dt$ の場合，　←定数から定数までの定積分

$$\int_a^b f(t)dt=[F(t)]_a^b=F(b)-F(a)=(\text{定数})-(\text{定数})=(\text{定数})$$

となるので，$\int_a^b f(t)dt$ は，当然ある数値（定数）だね。

よって，$\int_a^b f(t)dt=A$（定数）とおける。これに対して，

(Ⅱ) $\int_a^x f(t)dt$ の場合，　←定数から変数までの定積分

$$\int_a^x f(t)dt=[F(t)]_a^x=\underbrace{F(x)}_{x\text{の関数}}-F(a)=(x\text{の関数})-(\text{定数})=(x\text{の関数})$$

となるので，これを定数 A とおくことはできない。

ここでやるべきことは **2** つなんだ。

(ⅰ) $\int_a^x f(t)dt$ の x は変数なので，何を代入してもいい。よって，$x=a$ を代入して，$\int_a^a f(t)dt=0$ を導く。←a から a までの定積分は **0** だね。

(ⅱ) 次，$f(t)$ の原始関数が $F(t)$ だったので，$F'(t)=f(t)$ が成り立つのはいいね。そして，文字変数はなんでもかまわないので，$F'(x)=f(x)$ も成り立つ。

たとえば，$(t^3)'=3t^2$ が成り立つのなら，$(u^3)'=3u^2$，$(x^3)'=3x^2$，…と文字変数は何でもかまわないだろう。

ここで，$\int_a^x f(t)dt=\underbrace{F(x)-F(a)}_{x\text{の関数}}$ は，x の関数なので，これを x で微分できるね。よって，

$$\left\{\int_a^x f(t)dt\right\}'=\{F(x)-\underbrace{F(a)}_{\text{定数}}\}'=F'(x)=f(x)\ \text{となるんだね。}$$

納得いった？

だから，$\int_a^x f(t)dt$ の式がきたら，やるべきことは次の **2** つだ。

まず，（ⅰ）$x=a$ を代入して，$\int_a^a f(t)dt=0$ を導く。

次に，（ⅱ）x で微分して，$\left\{\int_a^x f(t)dt\right\}'=f(x)$ とする。大丈夫だね。

それでは，$(ex1)$，$(ex2)$ も含めて，以下の練習問題を解いてみよう。

練習問題 68　定積分で表された関数（Ⅰ）　CHECK 1　CHECK 2　CHECK 3

(1) 関数 $f(x)$ が $f(x)=2x+\int_0^2 f(t)dt$ をみたすとき，

関数 $f(x)$ を求めよ。←（$(ex1)$ の問題 (P250)）

(2) 関数 $g(x)$ が $g(x)=x+x^2\int_0^1 tg(t)dt$ をみたすとき，

関数 $g(x)$ を求めよ。

(1) の定積分 $\int_0^2 f(t)dt$ は，定数から定数までの定積分なので，$\int_0^2 f(t)dt=A$（定数）とおけるし，また，(2) の定積分 $\int_0^1 tg(t)dt$ も，同様に定数とおける。

(1) $f(x)=2x+\underbrace{\int_0^2 f(t)dt}_{A(\text{定数})}$ ……① について，

$\int_0^2 f(t)dt=A$（定数）……② とおくと，①は，

$f(x)=2x+A$ ……①′　となる。これは，x の **1** 次関数だってことが分かるね。後は，定数 A の値を求めるだけだ。

A の値を求めるために，②と①′を利用する。まず，①′より，

$f(t)=2t+A$ ……①″ となる。

（文字変数を x から t に変えた！）

この①″を，$A=\int_0^2 \underbrace{f(t)}_{(2t+A)}dt$ ……② に代入すると，

$A=\int_0^2 (2t+A)dt=[t^2+At]_0^2=2^2+2A-(0^2+0\cdot A)$ となる。

tの関数をtで積分した後，tには2と0が代入されて，引き算されるので，後は(Aの式)だけが残る。よって，これはA=(Aの式)となって，Aの方程式となる。よって，これを解いて，Aの値が求まる！

よって，$A=2A+4$，$2A-A=-4$　$\therefore A=-4$ ……③ となる。

③を①´に代入して，$f(x)=2x-4$ と，答えが出てくる！ 納得いった？

(2) $g(x)=x+x^2\int_0^1 t\cdot g(t)dt$ ……④ についても，

B(定数)

$B=\int_0^1 t\cdot g(t)dt$ ……⑤ とおくと，④は，

$g(x)=x+x^2\cdot B=Bx^2+x$ …④´となって，2次関数であることが分かる。

よって，この定数Bの値を求めればよい。

④´より，$g(t)=Bt^2+t$ ……④´´となる。 ←変数xをtに変えた！

④´´を $B=\int_0^1 t\cdot g(t)dt$ ……⑤ に代入して，

$B=\int_0^1 t\cdot(Bt^2+t)dt$ ←この右辺は最終的には(Bの式)になる。

$=\int_0^1 (Bt^3+t^2)dt=\left[\frac{1}{4}Bt^4+\frac{1}{3}t^3\right]_0^1$

$=\frac{1}{4}B\cdot 1^4+\frac{1}{3}\cdot 1^3-\left(\frac{1}{4}B\cdot 0^4+\frac{1}{3}\cdot 0^3\right)$

$=\frac{1}{4}B+\frac{1}{3}$ ←(Bの式)になった！

よって，$B=\frac{1}{4}B+\frac{1}{3}$ より，$B-\frac{1}{4}B=\frac{1}{3}$，$\frac{3}{4}B=\frac{1}{3}$

$\therefore B=\frac{1}{3}\times\frac{4}{3}=\frac{4}{9}$ ……⑥

⑥を $g(x)=Bx^2+x$ ……④´に代入して，$g(x)=\frac{4}{9}x^2+x$ となる。

では，もう1題，同じタイプの応用問題を解いてみよう。

練習問題 69	定積分で表された関数(II)	CHECK 1	CHECK 2	CHECK 3

関数 $f(x)$ が，$f(x)=|2x-1|\cdot\left\{\int_0^2 f(t)dt+1\right\}$ ……①
をみたすとき，関数 $f(x)$ を求めよ。

前問と同様に $\int_0^2 f(t)dt=A$（定数）とおくと，①は $f(x)=(A+1)|2x-1|$ と簡単になることが分かるはずだ。しかし，今回の関数 $f(x)$ は絶対値の付いた関数なので，この積分をキチンと行うことがポイントになるんだね。

$f(x)=|2x-1|\cdot\left\{\int_0^2 f(t)dt+1\right\}$ ……① について，

A（定数）

$\int_0^2 f(t)dt=A$（定数）……② とおくと，①は，

$f(x)=|2x-1|\cdot(A+1)$

$\quad=(A+1)|2x-1|$ ……①′ となる。

よって，$f(x)$ は，文字定数 A を含む，絶対値の付いた1次関数であることが分かったんだね。

絶対値の計算
$$|a|=\begin{cases}a & (a\geqq 0 \text{ のとき})\\ -a & (a<0 \text{ のとき})\end{cases}$$

①′ の変数 x を変数 t に変えて，

$f(t)=(A+1)|2t-1|$ ……①″ となる。

この①″ を②に代入すると，

$A=\int_0^2 (A+1)|2t-1|dt$

$\therefore A=(A+1)\int_0^2 |2t-1|dt$ ……③ となる。

この定積分を④とおいて，これを計算する。

よって，定積分 $\int_0^2 |2t-1|dt$ ……④ とおいて，これを求める。

積分区間 $0 \leqq t \leqq 2$ において，$|2t-1|$ は，

$$|2t-1| = \begin{cases} -(2t-1) & \left(0 \leqq t \leqq \dfrac{1}{2}\right) \\ 2t-1 & \left(\dfrac{1}{2} \leqq t \leqq 2\right) \end{cases}$$

$y=|2t-1|$ とおくと，

$$y = |2t-1| = \begin{cases} 2t-1 & \left(\dfrac{1}{2} \leqq t \text{ のとき}\right) \\ -(2t-1) & \left(t \leqq \dfrac{1}{2} \text{ のとき}\right) \end{cases}$$

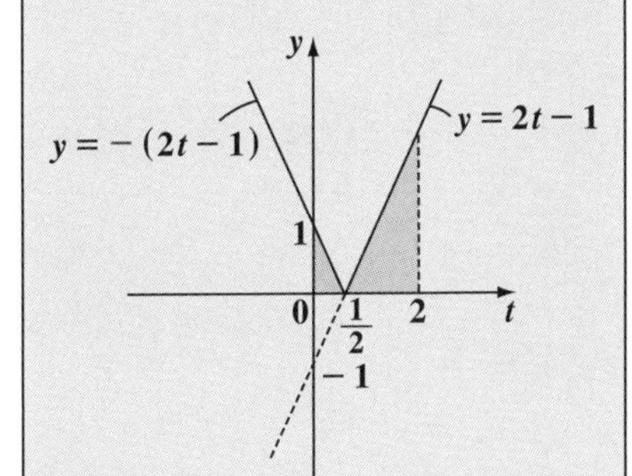

［$y=|2t-1|$ のグラフは，上に示すように，まず，$y=2t-1$ のグラフを描く。次に $t \leqq \dfrac{1}{2}$ のとき，$y \leqq 0$ となるので，この部分を t 軸に関して上に折り返して，0 以上とする。つまり，これは V 字型のグラフになるんだね。］

となるので，④の定積分は，

$$\int_0^2 |2t-1|dt$$

$$= -\int_0^{\frac{1}{2}}(2t-1)dt + \int_{\frac{1}{2}}^2 (2t-1)dt$$

$$= -\left[t^2-t\right]_0^{\frac{1}{2}} + \left[t^2-t\right]_{\frac{1}{2}}^2$$

$$\left(\frac{1}{2}\right)^2 - \frac{1}{2} - (0^2-0) = \frac{1}{4} - \frac{1}{2} = -\frac{1}{4}$$

$$2^2 - 2 - \left\{\left(\frac{1}{2}\right)^2 - \frac{1}{2}\right\} = 4 - 2 - \left(\frac{1}{4} - \frac{1}{2}\right) = 2 - \left(-\frac{1}{4}\right) = \frac{9}{4}$$

$$= -\left(-\frac{1}{4}\right) + \frac{9}{4} = \frac{1}{4} + \frac{9}{4} = \frac{5}{2} \cdots ④$$

となる。よって，④を③に代入して，A の値を求めると，

$$A = (A+1) \cdot \frac{5}{2} \qquad 2A = 5A + 5$$

$$3A = -5 \qquad \therefore A = -\frac{5}{3} \quad \cdots\cdots ⑤$$ となる。

⑤を①′に代入すると，求める関数 $f(x)$ は，

$$f(x) = \left(-\frac{5}{3} + 1\right)|2x-1|$$

$$\therefore f(x) = -\frac{2}{3}|2x-1|$$ となって，答えだ！面白かった？

では，次，(Ⅱ) $\int_a^x f(t)dt$ のパターンの問題にもチャレンジしよう。

練習問題 70　定積分で表された関数 (Ⅲ)　CHECK 1　CHECK 2　CHECK 3

関数 $g(x)$ が，$\int_a^x g(t)dt = x^3 - x$ をみたすとき，定数 a の値と関数 $g(x)$ を求めよ。 ←(ex2) の問題 (P250)

この定積分 $\int_a^x g(t)dt$ は，定数から変数までの定積分なので，(ⅰ) $x=a$ を代入すること，と (ⅱ) x で微分すること，の 2 つの操作を行って解いていけばいいんだね。

$\int_a^x g(t)dt = x^3 - x$ ……① について，

(ⅰ) ①の両辺に $x=a$ を代入すると，

$\underbrace{\int_a^a g(t)dt}_{0} = a^3 - a$ より，$a^3 - a = 0$ ←公式 (ⅰ) $\int_a^a g(t)dt = 0$ を使った！

$a(a^2-1)=0$，$a(a+1)(a-1)=0$　∴ $a=-1$，0，1 となる。

(ⅱ) ①の両辺を x で微分して，

$\underbrace{\left\{\int_a^x g(t)dt\right\}'}_{g(x)} = (x^3-x)'$ ←公式 (ⅱ) $\left\{\int_a^x f(t)dt\right\}' = f(x)$ を使った！

$g(x) = 3x^2 - 1$ となって，答えだね。どう？ 簡単だっただろう？

それでは，もう 1 題やっておこう。

練習問題 71　定積分で表された関数 (Ⅳ)　CHECK 1　CHECK 2　CHECK 3

2 次関数 $f(x)$ が，$\int_0^x f(t)dt - f(x) = x^3 - x^2 - 4$ をみたす。このとき，2 次関数 $f(x)$ を求めよ。

今回の定積分 $\int_0^x f(t)dt$ も，定数から変数までの積分なので，(ⅰ) $x=0$ を代入し，(ⅱ) x で微分すること，この 2 つの操作を行えばいい。

$f(x)$ は，2 次関数なので，

$f(x)=ax^2+bx+c$ ……① $(a\neq 0)$ とおける。

そして，a，b，c の値を求めればいいんだね。

①の両辺を x で微分して，

$f'(x)=(ax^2+bx+c)'=2ax+b$ ……②

ここで，与えられた条件式を，

$$\int_0^x f(t)dt-f(x)=x^3-x^2-4 \quad \text{……③}$$ とおく。→

$\int_0^x f(t)dt$ について，
(i) $x=0$ を代入して，
$\int_0^0 f(t)dt=0$
(ii) x で微分して，
$\left\{\int_0^x f(t)dt\right\}'=f(x)$
の操作を行う！

(i) まず，③の両辺に $x=0$ を代入して，

$$\int_0^0 f(t)dt-f(0)=0^3-0^2-4,\ -f(0)=-4 \qquad \therefore f(0)=4$$

（$\int_0^0 f(t)dt$ は 0）

ここで①より，$f(0)=a\cdot 0^2+b\cdot 0+c=c$ 　$\therefore c=4$ が分かった！

(ii) 次，③の両辺を x で微分して，

$$\left\{\int_0^x f(t)dt-f(x)\right\}'=(x^3-x^2-4)' \qquad \left\{\int_0^x f(t)dt\right\}'-f'(x)=3x^2-2x$$

各項の引き算は，項別に微分できる！　（$\left\{\int_0^x f(t)dt\right\}'$ は $f(x)$）

$f(x)-f'(x)=3x^2-2x$ ……④ 　　①，②を④に代入して，

$ax^2+bx+c-(2ax+b)=3x^2-2x$

$ax^2+bx+c-2ax-b=3x^2-2x$

$ax^2+(b-2a)x+c-b=3x^2-2x$

（a は 3，$b-2a$ は -2，$c-b$ は 0）

これは x の恒等式より，両辺の各係数を比較して，

$a=3$ ……⑤，$b-2a=-2$ ……⑥，$c-b=0$ ……⑦

⑤を⑥に代入して，$b-2\cdot 3=-2$，$b=6-2=4$

よって，⑦は，$c=b=4$ (これは，(i) の結果 $c=4$ と一致する。)

以上より，$a=3$，$b=4$，$c=4$ が分かったので，求める 2 次関数 $f(x)$ は，

$f(x)=3x^2+4x+4$ となる。結構難しかったかもしれないけれど，これで，

(II) $\int_a^x f(t)dt$ のタイプの問題にも慣れてきたと思う。

● 2変数関数の定積分にもチャレンジしよう！

それでは，“**定積分で表された関数**”の応用として，“**2変数関数の定積分**”についても，解説していこう。これは，被積分関数が，たとえば x と t のような2つの変数の関数になっている場合の定積分の問題なんだね。これも，次の例で解説しよう。

定積分 $\int_0^1 (3t^2+2xt+x^2)\,dt$ ……① について考えてみる。

（2つの変数 x と t の関数）

エッ，超難しそうって？ まあ，焦らないで，シッカリ聞いてくれ。

①式のような2変数関数の定積分が出てきたならば，まず，

(i) 最後の dt に着目しよう。つまり， これから，この x と t の2変数関数を“t で積分しろ”と言ってるんだね。

(ii) ということは，まず，t を変数と見て，x は定数と考えるんだよ。たとえば，x は2なら2と考えればいいんだ。

(iii) ①の定積分では，変数 t の関数を t で積分した結果，t には1と0が代入されて，t はなくなってしまうので，最終的にこの積分結果は x の関数になるんだよ。

以上(i)(ii)(iii)をもう1度，①式にまとめて書いておくよ。

$$\int_0^1 (3t^2+2xt+x^2)\,dt \quad \cdots\cdots ①$$

(i) t で積分

(ii) まず，t が変数，x が定数扱い

(iii) 積分後，t はなくなって，x の関数になる！

この①の積分では，x は定数扱いなので，本当に $x=2$ (定数) のときの定積分 $\int_0^1 (3t^2+2\cdot 2t+2^2)\,dt = \int_0^1 (3t^2+4t+4)\,dt$ ……② の積分と対比させて，計算していくことにするよ。

①の定積分は，（定数扱い）

$$\int_0^1 (\boxed{3}t^2 + \boxed{2x}\cdot t + \boxed{x^2})dt$$

$$= \left[3\cdot\frac{1}{3}t^3 + 2x\cdot\frac{1}{2}t^2 + x^2\cdot t\right]_0^1$$

$$= [t^3 + xt^2 + x^2t]_0^1$$ （1と0はtに代入する。）

$$= 1^3 + x\cdot 1^2 + x^2\cdot 1 - (0^3 + x\cdot 0^2 + x^2\cdot 0)$$

$$= 1 + x + x^2$$

$$= x^2 + x + 1$$ ←（xの関数）

②の定積分は，

$$\int_0^1 (3t^2 + 4t + 4)dt$$

$$= \left[3\cdot\frac{1}{3}t^3 + 4\cdot\frac{1}{2}t^2 + 4t\right]_0^1$$

$$= [t^3 + 2t^2 + 4t]_0^1$$

$$= 1^3 + 2\cdot 1^2 + 4\cdot 1 - (0^3 + 2\cdot 0^2 + 4\cdot 0)$$

$$= 1 + 2 + 4$$

$$= 7$$ ←（数値）

どう？ ①と②を対比すると，まったく同様の計算をしていることが分かるね。tで積分するときは，まずtを変数とみて，xを定数扱いして，積分するんだね。でも，積分後tには，1と0という定数が代入されて引き算されるので，tは消えて，xだけの式となる。最終的に，これはxの2次関数だから，xは変数として動くと考えていいんだよ。この①の定積分，は，x王国とt王国の治乱興亡（ちらんこうぼう）の歴史（れきし）として説明することもできるんだよ。「かつて，x民族とt民族がいた。①はtでの積分なので，はじめt民族は変数として活発に活動した。つまり，t王国があったんだね。これに対して，x民族は定数扱いなので，t民族の支配の下，奴隷のようにじっと息をひそめて生活していた。しかし，さしものt王国の栄華も積分が終わると同時に絶頂期を過ぎ，辺境の民族1と0の侵入を受け，あっという間に亡んでしまう。t王国が滅亡した後，それまでじっとしていたx民族の活動が変数となって活発となり，最終的にはx王国（xの関数）が勃興することになる。」どう？数学も歴史風にアレンジして考えると覚えやすいだろう。

慣れてくると，①の定積分は最終的にはxの関数になるので，初めから$f(x) = \int_0^1 (3t^2 + 2xt + x^2)dt$と書けるようになるよ。そして，これを計算した結果，$f(x) = x^2 + x + 1$ となるんだね。大丈夫だった？

では次，同じ被積分関数 $3t^2+2xt+x^2$ を x で，積分区間 $0 \leqq x \leqq 1$ で積分してみよう。つまり，次の定積分の計算だね。

$$\int_0^1 (3t^2+2xt+x^2)\,dx \quad \cdots\cdots ③$$

(i) x で積分

(ii) まず，x が変数で，t が定数扱い。

(iii) 積分後，x はなくなって，t の関数になる。

③は，最終的に x はなくなって，t の関数になるので，これを $g(t)$ とおいて，実際に求めてみると，

$$g(t)=\int_0^1 (3t^2+2t\cdot x+x^2)\,dx$$

定数扱い　x での積分

$$=\left[3t^2\cdot x+tx^2+\frac{1}{3}x^3\right]_0^1$$

x 王国が亡んで，t 王国が成立する！

$$=3t^2\cdot 1+t\cdot 1^2+\frac{1}{3}\cdot 1^3-\left(3t^2\cdot 0+t\cdot 0^2+\frac{1}{3}\cdot 0^3\right)$$

$$=3t^2+t+\frac{1}{3}$$ となって，ナルホド t の 2 次関数になるんだね。

ではさらに，次の練習問題を解いてみよう。

練習問題 72	2 変数関数の積分	CHECK 1	CHECK 2	CHECK 3

次の定積分を求めよ。

(1) $\displaystyle\int_0^2 (2x^2-5xt-3t^2)\,dt$　　(2) $\displaystyle\int_0^2 (2x^2-5xt-3t^2)\,dx$

(1) は，t の関数を t で積分して，その結果，t には 2 と 0 が代入されてなくなるので，最終的に x の関数 $f(x)$ になる。(2) は，x の関数を x で積分して，その結果，x には 2 と 0 が代入されてなくなるので，これは t の関数 $g(t)$ になるんだね。

(1) この積分結果は x の関数となるので，これを $f(x)$ とおくと，

$$f(x)=\int_0^2(\underline{2x^2}-\underline{5x}\cdot t-3t^2)\underline{dt}$$

まず，定数扱い　　t での積分

$$=\left[2x^2\cdot t-\frac{5}{2}x\cdot t^2-t^3\right]_0^2$$

$$=2x^2\cdot 2-\frac{5}{2}x\cdot 2^2-2^3$$

$$-\left(2x^2\cdot 0-\frac{5}{2}x\cdot 0^2-0^3\right)$$

t 王国が亡んで，
x 王国になる！

$=4x^2-10x-8$　となる。大丈夫だった？

(2) この積分結果は t の関数となるので，これを $g(t)$ とおくと，

$$g(t)=\int_0^2(2x^2-\underline{5t}\cdot x-\underline{3t^2})\underline{dx}$$

まず，定数扱い　　x での積分

$$=\left[\frac{2}{3}x^3-\frac{5}{2}t\cdot x^2-3t^2\cdot x\right]_0^2$$

$$=\frac{2}{3}\cdot 2^3-\frac{5}{2}t\cdot 2^2-3t^2\cdot 2$$

$$-\left(\frac{2}{3}\cdot 0^3-\frac{5}{2}t\cdot 0^2-3t^2\cdot 0\right)$$

x 王国が亡んで，
t 王国になるんだね。

$$=\frac{16}{3}-10t-6t^2$$

$=-6t^2-10t+\dfrac{16}{3}$　となって，答えだ！

どう？ これで **2** 変数関数の積分のやり方と，その意味についてもよく理解できただろう？ 今日の講義は，ちょっと歴史の講義っぽくなってしまったけれど，面白かった？ この後，ヨ〜ク復習して，シッカリマスターしておこう！では，次回まで，みんな元気でな。さようなら…。

21th day　面積計算，面積公式

みんな，おはよう！　さァ，今日で**「初めから始める数学II」**も最終講義だよ。エッ，思い出が走馬灯のように脳裏を駆け巡るって？　オイオイ，ノスタルジーに浸るのはまだ早いよ。これから，とても大事な講義が待っているんだからね。“**積分**”のテーマの中でも，この“**面積計算**”と“**面積公式**”は，最頻出分野だから，シッカリマスターしておく必要があるんだよ。では，講義を始めよう！

● 定積分で面積が求まる！

図1に示すように，連続な関数 $y=f(x)$ があり，$a \leqq x \leqq b$ の範囲で，$f(x) \geqq 0$ とする。このとき，区間 $a \leqq x \leqq b$ において，曲線 $y=f(x)$ と x 軸 $[y=0]$ とで挟まれる図形の面積を S とおくと，S は，

$S=\int_a^b f(x)dx$ で計算することができる。

図1　面積計算

$S=\int_a^b f(x)dx$

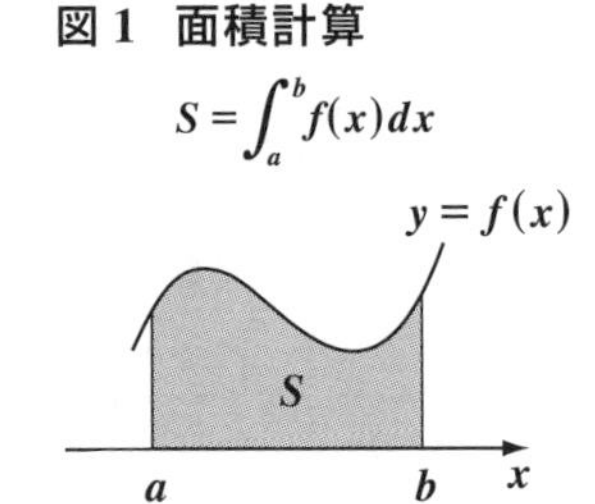

これまでいっぱい練習した定積分の計算が，面積計算と密接に関係してたんだね。エッ，何で定積分で面積が求まるのか，その理由が知りたいって？う〜ん，公式の証明って，意外と大変なんだけど，みんな知りたいようだから，頑張って教えよう。それじゃ，

$S=\int_a^b f(x)dx$ ……$(*)$ の証明に入るよ。

図2を見てくれ。$a \leqq x \leqq b$ をみたす変数 x を考え，a 以上，x 以下の区間で曲線 $y=f(x)$ と x 軸とで挟まれる図形の面積を $S(x)$ とおくことにする。この $S(x)$ は x の関数で，

・図2(i)に示すように，$x=a$ のとき，

明らかに $S(a)=0$ ……①　となるね。

（a と a との間の面積は当然 0 だ！）

図2　関数 $S(x)$ の定義

$y=f(x)$　$S(x)$　a　x　b　x　（変化する）

(i) $S(a)=0$

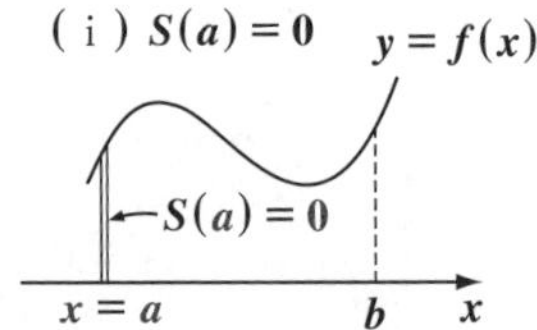

次に，

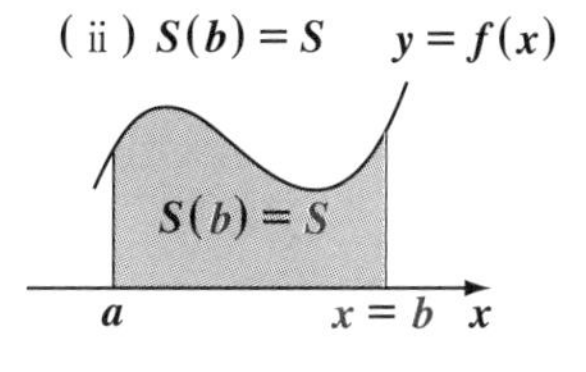

・図 **2**(ⅱ) に示すように，$x=b$ のときは，

明らかに，$S(b)=S$ ……② となる。

（a と b との間の面積は求めたい S そのものだ！）

ここで，図 **3** に網目部で示した

$S(x+h)-S(x)$ の表す面積を考えよう。

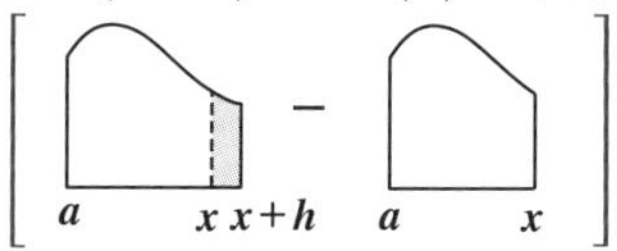

図 3　$S(x+h)-S(x)$ の面積

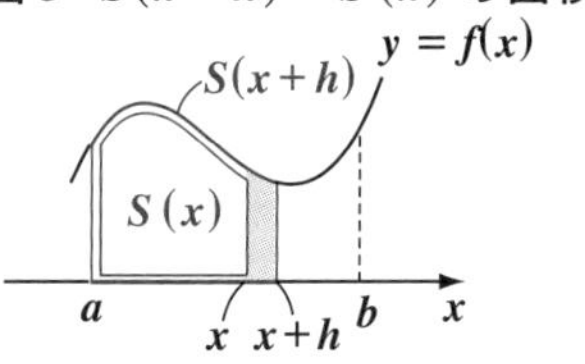

これは，x と $x+h$ の区間で，$y=f(x)$ と x 軸とで挟まれる細長い図形の面積になる。次に，図 **4** に示すように，これと等しい面積を持つ，横幅 h，高さ $f(t_1)$ の長方形を考えると，$y=f(x)$ は連続な関数なので，t_1 は必ず，$x \leqq t_1 \leqq x+h$ の範囲に存在するはずだね。

図 4　$S(x+h)-S(x)=f(t_1)\cdot h$

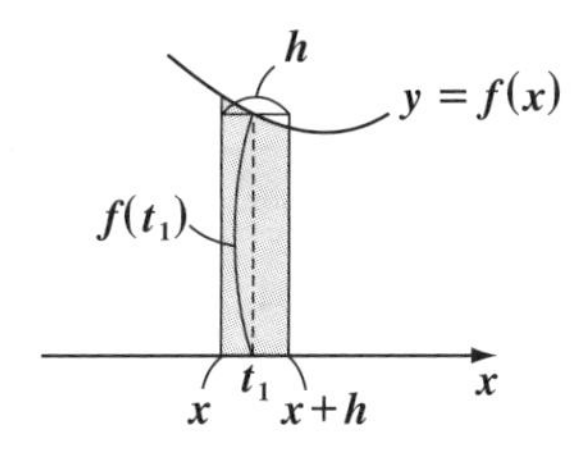

以上より，

$S(x+h)-S(x)=f(t_1)\cdot h$ ……③ （ただし，$x \leqq t_1 \leqq x+h$）

が成り立つ。ここで，$h>0$ より，③の両辺を h で割ると，

$$\frac{S(x+h)-S(x)}{h}=f(t_1) \quad \cdots\cdots ④$$ となる。

④を見て，何か気付かない？ …，そうだね。この両辺の h を $h\to 0$ にすると，左辺は $S(x)$ の導関数 $S'(x)$ の定義式そのものになるね。また，t_1 についても，これは，$x \leqq t_1 \leqq x+h$ をみたすので，$h\to 0$ とすると，右辺 $x+h\to x$ となって，t_1 は x と x に挟まれることになる。

よって，$h\to 0$ のとき，$t_1\to x$ となるんだね。

以上より，早速④の両辺の $h\to 0$ の極限をとってみると，

$$\lim_{h\to 0}\frac{S(x+h)-S(x)}{h}=\lim_{h\to 0}f(t_1)$$

（$\frac{S(x+h)-S(x)}{h}$ → $S'(x)$，t_1 → x）

$\therefore\ S'(x)=f(x)$ ……⑤ となる。この⑤式も見覚えのある式だね。

そう，$S(x)$ は，$f(x)$ の原始関数ということになる。

ここで，$S(a)=0$ ……①，$S(b)=S$ ……② だったから，

$f(x)$ を，積分区間 $a\leqq x\leqq b$ で定積分すると，

$$\int_a^b f(x)dx=[S(x)]_a^b=\underbrace{S(b)}_{S\ (②より)}-\underbrace{S(a)}_{0\ (①より)}=S-0=S$$ となる。つまり，

面積 $S=\int_a^b f(x)dx$ の公式が導けたんだね。どう？面白かった？

では，実際にこの積分公式を使って，面積を求めてみよう。

練習問題 73	面積計算（Ⅰ）	CHECK 1	CHECK 2	CHECK 3

(1) 区間 $-1\leqq x\leqq 2$ において，曲線 $y=f(x)=x^2$ と x 軸とで挟まれる図形の面積 S_1 を求めよ。

(2) 曲線 $y=g(x)=-x^2+x+2$ と x 軸とで囲まれる図形の面積 S_2 を求めよ。

(1) において，$y=f(x)\geqq 0$ なので，求める面積 S_1 は，$S_1=\int_{-1}^2 f(x)dx$ で求められる。
(2) $y=g(x)$ は上に凸の放物線だから，$g(x)=0$ となる解 $\alpha,\ \beta\ (\alpha<\beta)$ を求めることから始めよう。

(1) $y=f(x)=x^2$ は，x のすべての区間に渡って，

$f(x)\geqq 0$ をみたす。よって，$-1\leqq x\leqq 2$ において，

$y=f(x)$ と x 軸とで挟まれる図形の面積 S_1 は，

$$S_1=\int_{-1}^2 f(x)dx=\int_{-1}^2 x^2dx=\left[\frac{1}{3}x^3\right]_{-1}^2$$

$$=\frac{1}{3}\cdot 2^3-\frac{1}{3}\cdot(-1)^3=\frac{8}{3}+\frac{1}{3}=\frac{9}{3}=3$$ となる。

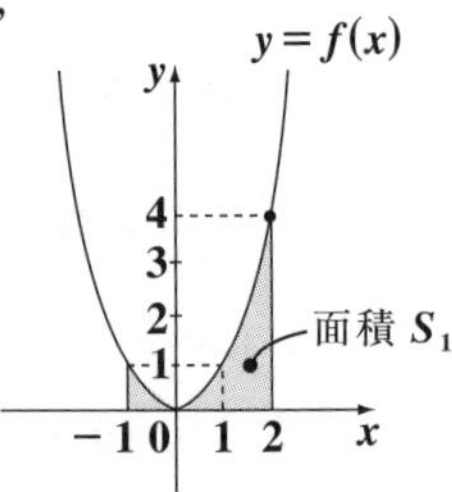

(2) $y=g(x)=-x^2+x+2$ は上に凸の放物線である。

$g(x)=0$ のとき, $-x^2+x+2=0$, $x^2-x-2=0$

（両辺に -1 をかけた！）

$(x+1)(x-2)=0 \quad \therefore x=-1,\ 2$ ← $y=g(x)$ は, $x=-1$ と 2 で x 軸と交わる。

よって, $-1 \leqq x \leqq 2$ の区間で, $y=g(x) \geqq 0$ より,

$y=g(x)$ と x 軸とで囲まれる図形の面積 S_2 は,

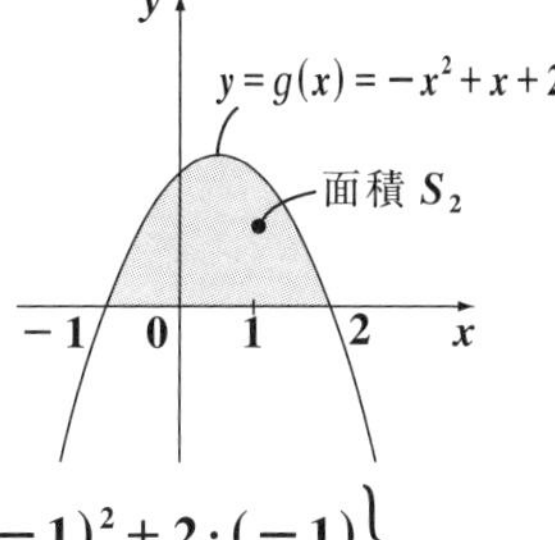

$$S_2=\int_{-1}^{2} g(x)dx=\int_{-1}^{2} (-x^2+x+2)dx$$

$$=\left[-\frac{1}{3}x^3+\frac{1}{2}x^2+2x\right]_{-1}^{2}$$

$$=-\frac{1}{3}\cdot 2^3+\frac{1}{2}\cdot 2^2+2\cdot 2-\left\{-\frac{1}{3}\cdot(-1)^3+\frac{1}{2}\cdot(-1)^2+2\cdot(-1)\right\}$$

$$=-\frac{8}{3}+2+4-\left(\frac{1}{3}+\frac{1}{2}-2\right)=-\frac{8}{3}+6-\frac{1}{3}-\frac{1}{2}+2=8-\underbrace{\frac{8+1}{3}}_{3}-\frac{1}{2}$$

$$=5-\frac{1}{2}=\frac{10-1}{2}=\frac{9}{2}$$ となって, 答えだね。

● 面積計算って, 体育会系!?

一般に, 区間 $a \leqq x \leqq b$ において, 2 つの曲線 $y=f(x)$ と $y=g(x)$ とで挟まれる図形の面積は, 次のように計算されるんだよ。

面積の基本公式 (I)

区間 $a \leqq x \leqq b$ において, 2 曲線 $y=f(x)$ と $y=g(x)$ とで挟まれる図形の面積 S は

$$S=\int_a^b \{\underbrace{f(x)}_{大}-\underbrace{g(x)}_{小}\}dx$$

(ただし, $a \leqq x \leqq b$ において $f(x) \geqq g(x)$ とする)

（この大小関係が大事！）

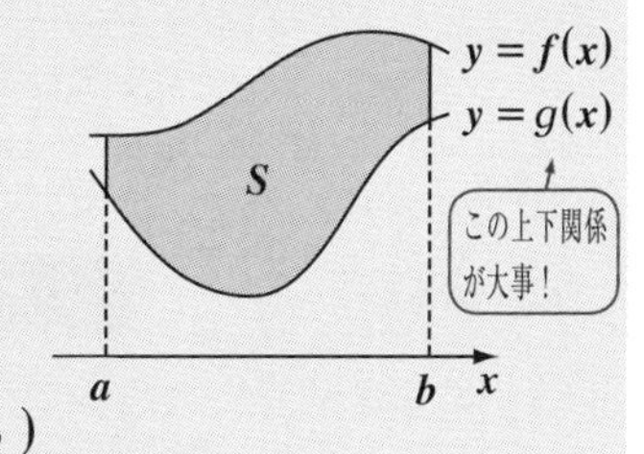

この面積計算で大事なのは, $a \leqq x \leqq b$ の区間で $f(x) \geqq g(x)$ の関係がある

（$f(x)$：上側 (大)）（$g(x)$：下側 (小)）

ということだね。つまり，上下関係が大事だから面積計算は体育会系(?)ってことになるな。

実は，この関係があるから前に練習した区間 $a \leqq x \leqq b$ で，$f(x) \geqq 0$ のとき，$y=f(x)$ と $y=0$ [x 軸] とで挟まれる面積の公式も出てきたんだよ。
（上側(大)）（下側(小)）

つまり，$y=f(x)$ が上側で $y=0$ が下側となるので，求める面積を S_1 とおくと，$S_1=\int_a^b\{f(x)-0\}dx=\int_a^b f(x)dx$ となったんだね。もし，区間
（上側(大)）（下側(小)）

$a \leqq x \leqq b$ で $f(x) \leqq 0$ のとき，$y=f(x)$ と $y=0$ [x 軸] とで挟まれる図形の
（下側(小)）（上側(大)）

面積を S_2 とおくと，当然 $S_2=\int_a^b\{0-f(x)\}dx=-\int_a^b f(x)dx$ となる。
（上側(大)）（下側(小)）

面積の基本公式 (Ⅱ)

(ⅰ) $f(x) \geqq 0$ のとき，

$$S_1=\int_a^b f(x)dx$$

(ⅱ) $f(x) \leqq 0$ のとき，

$$S_2=-\int_a^b f(x)dx$$

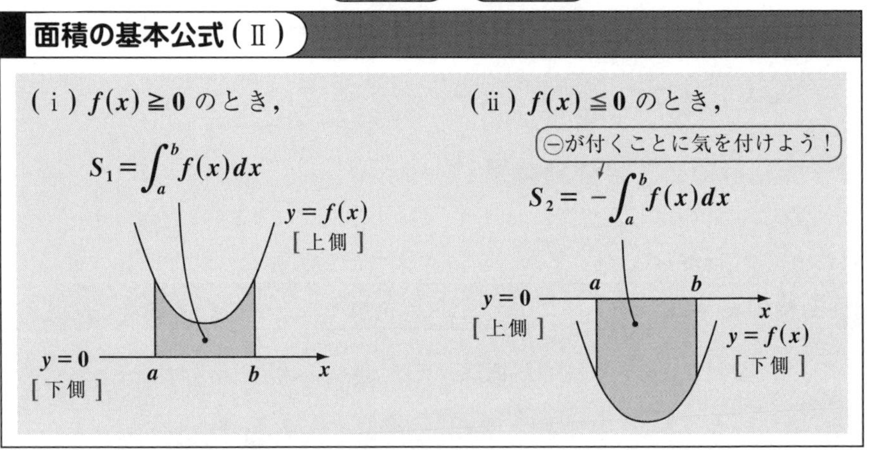

それでは，練習問題でさらに面積の計算をしてみよう。

練習問題 74 面積計算(Ⅱ) CHECK 1 CHECK 2 CHECK 3

(1) 区間 $0 \leqq x \leqq 2$ において，曲線 $y=f(x)=-\frac{1}{2}x^2+x-2$ と x 軸とで挟まれる図形の面積 S_1 を求めよ。

(2) 曲線 $y=g(x)=x^2-4x+3$ と x 軸とで囲まれる図形の面積 S_2 を求めよ。

いずれも，x 軸と曲線の上下関係に気を付けて，積分計算するんだね。

(1) $y=f(x)=-\frac{1}{2}x^2+x-2$ ← 上に凸の放物線

$=-\frac{1}{2}(x^2-2x+1)-2+\frac{1}{2}$ ← 2で割って2乗

$=-\frac{1}{2}(x-1)^2-\frac{3}{2}$ ← 頂点 $\left(1,\ -\frac{3}{2}\right)$

面積 $S_1=-\int_0^2 f(x)dx$

$\left(1,\ -\frac{3}{2}\right)$

$y=f(x)=-\frac{1}{2}x^2+x-2$

よって，区間 $0\leqq x\leqq 2$ において，

$f(x)$ は常に $f(x)<0$ となる。

ゆえに，この区間で，曲線 $y=f(x)$ と x 軸とで挟まれる図形の面積 S_1 は，

$$S_1=-\int_0^2 f(x)dx=-\int_0^2\left(-\frac{1}{2}x^2+x-2\right)dx$$

$$=\int_0^2\left(\frac{1}{2}x^2-x+2\right)dx=\left[\frac{1}{2}\cdot\frac{1}{3}x^3-\frac{1}{2}x^2+2x\right]_0^2$$

表の -1 を，被積分関数にかけた！

$$=\left[\frac{1}{6}x^3-\frac{1}{2}x^2+2x\right]_0^2$$

$$=\frac{1}{6}\cdot 2^3-\frac{1}{2}\cdot 2^2+2\cdot 2-\left(\frac{1}{6}\cdot 0^3-\frac{1}{2}\cdot 0^2-2\cdot 0\right)$$

$=\frac{4}{3}-2+4=\frac{4}{3}+2=\frac{4+6}{3}=\frac{10}{3}$ となって，答えだね。

(2) $y=g(x)=x^2-4x+3$ は，下に凸の放物線である。

$g(x)=0$ のとき，$x^2-4x+3=0$，$(x-1)(x-3)=0$

$\therefore x=1,\ 3$ ← これから，$y=g(x)$ は $x=1$，3 で x 軸と交わる。 よって，

$1\leqq x\leqq 3$ の区間で，$g(x)\leqq 0$ より，$y=g(x)$ と x 軸とで囲まれる図形の面積 S_2 は，

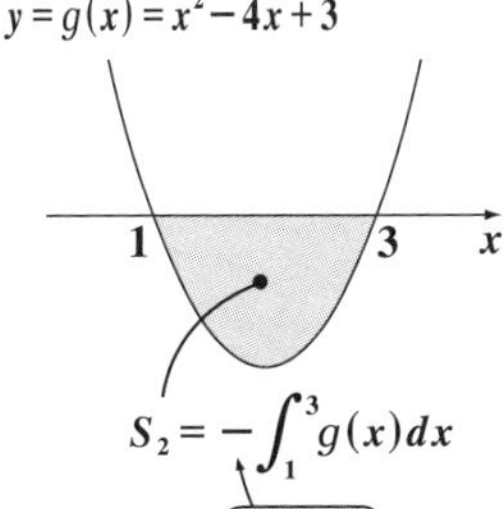

$$S_2=-\int_1^3 g(x)dx=-\int_1^3(x^2-4x+3)dx$$

$$=-\left[\frac{1}{3}x^3-4\cdot\frac{1}{2}x^2+3x\right]_1^3$$

$$S_2 = -\left[\frac{1}{3}x^3 - 2x^2 + 3x\right]_1^3$$

$$= -\left(\frac{1}{3}\cdot 3^3 - 2\cdot 3^2 + 3\cdot 3\right) + \left(\frac{1}{3}\cdot 1^3 - 2\cdot 1^2 + 3\cdot 1\right)$$

$$= -(\cancel{9} - \cancel{18} + \cancel{9}) + \frac{1}{3} - 2 + 3$$

$$= \frac{1}{3} + 1 = \frac{1+3}{3} = \frac{4}{3}$$ となって，答えだね！

練習問題 **74** は，**(1)**，**(2)** 共に曲線 $y = f(x)$，$y = g(x)$ が積分区間で $f(x) \leqq 0$，$g(x) \leqq 0$ となったので，x 軸とこれらの曲線で挟まれる図形の面積を求めるとき，定積分の頭に㊀を付ける必要があったんだ。

それじゃ，次の練習問題も解いてみてごらん。

練習問題 75	面積計算(Ⅲ)	CHECK 1	CHECK 2	CHECK 3

(1) 区間 $0 \leqq x \leqq 2$ において，曲線 $y = x^2 + x - 2$ と x 軸とで挟まれる図形の面積 S_1 を求めよ。

(2) 区間 $0 \leqq x \leqq 4$ において，曲線 $y = -x^2 + 4x$ と直線 $y = -x + 4$ とで挟まれる図形の面積 S_2 を求めよ。

(1)(2) いずれも，積分区間の途中で，2 つの関数の上下関係 (大小関係) が入れ替わるので，注意する必要があるんだよ。まず，図を描いて，イメージをつかんだ上で面積計算に入るといいよ。

(1) $y = f(x) = x^2 + x - 2$ とおく。← 下に凸の放物線

$f(x) = 0$ のとき，$x^2 + x - 2 = 0$

$(x+2)(x-1) = 0 \quad \therefore x = -2,\ 1$ ← $y = f(x)$ は，$x = -2$ と 1 で，x 軸と交わる。

よって，区間 $0 \leqq x \leqq 2$ において，曲線 $y = f(x)$ と x 軸とで挟まれる図形は右図の網目部になる。

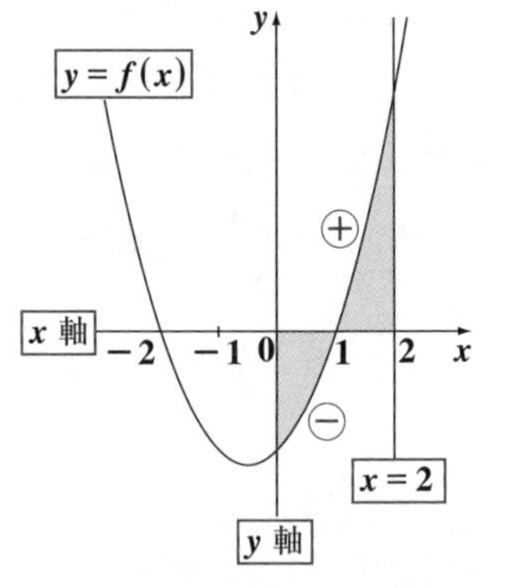

$\begin{cases} (\text{i})\ 0 \leqq x \leqq 1 \text{ のとき，} f(x) \leqq 0 \\ (\text{ii})\ 1 \leqq x \leqq 2 \text{ のとき，} f(x) \geqq 0 \text{ となる。} \end{cases}$

以上 (i)(ii) より，求める図形の面積 S_1 は，

$$S_1 = -\int_0^1 f(x)\,dx + \int_1^2 f(x)\,dx$$

$$= -\int_0^1 (x^2+x-2)\,dx + \int_1^2 (x^2+x-2)\,dx$$

$$= -\left[\frac{1}{3}x^3+\frac{1}{2}x^2-2x\right]_0^1 + \left[\frac{1}{3}x^3+\frac{1}{2}x^2-2x\right]_1^2$$

$$= -\left(\frac{1}{3}\cdot 1^3+\frac{1}{2}\cdot 1^2-2\cdot 1\right) + \left(\frac{1}{3}\cdot 2^3+\frac{1}{2}\cdot 2^2-2\cdot 2\right) - \left(\frac{1}{3}\cdot 1^3+\frac{1}{2}\cdot 1^2-2\cdot 1\right)$$

同じもの　　0を代入したものは0なので省略！　　同じもの

$$= -2\left(\frac{1}{3}+\frac{1}{2}-2\right)+\frac{8}{3}+2-4$$

$$= -\frac{2}{3}-1+4+\frac{8}{3}-2 = \frac{8-2}{3}+3-2 = 3$$ となって答えだね。

(2) $\begin{cases} y = f(x) = -x^2+4x \ \cdots\cdots① \\ y = g(x) = -x+4 \ \cdots\cdots\cdots② \end{cases}$ とおく。

← 上に凸の放物線

← 下り勾配の直線

①，②より y を消去して，

$-x^2+4x = -x+4$，$x^2-5x+4=0$

$(x-1)(x-4)=0$　$\therefore\ x=1,\ 4$ ← ①と②は，$x=1$ と 4 で交わる。

よって，区間 $0 \leqq x \leqq 4$ において，曲線 $y=f(x)$ と直線 $y=g(x)$ とで挟まれる図形を右図に網目部で示す。

$\begin{cases} (\text{i})\ 0 \leqq x \leqq 1 \text{ のとき，} g(x) \geqq f(x) \\ (\text{ii})\ 1 \leqq x \leqq 4 \text{ のとき，} f(x) \geqq g(x) \text{ となる。} \end{cases}$

以上(i)(ii)より，求める図形の面積 S_2 は，

$$S_2 = \int_0^1 \{g(x)-f(x)\}\,dx + \int_1^4 \{f(x)-g(x)\}\,dx$$

（大）（小）　　（大）（小）

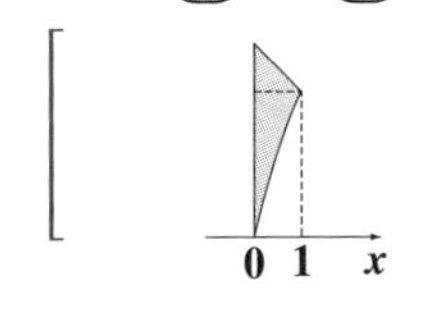

＋

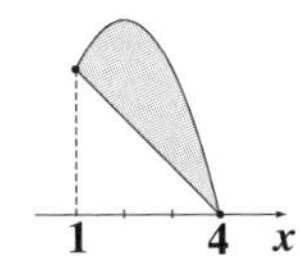

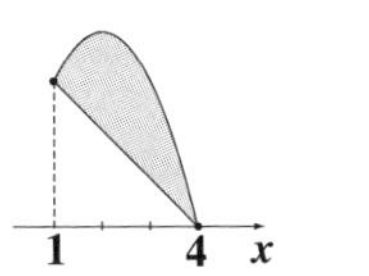

$$S_2=\int_0^1\{\underbrace{g(x)}_{大}-\underbrace{f(x)}_{小}\}dx-\int_1^4\{\underbrace{g(x)}_{小}-\underbrace{f(x)}_{大}\}dx$$

$g(x)=-x+4$, $f(x)=(-x^2+4x)$

⊖を付けた

$$=\int_0^1\{-x+4-(-x^2+4x)\}dx-\int_1^4\{-x+4-(-x^2+4x)\}dx$$

$$=\int_0^1(x^2-5x+4)dx-\int_1^4(x^2-5x+4)dx$$

$$=\left[\frac{1}{3}x^3-\frac{5}{2}x^2+4x\right]_0^1-\left[\frac{1}{3}x^3-\frac{5}{2}x^2+4x\right]_1^4$$

$$=\left(\frac{1}{3}\cdot 1^3-\frac{5}{2}\cdot 1^2+4\cdot 1\right)-\left(\frac{1}{3}\cdot 4^3-\frac{5}{2}\cdot 4^2+4\cdot 4\right)+\left(\frac{1}{3}\cdot 1^3-\frac{5}{2}\cdot 1^2+4\cdot 1\right)$$

同じもの　　0を代入したものは0なので省略した！　　同じもの

$$=2\left(\frac{1}{3}-\frac{5}{2}+4\right)-\left(\frac{64}{3}-40+16\right)$$

$$=\frac{2}{3}-5+8-\frac{64}{3}+24=27-\frac{64-2}{3}$$

$$=27-\frac{62}{3}=\frac{81-62}{3}=\frac{19}{3}$$ となるね。大丈夫だった？

● 面積公式で，計算を楽しよう！

これまで，面積を求めるのに，積分計算がかなり面倒なものもあったね。でも，この面倒な積分計算をしないで，一気に面積の値を求めることができる場合もあるんだよ。それが，これから話す“**面積公式**(めんせきこうしき)”と呼ばれるものなんだ。面積公式は，実は複数あるんだけれど，ここでは最も出題頻度の高い，“**放物線と直線とで囲まれる図形の面積公式**”について教えよう。まず，これをマスターするだけでも，ずい分計算が楽になるはずだ。

面積公式(I)

放物線 $y = ax^2 + bx + c$ と直線 $y = mx + n$ とで囲まれる図形の面積 S は，この 2 つのグラフの交点の x 座標 α, β $(\alpha < \beta)$ と，x^2 の係数 a の 3 つだけで，簡単に計算できる。

$$面積\ S = \frac{|a|}{6}(\beta - \alpha)^3$$

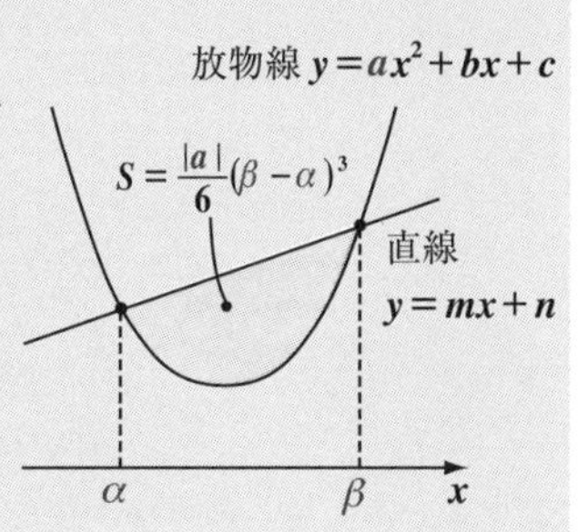

放物線 $y = ax^2 + bx + c$ と直線 $y = mx + n$ とで囲まれる図形の面積 S が，放物線の x^2 の係数 a と，異なる 2 つの交点の x 座標 $\alpha, \beta\,(\alpha < \beta)$ のみで

$S = \frac{|a|}{6}(\beta - \alpha)^3$ と，計算できると言ってるんだね。

エッ，信じられないって!? いいよ。これまでの練習問題の中から，放物線と直線とで囲まれる図形の面積を求めるものを抜き出して，確認してみよう。

まず，練習問題 **73(2)** (**P264**) の問題を見てみよう。これは，放物線の $y = g(x) = \underset{a}{\underline{-1}} \cdot x^2 + x + 2$ と，直線 $y = 0$ (x 軸のこと) とで囲まれる図形の面積 S_2 を求める問題だった。$y = g(x)$ と $y = 0$ との交点の x 座標は，$\underset{\alpha}{-1}$ と $\underset{\beta}{2}$ だったので，面積 S_2 を求めるために必要な 3 つの数値は，

$a = -1$，$\alpha = -1$，$\beta = 2$ となるんだね。

よって，この面積公式を用いると，面積 S_2 は，

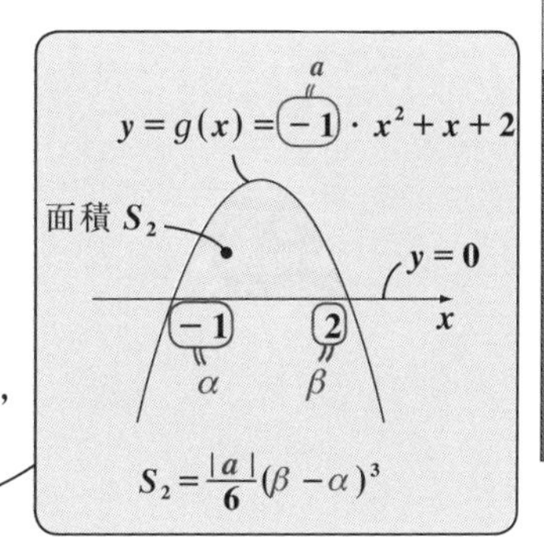

$$S_2 = \frac{|a|}{6}(\beta - \alpha)^3 = \frac{|-1|}{6}\{2 - (-1)\}^3$$

$$= \frac{1}{6}(2+1)^3 = \frac{3^3}{6} = \frac{3^2}{2} = \frac{9}{2}$$ となって，定積分で出した前回の結果と同じものが導けたね。この公式の使い方は，大丈夫？

次，練習問題 **74(2) (P266)** の問題も見てみよう。これも，放物線 $y = g(x) = \underset{a}{\boxed{1}} \cdot x^2 - 4x + 3$ と，$\underset{x\text{軸}}{\underline{\text{直線 } y = 0}}$ とで囲まれる図形の面積 S_2 を求める問題だった。

$y = g(x)$ と $y = 0$ との交点の x 座標は，$\underset{\alpha}{1}$ と $\underset{\beta}{3}$

だったので，面積 S_2 を求めるのに必要な数値が $a = 1$，$\alpha = 1$，$\beta = 3$ となるんだね。

よって，求める面積 S_2 は，

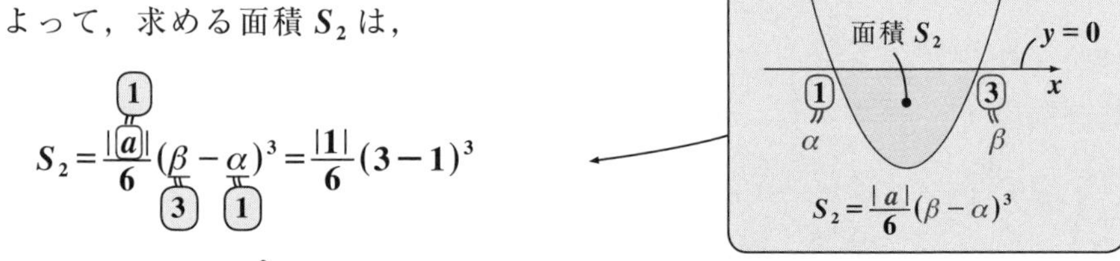

$$S_2 = \frac{|\overset{1}{a}|}{6}(\underset{3}{\beta} - \underset{1}{\alpha})^3 = \frac{|1|}{6}(3-1)^3$$

$$= \frac{1}{6} \cdot 2^3 = \frac{2^2}{3} = \frac{4}{3}$$ となって，これも前に定積分で計算した結果と一致するだろう。どう？ 面積公式の威力が分かった？

それでは，次の練習問題で，さらに面積公式を利用してみよう。

練習問題 76	面積公式（Ⅰ）	CHECK 1	CHECK 2	CHECK 3

放物線 $C : y = 2x^2 - 4x$ と，直線 $l : y = 2mx + 1$ （m：定数）がある。放物線 C と直線 l とで囲まれる図形の面積 S を求めよ。

放物線 $C : y = \underset{a}{2}x^2 - 4x$ と，直線 $l : y = 2mx + 1$ との **2** つの交点の x 座標 $\alpha, \beta\ (\alpha < \beta)$ を求めたら，放物線と直線とで囲まれる図形の面積 S を求める公式：$S = \frac{|a|}{6}(\beta - \alpha)^3$ を使えばいいんだね。この問題のように，**2** 交点の x 座標 α, β が，m の式で表されるような場合でも，面積公式を使えば，楽に面積を求めることができるんだよ。頑張ろう！

$$\begin{cases} y = \underset{a}{2}x^2 - 4x & \cdots\cdots\text{①} \\ y = \underset{\text{傾き}}{2m}x + \underset{y\text{切片}}{1} & \cdots\cdots\text{②} \end{cases}$$

$y=2x(x-2)$より，これはx軸と$(0,\ 0)$，$(2,\ 0)$で交わる下に凸の放物線だね。

点$(0,\ \underset{y\text{切片}}{1})$を通る傾き$2m$の直線

とおく。①と②の交点のx座標α, β $(\alpha<\beta)$を求めるために，①，②よりyを消去して，

$$2x^2-4x=2mx+1$$

$$2x^2\underbrace{-4x-2mx}_{-2(m+2)x}-1=0$$

$$\underset{a}{2}x^2\underset{2b'}{-2(m+2)}x\underset{c}{-1}=0$$

これを解いて，

$$x=\frac{m+2\pm\sqrt{\overbrace{(m+2)^2-2\cdot(-1)}^{m^2+4m+4+2}}}{2}$$

解の公式
$ax^2+2b'x+c=0$の
解$x=\dfrac{-b'\pm\sqrt{b'^2-ac}}{a}$

$$=\frac{m+2\pm\sqrt{m^2+4m+6}}{2}$$

この小さい方がα，大きい方がβだね。

よって，①の放物線Cと，②の直線lの交点のx座標α, β $(\alpha<\beta)$は

$$\alpha=\frac{m+2-\sqrt{m^2+4m+6}}{2},\quad \beta=\frac{m+2+\sqrt{m^2+4m+6}}{2}\quad\text{である。}$$

よって，求める放物線Cと直線lとで囲まれる図形の面積Sを，面積公式を使って求めると，

$$S=\frac{|\overset{2}{a}|}{6}(\underset{\frac{m+2+\sqrt{m^2+4m+6}}{2}}{\beta}-\underset{\frac{m+2-\sqrt{m^2+4m+6}}{2}}{\alpha})^3\quad\text{より，}$$

$$S=\frac{|2|}{6}\left(\frac{\cancel{m+2}+\sqrt{m^2+4m+6}}{2}-\frac{\cancel{m+2}-\sqrt{m^2+4m+6}}{2}\right)^3$$

（$\frac{|2|}{6}=\frac{1}{3}$）

$$=\frac{1}{3}\left(\frac{\sqrt{m^2+4m+6}}{2}+\frac{\sqrt{m^2+4m+6}}{2}\right)^3$$

（括弧内 $=\sqrt{m^2+4m+6}$ ← $\frac{\sqrt{A}}{2}+\frac{\sqrt{A}}{2}=\sqrt{A}$ だからね。）

$$=\frac{1}{3}\left(\sqrt{m^2+4m+6}\right)^3$$

（$\sqrt{m^2+4m+6}=(m^2+4m+6)^{\frac{1}{2}}$）

$\therefore\ S=\frac{1}{3}(m^2+4m+6)^{\frac{3}{2}}$　となって，答えが求まる。

$A^{\frac{3}{2}}=A^1\cdot A^{\frac{1}{2}}=A\sqrt{A}$ より，この面積 S は，
$S=\frac{1}{3}(m^2+4m+6)\sqrt{m^2+4m+6}$ と表しても，もちろんいいよ。

どう？これで，面積公式の使い方にもずい分慣れただろう？

この放物線と直線で囲まれた図形の面積公式は，実は，**2**つの放物線で囲まれた図形の面積を求めるときにも，用いることができる。面積公式の応用として，次の練習問題を解いてみよう。

練習問題 77	面積公式(Ⅱ)	CHECK 1	CHECK 2	CHECK 3

2つの放物線 $C_1: y=\frac{1}{2}x^2+1$ …① と，$C_2: y=-x^2+2x+3$ …② がある。
(1) 2つの放物線 C_1 と C_2 の交点の x 座標を求めよ。
(2) 2つの放物線 C_1 と C_2 で囲まれる図形の面積 S を求めよ。

(1) は，①と②から y を消去して x の **2** 次方程式にもち込んで，交点の x 座標を求めればいい。**(2)** では，**2**つの放物線 C_1 と C_2 で囲まれた図形の面積 S は，放物線と x 軸（直線）とで囲まれた図形の面積として，面積公式を使って計算できる。

(1) 放物線 C_1：$y = f(x) = \frac{1}{2}x^2 + 1$ ……………………①

放物線 C_2：$y = g(x) = -x^2 + 2x + 3$

$= -(x^2 - 2x + 1) + 4$

$= -(x-1)^2 + 4$ ……………②　とおく。

①と②より，y を消去して，

$\frac{1}{2}x^2 + 1 = -x^2 + 2x + 3$　　両辺に 2 をかけて，

$x^2 + 2 = -2x^2 + 4x + 6$　　$3x^2 - 4x - 4 = 0$

3 ╲╱ 2
1 ╱╲ −2

$(3x+2)(x-2) = 0$

よって，2 つの放物線 C_1 と C_2 の交点の x 座標は，

$x = -\frac{2}{3}$ と 2 となることが分かるんだね。

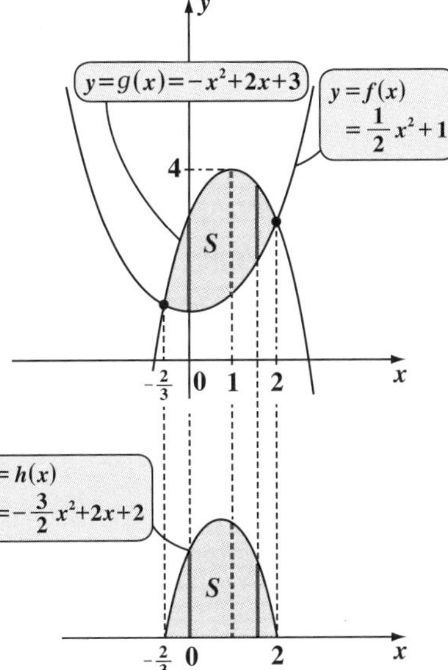

(2) 右図に示すように，2 つの放物線 C_1 と C_2 とで囲まれる図形の面積を S とおくと，$-\frac{2}{3} \leqq x \leqq 2$ の範囲で，

$g(x) \geqq f(x)$ なので，
（$g(x)$：上側，$f(x)$：下側）

$S = \int_{-\frac{2}{3}}^{2} \{g(x) - f(x)\} dx$ ……③
（$g(x) - f(x)$ を $h(x)$ とおく）

となるのはいいね。

ここで，$h(x) = g(x) - f(x)$ とおくと，

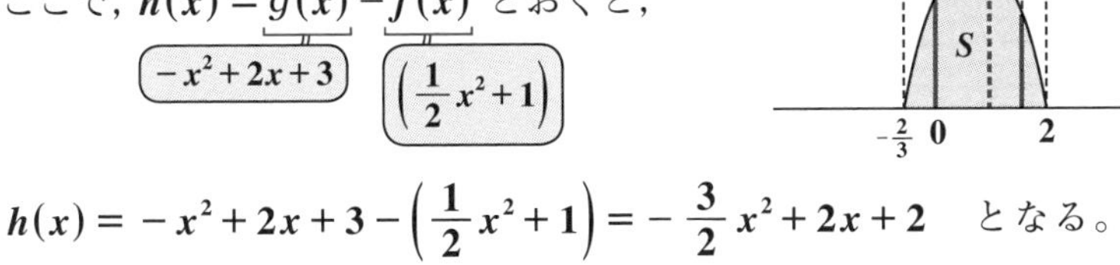

$h(x) = -x^2 + 2x + 3 - \left(\frac{1}{2}x^2 + 1\right) = -\frac{3}{2}x^2 + 2x + 2$　となる。

よって，求める面積 S は，

$S=\int_{-\frac{2}{3}}^{2} h(x)dx$ となり，これは，

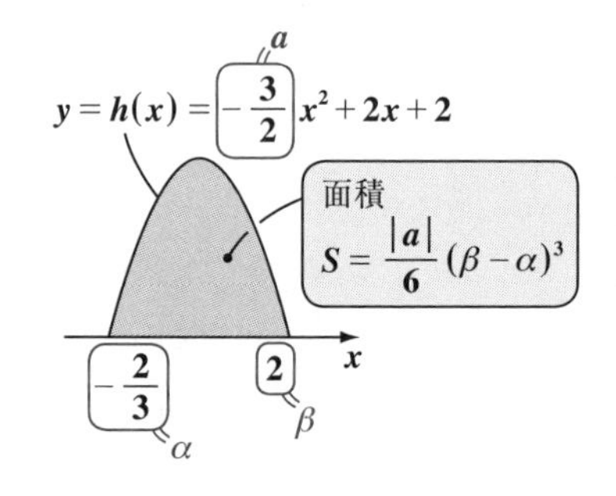

右図に示すように，放物線

$y=h(x)=\underbrace{-\frac{3}{2}}_{a}x^2+2x+2$ と x 軸

(直線) とで囲まれる図形の面積と

一致するんだね。このとき，$a=-\frac{3}{2}$，$\alpha=-\frac{2}{3}$，$\beta=2$ より，

S は放物線と直線とで囲まれる図形の面積公式を利用して，

$$S=\frac{|a|}{6}(\beta-\alpha)^3=\frac{\left|-\frac{3}{2}\right|}{6}\left\{2-\left(-\frac{2}{3}\right)\right\}^3=\frac{\frac{3}{2}}{6}\cdot\left(\frac{8}{3}\right)^3=\frac{1}{4}\times\frac{8\times 64}{3^3}$$

$\therefore S=\frac{128}{27}$ となって，答えだ！どう？これも面白かったでしょう？

それでは，重要な面積公式をもう1つ紹介しておこう。今度は，放物線と2本の接線とで囲まれる図形の面積は次の公式でアッという間に求められるんだね。これも重要公式なので，シッカリ頭に入れよう！

面積公式 (Ⅱ)

$y=ax^2+bx+c$ とその2つの接線①，②とで囲まれる図形の面積 S は，放物線と2接線の接点の x 座標 α，$\beta(\alpha<\beta)$ と，x^2 の係数 a の3つだけで，次のように簡単に計算できる。

面積 $S=\frac{|a|}{12}(\beta-\alpha)^3$

放物線 $y=ax^2+bx+c$

$S=\frac{|a|}{12}(\beta-\alpha)^3$

接線①

接線②

交点

α　$\frac{\alpha+\beta}{2}$　β　x

この面積公式についても，次の練習問題で早速練習しておこう。

練習問題 78	面積公式（Ⅲ）	CHECK 1	CHECK 2	CHECK 3

放物線 $C: y=f(x)=\frac{1}{2}x^2$ と，点 $A(1,\ -4)$ がある。

(1) 点 A を通り，放物線 C に接する 2 本の接線 L_1 と L_2 の方程式を求めよ。

(2) 放物線 C と 2 本の接線 L_1，L_2 とで囲まれる図形の面積 S を求めよ。

(1) は，放物線 C 上にない点 A から放物線 C に引く接線の方程式を求める問題なんだね。この問題の解法の手順は，P222 で示したように，次の 3 ステップだよ。

(ⅰ) 放物線 $C: y=f(x)$ 上の点 $(t,\ f(t))$ における接線の方程式

$y=f'(t)\cdot(x-t)+f(t)$ …………① を立てる。

(ⅱ) ①は，点 $A(1,\ -4)$ を通るので，この座標を①に代入して，t の 2 次方程式を作る。

(ⅲ) t の 2 次方程式を解いて，t の値を①に代入して，接線の方程式を求める。

ちょっとメンドウだけれど，頑張ろう。

(2) は，放物線と 2 つの接線とで囲まれる図形の面積を求める問題なので，面積公式 $S=\frac{|a|}{12}(\beta-\alpha)^3$ を使えば，簡単に答えを導けるんだね。

(1) 放物線 $C: y=f(x)=\frac{1}{2}x^2$ を x で微分して，

$$f'(x)=\left(\frac{1}{2}x^2\right)'=\frac{1}{2}\cdot 2x=x$$

$f(1)=\frac{1}{2}\cdot 1^2=\frac{1}{2}$ となるので，点 $A(1,\ -4)$ は放物線 C 上の点ではないね。

(ⅰ) よって，放物線 C 上の点 $\left(t,\ \frac{1}{2}t^2\right)$ における接線の方程式は

（$\frac{1}{2}t^2$ = $f(t)$）

$$y=t\cdot(x-t)+\frac{1}{2}t^2$$

$[y=f'(t)\cdot(x-t)+f(t)]$

$$y=t\cdot x-t^2+\frac{1}{2}t^2$$

（$-t^2+\frac{1}{2}t^2 = -\frac{1}{2}t^2$）

$$y=t\cdot x-\frac{1}{2}t^2 \quad \cdots\cdots①$$ となる。

1st. ステップ
まず，C 上の点 $(t,\ f(t))$ における接線の式を立てる。

(ⅱ) 接線 $y = t \cdot x - \frac{1}{2}t^2$ ……①は，点 $\mathbf{A}(1, -4)$ を通るので，A の座標を①に代入して

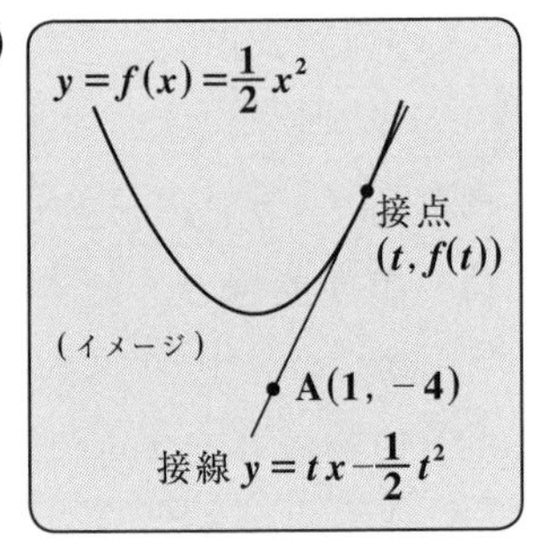

$-4 = t \cdot 1 - \frac{1}{2}t^2$

$\frac{1}{2}t^2 - t - 4 = 0$　両辺に 2 をかけて

$t^2 - 2t - 8 = 0$　……②

たして $-4+2$

かけて $(-4)\cdot 2$

2nd. ステップ
A の座標を代入して，t の 2 次方程式を立てる。

(ⅲ) ②を解いて

$(t-4)(t+2) = 0$　$\therefore t = 4,\ -2$

3rd. ステップ
t の値を求めて，それらを①に代入して，2 本の接線の方程式を求める。

(ア) $t = 4$ を①に代入して

$y = 4 \cdot x - \frac{1}{2} \cdot 4^2$　$\therefore$ 接線 L_1 の方程式は　$y = 4x - 8$　となる。

$-\frac{1}{2} \times 16 = -8$

(イ) $t = -2$ を①に代入して

$y = -2 \cdot x - \frac{1}{2} \cdot (-2)^2$　$\therefore$ 接線 L_2 の方程式は　$y = -2x - 2$　となる。

$-\frac{1}{2} \times 4 = -2$

以上 (ⅰ)(ⅱ)(ⅲ) より，点 A を通り放物線 C に接する 2 本の接線 L_1，L_2 の方程式は，

$$\begin{cases} L_1 : y = 4x - 8 \\ L_2 : y = -2x - 2 \end{cases}$$

となって答えだ。

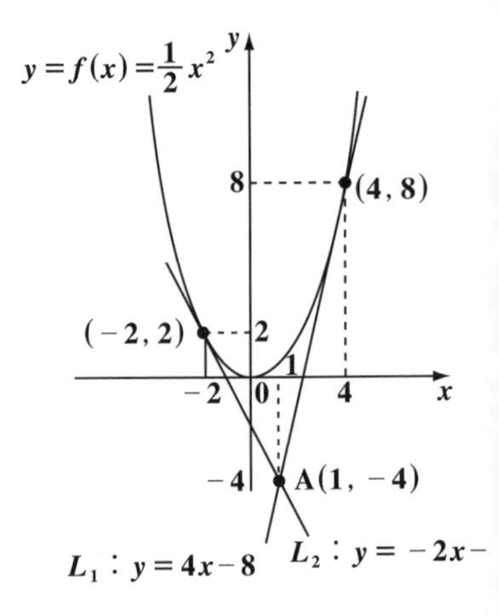

もちろん，$L_1 : y = -2x - 2$，$L_2 : y = 4x - 8$ としても答えだよ。

どう？面白かった？

(2) 放物線 $C: y=f(x)=\frac{1}{2}x^2$ と，その2つの接線 $L_1: y=4x-8$ と $L_2: y=-2x-2$ とで囲まれる図形の面積 S は

・$a=\frac{1}{2}$，$\alpha=-2$，$\beta=4$ の3つの値から，面積公式を使うと，

$$S=\frac{|a|}{12}(\beta-\alpha)^3$$

$$=\frac{\left|\frac{1}{2}\right|}{12}\{4-(-2)\}^3$$

$$=\frac{1}{24}\times 6^3=\frac{6^3}{6\times 4}=\frac{6^2}{4}$$

$$=\frac{36}{4}=9$$

となって，簡単に答えは，求まってしまうんだね。でも，答案には，積分計算の式をキチンと書いておくようにしよう。

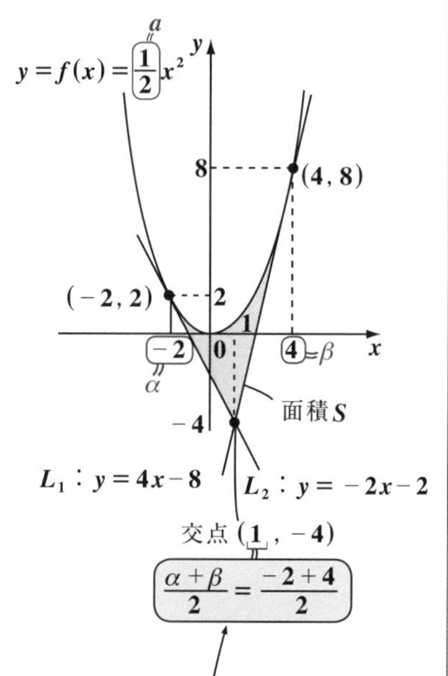

2接線 L_1 と L_2 の交点の x 座標は，2つの接点の x 座標 α と β の相加平均 $\frac{\alpha+\beta}{2}$ に必ずなるんだね。これも覚えておこう！

今回の面積 S を積分の式で表すと，次のように2つの部分の面積の和の形になるんだね。

$$面積\ S=\int_{-2}^{1}\left\{\underbrace{\frac{1}{2}x^2}_{f(x)}-(-2x-2)\right\}dx+\int_{1}^{4}\left\{\underbrace{\frac{1}{2}x^2}_{f(x)}-(4x-8)\right\}dx$$

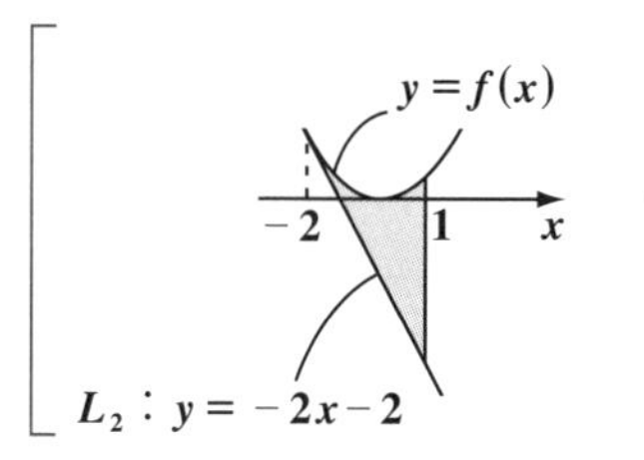

$$=\int_{-2}^{1}\left(\frac{1}{2}x^2+2x+2\right)dx+\int_{1}^{4}\left(\frac{1}{2}x^2-4x+8\right)dx$$

以上より，求める面積 S は，

この結果は面積公式から求めた。

$$S=\underbrace{\int_{-2}^{1}\left(\frac{1}{2}x^2+2x+2\right)dx}_{㋐}+\underbrace{\int_{1}^{4}\left(\frac{1}{2}x^2-4x+8\right)dx}_{㋑}=9$$ となって，答えだ！

もちろん，㋐と㋑を実際に積分してみると，

㋐ $\displaystyle\int_{-2}^{1}\left(\frac{1}{2}x^2+2x+2\right)dx=\left[\frac{1}{6}x^3+x^2+2x\right]_{-2}^{1}$

$\displaystyle=\frac{1}{6}\cdot1^3+\underbrace{1^2+2\cdot1}_{3}-\left\{\underbrace{\frac{1}{6}\cdot(-2)^3}_{-\frac{8}{6}=-\frac{4}{3}}+\underbrace{(-2)^2+2\cdot(-2)}_{4-4=0}\right\}$

$\displaystyle=\frac{1}{6}+3+\frac{4}{3}=\frac{1+18+8}{6}=\frac{27}{6}=\frac{9}{2}$ となるし，

㋑ $\displaystyle\int_{1}^{4}\left(\frac{1}{2}x^2-4x+8\right)dx=\left[\frac{1}{6}x^3-2x^2+8x\right]_{1}^{4}$

$\displaystyle=\underbrace{\frac{1}{6}\cdot4^3}_{\frac{32}{3}}\underbrace{-2\cdot4^2+8\cdot4}_{-32+32=0}-\left(\underbrace{\frac{1}{6}\cdot1^3}_{\frac{1}{6}}\underbrace{-2\cdot1^2+8\cdot1}_{-2+8=6}\right)$

$\displaystyle=\frac{32}{3}-\frac{1}{6}-6=\frac{64-1-36}{6}=\frac{27}{6}=\frac{9}{2}$ となるので，

$\displaystyle S=\underbrace{\frac{9}{2}}_{㋐}+\underbrace{\frac{9}{2}}_{㋑}=9$ となって，ナルホド面積公式で求めた結果と一致するんだね。数学って，よく出来てるだろう！

では，これとよく似たもう1つの面積公式も紹介しておこう。2つの放物線と，これらの共通接線とで囲まれる図形の面積は，次の面積公式を使えば簡単に求めることができる。応用公式ではあるんだけれど，これも試験で狙われる可能性があるので，ここでシッカリ練習しておこう！

面積公式(Ⅲ)

2つの放物線：

$y=ax^2+bx+c$ ……①と

$y=ax^2+b'x+c'$……②と，

これらの共通接線 l とで囲まれる図形の面積 S は，2つの接点の x 座標 α, β $(\alpha<\beta)$ と，x^2 の係数 a の3つだけで，次のように簡単に計算できる。

$$S=\frac{|a|}{12}(\beta-\alpha)^3$$

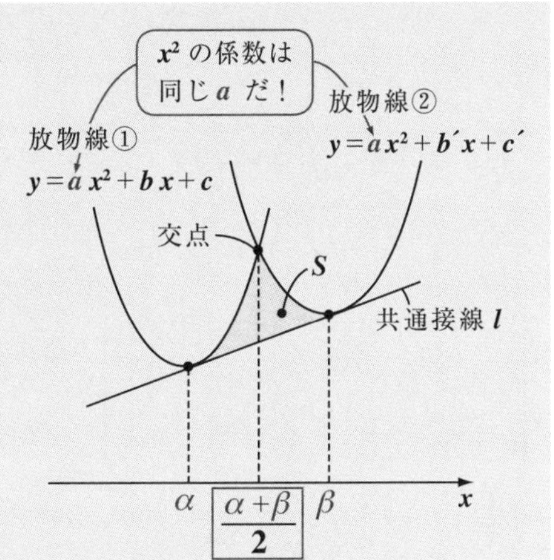

この場合，2つの放物線①と②の x^2 の係数は共に a で同じでなければならないことに注意しよう。また，この2つの放物線①と②の交点の x 座標が $\frac{\alpha+\beta}{2}$ となることも要注意だね。

では，この面積公式も，次の簡単な練習問題で利用してみよう。

練習問題 79 面積公式(Ⅳ) CHECK 1 CHECK 2 CHECK 3

2つの放物線 $y=f(x)=2x^2$ ……①と，$y=g(x)=2(x-2)^2$ ……②と x 軸とで囲まれる図形の面積 S を求めよ。

①の放物線 $y=f(x)$ は原点 $O(0, 0)$ で，また②の放物線 $y=g(x)$ は点 $(2, 0)$ で x 軸と接するので，x 軸が，これら①と②の2つの放物線の共通接線になっているんだね。よって，面積公式(Ⅲ)が利用できるんだね。

$$\begin{cases} y=f(x)=2x^2 \text{ ……………………①と} \\ y=g(x)=2(x-2)^2 \text{ ………②は,} \end{cases}$$

右図に示すように，x 軸と原点 $(0, 0)$ と点 $(2, 0)$ で接する。
$(0,0)$ → α、$(2,0)$ → β

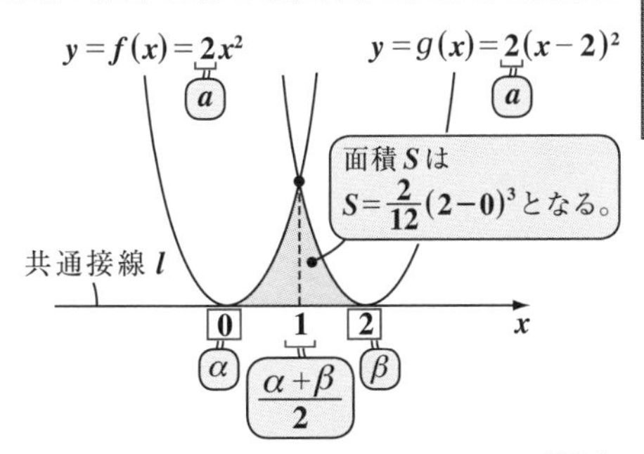

また，①と②の交点の x 座標は，

$\mathbf{1}\left(=\dfrac{\alpha+\beta}{2}=\dfrac{0+2}{2}\right)$ である。

よって，①，②の **2** つの放物線と，その共通接線である x 軸とで囲まれる図形の面積 S は，

$$S=\int_0^1 f(x)dx+\int_1^2 g(x)dx$$

$$=\int_0^1 2x^2dx+\int_1^2 2(x-2)^2dx$$

$y=f(x)$　0　1　x　＋　$y=g(x)$　1　2　x

$=\dfrac{4}{3}$ となって，答えだ。

2 つの放物線①，②と，その共通接線 x 軸とで囲まれる図形の面積 S は，
$a=2$，$\alpha=0$，$\beta=2$ より，

$$S=\frac{|a|}{12}(\beta-\alpha)^3$$
$$=\frac{2}{12}(2-0)^3$$
$$=\frac{2^4}{12}=\frac{16}{12}=\frac{4}{3}$$

となる。

これも，まともに積分計算すると，

$$S=2\int_0^1 x^2dx+2\int_1^2(x^2-4x+4)\,dx$$

$$=2\left[\frac{1}{3}x^3\right]_0^1+2\left[\frac{1}{3}x^3-2x^2+4x\right]_1^2$$

$$=2\times\frac{1}{3}+2\left\{\frac{8}{3}-8+8-\left(\frac{1}{3}-2+4\right)\right\}$$

$$=\frac{2}{3}+2\left(\frac{7}{3}-2\right)=\frac{2}{3}+2\times\frac{1}{3}=\frac{4}{3}$$ となって，面積公式で算出した結果と一致するんだね。大丈夫だった？

それでは，もう **1** 題，より本格的な **2** つの放物線とその共通接線で囲まれる図形の面積計算の問題を解いてみよう。

練習問題 80	面積公式(V)	CHECK 1	CHECK 2	CHECK 3

2つの放物線 $C_1: y=f(x)=x^2$ と，$C_2: y=g(x)=x^2-6x+15$ がある。
(1) 放物線 C_1 上の点 $(1, 1)$ における接線 l の方程式を求めよ。
また，l は放物線 C_2 の接線であることも確認せよ。
(2) 2つの放物線 C_1 と C_2，およびこれらの共通接線 l とで囲まれる図形の面積 S を求めよ。

(1) $C_1: y=f(x)$ 上の点 $(1, f(1))$ における接線 l の方程式は，公式：$y=f'(1)\cdot(x-1)+f(1)$ から求められる。次に，l と C_2 の方程式から y を消去して，x の2次方程式を作り，それが重解をもつことを確認すればいいんだね。(2)では2つの放物線と共通接線とで囲まれる図形の面積公式：$S=\frac{|a|}{12}(\beta-\alpha)^3$ を利用して計算しよう。

$$\begin{cases} 放物線 C_1: y=f(x)=x^2 & \cdots\cdots① \\ 放物線 C_2: y=g(x)=x^2-6x+15 & \cdots\cdots② \end{cases}$$ とおく。

$y=g(x)=(x^2-6x+9)+15-9$
$=(x-3)^2+6$ より，$y=g(x)$ は，頂点 $(3, 6)$ の下に凸の放物線

(1) ①を x で微分して，$f'(x)=2x$

よって，$y=f(x)$ 上の点 $(1, 1)$ における C_1 の接線 l の方程式は，（$1 = f(1)$）

$y=2\cdot(x-1)+1$ ← $y=f'(1)\cdot(x-1)+f(1)$

∴接線 l: $y=2x-1$ ……③ となる。

次に②と③から y を消去して，

$x^2-6x+15=2x-1$

$x^2-8x+16=0 \quad (x-4)^2=0$

∴ $x=4$ (重解) となるので，右図に示すように，放物線 C_2 と直線 l は，$x=4$ のとき，すなわち点 $(4, 7)$（$7 = 2\cdot4-1$）において接することが確認できた。

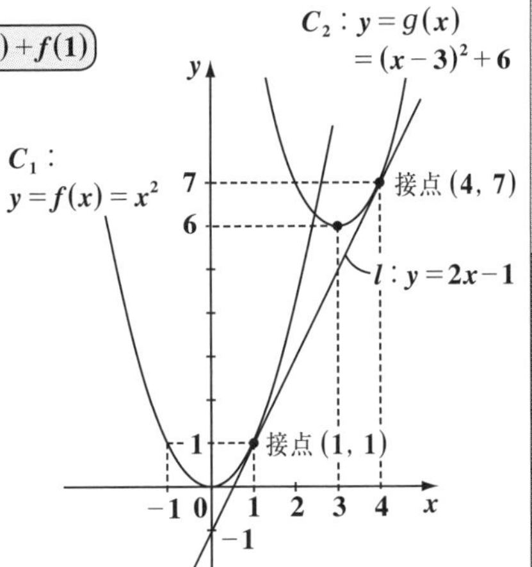

つまり，直線 l は2つの放物線 C_1 と C_2 の共通接線であることが分かったんだね。

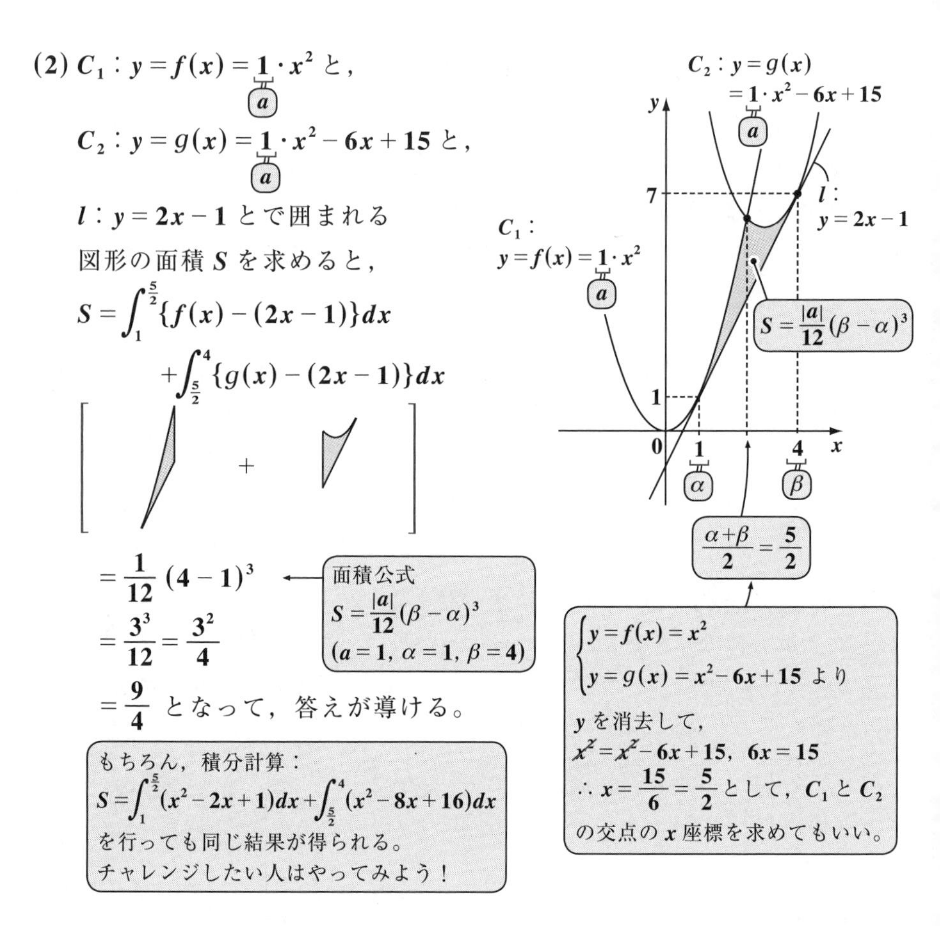

(2) $C_1 : y = f(x) = \underset{a}{1} \cdot x^2$ と，

$C_2 : y = g(x) = \underset{a}{1} \cdot x^2 - 6x + 15$ と，

$l : y = 2x - 1$ とで囲まれる図形の面積 S を求めると，

$$S = \int_1^{\frac{5}{2}} \{f(x) - (2x-1)\}dx + \int_{\frac{5}{2}}^{4} \{g(x) - (2x-1)\}dx$$

$$= \frac{1}{12}(4-1)^3 = \frac{3^3}{12} = \frac{3^2}{4} = \frac{9}{4}$$ となって，答えが導ける。

面積公式
$S = \frac{|a|}{12}(\beta - \alpha)^3$
$(a = 1,\ \alpha = 1,\ \beta = 4)$

もちろん，積分計算：
$S = \int_1^{\frac{5}{2}} (x^2 - 2x + 1)dx + \int_{\frac{5}{2}}^{4} (x^2 - 8x + 16)dx$
を行っても同じ結果が得られる。
チャレンジしたい人はやってみよう！

$\begin{cases} y = f(x) = x^2 \\ y = g(x) = x^2 - 6x + 15 \end{cases}$ より

y を消去して，
$x^2 = x^2 - 6x + 15,\ 6x = 15$
$\therefore x = \frac{15}{6} = \frac{5}{2}$ として，C_1 と C_2 の交点の x 座標を求めてもいい。

以上で，**「初めから始める数学 II　改訂 10」**の講義もすべて終了です！みんな最後までよく頑張ったね！ やりとげた後の爽快感はまた格別だね。でも，1 回ですべてマスターしたつもりになってはいけないよ。この後，シッカリ復習することだ。そして，次回の講義では，さらに成長したキミ達に会うことを楽しみにしている。それまで，みんな元気でな。さようなら…。

マセマ代表　馬場敬之

第5章●微分法と積分法　公式エッセンス

1.　微分係数 $f'(a)$ と導関数 $f'(x)$ の定義式

$$f'(a)=\lim_{h\to 0}\frac{f(a+h)-f(a)}{h},\quad f'(x)=\lim_{h\to 0}\frac{f(x+h)-f(x)}{h}$$

2.　微分計算の公式

(1) $(x^n)'=n\cdot x^{n-1}$　　(2) $\{kf(x)\}'=kf'(x)$　　など…

3.　接線と法線の方程式

$$y=f'(t)(x-t)+f(t),\quad y=-\frac{1}{f'(t)}(x-t)+f(t)$$

4.　$f'(x)$ の符号と関数 $f(x)$ の増減

(i) $f'(x)>0$ のとき，増加。　　(ii) $f'(x)<0$ のとき，減少。

5.　3次方程式 $f(x)=k$ と実数解の個数

$y=f(x)$ と $y=k$ のグラフを利用して解く。

6.　不定積分と定積分

$$\int f(x)\,dx=F(x)+C,\quad \int_a^b f(x)\,dx=F(b)-F(a)$$

7.　積分計算の公式

$$\int x^n dx=\frac{1}{n+1}x^{n+1}+C\quad (n\neq -1),\quad \int_a^a f(x)dx=0$$ など…

8.　定積分で表された関数には2種類のタイプがある

(i) $\int_a^b f(t)dt$ のタイプ　　(ii) $\int_a^x f(t)dt$ のタイプ

9.　面積計算の基本公式

$$S=\int_a^b\{\underbrace{f(x)}_{\text{上側}}-\underbrace{g(x)}_{\text{下側}}\}dx$$

（区間 $a\leqq x\leqq b$ において，$f(x)\geqq g(x)$ とする。）

10.　面積公式

放物線と直線とで囲まれる図形の面積：$S=\frac{|a|}{6}(\beta-\alpha)^3$

 Term・Index 

あ行

か行

さ行

た行

な行

は行

ま行

や行

ら行

スバラシク面白いと評判の
初めから始める数学 II 改訂 10

著　者　馬場 敬之
発行者　馬場 敬之
発行所　マセマ出版社
〒 332-0023 埼玉県川口市飯塚 3-7-21-502
TEL 048-253-1734　FAX 048-253-1729
Email：mathema@mac.com
https://www.mathema.jp

編　集　山﨑 晃平
校閲・校正　高杉 豊　秋野 麻里子　馬場 貴史
制作協力　久池井 茂　久池井 努　印藤 治
滝本 隆　栄 瑠璃子　真下 久志
間宮 栄二　町田 朱美
カバーデザイン　児玉 篤　児玉 則子
ロゴデザイン　馬場 利貞
印刷所　中央精版印刷株式会社

平成 24 年 11 月 27 日　初版発行
平成 26 年 6 月 25 日　改訂 1 4 刷
平成 27 年 5 月 25 日　改訂 2 4 刷
平成 28 年 5 月 14 日　改訂 3 4 刷
平成 29 年 3 月 19 日　改訂 4 4 刷
平成 30 年 1 月 22 日　改訂 5 4 刷
平成 30 年 8 月 15 日　改訂 6 4 刷
令和元年 7 月 14 日　改訂 7 4 刷
令和 2 年 12 月 21 日　改訂 8 4 刷
令和 3 年 7 月 15 日　改訂 9 4 刷
令和 5 年 5 月 16 日　改訂 10 初版発行

ISBN978-4-86615-297-4 C7041